图书在版编目（CIP）数据

光学制造中的材料科学与技术 / （美）塔亚布·I.苏拉特瓦拉（Tayyab I. Suratwala）著；吴姜玮译. -- 上海：上海科学技术出版社，2023.1
（极端条件材料基础理论及应用研究）
书名原文：Materials Science and Technology of Optical Fabrication
ISBN 978-7-5478-4749-7

Ⅰ. ①光… Ⅱ. ①塔… ②吴… Ⅲ. ①光学材料—研究 Ⅳ. ①TB34

中国版本图书馆CIP数据核字(2022)第161236号

光学制造中的材料科学与技术

［美］塔亚布·I. 苏拉特瓦拉(Tayyab I. Suratwala)　著
吴姜玮　译
蒋晓东　审校

上海世纪出版(集团)有限公司
上海科学技术出版社　出版、发行
(上海市闵行区号景路 159 弄 A 座 9F－10F)
邮政编码 201101　www.sstp.cn
山东韵杰文化科技有限公司印刷
开本 700×1000　1/16　印张 20.5
字数 340 千字
2023 年 1 月第 1 版　2023 年 1 月第 1 次印刷
ISBN 978－7－5478－4749－7/TQ·14
定价：228.00 元

极端条件材料
基础理论及应用研究

TAYYAB I.
SURATWALA

MATERIALS SCIENCE AND TECHNOLOGY OF OPTICAL FABRICATION

光学制造中
材料科学与

[美] 塔亚布 · I. 苏拉特瓦拉 著
吴姜玮 译　蒋晓东 审校

上海科学技术出版社

丛书编委会

内容提要

本书为引进译著。作者全面梳理并总结了其团队在光学制造方面的研究结果。全书包括两大部分：第Ⅰ部分基本相互作用——材料科学，从摩擦学、流体动力学、固体力学、断裂力学、电化学等光学制造的基础理论出发，系统分析了从宏观到微观的材料去除过程，定量描述了光学制造中不同工艺参数与光学元件性能之间的关系。第Ⅱ部分应用——材料技术，详细叙述了工程应用的光学制造，汇总了现代光学制造中缺陷的检测和评价方法，剖析了多方面工艺优化的可行性，说明了各类新的抛光技术；针对高能激光系统要求的高损伤阈值光学元件，书末还给出了高能激光元件制作的关键工艺实例。

本书既是光学制造理论的梳理，也是现代光学制造技术与应用的汇总，涵盖了从光学制造工艺到光学元件性能评价等多方面的最新理论与实践，是一部兼具理论、方法和实际应用价值的教科书和参考书。

本书读者对象包括从事激光技术、光学工程、材料物理等领域的科研工作者与高等院校、科研机构的研究生等。

丛书序

实现中华民族的伟大复兴，既是一代代国人前仆后继、为之奋斗的梦想，也是每一位科技工作者不可推卸的历史重任。在当下西方全方位打压我国的背景下，只有走中国特色自主创新的科技发展道路，始终面向世界科技前沿、面向经济主战场、面向国家重大需求，加速各领域的科技创新，把握全球科技的竞争先机，才是成为世界科技强国的根本要素。正是基于此，中国材料研究学会极端条件材料与器件分会适时组织了“极端条件材料基础理论及应用研究”系列丛书。

众所周知，先进材料与器件是现代高科技发展的重要基石。然而，先进材料及其器件的服役环境又往往是非常严苛的，比如大冲击载荷、超强电磁场、极低温和强辐射等。在这种工况下，材料内部微结构与性质的演变、疲劳损伤特性，以及材料器件的功能特性、应用可靠性，完全不同于常规条件下的情形。

不同极端条件所产生的影响是不相同的。在高能激光应用技术领域，当高功率密度激光（超强电磁脉冲）经过光学元件表面或内部时，光学元件表面极微小的缺陷或杂质可诱发强烈的非线性效应。当这种效应超过一定阈值后，会导致光学元件损伤失效，从而使大型激光装置无法正常运行。因此，必须厘清相应的光学材料在极端条件下的服役特性，如三倍频条件下运行的光学材料与元件，其激光损伤特性以及相应的解决方案是当前亟待解决的问题。在核能领域，核电厂的安全运行与材料在强辐射、高温高压条件下的服役特性密切相关。比如核电厂能源发生与传递系统中的结构材料，尤其是第一壁，在必然要经受大剂量高能 X 射线、γ 射线、β 射线、α 粒子、中子和其他重离子射线的长期辐射后，会发生多种形式的结构损伤、高压高温环境导致的腐蚀乃至材料失效，其损伤特性与辐射粒子类型密切相关、其损伤的作用机制也各不相同。因此，深入了解核能材料在强辐射及高温高压环境下的损伤失效规律是提高核能安全和促进核电事业发展的必要前提。在极地应用的材料大多涉及极低温、强磁场。这种环境下,物质的能带及其材料的微结构会发生较大变化,从而引起材料性质和相应器件特性变化,有的甚至是颠覆性的改变。因此,要保证极地环境装备安全、高效运行,其重要前提是深入理解影响材料及构件的可靠性、稳定性与极端环境关系的内在机制。当我们需要利用高压环境合成新材料,需要探究极端压力条件下凝聚态物质的原子结构、密度、内能、物相演变、强度变化等的诸多未知问题时,创建静态、动态的超高压技术平台非常重要、不可或缺。另外,大质量行星内部尤其是星核部分,相关物质的高压态物相和物性研究也是深入理解行星内部运动和演化的前沿热点。

探索新的物理效应,发现新的物理现象,合成新的人造材料,是当今世界的科技前沿热点,也是创新的源头。为向广大科研工作者和研究生系统介绍上述各方面的基础理论和最新研究进展,中国材料研究学会极端条件材料与器件分会组织了国内外知名学者编撰了本套丛书系列。这些专家学者都长期工作在科研一线,对涉及领域的相关问题进行了多年的深入探索与实践,积累了可为借鉴的丰富经验,形成了颇有价值的独到见解。本丛书先期出版的书目如下:《熔石英光学元件强紫外激光诱导损伤》(中国工程物理研究院杨李茗)、《静高压技术和科学》(中国科学院物理所靳常青)、《极端条件下凝聚介质的动态特性》(中国工程物理研究院吴强)、《光学制造中的材料科学与技术》([美] 塔亚布 · I. 苏拉特瓦拉著,吴姜玮译,中国工程物理研究院蒋晓东审校)、《核电厂材料》([瑞士] 沃尔夫冈 · 霍费尔纳著,上海核工厂研究设计院译)、《极地环境服役材料》(上海海事大学董丽华)。

在两个一百年交汇之际,本丛书的出版希望能为广大科研工作者和工程技术人员提供有益、有效的参考。倘若如此,我们将为实现中华民族伟大复兴能贡献一份力量而倍感欣慰。

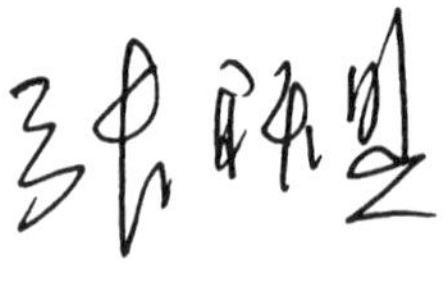

2022 年 8 月

张联盟:武汉理工大学首席教授,中国工程院院士,中国复合材料学会副理事长,“特种功能材料技术教育部重点实验室”主任,“湖北省先进复合材料技术创新中心”主任,“极端条件材料基础理论及应用研究”丛书编委会主任。

序

光学制造常常指光学元件的加工过程,从现代光学的角度看,这只是一种狭义的理解。真正的光学制造应该涉及光学系统设计、光学材料选择、光学加工方式、光学检测等诸多方面。光学制造来源于古老的手工艺,逐步发展成一门综合性极强的工程技术科学。

利用人工驱动绕轴线旋转的硬石轮,人们在天然晶体表面上制作出简单的图样,可看作光学制造的开端。自 13 世纪始,玻璃成为光学元件的主要材料,逐步产生了成形、研磨、抛光的光学元件冷加工过程,光学元件的应用也慢慢从单一元件的系统过渡到多元件的系统。随着玻璃熔制技术的不断改进,到 17 世纪初,人们在玻璃中引入了氧化铅,提高了玻璃的折射率,降低了其工作温度的黏度,渐渐发展出火石玻璃和冕牌玻璃两大类光学玻璃,满足了消色差光学系统设计与制作的需求。如今,除常规的光学玻璃外,特种光学玻璃、金属、陶瓷、有机高分子材料、蓝宝石、单晶和多晶硅等材料也逐步用于光学元件的制造,这不仅提供了光学系统的多样化设计方案,还提升了光学系统的性能。

光学系统在商用、科研、航空航天和国防等领域的广泛应用以及革新材料的应用迫切要求光学元件有更高的性能,为此,光学制造渐渐从学徒培训式的经验技术演变成标准化和自动化的工程技术,光学制造模式也从单一工匠的制作发展成产学研用的协同。数控加工、离子束修形、磁流变抛光和单点金刚石车削等技术的出现,进一步提升了光学元件加工的精度和重复性。光学制造中的成形、研磨、抛光、清洗等过程得到了深入研究,形成了一系列标准化制作流程和工艺参数,光学制造也逐步演变成确定性的加工方式。光学制造精度要求的提高也驱动了光学测量技术的进步,人们建立了以干涉仪、表面轮廓仪和原子力显微镜为主的一系列光学元件面形、粗糙度的检测技术。学科交叉为光学制造提供了新的理论和技术支撑,使这门古老又年轻的技术科学迈向更高精度、更高效率和更具确定性的发展之路。

为了满足不断增长的光学系统成像质量和系统复杂度的设计需求,非球面、自由曲面和衍射等元件已成为光学系统设计的重要选择,其加工精度直接影响光学系统性能。只有采用多次迭代的工艺技术,才能达到这类超精密光学元件的精度要求。微米甚至纳米量级的光学制造与检测技术是实现超精密光学元件确定性加工的关键。

超精密光学元件确定性加工的突破口来源于材料科学与技术的进步。传统的光学制造是一种基于经验的"遍历"式加工工艺,会产生大量的材料消耗和时间浪费。自 20 世纪初,逐步出现了基于观察和猜测的光学制造理论和材料去除学说。法国学者列格利涅认为,光学制造中的研磨和抛光本质相同,是"千百万次的重复划痕"过程,从而产生了光学制造中自由磨料研磨的划痕学说。英国学者瑞利认为,研磨和抛光是不同的材料去除过程,并提出了玻璃表面分子层和近分子层的去除学说。另一位英国学者拜尔培指出,研磨和抛光剥落的工件表面层材料可通过极薄的表面流动层"转移"到工件表面的其他位置,其与液体的表面流动类似,受液体的表面张力控制。最后,普林斯顿建立了普林斯顿方程,指出:材料的去除率与施加在工件上的压力和工件的运动速度成正比,并首次阐明了裂纹层在材料去除过程中的重要作用。尽管普林斯顿只研究了材料表面的机械去除过程,但他建立的方程首次将光学制造带进科学领域,随后,基于材料去除的光学制造理论研究逐步活跃起来。

在光学制造中,光学检测技术具有举足轻重的作用,人们常说的"没有检测就没有制造",代表着光学制造与光学检测之间的重要纽带关系。不断进步的检测技术已提供探究抛光过程原子级材料去除机理的可能性。随着信息技术的发展,光学制造已逐步从单纯的实验过程迈向实验与仿真相结合之路,各种原子和分子尺度材料模拟及有限元仿真程序不断出现,其已成为探索各类光学材料的光学制造机理的重要方法。

抛光是一个多变量耦合的复杂过程,涉及工件、抛光模和抛光液三者之间的相互作用。目前,多数的抛光建模是理想条件下的数值仿真,使用了大量近似理论描述模型中的化学-机械过程,多变量耦合也增加了模型建立的难度,从而限制了抛光模型在确定性加工研究上的应用。同时,新型加工技术的引入和加工精度要求的提高更需要较完备光学制造理论的引领。光学制造行业的研究人员也需要进一步系统学习最新的光学制造理论,从而驱动技术革新。

近20年来,劳伦斯·利弗莫尔国家实验室光学与材料科学工程研究团队深入细致地开展了光学元件的研磨与抛光、玻璃的断裂行为与裂纹生长、抛光液物理化学性质、光学元件激光损伤性能等方面的研究,为美国国家点火装置等世界先进光学系统的建设提供了技术支撑。负责人塔亚布·I.苏拉特瓦拉撰写的《光学制造中的材料科学与技术》,全面梳理并总结了其团队在光学制造方面的研究结果,从摩擦学、流体动力学、固体力学、断裂力学、电化学等光学制造的基础理论出发,系统分析了从宏观到微观的材料去除过程,定量描述了光学制造中不同工艺参数与光学元件性能之间的关系。作者从普林斯顿方程出发,论述了宏观和微观材料去除机制,建模仿真了光学制造中的化学机械材料去除的随机过程,实验验证了面形及粗糙度等光学性能与光学制造中的运动及几何参数之间的关系,阐明了实验中出现的宏观与微观材料去除规律的偏差。本书原理清晰完整、公式推导详尽、实验设计新颖,具有很高的教学和科研参考价值。此外,本书详细叙述了工程应用的光学制造,汇总了现代光学制造中缺陷的检测和评价方法,剖析了多方面工艺优化的可行性,说明了各类新的抛光技术。针对高能激光系统要求的高损伤阈值光学元件,书末还实例给出了高能激光元件制作的关键工艺。

本书既是光学制造理论的梳理,也是现代光学制造技术与应用的汇总,涵盖了从光学制造工艺到光学元件性能评价等多方面的最新理论与实践,是一部具有理论、方法和实际应用价值的教科书和参考书。

2022年8月

王占山:同济大学物理科学与工程学院教授,博士生导师,同济大学先进技术研究院院长,同济大学高等研究院执行副院长。

前 言

本书的目的是从材料科学的角度重新审视古老的光学制造领域。光学制造是指制造光学元件,例如无源光学元件(如透镜、透射平板、反射镜和棱镜)和有源光学元件(如激光增益介质、频率转换器、偏振器和自适应光学元件)。它们的形状、尺寸和材料各不相同。新一代光学器件制造技术的改进,有助于提高先进激光器、成像和光谱系统的性能。材料科学和工程的跨学科领域探索应用会影响材料结构和特性,进而影响其性能和参数。

光学制造最早可以追溯到在罗马时期使用的金属凸面镜和球面玻璃光学元件[1]。由于工件材料、形状、抛光材料、技术和工艺过程等变量的组合,可以形成的工艺组合几乎是无限的。从历史上看,这一领域主要是一门艺术,在这门艺术中,光学制造大师通过多年的学徒训练和反复试验,开发出一套独特的有效加工技术。虽然在过去几十年中,在对光学制造的科学理解方面取得了重大进展,但该领域尚未达到通过真正确定的工艺完全控制由各种光学材料制成的工件表面特性所需的成熟度。

丰富的光学制造方面的图书为材料、研磨和抛光、加工方法、工具、光学计量测量技术和光学设计提供了极好的指导和参考[1-19]。尽管研究人员在过去40 年中进行了开创性的工作,特别是 20 世纪 70 年代的布朗[10],80 年代的泉谷[16],90 年代的雅各布斯、兰布罗普洛斯和库克[20-45],以及 21 世纪初的多恩菲尔德及其同事[46-50],然而,时至今日仍然缺乏对光学制造的全面理解和评价。是时候探究这一话题的本源了。

在涉及集成电路制造的化学机械抛光(CMP)相关领域,有许多参考著作,其中一些涵盖了光学制造工艺的材料科学方面[13-15,17,51-53]。然而,由于 CMP 与光学制造在材料、材料去除量和指标规格方面存在显著差异，因此需要另行描述。

光学制造涉及研磨和抛光两个步骤，实际上都是以下三个组成要素之间在相互作用过程中发生的一系列效应和现象，这三个组成部分是：

（1）工件，即要制造的光学元件。

（2）确定工件时间和空间相关机械载荷的研磨盘或工具。

（3）抛光液，其中可能含有磨料以去除工件上的材料。

这三个制造组成从力学、摩擦学、物理和化学方面相互作用，从而影响光学制造的四个特性（面形、表面质量、表面粗糙度和材料去除率）。全书系统梳理并以定量的方式呈现了这些基本作用机理，用实验数据对提出的模型进行了解释；还讨论了这些基本组成要素的研究和开发，由此引入以前没有的新的表征方法、制造技术和工艺配方。

这本书包括两部分。第Ⅰ部分基本相互作用——材料科学，从第 1 章开始介绍，第 2~5 章讨论光学制造过程中的机械和化学现象及其对面形、表面质量、表面粗糙度和材料去除率的定量影响。从宏观相互作用开始，例如影响面形的相互作用，然后转移到影响表面质量、表面粗糙度和材料去除率的微观和分子相互作用。对于基本的相互作用，已经提出了许多机制和模型，本书介绍了其中的部分机制和模型。然而，本书的目的是说明这些概念，并以标准化和有组织的方式展示一些模型的细节（其中一些来自我们的研究小组），而不是全面描述所有现有模型的细节。

第Ⅱ部分应用——材料技术，介绍了与第Ⅰ部分基本原理紧密相关的内容。第 6 章讨论了与断裂相关问题的诊断和预防，包括灾难性问题和影响表面质量的问题，以提高光学制造成品率。第 7 章描述了新的制造支撑和表征技术，以更好地理解和提升光学制造工艺。第 8 章研究了新的光学制造工艺。第 9 章介绍了这些技术如何应用于高能激光器中高损伤阈值光学元件的制造。

这本书既是学生和科学家的教学参考书，也是光学制造商、工程师和技术人员的实用手册。因此，第Ⅰ部分是书面教科书形式，描述基本物理原理和理论背景。这些原理中有许多是针对脆性玻璃和陶瓷工件讨论的。对于熔融石英和其他玻璃，重点给出了一些示例，因为在许多已有的研究和开发中已经建立了这类材料的模型系统。第Ⅱ部分是有关提升光学制造工艺的手册。例如，第 6 章中有关划痕的讨论是诊断缺陷（即划痕）和提高产量的有用工具。

尽管光学制造这一古老领域在近期取得了许多进展，但它仍然是一门年轻的科学。这本书是对现有技术的总结、参考和选编。希望本书内容能推动科学进步,提升光学元件性能及其应用。

劳伦斯・利弗莫尔国家实验室,2018 *Tayyab I. Suratwala*

参考文献*

[1] Parks, R.E. (1981). Traditions of optical fabrication. *Proc. Soc. Photo-Opt. Instrum. Eng.* 315: 56 – 64.

[2] Karow, H.H. (1992). *Fabrication Methods for Precision Optics* (ed. J.W. Goodman), 1 – 751. New York: Wiley.

[3] Williamson, R. (2011). *Field Guide to Optical Fabrication*, xii, 121. Bellingham, WA: SPIE Press.

[4] Bass, M. and Mahajan, V.N. (2010). *Optical Society of America. Handbook of Optics*, 3e, vol. 1, 4 – 5. New York: McGraw-Hill.

[5] Schwiegerling, J. (2014). *Optical Specification, Fabrication, and Testing*, xi, 203. Bellingham, WA: SPIE Press.

[6] Twyman, F. (1952). *Prism and Lens Making; A Textbook for Optical Glassworkers*, 2e, viii, 629. London: Hilger & Watts.

[7] Fynn, G.W., Powell, W.J.A., and Fynn, G.W. (1988). *Cutting and Polishing Optical and Electronic Materials*, 2e, xxiii, 229. Bristol, PA: A. Hilger.

[8] De Vany, A.S. (1981). *Master Optical Techniques*, viii, 600. New York: Wiley.

[9] Malacara, D. (2007). *Optical Shop Testing*, 3e, xx, 862. Hoboken, NJ: Wiley-Interscience.

[10] Brown, N. (1981). *A Short Course on Optical Fabrication Technology*. Lawrence Livermore National Laboratory.

[11] Cook, L. (1990). Chemical processes in glass polishing. *J. Non-Cryst. Solids* 120 (1 – 3): 152 – 171.

[12] Callister, W.D. and Rethwisch, D.G. (2010). *Materials Science and Engineering: An Introduction*, 8e, xxiii, 885, 82. Hoboken, NJ: Wiley.

[13] Oliver, M.R. (2004). *Chemical-Mechanical Planarization of Semiconductor Materials*, x, 425. Berlin, New York: Springer-Verlag.

[14] Liang, H. and Craven, D.R. (2005). *Tribology in Chemical-Mechanical Planarization*, 185. Boca Raton, FL: Taylor & Francis.

[15] Babu, S.V. (2000). Chemical-Mechanical Polishing — Fundamentals and Challenges: Symposium Held, San Francisco, CA, USA (5 – 7 April, 1999), p. ix, 281. Warrendale, PA: Materials Research Society.

[16] Izumitani, T. (1986). *Optical Glass*, x, 197. New York: American Institute of Physics.

[17] Marinescu, I.D., Uhlmann, E., and Doi, T. (2006). *Handbook of Lapping and Polishing*. CRC Press.

[18] Stavroudis, O., Boreman, G.D., Acosta-Ortiz, S.E. et al. (2001). *Handbook of Optical Engineering*. Marcel Dekker.

[19] Jain, V.K. (2017). *Nanofinishing Science and Technology: Basic and Advanced Finishing

* 注:原英文版参考文献各条目著录格式,对照我国参考文献标准 GB/T 7714—2015 的要求,或不十分吻合或有缺项。为方便有需要的国内读者,本书中文版按英文版保留原版内容,以下各章同此。

and Polishing Processes. CRC Press.

[20] Cumbo, M., Fairhurst, D., Jacobs, S., and Puchebner, B. (1995). Slurry particle size evolution during the polishing of optical glass. *Appl. Opt.* 34 (19): 3743 – 3755.

[21] Golini, D. and Jacobs, S.D. ed. (1990). Transition between brittle and ductile mode in loose abrasive grinding. San Dieg-DL Tentative. International Society for Optics and Photonics.

[22] Lambropoulos, J.C., Fang, T., Funkenbusch, P.D. et al. (1996). Surface microroughness of optical glasses under deterministic microgrinding. *Appl. Opt.* 35 (22): 4448 – 4462.

[23] Randi, J.A., Lambropoulos, J.C., and Jacobs, S.D. (2005). Subsurface damage in some single crystalline optical materials. *Appl. Opt.* 44 (12): 2241 – 2249.

[24] Lambropoulos, J., Jacobs, S. D., Gillman, B. et al. (1997). Subsurface damage in microgrinding optical glasses. *Ceram. Trans.* 82: 469 – 474.

[25] Shafrir, S.N., Lambropoulos, J.C., and Jacobs, S.D. (2007). Subsurface damage and microstructure development in precision microground hard ceramics using magnetorheological finishing spots. *Appl. Opt.* 46 (22): 5500 – 5515.

[26] Cerqua, K.A., Lindquist, A., Jacobs, S.D., and Lambropoulos, J. (1987). Strengthened glass for high average power laser applications. SPIE: Conference on New Slab and Solid-State Laser Technologies and Applications, Volume 0736, pp. 13 – 21.

[27] Guo, S., Arwin, H., Jacobsen, S.N. et al. (1995). A spectroscopic ellipsometry study of cerium dioxide thin films. *J. Appl. Phys.* 77 (10): 5369 – 5376.

[28] Shoup, M.J., Jacobs, S.D., Kelly, J.H. et al. (1992). Specification of large aperture Nd: phosphate glass laser disks. Proceedings of SPIE, Volume 1627, pp. 192 – 201.

[29] DeGroote, J.E., Marino, A.E., Wilson, J.P. et al. (2007). Removal rate model for magnetorheological finishing of glass. *Appl. Opt.* 46 (32): 7927 – 7941.

[30] DeGroote, J.E., Jacobs, S.D., Gregg, L.L. et al. ed. (2001). Quantitative characterization of optical polishing pitch. International Symposium on Optical Science and Technology. International Society for Optics and Photonics.

[31] Golini, D., Jacobs, S., Kordonski, W., and Dumas, P. (1997). Precision optics fabrication using magnetorheological finishing. SPIE, CR67 – 16, pp. 1 – 23.

[32] Golini, D., Jacobs, S.D., Kordonski, V., and Dumas, P. ed. (1997). Precision optics fabrication using magnetorheological finishing. Proceedings Volume 10289, Advanced Materials for optics and precision structures: A Critical Review.

[33] Shorey, A.B., Kwong, K.M., Johnson, K.M., and Jacobs, S.D. (2000). Nanoindentation hardness of particles used in magnetorheological finishing (MRF). *Appl. Opt.* 39 (28): 5194 – 5204.

[34] Jacobs, S.D. (2007). Manipulating mechanics and chemistry in precision optics finishing. *Sci. Technol. Adv. Mat.* 8 (3): 153 – 157.

[35] Jacobs, S.D., Golini, D., Hsu, Y. et al. ed. (1995). Magnetorheological finishing: a deterministic process for optics manufacturing. *International Conferences on* Optical Fabrication and Testing and Applications of Optical Holography. International Society for Optics and Photonics.

[36] Kordonski, W.I. and Jacobs, S. (1996). Magnetorheological finishing. *Int. J. Mod. Phys. B* 10 (23 – 24): 2837 – 2848.

[37] Lambropoulos, J.C., Miao, C., and Jacobs, S.D. (2010). Magnetic field effects on shear and normal stresses in magnetorheological finishing. *Opt. Express* 18 (19): 19713 – 19723.

[38] Cerqua, K. A., Jacobs, S. D., and Lindquist, A. (1987). Ion-exchange strengthened phosphate laser glass. Development and applications. *J. Non-Cryst. Solids* 93: 361 – 376.

[39] Jacobs, S.D. ed. (2004). International innovations in optical finishing. Optical Science and Technology, The SPIE 49th Annual Meeting. International Society for Optics and Photonics.

[40] Jacobs, S. ed. (2003). Innovations in polishing of precision optics. International Progress on Advanced Optics and Sensors.

[41] Shorey, A.B., Jacobs, S.D., Kordonski, W.I., and Gans, R.F. (2001). Experiments and observations regarding the mechanisms of glass removal in magnetorheological finishing. *Appl. Opt.* 40 (1): 20-33.

[42] Abate, J.A., Brown, D.C., Cromer, C. et al. ed. (1977). Direct measurement of inversion density in silicate and phosphate laser glass. Laser Induced Damage in Optical Materials, Boulder, CO, USA (4-6 October 1977).

[43] Jacobs, S. D., Kordonski, W., Prokhorov, I. V. et al. (2000). Deterministic magnetorheological finishing. Google Patents.

[44] Arrasmith, S.R., Kozhinova, I.A., Gregg, L.L. et al. ed. (1999). Details of the polishing spot in magnetorheological finishing (MRF). SPIE's International Symposium on Optical Science, Engineering, and Instrumentation. International Society for Optics and Photonics.

[45] Jacobs, R.R. and Weber, M.J. (1976). Dependence of the 4F3/2 - 4I11/2 induced-emission cross section for Nd3+ on glass composition. *IEEE J. Quantum Electron.* QE-12 (2): 102-111.

[46] Evans, C.J., Paul, E., Dornfeld, D. et al. (2003). Material removal mechanisms in lapping and polishing. *CIRP Ann.* 52 (2): 611-633.

[47] Luo, J. and Dornfeld, D.A. (2001). Material removal mechanism in chemical mechanical polishing: theory and modeling. *IEEE Trans. Semicond. Manuf.* 14 (2): 112-133.

[48] Luo, J. and Dornfeld, D. A. (2003). Effects of abrasive size distribution in chemical mechanical planarization: modeling and verification. *IEEE Trans. Semicond. Manuf.* 16 (3): 469-476.

[49] Wang, C., Sherman, P., Chandra, A., and Dornfeld, D. (2005). Pad surface roughness and slurry particle size distribution effects on material removal rate in chemical mechanical planarization. *CIRP Ann. Manuf. Technol.* 54 (1): 309-312.

[50] Moon, Y. (1999). Mechanical aspects of the material removal mechanism in chemical mechanical polishing (CMP). ProQuest Dissertations and Theses, thesis PhD. University of California, Berkeley, CA.

[51] Li, Y. (2007). *Microelectronic Applications of Chemical Mechanical Planarization*. Wiley.

[52] Babu, S. (2016). *Advances in Chemical Mechanical Planarization (CMP)*. Woodhead Publishing.

[53] Steigerwald, J.M., Murarka, S.P., and Gutmann, R.J. (2008). *Chemical Mechanical Planarization of Microelectronic Materials*. Wiley.

目 录

致谢

第Ⅰ部分 基本相互作用——材料科学

第 1 章 绪论

1.1 光学制造工艺 /2
1.2 光学制造工艺的主要特点 /5
1.3 材料去除机制 /8
参考文献 /10

第 2 章 面形

2.1 普雷斯顿方程 /12
2.2 普雷斯顿系数 /13
2.3 界面摩擦力 /16
2.4 运动和相对速度 /18
2.5 压力分布 /22
2.5.1 施加的压力分布 /22
2.5.2 弹性抛光盘响应 /23
2.5.3 流体动力 /24
2.5.4 力矩 /26
2.5.5 黏弹性和黏塑性抛光盘特性 /29
2.5.6 工件-抛光盘失配 /33

2.6 确定性面形 /54
参考文献 /57

第 3 章 表面质量

3.1 亚表面机械损伤 /63
3.1.1 压痕断裂力学 /63
3.1.2 研磨过程中的亚表面机械损伤 /76
3.1.3 抛光过程中的 SSD /91
3.1.4 蚀刻对 SSD 的影响 /99
3.1.5 最小化 SSD 的策略 /107
3.2 碎屑、颗粒和残留物 /108
3.2.1 颗粒 /108
3.2.2 残留物 /110
3.2.3 清洁策略和方法 /112
3.3 拜尔培层 /114
3.3.1 通过两步扩散的钾渗透 /116
3.3.2 化学反应性引起的铈渗透 /118
3.3.3 拜尔培层和抛光工艺的化学-结构-机械模型 /122
参考文献 /124

第 4 章 表面粗糙度

4.1 单颗粒去除功能 /130
4.2 拜尔培层特性 /137
4.3 浆料粒度分布 /138
4.4 抛光盘机械性能和形貌 /141
4.5 浆料界面相互作用 /144
4.5.1 浆料岛和 μ -粗糙度 /144
4.5.2 浆料中颗粒的胶体稳定性 /148
4.5.3 抛光界面处的玻璃抛光生成物堆积 /150
4.5.4 抛光界面处的三种力 /152

4.6　浆料再沉积　/154
4.7　预测粗糙度　/157
4.7.1　集成赫兹多间隙(EHMG)模型　/157
4.7.2　岛分布间隙(IDG)模型　/164
4.8　降低粗糙度的策略　/167
4.8.1　策略1：减少或缩小每粒子负载的分布　/167
4.8.2　策略2：修改给定浆料的去除函数　/168
参考文献　/170

第5章　材料去除率

5.1　磨削材料去除率　/173
5.2　抛光材料去除率　/178
5.2.1　与宏观普雷斯顿方程的偏差　/178
5.2.2　宏观材料去除的微观/分子描述　/179
5.2.3　影响单颗粒去除函数的因素　/185
参考文献　/195

第Ⅱ部分　应用——材料技术

第6章　提高产量：划痕鉴定和断口分析

6.1　断口分析101　/200
6.2　划痕辨识　/204
6.2.1　划痕宽度　/205
6.2.2　划痕长度　/206
6.2.3　划痕类型　/207
6.2.4　划痕密度　/208
6.2.5　划痕方向和滑动压痕曲率　/208
6.2.6　划痕模式和曲率　/208

6.2.7 工件上的位置 /209
6.2.8 划痕辨识示例 /209
6.3 缓慢裂纹扩展和寿命预测 /210
6.4 断裂案例研究 /213
6.4.1 温度诱发断裂 /213
6.4.2 带摩擦的钝性载荷 /221
6.4.3 玻璃与金属接触和边缘剥落 /223
6.4.4 胶合导致碎片断裂 /225
6.4.5 压差引起的工件失效 /226
6.4.6 化学相互作用和表面裂纹 /229
参考文献 /233

第 7 章 新工艺及表征技术

7.1 工艺技术 /236
7.1.1 刚性与柔性固定块 /236
7.1.2 浅层蚀刻和深蚀刻 /240
7.1.3 使用隔膜或修整器进行抛光垫磨损管理 /241
7.1.4 密封、高湿度抛光腔室 /244
7.1.5 工程过滤系统 /244
7.1.6 浆液化学稳定性 /246
7.1.7 浆料寿命和浆料回收 /250
7.1.8 超声波抛光垫清洗 /250
7.2 工件表征技术 /252
7.2.1 使用纳米划痕技术表征单颗粒去除函数 /252
7.2.2 使用锥形楔片测量亚表面损伤 /253
7.2.3 使用特怀曼效应进行应力测量 /255
7.2.4 使用 SIMS 对拜尔培层进行表征 /255
7.2.5 使用压痕和退火进行表面致密化分析 /256
7.2.6 使用静态压痕法测量裂纹发生和扩展常数 /258
7.3 抛光或研磨系统表征技术 /258

7.3.1 使用 SPOS 分析的浆料 PSD 末端结构 /258
7.3.2 使用共焦显微镜测量抛光垫形貌 /259
7.3.3 使用 zeta 电位测量浆料稳定性 /259
7.3.4 红外成像测量抛光过程中的温度分布 /261
7.3.5 使用非旋转工件抛光表征浆料空间分布和黏弹性研磨盘响应 /261
7.3.6 使用不同盘面槽结构分析浆料反应性与距离 /262
参考文献 /263

第 8 章 新型抛光方法

8.1 磁流变抛光 /265
8.2 浮法抛光 /271
8.3 离子束成形 /273
8.4 收敛抛光 /275
8.5 滚磨抛光 /279
8.6 其他子孔径抛光方法 /285
参考文献 /288

第 9 章 抗激光损伤光学元件

9.1 激光损伤前体 /296
9.2 减少激光光学元件中的 SSD /300
9.3 高级缓解过程 /301
参考文献 /306

缩略语及中英文对照

致 谢

这项工作由美国能源部劳伦斯·利弗莫尔国家实验室(LLNL)根据合同 DE-AC52-07NA27344 进行。特别感谢 LLNL 职业中期奖计划提供完成本书所需的经费和资源,以及实验室指导的研究与开发(LDRD)计划为本书所介绍的大部分研究提供资金。

感谢 Wiley 和美国陶瓷协会支持出版光学制造的重要主题,感谢编辑、图形设计和审查者(特别是 Margaret Davis、Brian Chavez 和 James Wickboldt)。

特别感谢许多共同研究者、合作者和导师,特别是 LLNL 共同研究者 Rusty Steele、Mike Feit、Phil Miller 和 Lana Wong,他们加入了这 15 年的旅程,揭开了光学制造这一迷人领域的神秘和复杂性。他们的贡献极大地丰富了这本书。最后,最重要的是,感谢我的父母,他们为我今天的生活奠定了基础,以及我的家人:Maleka 和我的孩子(Fatima,Maryam,Aamina),他们提供了无尽的支持。

第Ⅰ部分

基本相互作用——材料科学

第 1 章　绪论

1.1　光学制造工艺

光学制造是指光学元件的加工，即将各种材料制作成不同尺寸和形状的诸如无源光学元件（如透镜、透射平板、反射镜和棱镜）和有源光学元件（如激光增益介质、变频器、偏振器和自适应光学元件）等。

典型的光学制造过程开始于大块材料或坯件，通过一系列研磨和抛光步骤加工成为光学元件，如图 1－1 所示。现已存在大量不同类型的研磨和抛光工艺[1-17]。不过，每一种工序的目的是以定量可控方式从工件上去除材料，以满足下一步工序或最终工艺的指标要求。通常情况下，工序中引起的任何表面损伤都会在后续工序中消除，如图 1－2 所示。

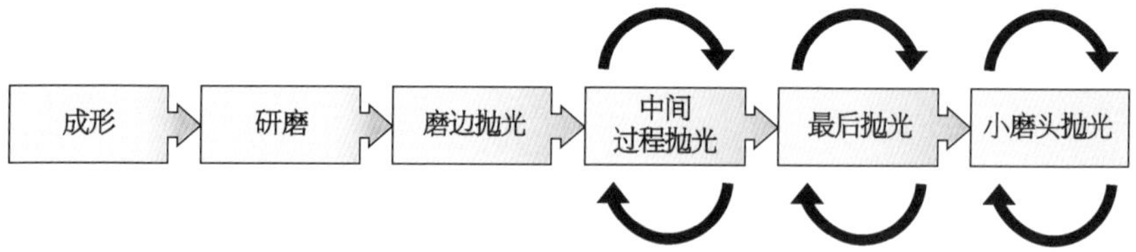

图 1－1　传统光学制造工艺中的典型步骤

光学制造工艺通常需要对给定的工艺步骤进行多次迭代（如图 1－1 中的圆弧箭头所示），同时进行测量和修整，以获得所需的表面面形和表面质量。往往前面工艺步骤去除材料的速度更快，去除精度较低，对工件的表面损伤更大。

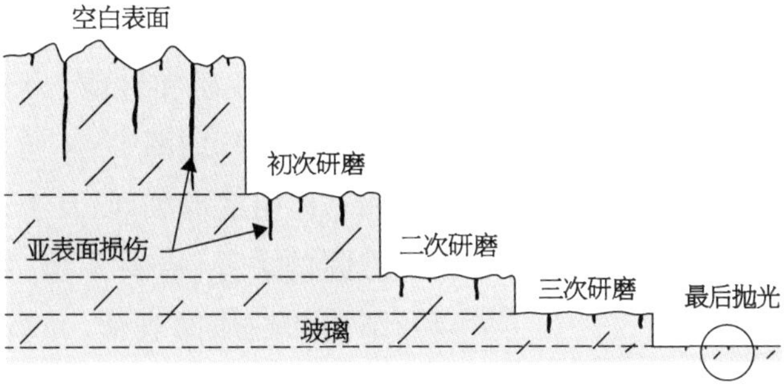

图 1-2　研磨/抛光过程中各个步骤的材料去除示意图，图中显示了表面破碎层的去除过程

最后的工艺步骤通常是相反的：具有较慢的材料去除率，但可更好地控制精度，对工件的表面损伤很小（或者，在理想情况下没有损伤）。

磨料或抛光颗粒的尺寸是控制材料去除率的主要因素（图 1-3）。由于材料去除率可能会发生多个数量级的变化，因此需要适当优化步骤间去除指标分配的工步数量，以保证制造工艺的最经济化。最终，一个给定光学制造工艺的总工时和成本取决于以下因素：① 工序的去除率（取决于后续较慢的工艺步骤）；② 工序的数量；③ 每个工序达到该工序规定指标要求所需要重复的次数。

制造过程中的一个共同因素是以下三者之间在不同空间尺度上的一系列基本相互作用：① 被加工工件；② 研磨工具或刀具，将导致工件产生与时间和空间相关的机械载荷；③ 磨料或润滑剂，通常含有颗粒以去除工件上的材料。

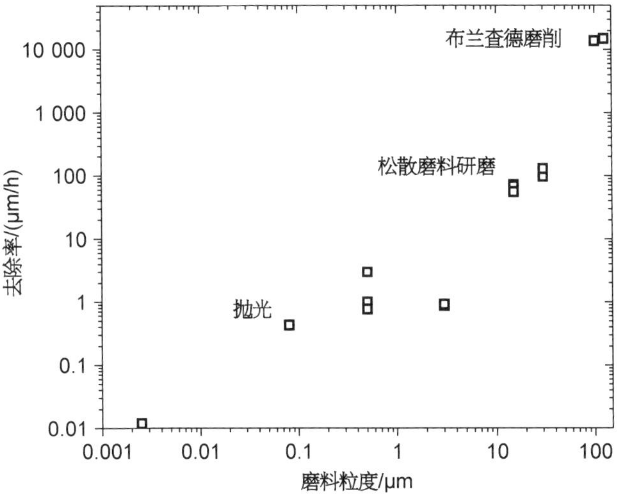

图 1-3　熔融石英玻璃材料去除率与磨料粒度的对数关系图

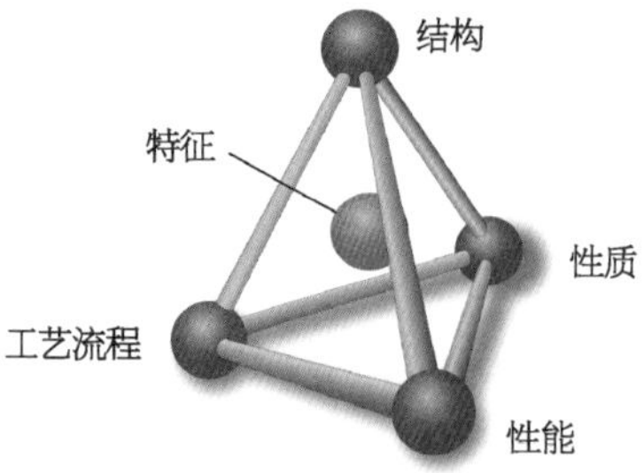

图 1-4 材料科学研究中的重要关系示意图

（资料来源：Callister 和 Rethwisch，2010 年[11]；https://enwikipediaorg/wiki/Materials_science）

对这些现象的描述和理解以及工艺如何影响工件结构、性质和性能，为光学制造提供了材料-科学原理，如图 1-4 所示。定义这些基本的相互作用或现象，以及工艺、结构、性质和性能之间的关系，需要系统、可控的工艺实验以及结构和性质的表征，并结合定量建模。在以往看来，这是很难实现的，因为在不同的空间尺度上有大量同时发生的相互作用和现象，以及大量的过程变量。

类似于光学加工，化学机械抛光（CMP）是一种用于集成电路的制造方法，并由于其在集成电路工业中的重要性而受到了广泛的研究。CMP 工艺的主要作用是使由不同材料（铝、硅、二氧化硅、铜和钨等）组成的加工表面平坦化，且几乎没有缺陷。虽然与光学加工类似，CMP 也是通过力学、摩擦学和化学来发生作用，但两者技术仍有明显的差异。

CMP 工艺的优点，主要是使具有多种类型材料的加工表面平坦化，如图 1-5 所示[18-20]。相比之下，光学加工只是为了得到单一材料的光滑面形。平坦化的目标是使整个表面的不同材料区域达到同样厚度，而光学加工是为了实现所需的特定面形，如平面、球面、非球面或者其他形状。因此，在光学制造中，运动方式或刀具相对于工件的运动模式往往更为复杂，并且由于面对的抛

(a) (b)

图 1-5 不使用(a)和使用(b) CMP 制造的集成电路的比较

（资料来源：李 2007[18]）

光对象不同（只去除一种材料和去除多种材料），磨料化学性质的差异也较大。CMP 工艺往往需要在非常高的压力（30～40 kPa）、较高的相对速度和较短的抛光时间下进行，通常为最终抛光需要几分钟、去除坯料需要几十分钟。光学加工通常需要较低的压力（0.7～7 kPa）、较低的速度和较长的抛光时间（1 h 到>100 h）。即使在制作平面光学元件时，实现平面面形也不同于平坦化要求。这是因为，光学平面是根据反射或透射的光程差确定，而 CMP 平坦化是根据表面层的厚度均匀性确定；这种微妙但重要的差异意味着平坦化允许工件弯曲，这在光学加工中控制表面形状时通常是不允许的。最后，由于抛光时间长，光学制造通常需要抛光液再循环系统，而 CMP 工艺可能使用一次性抛光液。

1.2　光学制造工艺的主要特点

光学制造工艺和产生的光学材料的主要特征定义如下：

（1）面形。指工件的表面形状起伏。

（2）表面质量。指表面特征，包括亚表面的机械损伤（划痕和凹痕）、亮道、颗粒和杂质，以及光学元件表面的变性结构。

（3）表面粗糙度。指光学元件的表面微观起伏。

（4）材料去除率。指在给定的工艺步骤中，从工件表面移除材料的速率。

图 1－6 所示的维恩图说明了上述特征如何重叠。这些特征中的每一种都对光学元件的性能和成本起着如下重要作用：

（1）面形影响该光学元件所需波前控制指标。

（2）表面质量影响光的散射程度和元件使用寿命（例如易受激光损伤或限制激光强度）。

（3）表面粗糙度影响表面散射；对于高功率激光应用，影响激光束对比度。

（4）材料去除率影响光学元件的加工时间和成本。

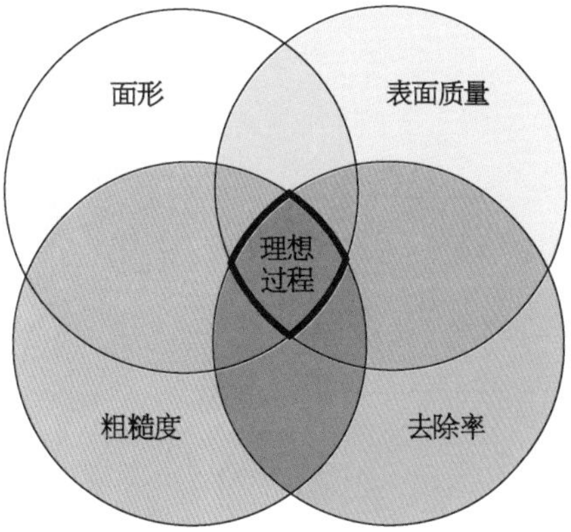

图 1－6　维恩图说明了光学制造的四个主要特征。理想情况下，开发出同时满足所有指标的最佳工艺

理想的光学制造工艺是针对所有四个主要特性进行优化的工艺。然而，在进行流程设计时，一个常见的挑战是，对一个特性的改进可能会以牺牲另一个特性为代价。例如，要获得非常低的粗糙度，加工过程材料去除率就必须足够低，因此光学元件的时间效率成本更高。

面形通常采用干涉测量技术（如文献[21－22]）对最终工件的大尺度表面形状进行测量。面形通常由 Zernike 多项式（如图 1－7 所示的功率、像散、彗差或不规则度）和功率谱密度图（图 1－8）描述。Zernike 多项式是将圆形光学元件的最终表面面形描述为一系列基础表面面形的组合的一种方便方法[23]，其形式如下：

$$z_{\mathrm{p}} = a_n^m(R_n^m \cos m\varphi) + a_n^{-m}(R_n^{-m} \sin m\varphi) + a_n^0(R_n^0) \tag{1-1}$$

式中，a_n^m 为与特定项相关的系数；R_n^m 为径向多项式；n 为径向阶数；m 为方位频率；φ 为方位角。注意，m 和 n 是非负整数，并且 $n \geqslant m$。方程（1－1）中的正弦-余弦项表示非旋转对称曲面，最后一项表示旋转对称曲面。这些多项式具有许多有用的特性，尤其是它们可以直接与经典像差相关，并可定义圆形、环形和椭圆形孔径的面形。面形指标包括透射或反射波前，或两者兼而有之。在透射波前的情况下，块体材料的均匀性对于许多波前参数都很重要[16,24-25]。

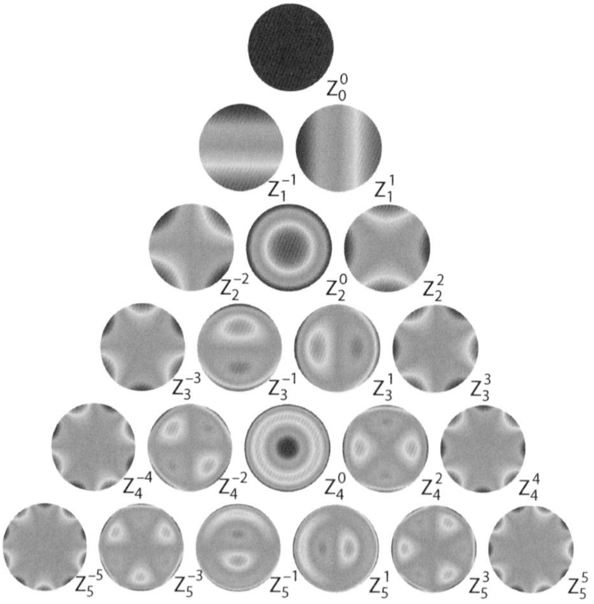

图 1－7　描述工件面形的前 21 个 Zernike 多项式，按径向度垂直和方位度水平排列

（资料来源：https://en.wikipedia.org/wiki/Zernike_polynomials）

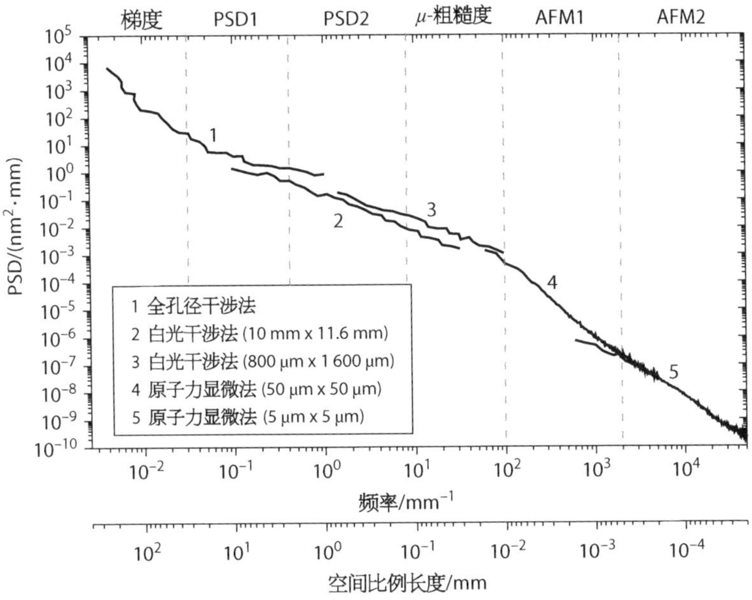

图 1－8　在不同标度长度下使用不同测量技术的光学表面在多个空间标度长度上的复合功率谱密度示例

[标注了测量空间尺度的典型技术。图的左侧表示大空间尺度(称为面形)；右侧表示小空间尺度(称为表面粗糙度)]

表面质量是指在精密抛光和清洁后工件表面达到的完美程度。表面质量指标的示例包括：机械相互作用导致的，如表面微裂缝或亚表面损伤(SSD)、塑性变形和致密化；外来颗粒或残留物；化学相互作用，例如近表面层中的表面分子悬挂键和分子杂质。SSD 型表面质量通常称为划痕/凹痕，这些表达元件表面质量的参数使用各种标准进行了规范[26-28]。对于激光光学元件而言，还要求在快速化学浅蚀刻暴露缺陷后规定划痕/凹痕等指标。

表面粗糙度是表征表面形貌起伏的一种方法。它通常不仅用于描述磨削表面(微米尺度)，还用于描述光学光滑表面(10^{-10}~10^{-9} m 尺度)。粗糙度 δ 通常由表面形貌的均方根(RMS)描述：

$$\delta = \sqrt{\frac{1}{N}\sum_{i=1}^{N} z_{oi}^{2}} \tag{1-2}$$

式中，N 为沿曲面的离散、等间距测量点的数量；z_o 为曲面平均高度线以上或以下局部曲面高度。注意，计算的 RMS 粗糙度将取决于面形的总长度(最大空间尺度)、表面面积的平均值(即横向分辨率)以及数据点之间的距离(最小空间尺度)[29-30]。因此，RMS 不是唯一的值，它非常依赖于测量技术。

表面粗糙度的另一个重要描述是功率谱密度函数(也称为功率谱),它是表面粗糙度的空间频谱,以长度倒数为单位,由表面高度数据 (z_o) 的傅里叶变换计算得出。图 1-8 中较小空间尺度上的功率谱描述了粗糙度[29]。从长到短的空间尺度上,各种空间带被称为 RMS 梯度、PSD-1、PSD-2、μ-粗糙度和原子力显微镜(AFM)粗糙度。功率谱是描述光学表面的一种方便方法,与表面每单位立体角的散射有关。它们在识别表面的周期结构方面也很强大,如功率谱中的尖峰所示。表 1-1 显示了高功率激光光学元件的一组规范示例,包括粗糙度。

表 1-1 典型激光光学器件的详细指标示例集,包括表面面形(这里,通过 Zernike 项明确透射波前)、粗糙频段(精细尺度功率谱)、表面质量(亚表面损伤或划痕/凹痕)和材料块体参数

类型	属性	值
表面	峰谷值	211 nm ($\lambda/3$)
	梯度	<7 nm · cm^{-1}(λ/90/cm)
	PSD-1	1.8 nm · rms
	PSD-2	1.1 nm · rms
	粗糙度	0.4 nm · rms
	划痕/凹痕[a)]	20/10
主体块材	折射率均匀性	<5×10^{-6}
	吸收夹杂物(>5 μm)	0
	透明夹杂物	0

① 本表为 3ω 国家点火装置光学元件(40 cm 孔径)的典型值。
② a:刻蚀后划痕数量(宽度>8 μm)<12。

1.3 材料去除机制

在宏观层面上,给定工艺步骤的材料去除率通常由普雷斯顿方程[31]表达:

$$\frac{\mathrm{d}h}{\mathrm{d}t} = k_p \sigma_o V_r \tag{1-3}$$

式中,$\mathrm{d}h/\mathrm{d}t$ 为平均厚度去除率;k_p 为普雷斯顿系数;σ_o 为施加的压力;V_r

为抛光颗粒相对于基底的平均相对速度。简单地说，去除率随压力和速度线性增加。尽管该方程具有巨大的实用价值，但从材料科学的角度来看，它并不令人满意，因为它没有明确显示加工过程中发生的许多微观和分子现象。

在本书第 2 章剖析普雷斯顿方程之前，重要的是描述从工件表面去除材料的基本微观过程和分子机制。关于去除机制有大量文献（例如文献[9－10,32－33]）提及。大多数去除机制中的一个统一的考虑因素是磨抛颗粒的载荷。从表面去除材料的四种基本机制是脆性去除、化学/物理溶解、塑性去除和化学反应，具体如下：

（1）在脆性去除（即断裂）中，每个颗粒的载荷足够大，导致表面上产生各种类型的断裂，从而导致断裂颗粒去除。玻璃和陶瓷的研磨过程由脆性去除控制。

（2）化学/物理溶解是指通过腐蚀、酸、碱或气相离子轰击（通过反应或物理去除表面原子）去除材料的过程。材料去除率由化学反应速率决定，在很大程度上与负荷无关。蚀刻行为（各向同性与各向异性、全等或不一致、反应速率与质量传输有限）对表面的演化有很大影响。

（3）在塑性去除中，每个颗粒的载荷低于断裂极限，导致材料塑性流动并从表面去除。显然，金属和软材料可能表现出这种行为，但玻璃和其他脆性材料在纳米级具有塑性时也表现出这种去除。

（4）在颗粒化学反应中，每个颗粒的载荷较低、低于塑性变形极限。颗粒的化学特性允许与工件表面发生分子级反应，从而导致材料去除。玻璃抛光中最常见的例子是使用氧化铈颗粒，通过缩合和水解反应进行去除。这种现象被称为化学齿合效应[10]。图 1－9 说明了给定的材料去除机制，后续章节将提供更多详细信息。

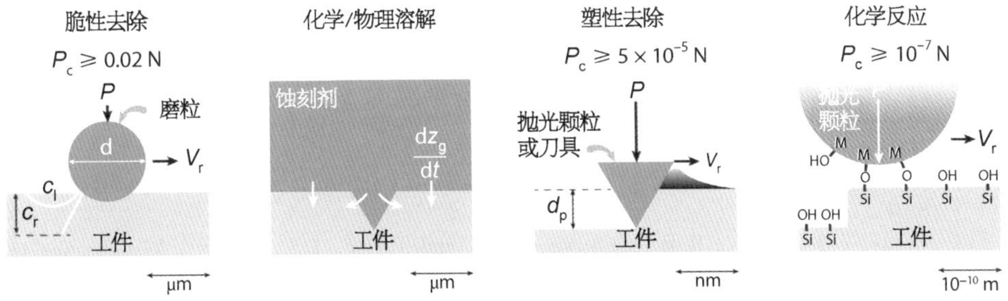

图 1－9　各种类型材料去除机制示意图

参考文献

[1] Karow, H.H. (1992). *Fabrication Methods for Precision Optics* (ed. J.W. Goodman), 1-751. New York: Wiley.

[2] Williamson, R. (2011). *Field Guide to Optical Fabrication*, xii, 121. Bellingham, WA: SPIE.

[3] Bass, M. and Mahajan, V.N. (2010). *Optical Society of America. Handbook of Optics*, 3e, vol. 1, 4-5. New York: McGraw-Hill.

[4] Schwiegerling, J. (2014). *Optical Specification, Fabrication, and Testing*, xi, 203. Bellingham, WA: SPIE Press.

[5] Twyman, F. (1952). *Prism and Lens Making; A Textbook for Optical Glassworkers*, 2e, viii, 629. London: Hilger & Watts.

[6] Fynn, G.W., Powell, W.J.A., and Fynn, G.W. (1988). *Cutting and Polishing Optical and Electronic Materials*, 2e, xxiii, 229. Bristol, PA: A. Hilger.

[7] De Vany, A.S. (1981). *Master Optical Techniques*, viii, 600. New York: Wiley.

[8] Malacara, D. (2007). *Optical Shop Testing*, 3e, xx, 862. Hoboken, NJ: Wiley-Interscience.

[9] Brown, N. (1981). *A Short Course on Optical Fabrication Technology*. Lawrence Livermore National Laboratory.

[10] Cook, L. (1990). Chemical processes in glass polishing. *J. Non-Cryst. Solids* 120 (1-3): 152-171.

[11] Callister, W.D. and Rethwisch, D.G. (2010). *Materials Science and Engineering: An Introduction*, 8e, xxiii, 885, 82. Hoboken, NJ: Wiley.

[12] Parks, R.E. (1981). Traditions of optical fabrication. *Proc. Soc. Photo-Opt. Instrum. Eng.* 315: 56-64.

[13] Oliver, M.R. (2004). *Chemical-Mechanical Planarization of Semiconductor Materials*, x, 425. Berlin, New York: Springer-Verlag.

[14] Liang, H. and Craven, D.R. (2005). *Tribology in Chemical-Mechanical Planarization*, 185. Boca Raton, FL: Taylor & Francis.

[15] Babu, S.V. (2000). Chemical-Mechanical Polishing — Fundamentals and Challenges: Symposium Held, San Francisco, CA, USA (April 5-7 1999). Warrendale, PA: Materials Research Society, ix, 281.

[16] Izumitani, T. (1986). *Optical Glass*, x, 197. New York: American Institute of Physics.

[17] Doi, T., Uhlmann, E., and Marinescu, I.D. (2015). *Handbook of Ceramics Grinding and Polishing*. William Andrew.

[18] Li, Y. (2007). *Microelectronic Applications of Chemical Mechanical Planarization*. Wiley.

[19] Landis, H., Burke, P., Cote, W. et al. (1992). Integration of chemical-mechanical polishing into CMOS integrated circuit manufacturing. *Thin Solid Films* 220 (1-2): 1-7.

[20] Zantye, P.B., Kumar, A., and Sikder, A. (2004). Chemical mechanical planarization for microelectronics applications. *Mater. Sci. Eng.*, *R* 45 (3): 89-220.

[21] Robinson, D.W. and Reid, G.T. (1993). *Interferogram Analysis, Digital Fringe Pattern Measurement Techniques*. CRC Press.

[22] Goodwin, E.P. and Wyant, J.C. ed. (2006). *Field Guide to Interferometric Optical Testing*. SPIE.

[23] Evans, C.J., Parks, R.E., Sullivan, P.J., and Taylor, J.S. (1995). Visualization of surface figure by the use of Zernike polynomials. *Appl. Opt.* 34 (34): 7815-7819.

[24] Bach, H. and Neuroth, N. (2012). *The Properties of Optical Glass*. Springer Science & Business Media.

[25] Doremus, R.H. (1973). *Glass Science*. Wiley.
[26] Kimmel, R.K., Parks, R.E., and OSA Standards Committee (1995). *ISO 10110 Optics and Optical Instruments: Preparation of Drawings for Optical Elements and Systems: a User's Guide*, 86. Washington, DC: Optical Society of America.
[27] Salrin, J. and Gutlwin, G. (1945). Surface Quality Standards for Scratch and Dig. Picatinny Arsenal, NJ.
[28] Aikens, D.M. ed. (2010). *The Truth About Scratch and Dig. Optical Fabrication and Testing*. Optical Society of America.
[29] Bennett, J.M. and Mattsson, L. (1999). *Introduction to Surface Roughness and Scattering*, 2e, viii, 130. Washington, DC: Optical Society of America.
[30] Duparre, A., Ferre-Borrull, J., Gliech, S. et al. (2002). Surface characterization techniques for determining the root-mean-square roughness and power spectral densities of optical components. *Appl. Opt.* 41 (1): 154 – 171.
[31] Preston, F.W. (1922). The structure of abraded glass surfaces. *Trans. Opt. Soc.* 23 (3): 141.
[32] Lawn, B.R. (1993). *Fracture of Brittle Solids*, 2e, xix, 378. Cambridge, New York: Cambridge University Press.
[33] Evans, C.J., Paul, E., Dornfeld, D. et al. (2003). *Material Removal Mechanisms in Lapping and Polishing*. Elsevier.

第 2 章　面形

2.1　普雷斯顿方程

如第 1.2 节所述，最终光学元件的主要特征之一是工件的面形或长程面形。实现所需的面形是制造光学器件的主要目标，因为面形影响入射光的波前，包括透射和反射波前。在一般情况下，如果不考虑残余应力变化，工件的最终面形仅由其初始面形和工件表面上每个点的材料去除量决定。因此，为了定量确定给定精加工过程中的面形演变，必须了解在每个点上材料去除率与时间的关系函数。描述和梳理这些规律的一个有用方法是扩展传统的材料去除率普雷斯顿方程[方程(1－3)]。普雷斯顿方程可用更一般的形式描述如下：[1]

$$\frac{dh_i}{dt}(x, y, t) = k_p(x, y, t)\mu(v_r(x, y, t))v_r(x, y, t)\sigma(x, y, z, t) \tag{2-1}$$

$$\frac{dh}{dt}(x, y, t) = \frac{1}{t}\int_0^t k_p(x, y, t')\mu(v_r(x, y, t'))v_r(x, y, t')\sigma(x, y, z, t')dt' \tag{2-2}$$

式中，dh_i/dt 和 dh/dt 分别为工件上某个给定时间 t 和位置 x，y 的瞬时和平均去除率；μ 为摩擦系数，是工件-抛光盘界面处相对速度（v_r）的函数；σ 为由工件施加到抛光盘的压力（σ_o）在接触面形成的压力分布。许多文献从普雷斯顿方程开始，并针对给定的研磨或抛光系统（例如文献[2－6]）对其进行了修改。在 Pal 等人的综述中[6]，描述了普雷斯顿方程的许多修改版本。以下分析从普雷斯顿方程的原始基本形式开始，如方程（2－1）、方程（2－2）。

图 2－1 示意性描述了符合普雷斯顿方程基本形式的一些已知的加工模式。方程（2－1）中的四个主要参数是普雷斯顿系数、界面摩擦力、运动和界面压力分布。施加的压力分布可能与界面压力分布有很大差异。界面压力分布不仅是施加压力分布的函数，还受弹性抛光盘响应、流体动力、力矩、黏弹性抛光盘响应、黏塑性抛光盘响应和工件-抛光盘形状不匹配的影响。工件浆料抛光盘不匹配受许多关键现象的影响，包括工件的瞬时面形、抛光盘磨损或变形导致的抛光盘形状变化、施加载荷下的工件弯曲、残余磨削应力导致的工件弯曲、界面温度分布、整体抛光盘特性、界面处的浆料空间分布，以及局部非线性材料沉积。加深对这些现象的定性和定量理解，有助于提升制造工艺的确定性。图 2－1 提供了这些加工环节的原理过程，对其详细描述将在下一章进行。

2.2　普雷斯顿系数

对于具有给定浆料、抛光盘和工件材料的抛光工艺，普雷斯顿系数（k_p）量化了浆料颗粒从表面去除材料的有效能力[方程（2－1）]。普雷斯顿系数的单位是厚度/动压，以国际单位制 $m^2 \cdot N^{-1}$ 表示。对于使用氧化铈浆料抛光熔融石英玻璃的工艺，抛光盘材料为聚氨酯时的 k_p 典型值为（9～20）×10^{-13} $m^2 \cdot N^{-1}$[1]，采用沥青则 k_p 值为 3×10^{-13} $m^2 \cdot N^{-1}$[8]。

除了相对速度和施加压力外，普雷斯顿系数的值对于给定的一组抛光工艺参数是唯一的。更多的参数包括浆料类型，粒度分布（PSD），pH 值，浆料添加剂，抛光盘材料特性，抛光盘表面结构，抛光盘厚度、形状和槽型，工件材料。普雷斯顿系数可以用来比较抛光过程是如何影响不同工件材料的相对去除率。例如，对于相同的给定抛光工艺（pH 值为 7，采用沥青盘面和相同氧化铈浆料），熔融石英玻璃的普雷斯顿系数为～3.3×10^{-13} $m^2 \cdot N^{-1}$，BK7 玻璃的为 10.4×10^{-13} $m^2 \cdot N^{-1}$，SF6 玻璃的为 1.6×10^{-13} $m^2 \cdot N^{-1}$[8]。换句话说，在相同的抛光条件下，BK7 玻璃的抛光速度比熔融石英快约 3 倍，SF6 玻璃的抛光速度则比熔融石英慢约 2 倍。一些参考文献列出了各种抛光和研磨系统的普雷斯顿系数值[8-10]。

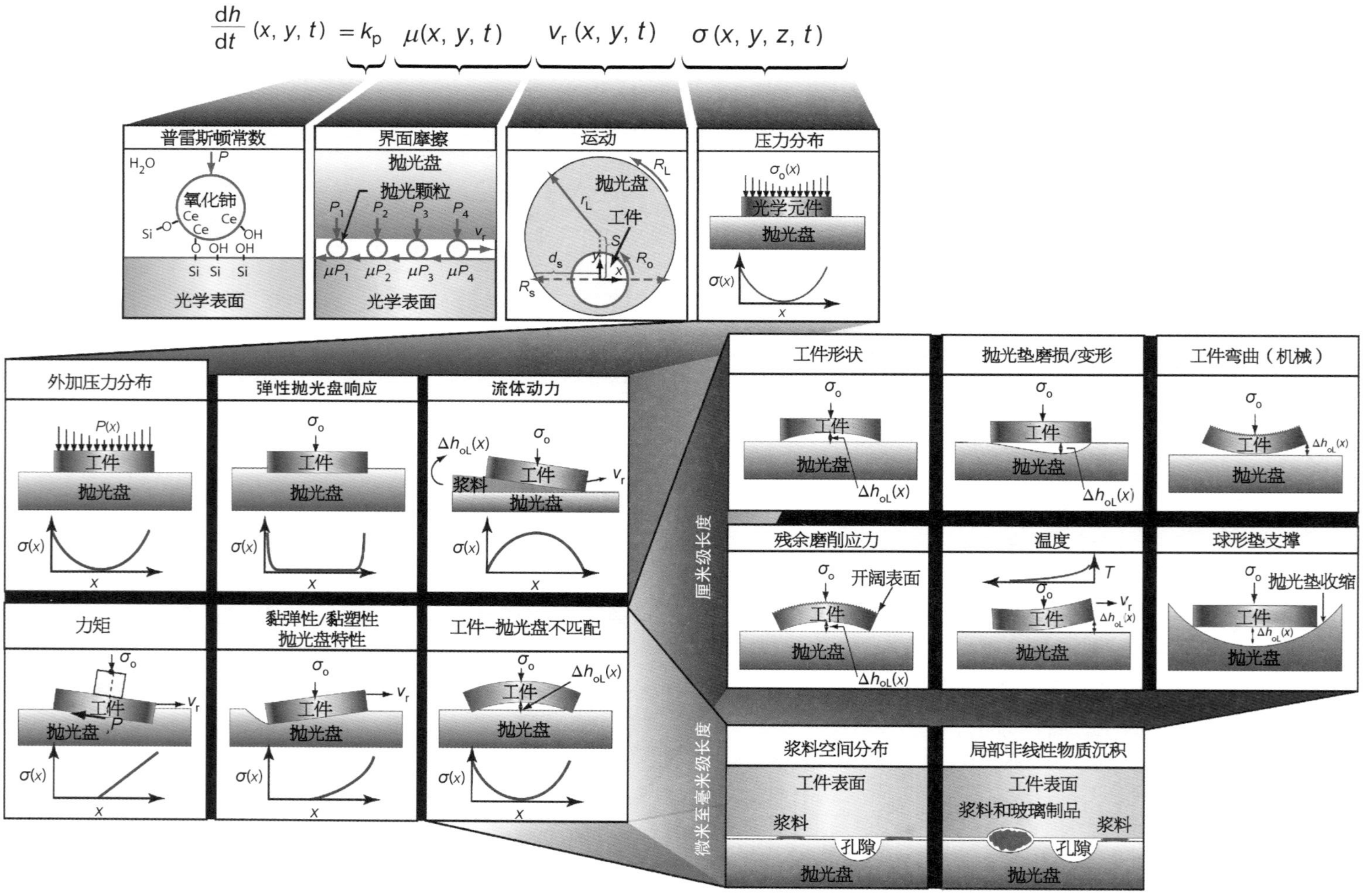

图 2-1　宏观普雷斯顿方程剖析，说明了在研磨和抛光过程中影响材料去除率的各种过程和环节

（资料来源：Suratwala 等人，2014 年[7]。经 John Wiley & Sons 公司许可复制）

尽管普雷斯顿系数在宏观层面上具有实用价值，但从材料科学的角度来看，这一常数本身并不令人满意，因为它没有具体描述决定普雷斯顿系数的基本材料特性和工艺参数的影响。在第 4 章和第 5 章中，将探索微观层面的相互作用，以了解单个浆料颗粒的贡献、它们与工件的相互作用，以及它们如何形成和影响宏观普雷斯顿系数、界面摩擦力、材料去除率和最终工件粗糙度。

对于给定的抛光方案，普雷斯顿系数通常作为单值常数进行评估。然而，在一定条件下，普雷斯顿系数可能会随着抛光时间和工件位置的变化而变化。Cumbo 等人指出[8]，在 BK7 玻璃的氧化铈抛光过程中，随着抛光时间的增加，整体材料去除率下降（图 2－2），这归因于浆料的粒度分布随抛光时间的变化。

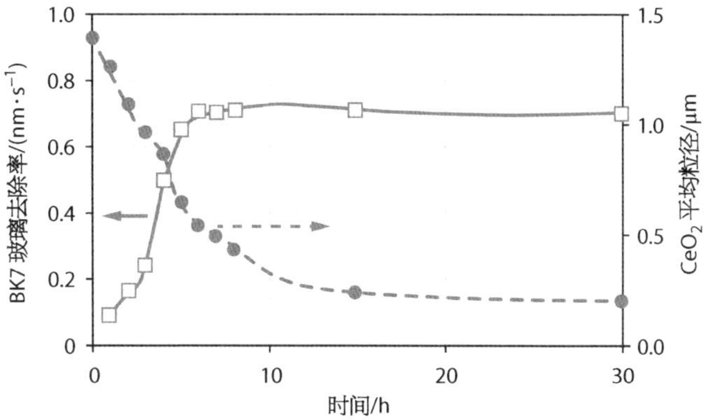

图 2－2　使用氧化铈浆料抛光 BK7 玻璃时，整体材料去除率随抛光时间的变化

（资料来源：Cumbo 等人，1995 年[8]。经光学学会许可复制）

另一个独特的实验表明，距工件的边缘越远，浆料的作用力就越低，也就是说，工件与抛光盘界面前缘的距离越远，普雷斯顿系数越小。前缘是指工件边缘上抛光盘首先接触的部分。图 2－3a 说明了在其他抛光条件相同的情况下，直径为 25 cm 的熔融石英工件，在聚氨酯抛光垫上使用氧化铈浆料，并采用第 8.4 节所述的收敛抛光方法，抛光垫上有凹槽和没有凹槽时，获得的面形有巨大差异。凹槽可以补充抛光界面处的浆料。在使用无凹槽的抛光垫进行抛光时，面形发生了显著变化，导致工件变得非常凸，峰谷（PV）值为 8 μm。然而，当使用间距为 1 cm 的凹槽垫对工件进行抛光时，面形偏移最小。基于这些结果，图 2－3b 显示了浆料作用力特性与距离的函数关系，定量地解释了面形形成原因。对于带有 1 cm 凹槽的抛光盘，浆料反应特性（或有效普雷斯顿系数）基本不变；对于没有凹槽的抛光盘，浆料反应性和普雷斯顿系数随着与边缘距离增

加而呈指数下降。该实验说明了当普雷斯顿系数随距离变化时可能出现的抛光条件,以及通过在界面补充新鲜浆料来减小这种影响的凹槽设计的重要性。

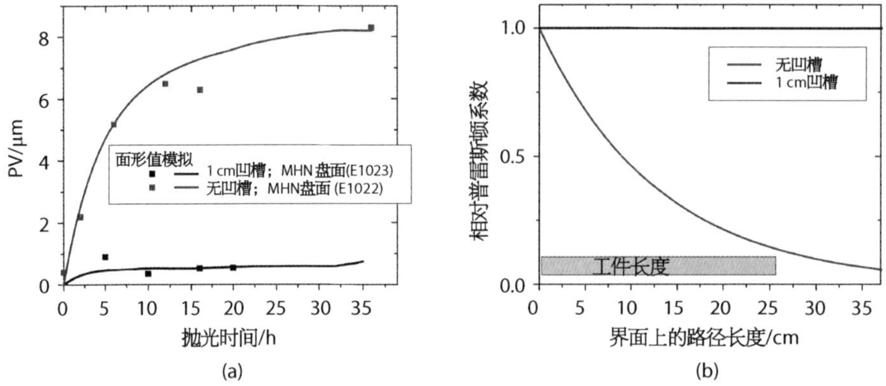

图 2-3 (a) 采用聚氨酯抛光垫(MHN)和氧化铈浆料抛光,在有凹槽和无凹槽的情况下熔融石英工件的面形变化图;(b) 计算得出的有效浆料反应活性与穿过工件的距离关系图

2.3 界面摩擦力

界面摩擦对于材料去除的贡献(μ)如方程(2-1)中所述,在微观情况下可以视为与同工件接触的抛光颗粒数量成比例。接触的颗粒数量越多,摩擦和去除率就越大。在宏观尺度上,摩擦系数定义如下:

$$\mu = \frac{F}{P} \tag{2-3}$$

式中,P 为施加载荷(N);F 为切向摩擦力(N)。工件和抛光盘之间 F 的大小取决于两个物体之间的接触模式、施加的载荷、浆料的特性(例如黏度)以及工件-抛光盘相对速度[11-12]。在实际应用中,摩擦力通常作为给定抛光系统的施加载荷(P)和研磨旋转速率(R_L)的函数进行度量[1]。通常使用斯特里贝克曲线来描述动态摩擦力[μ 作为优良指数(FOM) $\eta_s V_r/\sigma_o$ 的函数],其中 η_s 为抛光液黏度、V_r 为颗粒与工件之间的相对速度、σ_o 为施加的压力。这里 FOM 也称为赫西数[13]。图 2-4[1,12]给出了在各种盘面材料上抛光熔融石英玻璃的标准斯特里贝克曲线示例。界面相互作用有三种不同的状态或模式,如图 2-5[6,11]所示。在 $\eta_s V_r/\sigma_o$ 值较低时,工件和抛光盘进行机械接触,称为接触模式,摩擦系数较

高，通常为 0.7～0.8。$\eta_s V_r/\sigma_o$ 值较高时，浆料的流体压力将工件带离抛光盘，称为滑动模式，摩擦系数较低，<0.02；滑动模式的一个例子是当一辆汽车在雨中高速刹车后如水上滑行艇滑行。在 $\eta_s V_r/\sigma_o$ 的中间值，界面处于混合模式，其中摩擦系数介于接触模式和滑动模式之间。在这里，摩擦系数可以随着相对速度和施加压力的微小变化而显著变化。值得注意的是，薄膜厚度或界面间隙从接触模式到混合模式，再到滑动模式逐渐增加[13-14]。

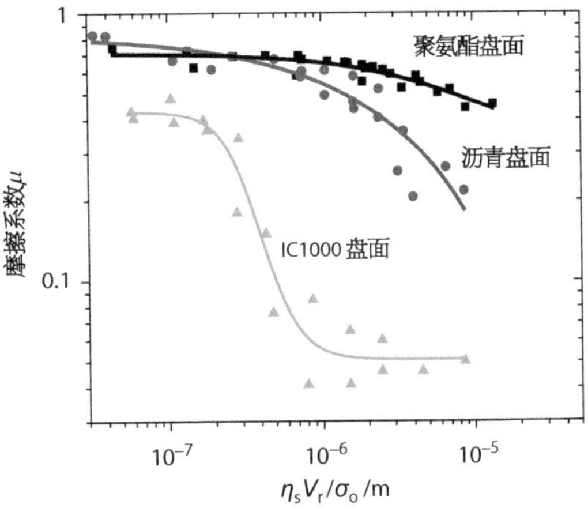

图 2－4　根据斯特里贝克曲线绘制的测量摩擦系数与施加压力以及相对速度的函数关系曲线，显示了每种抛光盘材料的数据拟合曲线都呈 S 形

（资料来源：Suratwala 等人，2010 年[1]。经 John Wiley & Sons 公司许可复制）

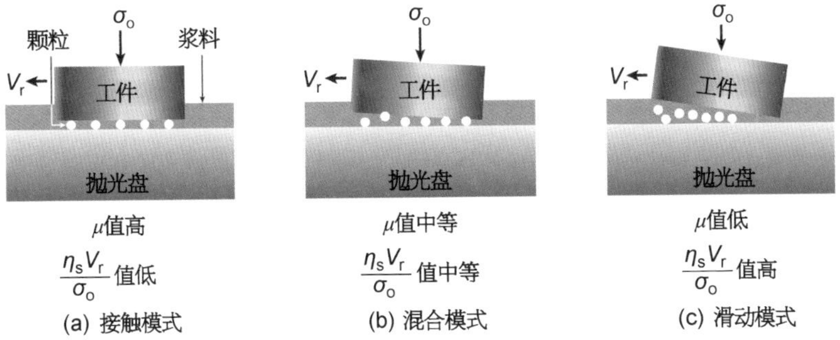

图 2－5　工件和抛光盘之间的界面接触类型

（资料来源：改编自：Pal 等人，2016 年[6]；Hutchings，1992 年[11]）

大多数传统的光学抛光是在接触模式下进行的，在该模式下，摩擦系数很大，并且不会随着压力和速度的微小变化而发生显著变化。然而，在许多 CMP 工艺中是以混合模式进行的。通常应该避免滑动模式导致工件抛光过程的低效去除，但在一些新型光学精加工工艺（如浮法抛光）中有意在滑动模式下操作，利用较小的摩擦和极低的去除率来实现极低的粗糙度[15-20]。第 8 章介绍了其中一些方法。

在图 2－4 中，聚氨酯盘面和沥青盘面的摩擦系数同样遵循斯特里贝克曲线。随 $\eta_s V_r/\sigma_o$ 值的变化可以转换到滑动模式，这取决于盘面材料的特性。摩

擦系数可以用模拟斯特里贝克曲线形状的 S 形曲线定量描述。对于图 2-4 中的聚氨酯盘面,其摩擦系数为

$$\mu = 0.7 - \frac{0.6}{1 + \left(7.7 \times 10^{-4}\ \mathrm{m}^{-1}\ \frac{\eta_s V_r}{\sigma_o}\right)^{0.9}} \tag{2-4}$$

在设定抛光负载和速度条件参数实现材料去除时,特别是需要高的材料去除率时,使用斯特里贝克曲线和 FOM $\eta_s V_r/\sigma_o$ 具有重要的实用意义。以在聚氨酯抛光垫上使用二氧化铈浆料抛光玻璃的系统为例,对于黏度为 25×10^{-2}泊且施加压力为 0.3 psi(1 psi=6.895 kPa)的 Baume 5 氧化铈抛光液,相对速度必须保持在 0.785 m/s 以下以保持接触模式(根据图 2-4 符合 $\eta_s V_r/\sigma_o < 10^{-5}$),确保材料去除率不会下降。该速度相当于抛光盘和工件旋转速度 $R_o = R_L =$ 100 r/min,工件中心到抛光盘中心的偏移量 $s = 75$ mm。注意,斯特里贝克效应有点违反普雷斯顿方程所预示的行为,即相对速度增加导致材料去除率增加。考虑到斯特里贝克摩擦效应,增加相对速度实际上可能会降低去除率。

2.4 运动和相对速度

通过材料去除影响面形的另一个主要因素是抛光盘或刀具相对于工件表面不同区域的速度,定义为 v_r [方程(2-1)]。从微观上看,这可以被认为是抛光颗粒在去除表面材料的过程时相对于工件表面的速度。抛光颗粒相对于工件的速度越大,单位时间内与表面相互作用的颗粒数量就越多,从而产生更大的材料去除率。假设工件粒子相对速度大致等于工件浆料抛光盘相对速度(即抛光粒子相对于抛光盘基本上是静止的),抛光系统的运动参数可用于计算抛光粒子的相对速度。抛光系统的运动定义为工件和抛光盘在指定区域上作为时间的函数的相对运动。

光学元件的抛光按几何尺度可分为两大类:第一类,全孔径抛光,其中工件小于抛光盘;第二类,子口径抛光或小工具抛光,其中与抛光盘接触区小于工件表面。研究者已总结了各种常规全孔径抛光方案的运动分析(例如,见 Brown[21]和 Taylor 等人[22])。在多种几何尺度抛光中,子口径抛光过程中的运动过程最近受到了广泛关注(参见文献[23-24]中的示例)。

1）全孔径抛光

图 2－6 所示为一种通用的全孔径抛光系统，其运动自由度包括工件和抛光盘的旋转以及工件摆动。局部相对速度可以方便地用矢量形式表述如下：

$$\overrightarrow{v_{\mathrm{r}}}(x,\ y,\ t)=\ [\overrightarrow{R_{\mathrm{o}}}\times\overrightarrow{\rho_{\mathrm{o}}}(x,\ y,\ t)]-\{\overrightarrow{R_{\mathrm{L}}}\times[\overrightarrow{\rho_{\mathrm{o}}}(x,\ y,\ t)\ -\vec{S}(t)]\}+\frac{\mathrm{d}\vec{S}(t)}{\mathrm{d}t} \tag{2-5}$$

式中，ρ_{o} 为坐标 x 和 y 给出的工件上的位置，原点位于工件中心；$\overrightarrow{R_{\mathrm{o}}}$ 和 $\overrightarrow{R_{\mathrm{L}}}$ 分别为工件和抛光盘沿 z 轴旋转的矢量速率；$\vec{S}$ 为描述工件和抛光盘几何中心之间的距离矢量（图 2－6）。

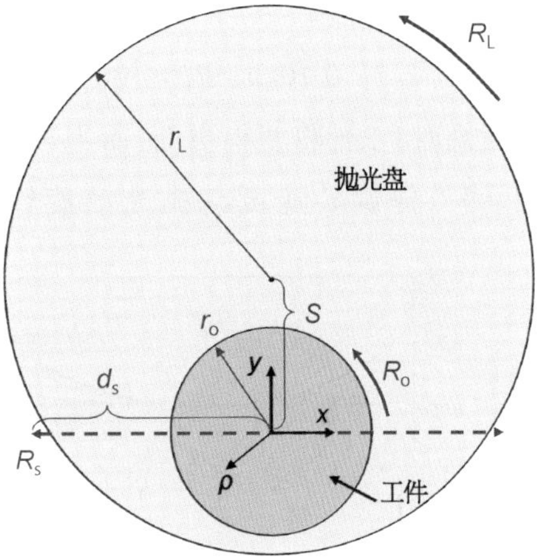

图 2－6　抛光机和工件的俯视示意图，说明了常见全孔径抛光系统的运动自由度和坐标系

（资料来源：Suratwala 等人，2010 年[1]。经 John Wiley & Sons 公司许可复制）

注意，对于具有不同运动和自由度的其他抛光系统，也可以建立类似的方程组。在这种情况下，等式（2－5）右侧的第一项描述了工件在工件中心参考坐标系某个给定位置的旋转速度，第二项描述了工件中心参考系处的抛光盘旋转速度，最后一项描述了由于工件线性运动而产生的相对速度。在轴抛光的情况下，上述各项可以矢量形式描述如下：

$$\vec{R_{\mathrm{o}}}=\begin{pmatrix}0\\0\\R_{\mathrm{o}}\end{pmatrix},\ \vec{R_{\mathrm{L}}}=\begin{pmatrix}0\\0\\R_{\mathrm{L}}\end{pmatrix},\ \vec{S}=\begin{pmatrix}d_{\mathrm{s}}\sin(R_{\mathrm{s}}t)\\s\\0\end{pmatrix},$$

$$\overrightarrow{\rho_{\mathrm{o}}}=\begin{pmatrix}\sqrt{x^2+y^2}\sin(\arctan(x/y)\ +2\pi R_{\mathrm{o}}t)\\\sqrt{x^2+y^2}\cos(\arctan(x/y)\ +2\pi R_{\mathrm{o}}t)\\0\end{pmatrix} \tag{2-6}$$

式中，R_{o} 为光学元件旋转速率；R_{L} 为抛光盘旋转速率；d_{s} 为摆动振幅；R_{s} 为摆动速率；s 为工件中心与抛光盘中心之间的距离。为了描述典型的连续抛光机（CP）类型的运动，可以将 d_{s} 设置为 0。

由于相对速度只有在抛光盘和工件接触时才能去除,因此适用于非零局部相对速度的圆形抛光盘情况的附加条件为

$$|\overrightarrow{\rho_o}(x,\ y,\ t)-\vec{S}(t)|\leqslant r_L \tag{2-7}$$

时间平均相对速度（V_r）由下式给出：

$$V_r(x,\ y)=\frac{1}{t}\int_0^t \vec{v}_r(x,\ y,\ t')\mathrm{d}t' \tag{2-8}$$

使用方程(2-4)~方程(2-8)计算各种运动的时间平均速度,其中 $r_o=0.05\ \mathrm{m}$、$r_L=0.10\ \mathrm{m}$、$R_L=28\ \mathrm{r/min}$,如图 2-7[1]所示。在边缘的 V_r 相对于中心较高时,工件将变得更凸;而当边缘 V_r 较低时,工件将变得更凹。图 2-7a 表明,当工件旋转速度与抛光盘旋转速度不匹配时,工件将变得更凸。比较

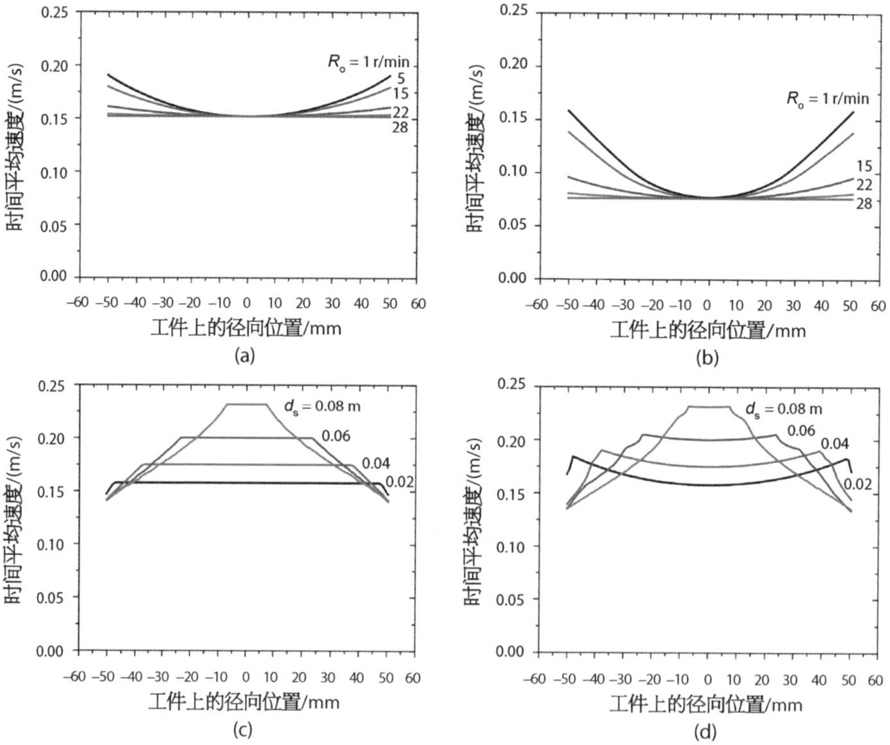

图 2-7 使用方程(2-4)~方程(2-7)描述的运动方程计算时间平均相对速度:(a) 无摆动情况下工件旋转速度的影响(s=0.025 m, R_s=0 r/min, d_s=0 m, R_o 变化);(b) 较大分离距离的工件相对转速的影响(s=0.05 m, R_s=0 r/min, d_s=0 m, R_o 变化);(c) 工件/抛光盘旋转匹配时摆动的影响(s=0.05 m, R_s=15 r/min, R_o=28 r/min, d_s 变化);(d) 工件/抛光盘旋转不匹配时摆动的影响(s=0.05 m, R_s=5 r/min, R_o=15 r/min, d_s 变化)

(资料来源:Suratwala 等人,2010 年[1]。经 John Wiley & Sons 公司许可复制)

图 2-7a、b，表明增加分离距离 s 会增加整体时间平均速度，从而提高去除率。图 2-7c、d 说明，增加摆动幅度通常会导致边缘处的速度降低，因为工件边缘离开抛光盘的时间更长，并且工件变得更凹。这些趋势与光学仪器制造者在传统主轴抛光过程中普遍观察和实践的一致。

另一个重要的运动情况是 CP 模式，其中 $R_o = R_L$，基本上无摆动，形成一种特殊的状态，即在不同位置的相对速度始终恒定，因此，整个工件上的时间平均相对速度恒定。Brown[21,25] 对这种情况和概念进行了很好的描述。忽略所有其他现象，CP 模式提供了一组方便的运动模型，可实现在整个工件上的均匀去除。然而，在实际情况中，其他影响因素（如图 2-1 中的现象）对材料去除率不均匀性的影响妨碍了真正的均匀去除。当然，运动模式仍然是抛光过程中影响材料去除分布均匀性的主要因素。

2）子口径抛光

第二类主要的抛光几何结构——子口径研磨和抛光，已成为光学制造中一种非常重要的手段。子口径研磨和抛光包括计算机数控（CNC）研磨[26]、计算机控制光学表面成形（CCOS）[27]、磁流变抛光（MRF）[28-30]、应力抛光盘抛光[31] 以及气囊抛光和流体喷射抛光[32-33] 等技术。所有这些技术都须有一个对工件产生负载和相对速度的刀具，以及计算机控制刀具在工件上的局部运动。刀具相对于工件的相对运动产生去除函数，也即，相对于工件表面的局部去除量随时间的变化。这些技术使用不同特性的小型工具，诸如刚性、柔性、自适应，以及局部运动自由度，例如旋转或线性。一些有价值的参考文献[23-24,34] 对研磨和抛光子口径工具涉及的运动进行了讨论。这些技术可以在工件上实现更大的确定性和获得更小空间尺度的表面面形畸变。理解去除功能作为工具参数的函数及其稳定性，对于确定工件如何响应至关重要。例如，MRF 抛光的去除功能具有图 2-8 所示的特征分布。更多子口径抛光技术将在第 8 章讨论。

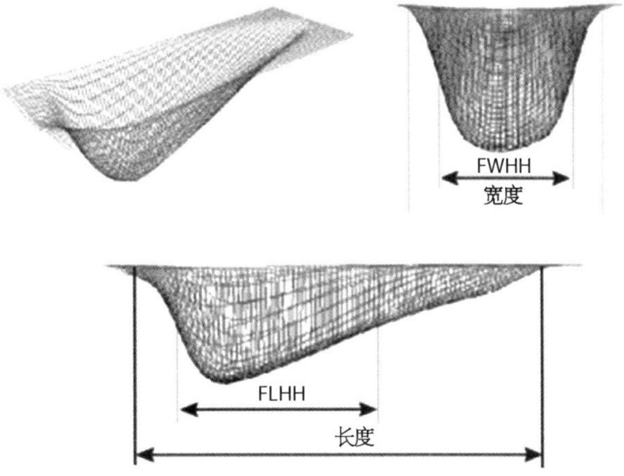

图 2-8　使用子口径 MRF 抛光技术的示例移除函数
（资料来源：经 Menapace 等人许可复制，2003 年[35]）

2.5　压力分布

运动模式显然不是影响面形的唯一因素，这一点如图 2－9 所示，图中，在聚氨酯抛光垫上使用氧化铈抛光平面熔融石英工件。时间平均相对速度为常数（$R_o = R_L$）。如果运动单独影响面形，则工件应随抛光时间保持平整。事实相反，发生了明显变化。

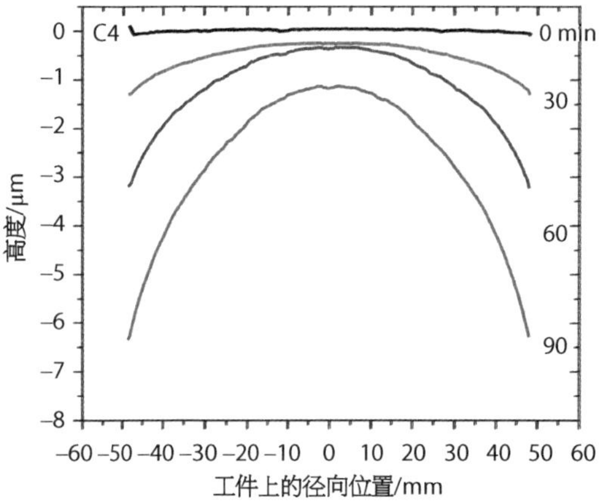

图 2－9　在恒定时间以平均相对速度（CP 模式，$R_o = R_L$）运动时，熔融石英玻璃表面的面形作为抛光时间的关系

（资料来源：Suratwala 等人，2010 年[1]。经 John Wiley & Sons 公司许可复制）

很多情形会影响图 2－1 中概述的压力分布。这些情况可能同时发生，这在以前的定量解释中也出现过。下面将更详细地描述这些现象。在可能的情况下，采用受控抛光模式，通过隔离或施加特定的影响变量来研究这些因素对面形变化的影响。

2.5.1　施加的压力分布

影响工件上压力分布的一个明显方法是改变施加的压力分布。这是一种常见的通用光学制造技术。例如，与抛光过程中均匀加载工件的方式相反，通过仅在工件表面的一侧施加外加载荷会使平板变成楔板[34]。有更多类似方法，可通过在工件表面不同位置使用不同的和空间离散的机械载荷来改变压力分布，从而改变面形变化率[36-38]。

在一种被称为应力抛光盘抛光的类似技术中，通过在空间上修改抛光盘或工具施加的局部压力来实现差异加载[31]。使用差异加载的挑战有两方面：第一，施加压力分布（σ_o）与实际的压力分布经验值（σ）必须建立确定的定量相关性，这很难用解析法表示，因为它通常需要有限元分析（FEA）；第二，由于工件的机械特性和几何形状，使得实际压力分布的控制范围是有限的。

2.5.2　弹性抛光盘响应

即使在均匀施加压力的情况下，抛光盘的弹性响应也会导致压力分布的不均匀，因为抛光盘在工件-抛光盘界面边缘的响应会发生变化。这种效应被描述为（参见文献[39]）刚性凸模或边缘效应。刚性凸模的一维压力分布形式为

$$\sigma(r)=\frac{P}{\pi(r_o^2-r^2)^{1/2}} \tag{2-9}$$

式中，P 为均匀施加的载荷；r_o 为工件的半径。由此产生的压力分布显示工件边缘的压力显著升高。这种效应可能是常规抛光后通常观察到的面形中边缘塌陷的原因。大量的理论和实验分析评估了边缘塌陷行为。例如，Kimura 等人[40]使用不同硬度的抛光盘测量了硅片抛光后的边缘塌陷（图 2-10）。Fu 和 Chandra[41-43]评估了专门用于 CMP 晶圆抛光垫抛光的边缘效应，并开发了考虑工件形状的界面应力分布的解析表达式。图 2-11 显示了工件边缘压力的大幅上升。一维压力分布显示可表达为

$$\sigma(r)=\frac{2}{\pi}\frac{E_2}{1-\nu_2^2}\frac{4a_2r^2+(a_0-2a_2r_o^2)}{\sqrt{r_o^2-r^2}} \tag{2-10}$$

式中，E_2 为抛光盘模量；ν_2 为抛光盘泊松比；r_o 为工件半径；a_2 为工件曲率；a_0 为工件垂直位移[43]。垂直位移越大，工件和抛光盘高度之间的不连续性（a_0）越

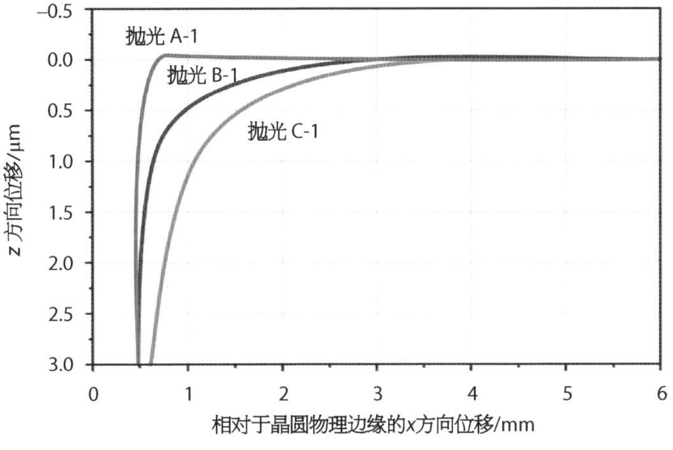

图 2-10　用三种硬度的抛光盘抛光硅片后测得的边缘塌陷

（资料来源：Kimura 等人，1999 年[40]。经 IOP 出版社许可复制）

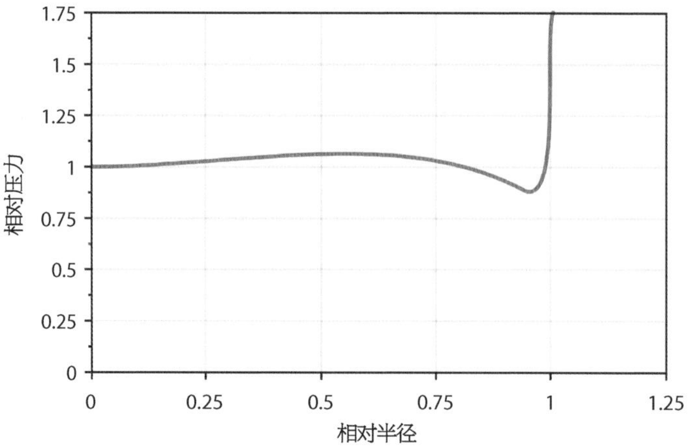

图 2-11　晶圆在均匀背面加载时的晶圆/抛光盘界面压力

（资料来源：Fu and Chandra，2005 年[41]。经 Elsevier 许可复制）

大，导致边缘应力上升越大。在 CMP 过程中，减少边缘效应的一种常见技术是使用挡环（参见文献[44]），其中盘上的大预载可减小高度不连续性，从而减小工件边缘的应力。已经证明，类似的技术可以减小光学玻璃抛光过程中的边缘塌陷[1]。

2.5.3　流体动力

如第 2.3 节所述，在正常情况下，施加的压力（σ_o）、相对速度（V_r）和浆料黏度（η_s）会使工件/抛光盘摩擦相互作用发生在流体动力状态下（图 2-4）。此时，滞留在工件和抛光垫之间的抛光液流体形成流动薄膜，其摩擦系数较低，且界面流体厚度（或间隙）大于接触状态。流动液膜的厚度将在整个工件上变化，导致工件与抛光盘的间隙相对于抛光盘平面倾斜或成楔形，工件前缘的厚度大于后缘（图 2-5）。流体厚度的这种变化会在工件上产生不均匀的压力分布。由此产生的流体动压力分布可以通过求解纳维-斯托克斯方程[11-12,45-48]导出的不可压缩流体雷诺方程来确定。在一维中，其描述如下：

$$\frac{d(\sigma(x))}{dx} = -6\eta_s V_r \frac{\Delta h_{oL}(x) - \Delta h_{oL}^*}{\Delta h_{oL}(x)^3} \tag{2-11}$$

式中，σ 为由以上原因产生的压力分布；η_s 为流体黏度；$\Delta h_{oL}(x)$ 为工件和抛光盘（或工件-抛光盘不匹配）之间的间隙；Δh_{oL}^* 为工件上最大压力点处的间隙。

虽然大多数光学制造工艺不在流体动力模式下运行，但许多 CMP 工艺在混合模式下运行，因此流体动力压力对工件上的整体压力分布有很大影响。当工艺条件中有导致这些流体动力的效应时，光学制造者必须认识到这一点。

许多 CMP 研究计算了流体动压分布和膜厚度[46-51]。例如，Cho 等人[48]求解了三维雷诺方程，确定膜厚度范围为 15～110 μm，在典型 CMP 抛光条件下，由于工件倾斜 2°～4°导致整个工件厚度变化。相反，接触模式下的典型界面膜厚度约为 0.5～1 μm[52]。本研究还发现，液膜厚度随黏度（η_s）和速度（V_r）增加而增加，并随施加的压力而减小（σ_o），与 FOM 一致，后者测量界面处于流体动力模式的程度（见第 2.3 节）。图 2－12 显示了根据平均应力和剪切应力

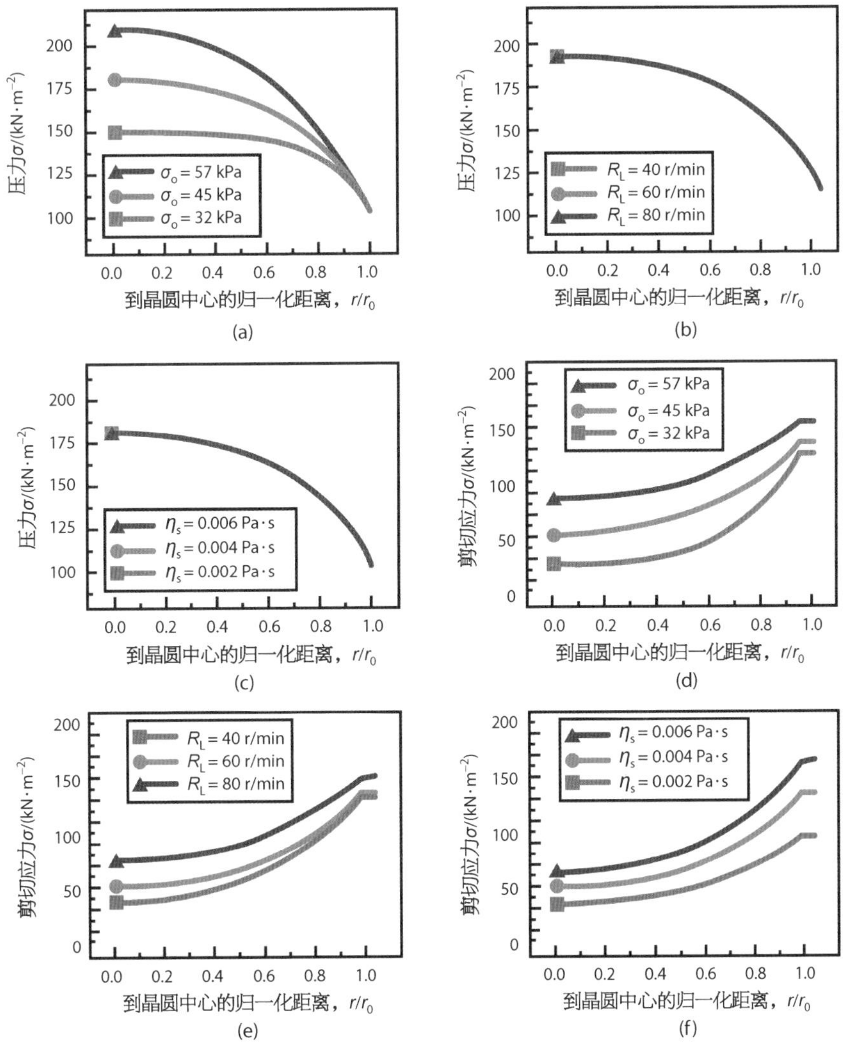

图 2－12　由流体动力引起的计算平均应力(a～c)和剪切应力(d～f)与施加压力(a、d)、工件旋转速度(b、e)和浆料黏度(c、f)的关系

（资料来源：Cho 等人，2001 年[48]。经 Elsevier 许可复制）

分量计算的压力分布,其是施加压力、工件转速和抛光液黏度的函数。平均压力在工件中心最高,在晶圆边缘最低,而切应力的趋势相反。施加的压力会增大平均压力(尤其是在工件中心),但转速和浆料黏度的增加不会改变平均压力。随着施加压力降低,平均压力不仅会降低,而且在工件内部区域变得更加均匀。

与接触模式下的分析结论相比,在流体动力模式下的不均匀压力分布对抛光过程中材料去除率空间分布的影响更为复杂。在接触模式下,施加的压力转移至界面处的活性粒子,如第 2.3 节所述。在流体动力模式下,压力主要由流体承载,因此,每个颗粒的正常载荷较小,每个颗粒的剪切载荷主导材料去除(例如,在 MRF 中,如第 8.1 节所述)。其他影响包括流体压力分布也会改变界面处的流体流量和补给,从而改变材料去除率[53-54]。

2.5.4 力矩

除了流体动力模式下流体压力引起的工件倾斜外,接触模式下工件与抛光盘界面摩擦驱动的力矩也会导致工件倾斜,从而导致空间压力分布不均匀。考虑图 2-13 所示的主轴抛光装置,其中工件由驱动销定住并机械加载[38]。在此结构中,工件有足够的自由度绕驱动销主轴轴旋转,这可能导致工件相对于抛光盘平面倾斜。此倾斜的驱动力是界面处的摩擦力和主轴枢轴点产生的力矩。

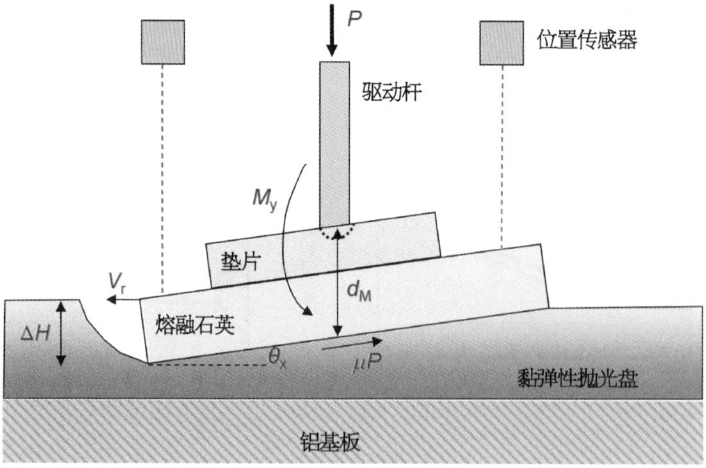

图 2-13 主轴抛光装置影响力矩和工件倾斜的参数示意图

(资料来源:Suratwala 等人,2010 年[1]。经 John Wiley & Sons 公司许可复制)

在机械平衡时使用力和力矩平衡，总载荷(P)和力矩(M)如下所示：

$$P = \int_{\text{optic}} \sigma(x, y)\,\mathrm{d}x\mathrm{d}y \tag{2-12}$$

$$M_x = \int_{\text{optic}} \sigma(x, y)\,y\,\mathrm{d}x\mathrm{d}y - F_y d_{\mathrm{M}} = 0 \tag{2-13}$$

$$M_y = F_x d_{\mathrm{M}} - \int_{\text{optic}} \sigma(x, y)\,x\,\mathrm{d}x\mathrm{d}y = 0 \tag{2-14}$$

式中，F_x 和 F_y 为摩擦力；M_x 和 M_y 为 x 和 y 方向上的力矩；d_{M} 为力矩的力臂距离(简称“力矩臂”)。

图 2-14 显示了在图 2-13 所示结构中主轴抛光时测量的光学倾斜(或斜率)。图中所示为聚氨酯盘面上使用氧化铈浆料在不同施加压力、力矩臂长度和抛光盘旋转速率下的情形[1]。这些结果表明，抛光过程中工件并不是平的，工件前缘低于后缘。倾斜度随力矩臂长度和施加压力的增加而增加。这在定性上与上述摩擦诱发力矩形式一致，无论是在倾斜度方向上，还是在力矩臂长度和施加压力的比例上。注意，摩擦产生的力矩导致的倾斜方向与流体动力产生的倾斜方向相反，其工件的前缘高于后缘。

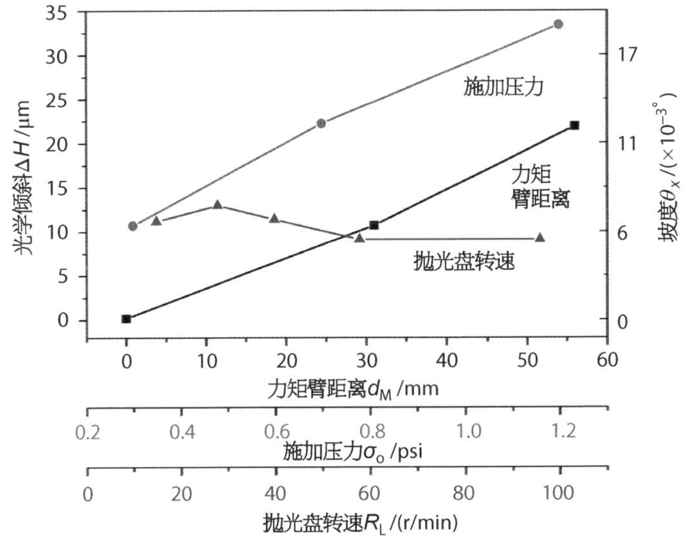

图 2-14　测得的工件倾斜(ΔH)或斜率与力矩臂距离(d_{M})、施加压力(σ_{o})以及抛光盘转速(R_{L})的函数关系

(资料来源：Suratwala 等人，2010 年[1]。经 John Wiley & Sons 公司许可复制)

随着运动中摆动幅度的增加，力矩和斜率的确定变得更加复杂，力矩和斜率随时间而变化，换句话说，斜率随工件沿摆动轨迹的位置而变化。工件与抛光盘表面的任何偏移都会改变微小区域内的压力分布，并且工件与抛光盘表面的任何偏移都可能导致反映重心平衡的额外的倾斜。

图 2－15 说明了抛光力矩如何改变工件的最终面形。使用主轴结构的抛光具有较大的工件倾斜度（图 2－13），与使用转轮结构的抛光进行比较，转轮结构基本上没有工件坡度[1]。实验的运动设定为 $R_o = R_L$。因此，时间平均速度是恒定的，并且消除了由于运动引起的材料去除不均匀性（见第 2.4 节）。在转轮结构中，工件使用重量加载，没有主轴，轮子位于工件的边缘以帮助工件旋转。在主轴加载的情况下（图 2－15a），由于在相对较短的抛光时间（60 min）内，工件边缘的材料去除量大幅增加，因此最初平整的工件变得非常凸出。测量的中心材料去除率与边缘材料去除率相差约 6 倍。使用转轮结构（图 2－15b）时，由于力矩大幅度减小，中心与边缘材料去除率差异显著减小，接近～1.3 倍。

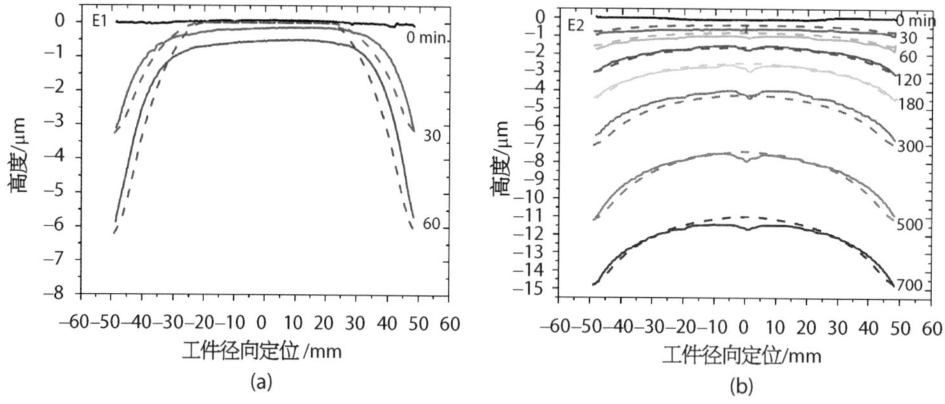

图 2－15 使用主轴负载（a）（导致工件倾斜）与轮式负载（b）（工件无倾斜）抛光时面形演变的比较

（资料来源：Suratwala 等人，2010 年[1]。经 John Wiley & Sons 公司许可复制）

由于力矩和工件坡度产生的压力分布导致工件前缘处的压力升高，并且在距离前缘一定距离处的压力可能为零，因此工件不再与抛光盘接触。坡度越大，材料去除率的不均匀性越大。由于工件通常是旋转的，观察到的整个表面形状将具有相同的压力分布，该压力分布绕工件中心旋转平均。图 2－15a 中观察到的凸面图与预期压力分布一致。下一节将对摩擦诱发力矩与黏弹性抛光盘贡献相结合产生的压力分布进行更定量的处理。

2.5.5　黏弹性和黏塑性抛光盘特性

2.5.5.1　黏弹性抛光盘

即使在通过转轮驱动的工件去除力矩后,仍观察到一定程度的不均匀材料去除,导致工件凸出(图 2 - 15b)。这引出了另一个由黏弹性抛光盘松弛引起的不均匀压力分布源[1,42]。黏弹性抛光盘的有效弹性模量决定了给定应变的应力或压力响应,其随加载时间而变化。当抛光盘上的同一位置与工件脱离接触时,工件前缘(抛光盘上第一次接触工件的位置)的压力高于后缘。这是因为,当抛光盘位置通过工件界面时,抛光盘材料的松弛具有时间相关性。聚氨酯盘面黏弹性性能的影响也与黏弹性穿透抛光盘的离散颗粒造成的划痕长度相关。第 3.1.3 节[55]将讨论这种现象。

对于由弹性工件加载的黏弹性抛光盘,工件上的压力分布可由恒定施加压力的遗传方程描述为[1,39]

$$\sigma(x,\ y) = \int_0^{t_L(x,\ y)} E_{rel}(t_L(x,\ y) - t')\dot{\varepsilon}(t')\mathrm{d}t' \tag{2-15}$$

式中,$t_L(x,\ y)$ 为在工件上某点 $(x,\ y)$ 处对应的抛光盘点的作用时间;E_{rel} 为黏弹性抛光盘材料的应力松弛函数;$\dot{\varepsilon}(t')$ 为抛光盘应变率。下面对这些参数进行分析。

工件上的界面压力取决于黏弹性抛光盘的作用时间或持续时间。因此,界面压力分布取决于运动。如图 2.16a 所示,当工件移动到某个给定点$(x,\ y)$时,可使用工件前缘抛光盘上某点$(x_L,\ y_L)$的直线路径确定抛光盘作用时间,图中虚线表示路径。在无摆动的运动情况下,如图 2 - 16 所述,抛光盘作用时间如下所示:

$$t_L(x,\ y) = \frac{1}{R_L}\arccos\left[\frac{xx_L(x,\ y) + (y+s)(y_L(x,\ y)+s)}{x^2+(y+s)^2}\right] \tag{2-16}$$

式中

$$y_L(x,\ y) = \frac{x^2+(y+s)^2 - r_o^2 - s^2}{2s} \tag{2-17}$$

$$x_L(x,\ y) = \sqrt{r_o^2 - y_L(x,\ y)^2} \tag{2-18}$$

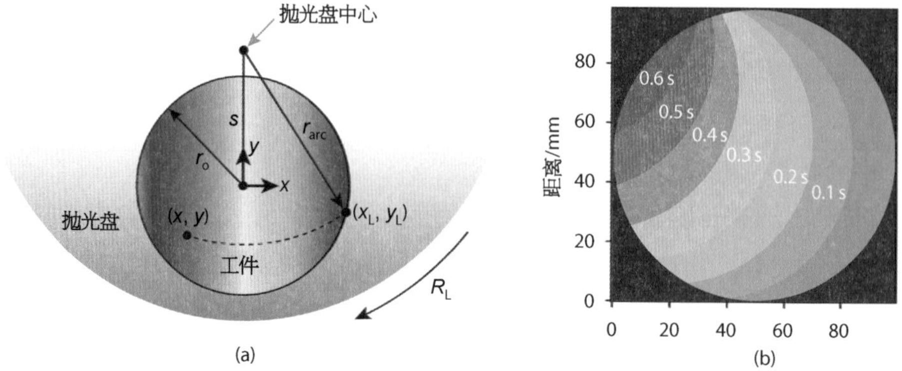

图 2-16 (a) 抛光盘作用 $t_L(x, y)$ 时工件上给定点 (x, y) 的示意图，以及加载时从工件前缘的点 (x_L, y_L) 处开始的在抛光盘上对应点的轨迹；(b) 在条件 $r_o = 0.05$ m、$R_L = 20$ r/min、$s = 0.075$ m 下，工件表面上所有点的计算抛光盘作用时间 $(t_L(x, y))$ 的等高线图(前缘在右边)

(资料来源：Suratwala 等人，2010 年[1]。经 John Wiley & Sons 公司许可复制)

式中，s 为从抛光盘中心到工件中心的距离；R_L 为抛光盘旋转速率；r_o 为工件的半径。对于工件上选择的每个点 (x, y)，在工件的前缘有一个对应点 (x_L, y_L)。图 2-16b 显示了一组特定运动条件下计算的抛光盘作用时间 $t_L(x, y)$。抛光盘作用的最小时间在工件的前缘，最大时间在工件最靠近抛光盘中心一侧的后缘。抛光盘作用时间的不对称性表明，最靠近抛光盘中心的抛光盘上给定点的速度较低，从而导致较长的抛光盘作用时间。对于图 2-16b 所示的情况，抛光盘作用的最大时间为 0.6 s。对于增加了摆动的情况，可以进行类似的试验，尽管数学表达更复杂。抛光盘作用时间将随摆动周期变化，而无摆动时，抛光盘作用时间将保持不变。

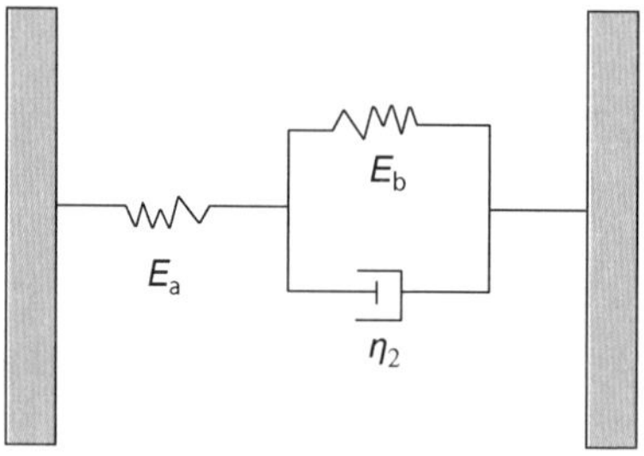

图 2-17 描述聚氨酯抛光垫黏弹性行为的延迟弹性模型示意图

(资料来源：Suratwala 等人，2010 年[1]。经 John Wiley & Sons 公司许可复制)

黏弹性抛光盘材料的性能表现可以使用延迟弹性浆料黏度模型进行建模[1,39]。图 2-17 说明了该模型，该模型包括两个模量(弹性)和一个黏度(阻尼)。抛光盘的蠕变柔度函数 $J(t)$ 和应力松弛函数 $E_{rel}(t)$ 如下[39]：

$$J(t) = \frac{1}{E_a} + \frac{1}{E_b}\left(1 - e^{\frac{-t}{\tau_c}}\right) \tag{2-19}$$

$$E_{rel}(t) = \frac{E_a}{E_a + E_b}\left(E_b + E_a e^{\frac{-t}{\tau_s}}\right) \tag{2-20}$$

式中，τ_c 为蠕变柔度时间常数；τ_s 为应力松弛时间常数；E_a 和 E_b 为黏弹性抛光盘的模量分量。以下自相似关系也适用[39]：

$$E_a + E_b = E_2,\ E_b = \frac{\eta_2}{\tau_c},\ \tau_s = \frac{\eta_2}{E_2} \tag{2-21}$$

式中，E_2 和 η_2 分别为抛光盘的体积模量和黏度。

通过对同一聚氨酯盘面进行恒载试验，确定蠕变柔度时间常数为 τ_c = 4.0 s[1]。根据 Lu 等人[56] 对聚氨酯盘面进行的动态力学分析，E_2 = 100 MPa，且 $\eta_2 = 9.7 \times 10^7$ P。因此，应用方程（2-21），E_a = 97.75 MPa，E_b = 2.25 MPa，τ_s = 0.1 s。注意，应力松弛时间常数（τ_s）小于最大抛光盘作用时间（图 2-16b），表明在使用该抛光盘的这组运动条件下，可发生极大的应力松弛。所有这些参数值确定后，应力松弛函数［方程（2-20）］值可确定。

使用方程（2-15）确定黏弹性松弛引起的压力分布所需的最后一个分量是应变速率（$\dot{\varepsilon}(t')$）。抛光盘上的应变受工件形状及其相对于抛光盘的方向或斜率的限制。注意，如第 2.5.4 节所述，工件斜率也可能来自力矩。对于工件面形平坦的情况，应变作为工件位置的函数可定义如下：

$$\varepsilon(x, y) = \frac{\tan(\theta_x)x}{t_2} + \frac{\tan(\theta_y)y}{t_2} + \varepsilon_c \tag{2-22}$$

式中，θ_x 和 θ_y 分别为工件相对于抛光盘平面在 x 和 y 方向上的斜率；ε_c 为工件中心的弹性应变；t_2 为黏弹性垫的厚度。可以方便地将应变描述为时间（t）而非位置的函数，即有

$$x = r_{arc}\cos\left[R_L t + \left(\arccos\frac{x_L}{r_{arc}}\right)\right] \tag{2-23}$$

$$y = r_{arc}\sin\left[R_L t + \left(\arccos\frac{x_L}{r_{arc}}\right)\right] - s \tag{2-24}$$

$$r_{arc} = \sqrt{x^2 + (y+s)^2} \tag{2-25}$$

式中，r_{arc} 为工件前缘（图 2-16a）相对于抛光盘中心给定点（x_L，y_L）的圆弧半径。代入方程（2-22），然后对其求微分，得出如下应变率：

$$\dot{\varepsilon}(t) = -\frac{\tan\theta_x}{t_2}r_{arc}R_L\sin\left[R_L t + \left(\arccos\frac{x_L}{r_{arc}}\right)\right] - \frac{\tan\theta_y}{t_2}r_{arc}R_L\cos\left[R_L t + \left(\arccos\frac{x_L}{r_{arc}}\right)\right] \tag{2-26}$$

使用上述方程,可以确定非旋转工件上的压力分布。图 2－18a 显示了在工件不旋转但抛光盘旋转的情况下计算的压力分布。为了进行比较,在这些条件下抛光的熔融石英工件的测量面形如图 2－18b[1] 所示。每个图像中工件的前缘都用星形标记。观察到的去除与计算的压力分布趋势是一致的,其中前缘经历了更高的去除或压力。在抛光过程中,工件几乎总是旋转的;因此,工件上的总压力分布是围绕工件中心旋转的非旋转压力分布的时间平均值,如下所述:

$$\sigma(r)=\frac{1}{2\pi}\int_0^{2\pi}\sigma(r,\ \theta)\,\mathrm{d}\theta \tag{2-27}$$

式中,$\sigma(r,\ \theta)$ 为由圆柱坐标系中的方程(2－15)确定的压力分布。随着工件相对于抛光盘平面的斜率增大,时间平均旋转压力分布变得更加不均匀,因此材料去除变得更加不均匀。这与前一节讨论的力矩导致的材料去除不均匀性的增加是一致的。

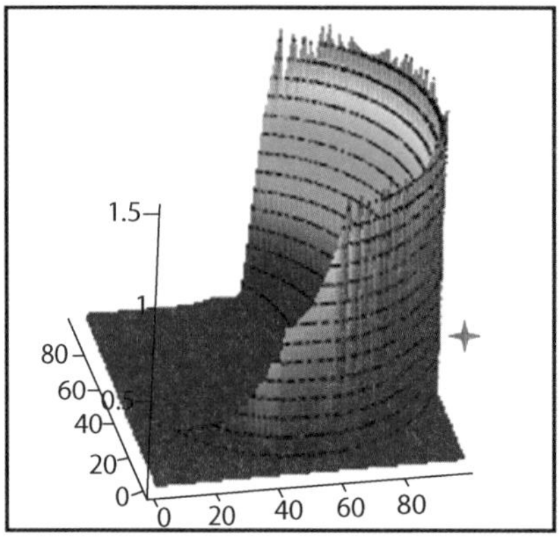

(a)

(b)

图 2－18 (a) 使用方程(2－15)计算非旋转工件上的应力分布;
(b) 抛光过程中未旋转工件的测量面形

(资料来源:Suratwala 等人,2010 年[1]。经 John Wiley & Sons 公司许可复制)

2.5.5.2 黏塑性抛光盘

传统沥青抛光的行为与抛光盘抛光略有不同。对于具有黏弹性响应的抛光盘,移除工件载荷会使抛光盘恢复到其原始形状。相比之下,对于具有黏塑性响应的沥青抛光盘,工件或修整器负载会导致抛光盘形状发生不可逆变化。沥青历来是抛光光学元件的研磨介质,因为其黏塑性响应允许研磨的精确成型,如第 4 章将要介绍到的,工件可以转移抛光盘的面形,从而实现对工件的高度面形控制，并且浆料颗粒具有部分嵌入黏塑性沥青盘面的能力，从而形成低粗糙度表面。

采用沥青抛光，其黏度、硬度、软化点等特性，以及温度和各种添加成分的影响，都有多处文献记载[9,21,38,57-60]。在此只关注黏塑性响应和压力分布的影响。大多数商业沥青具有高黏度（10^9～10^{10}泊）。因此，沥青的黏性响应时间通常比聚氨酯抛光垫所观察到的时间要长几分钟而非几分之一秒。通过沥青抛光，工件前缘的压力分布响应预计会小得多，但由于塑性响应，工件或调整器持续加载沥青会继续修改抛光盘的整体形状。这带来了另一个对工件的压力分布响应源：工件-抛光盘失配。

2.5.6 工件-抛光盘失配

对压力分布的另一个强烈影响是工件和抛光盘接触时的表面不匹配，或称工件-抛光盘失配。如果两个表面完全匹配，则失配度为零，且压力分布均匀（忽略导致压力分布的其他影响）。如果表面不匹配，压力分布将不均匀，较低压力导致较大的失配，较高压力的失配较小或为零。工件和抛光盘的柔度或模量决定了压力偏差的大小。

为了定量说明失配效应，使用平面（±1 μm PV）或凸面（±20 μm PV）的聚氨酯研磨盘对两组系列抛光实验进行了比较[1]。作为工件径向位置函数的平均测量去除率如图 2－19 所示。图 2－19a 显示了使用无摆动的抛光运动；图 2－19b 显示了大摆动的结果（例如，在摆动期间，工件部分脱离抛光盘）。每个曲线图比较了除了抛光盘金属底座曲率以外的在相同条件下抛光的两个样品。相对于使用平面抛光盘观察到的去除率，使用凸面抛光盘的去除率在工件中心更高，在边缘更低。这种去除率偏差源于工件-抛光盘不匹配导致的压力分布变化。取图 2－19a、b 中两个系列样品每个径向位置的去除率比率，相对去除率作为工件径向位置的函数如图 2－19c 所示。注意，两个抛光实验中抛光盘曲率对去除的影响大致相同，尽管它们是在完全不同的运动条件下进行的。对于这两个系列的抛光实验，相比中心的去除率，边缘的去除率降低了～50%。

图 2－19c 所示的相对去除可通过将抛光盘曲率描述为球体[1]来描述工件浆料抛光盘不匹配。端部标准化为零的抛光盘高度（$h_L(x)$）由下式给出：

$$h_L(x) = \sqrt{\rho_L^2 - x^2} - (\rho_L - h_{PV}) \tag{2-28}$$

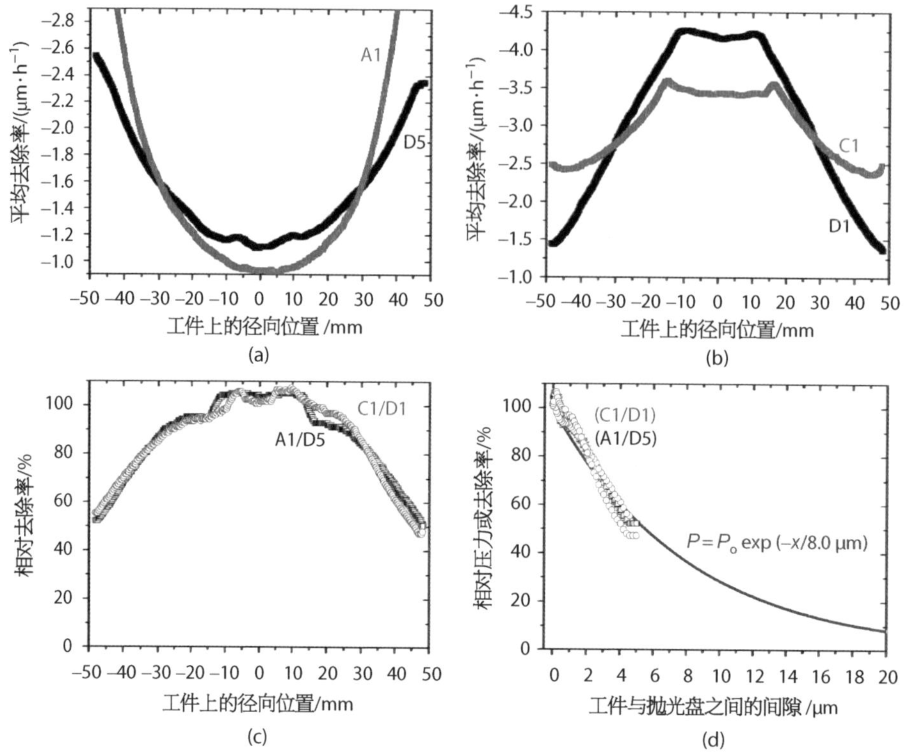

图 2－19 (a) 使用平面(A1)和凸面抛光盘(D5)以及无摆动的运动下测得的平均去除率与工件径向位置的关系；(b) 使用平面(C1)和凸面抛光盘(D1)以及大摆动运动测量平均去除率；(c) 使用图(a)、(b)中所示的测量平均去除率获得的平面和凸面抛光盘的相对去除率(在工件中心进行归一化)；(d) 相对压力或去除率与工件和抛光盘之间接触表面轮廓不匹配或间隙的关系。实线显示了单指数拟合

(资料来源：Suratwala 等人，2010 年[1]。经 John Wiley & Sons 公司许可复制)

式中，ρ_L 为抛光盘表面的曲率半径；h_{PV} 为抛光盘的 PV 高度。对于这里使用的凸面抛光盘，ρ_L 为 250 m，$h_{PV} = 20\ \mu m$。允许工件倾斜以实现与抛光盘的最佳接触，则工件-抛光盘的不匹配（Δh_{oL}）为

$$\Delta h_{oL}(x) = h_L(x) - h_o(x) \tag{2-29}$$

式中，$h_o(x)$为工件的高度，由以下公式描述：

$$h_o(x) = \tan(\theta_x)x - h_c \tag{2-30}$$

式中，h_c 为工件中心的高度。对于此处使用的凸面抛光盘，$\tan(\theta_x) = 20\ \mu m/100\ mm = 2 \times 10^{-4}$ 和 $h_c = 20\ \mu m$。应用方程(2－28)～方程(2－30)，将图 2－19c 中的数据转换为作为工件-抛光盘不匹配函数的图 2－19d 中的相对

压力。数据表明，工件上的去除率(以及由此产生的压力)呈线性下降；在 5 μm 失配时，压力和去除率降 ~50%。但是可以相信，对于较大的失配，压力对失配的依赖性将变为非线性。因此，相对压力作为失配 $\Delta h_{oL}(x)$ 函数可定量描述为

$$\frac{\sigma}{\sigma_o}(\Delta h_{oL}) = e^{-\Delta h_{oL}/\bar{h}} \tag{2-31}$$

式中，$\bar{h}$ 为常数，描述压力随工件-抛光盘不匹配增加而下降的速率。代入 $\bar{h}$ = 8 μm 可获得数据的合理拟合，如图 2-19d 中的实线所示。

此抛光例子适用于相对坚硬的聚氨酯垫。然而，工件的机械性能尤其是抛光盘的机械性能，决定了 $\bar{h}$ 的值。低模量抛光盘(或更柔顺贴合的抛光盘)将导致更大的 $\bar{h}$ 值，工件与抛光盘形状的融合(或平滑)更慢。相反，较高的模量(较低贴合的抛光盘)将导致较低的 $\bar{h}$ 值和较快的融合性或平滑性，或使工件与抛光盘的形状偏差更小。Burge 等人[61]对这一概念进行了定性说明，如图 2-20 所示。图 2-18 中的示例是确定给定抛光系统 $\bar{h}$ 的有用技术。

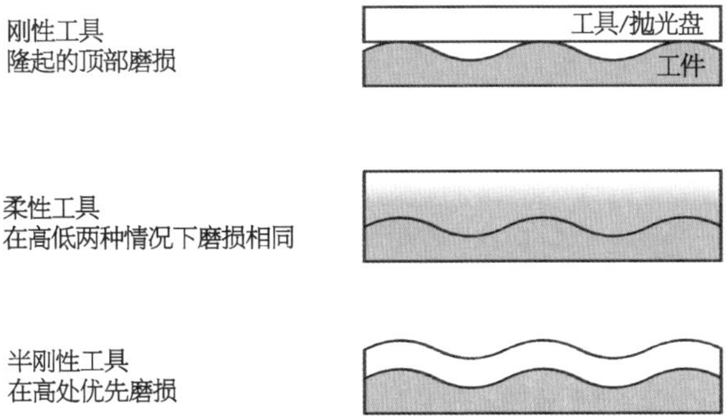

图 2-20　刀具刚度对工件-抛光盘失配和工件的最终磨损的影响

(资料来源：Burge 等人，2001 年[61]。经 SPIE 许可复制)

在上面的例子中，工件-抛光盘不匹配的来源是抛光盘底座的曲率。还有许多其他潜在的失配源，特别是工件形状、抛光盘形状、工件的机械弯曲、残余应力和温度梯度引起的工件弯曲、浆料空间分布以及抛光盘上的局部非线性材料沉积。下面将对此做一详细描述。

2.5.6.1　工件形状

光学抛光的一个主要目标是修改工件形状，即面形。由于工件形状随时间而变化，并且形状本身也会影响压力分布，因此会产生工件形状随时间变化的压力分布响应。工件形状对压力分布的影响与前面讨论类似，它们由方程

(2-31)决定。第8.3节中将描述一种称为收敛抛光的新型抛光技术,其消除或减少了材料去除不均匀性的所有来源(包括影响压力分布的来源),但工件形状引起的不匹配除外。

2.5.6.2 抛光垫磨损/变形

抛光过程中抛光垫磨损的影响和抛光垫性能的变化已经有大量文献记载[62-65]。在这些研究中,工件和/或修整器(通常是用特定金刚石磨料或在抛光过程中牺牲工件来修整处理抛光垫)被加载到抛光垫表面。因此,抛光垫特性(如厚度剖面、粗糙度和浆液装料水平)可能会发生空间和时间的变化。由于工件或修正器的尺寸通常与抛光盘尺寸不同,并且由于运动控制主要集中于工件上实现均匀去除,因此抛光垫通常会发生消耗和不均匀磨损,导致工件-抛光盘不匹配、压力分布不均匀和材料去除不均匀[1]。Chang 等人[63]对修整器的典型运动进行了建模,表明修整器会不均匀地磨损抛光垫,导致抛光垫表面凹陷。Park 等人[65]表明,晶圆(或工件)也会导致聚氨酯泡沫垫的粗糙度和厚度不均匀。

基于上述事实,抛光垫磨损可能以复杂的方式在时间和空间上演变,对其做定量描述是有用的。抛光垫磨损的时间相关性可以类似于从工件上去除材料的方式来描述,普雷斯顿型方程的形式为

$$\frac{\mathrm{d}h_{\mathrm{lap}}}{\mathrm{d}t}(x,\ y,\ t)=\ \frac{f_{\mathrm{o}}(r)}{t}\int_0^t k_{\mathrm{lap}}(t')\mu(x,\ y,\ t')v_{\mathrm{r}}(x,\ y,\ t')\sigma(x,\ y,\ t')\,\mathrm{d}t' \tag{2-32}$$

式中,$f_{\mathrm{o}}(r)$ 为工件在抛光盘上产生载荷部分,其为距抛光盘中心的径向距离(r) 的函数;k_{lap} 为抛光盘普雷斯顿系数。μ、v_{r} 以及 σ 与式(2-2)[66]中的同义。

虽然观察到抛光盘普雷斯顿系数通常在空间上是恒定的,但其时间而变化。图2-21显示了纤维聚氨酯抛光垫(特指 Suba 550)磨损率的测量结果,该结果通过测量各种抛光迭代后的垫厚度来确定[66]。磨损率最初很高,但随着抛光时间的延长而降低,然后趋于稳定。从数据来看,根据经验抛光盘普雷斯顿系数(k_{lap})可以描述为时间(t)的单指数衰减函数如下:

$$k_{\mathrm{lap}}(t)=\ k_{\mathrm{olap}}\mathrm{e}^{-t/t_{\mathrm{lap}}} \tag{2-33}$$

式中,$k_{\mathrm{lap}}=\ 1.65\times10^{-4}\mu\mathrm{m}\cdot\mathrm{m}\cdot\mathrm{N}^{-1}$,$t_{\mathrm{lap}}=\ 23\ \mathrm{h}$。注意,抛光盘普雷斯顿系数的初始值是熔融石英工件普雷斯顿系数(采用 $\mu=\ 0.8$ 的 Suba 550 抛光垫时 $k_{\mathrm{p}}=$

$1.9\times10^{-6}\mu m\cdot m\cdot N^{-1}$，采用 $\mu=0.5$ 的 IC1000 抛光垫时 $k_p=1.5\times10^{-6}\mu m\cdot m\cdot N^{-1}$）的 100 倍[1]。然而结果显示，老化的抛光盘的磨损相当于或小于工件的磨损。磨损率的这种变化特性被认为是源于 Suba 抛光垫的纤维结构，在这种结构中，松散的纤维最先被去除，随后的去除速度变慢；也可能是由于纤维压实或更牢固的纤维暴露出来。相比之下，在新的或老化的 IC1000 抛光垫上进行类似抛光的测量工件面形图推断显示（数据未显示）[66]，固体泡沫 IC1000 抛光垫的磨损率随时间的变化很小。

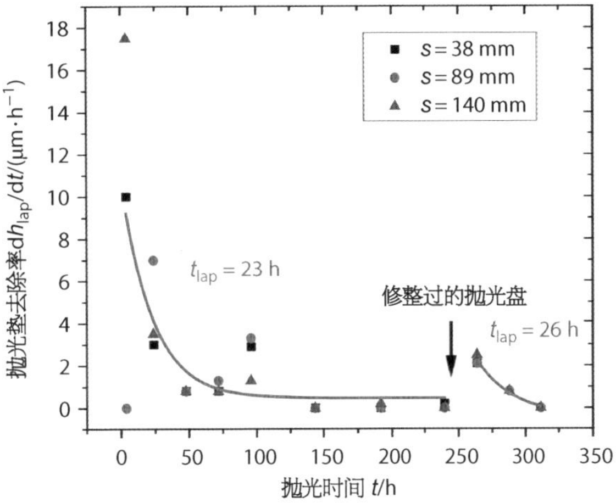

图 2－21　抛光熔融石英试样后测量的抛光垫去除率。这些曲线与测量数据呈单指数拟合

（资料来源：Suratwala 等人，2012 年[66]。经 John Wiley & Sons 公司许可复制）

为了评估圆形工件的整体空间抛光盘磨损率[方程(2－32)]，$f_o(r)$ 可表述如下：

$$f_o(r)=\frac{\theta_L(r)}{2\pi}=\frac{\arcsin\left(\dfrac{x_L(r)}{r}\right)}{\pi} \tag{2-34}$$

式中，θ_L 为工件覆盖的抛光盘的方位角；$x_L(r)$ 为工件前缘上一点的 x 分量（图 2－22）。利用几何关系

$$x_L^2+y_L^2=r^2 \tag{2-35}$$

$$x_L^2+(y_L+s)^2=r_o^2 \tag{2-36}$$

可得

$$x_L(r)=\sqrt{-\left(\frac{r_o^2-s^2-r^2}{2s}\right)^2+r^2} \tag{2-37}$$

均匀施加压力和匹配旋转（$R_o=R_L$），k_{lap}、μ、σ、v_r 在空间上是恒定的，因此，由方程(2－32)给出的工件引起的抛光盘磨损的不均匀性由 $f_o(r)$ 决定。在

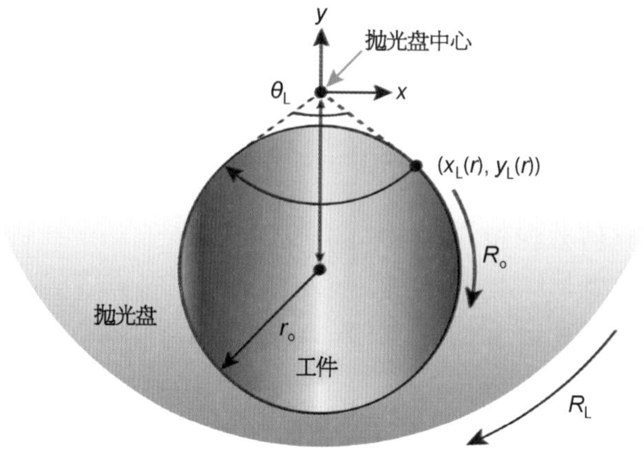

图 2-22　抛光装置示意图，图示工件前缘的点 (x_L, y_L) 及其在抛光盘上的相应路径相关的坐标系和几何关系

（资料来源：Suratwala 等人，2010 年[1]。经 John Wiley & Sons 公司许可复制）

这种情况下，抛光垫磨损率简化为

$$\frac{dh_{lap}(r)}{dt} = 2\arcsin\left(\frac{x(r)}{r}\right) k_{lap} \mu R_o s \sigma_o \tag{2-38}$$

式中，时间平均相对速度为 $V_r = 2\pi R_o s$。注意，尽管 k_{lap} 可能随时间非线性变化，但它在空间分布上并不变化[66-67]。

在典型抛光条件下用方程(2-38)计算出的抛光垫磨损率径向轮廓如图 2-23a、b 所示。抛光条件为：$\mu = 0.8$，$\sigma_o = 2\,068$ Pa (0.3 psi)，$R_o = 20$ r/min，$s = 75$ mm，$r_o = 50$ mm，$r_{lap} = 150$ mm。计算的轮廓与 Park 等人[65]在相似的运动条件下抛光大量硅片实验所测量的抛光垫轮廓基本一致。由于抛光垫在工件中心附近磨损最大，工件-抛光盘明显的失配以及中心相对于工件边缘的压降更大，因此工件的面形预计会变得凸出。

图 2-24a、b 说明了由于抛光垫磨损而导致的面形的变化率，该图显示了在新的 Suba 550 抛光垫上，由于抛光盘的普雷斯顿系数较大，凸出率较高。无论这些抛光垫是旧的还是新的，工件内不均匀性(WIWNU)都很大，分别达到 92% 和 27%[66]。

2.5.6.3　工件弯曲

高径厚比(AR)工件或抛光盘中的机械弯曲或残余应力也会导致工件-抛光盘失配的变化。根据所需的去除类型，工件弯曲可能是抛光工艺的期望或不期望的特性。例如，当在 CMP 过程中抛光硅片时，需要在整个工件上均匀去

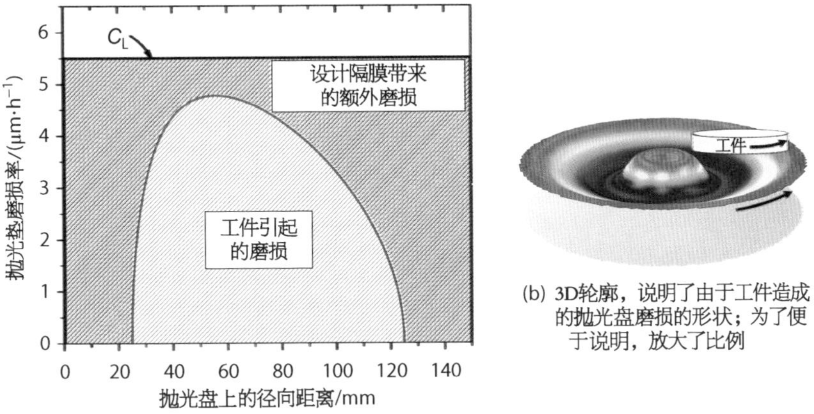

(a) 磨损率与抛光盘径向距离的函数关系

(b) 3D轮廓，说明了由于工件造成的抛光盘磨损的形状；为了便于说明，放大了比例

图 2-23　用方程(2-38)计算圆形工件的抛光垫磨损率

(资料来源：Suratwala 等人,2010 年[1]。经 John Wiley & Sons 公司许可复制。Suratwala 等人,2012 年[66]。经 John Wiley & Sons 公司许可复制)

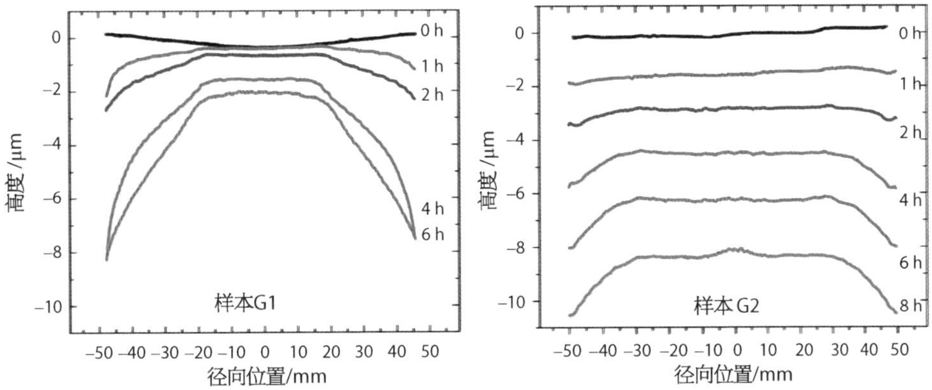

(a)　(b)

图 2-24　每次抛光迭代后,使用(a) 新的(G1)和(b) 旧的(G2)Suba 550 抛光垫,熔融石英工件的径向表面面形

(资料来源：Suratwala 等人,2010 年[1]。经 John Wiley & Sons 公司许可复制。Suratwala 等人,2012 年[66]。经 John Wiley & Sons 公司许可复制)

除,因此弯曲可能是有利的。Ng 等人[68]测量了 CMP 过程中硅片的弯曲程度,并将其与有限元分析(FEA)计算结果进行了比较。均匀去除通过使用柔软的子垫来辅助,该子垫可减少工件-抛光盘不匹配,并改善工件内不均匀性。然而,在光学精加工的情况下,工件最初不是期望的面形,工件弯曲通常是不可取的,因为它会干扰工件向抛光盘形状的收敛。

抛光过程中工件弯曲的程度取决于许多因素,包括工件几何结构,例如形

状、AR(径厚比)、弹性模量、初始面形和安装条件。估算工件弯曲的一种方法是对欧拉-伯努利(Euler - Bernouli)弯曲理论的 Kirchoff - Love 扩展,该理论描述了无剪切弯曲的弹性均质薄板或梁的挠度,如下所示:

$$\sigma_o = \frac{E_1 t_1^3}{12(1 - \nu_1^2)} \nabla^4 w_1 + \frac{E_2}{t_2} w_1 \tag{2-39}$$

式中,w_1 为工件挠度;E_1 为工件模量;t_1 为工件厚度;ν_2 为工件泊松比;E_2 为抛光盘模量;t_2 为抛光盘厚度[69]。式(2 - 39)右边的第二项说明了抛光盘的弹性响应。对于较薄的工件,第二项占主导地位,表明板材将大部分弯曲到抛光盘处。对于较厚的工件,第一项占主导地位,在求解时,最大挠度的形式为

$$w_{max} = 0.813\sigma_o \frac{r_0^4}{E_1 t_1^3} \tag{2-40}$$

式中,r_o 为工件半径[70]。注意,w_{max} 大致与 AR^3 成比例($AR =$ 径厚比或 $2r_o/t_1$),这表明挠度大小强烈依赖于工件的 AR。

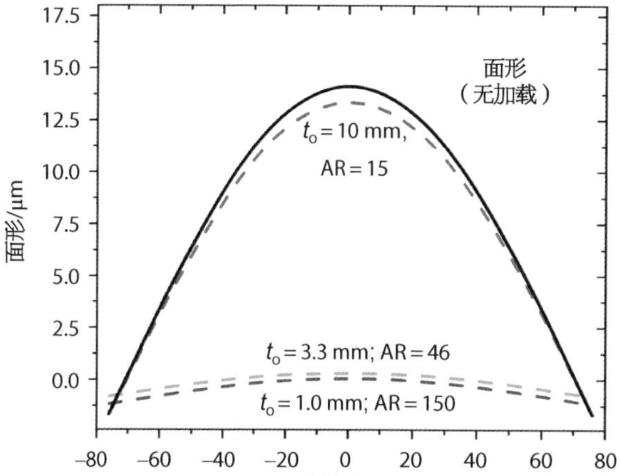

图 2 - 25 在加载 2 068 Pa 后,使用有限元分析计算不同厚度(t_1)或径厚比(ARs)的熔融石英工件(r_o = 75 mm,初始 PV = 15.8 μm)的面形

(资料来源:Suratwala 等人,2012 年[66]。经 John Wiley & Sons 公司许可复制)

可以通过 FEA 来精确地求解工件弯曲量,以说明剪切影响和工件面形。在这些计算中,对安装在聚氨酯垫上厚度不同且面形最初为凹面(PV = 15.8 μm)的熔融石英工件(r_o = 75 mm)进行均匀加载(σ_o = 2 068 Pa 或 0.3 psi),结果如图 2 - 25 所示。表明厚工件(t_2 = 10 mm 或 AR < 15)不会显著弯曲,而薄工件(t_2 < 3.3 mm 或 AR > 45)会显著弯曲。实线是自由态下的初始表面面形,虚线是在应用载荷下产生的表面面形。从 10 mm 厚的工件到 3.3 mm 厚的工件,弯曲度有显著增加,而将厚度继续减小到 1 mm 后则变化不大。

安装固定或黏接工件的方法可以控制抛光过程中工件弯曲的程度。如果期望工件弯曲,可以在工件和载重之间使用具有低弹性模量的柔顺界面材料,比

如泡沫材料。而要通过装夹方式防止高 AR 工件弯曲，则更具挑战性。可以安装在刚性安装台上，但工件弯曲程度取决于工件相对的两个表面（即抛光面和未抛光面）和安装台表面的面形。为了减少这种依赖性，可以使用称为沥青凸台固定（PBB）的光学制造技术（详见第 7.1.1 节）[71]。这种固定技术利用工件和支架之间的小间距岛状凸起，这些间距岛状结构由沥青在软化温度冷却而成。在室温下，工件-沥青凸台-固定系统是刚性的，工件基本上保持其初始面形。图 2－26a、b 显示了使用 PBB 抛光具有凹面的高 AR 工件的结果。抛光后，由于工件没有弯曲，且主要为工件-抛光盘失配（由于工件的面形导致与抛光盘的平面形状融合），因此工件会收敛到抛光盘的形状。相比之下，图 2－26c、d 显示了高 AR 工件上凹面抛光的结果，由于采用柔性安装，抛光后凹面大部分保持为凹面。工件的弯曲使得工件-抛光盘失配和压力分布的空间差异最小化。这使得工件上的去除更均匀，从而几乎能保留原始面形。

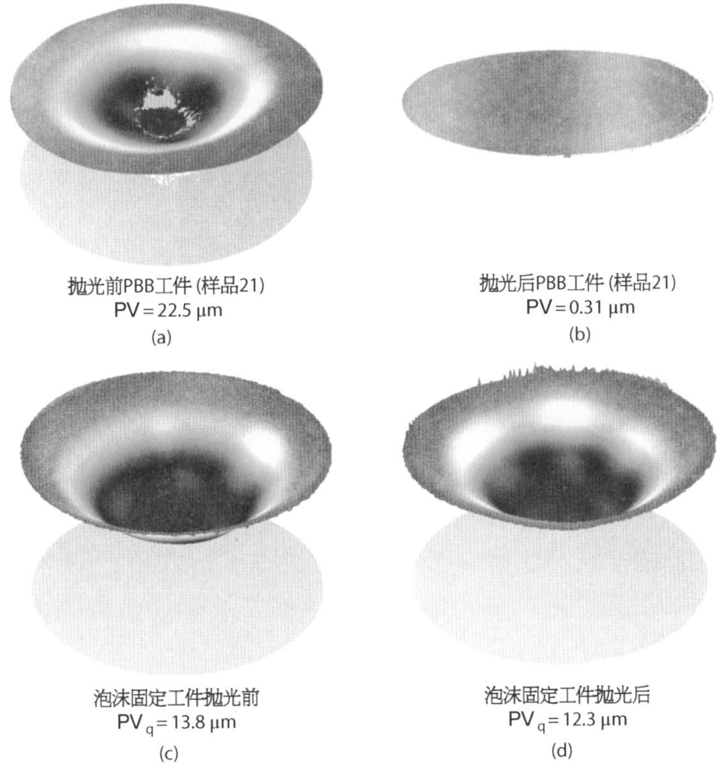

图 2－26　使用（刚性）PBB 的高 AR 工件（100 mm×2.2 mm 厚）抛光前（a）和抛光后（b）的表面图；PV 值标度范围－18～5 μm。下面为使用泡沫（顺应性）固定的高 AR 工件（100 mm×2.2 mm 厚）抛光前（c）和抛光后（d）的表面图；PV 值标度范围－8.0～6.0 μm

（资料来源：Feit 等人，2012 年[71]。经美国光学学会许可复制）

2.5.6.4 残余磨削应力

在任何光学制造过程中,都会从研磨(断裂去除)过渡到抛光(化学或纳米塑性去除)。在抛光过程中,去除工件的研磨表面层(已知处于高度压缩状态[34,72])会改变工件中的平衡应力分布。只在一个面研磨的无约束工件将弯曲,从而改变面形,这一结果被称为 Twyman 效应[38,73]。Lambropoulos 等人[74]量化了各种磨削工艺的 Twyman 应力,其中应力的大小与磨削中使用的浆料的大小成比例(图 2-27)。Chen 和 DeWolf[77]对硅片进行了类似的研究。

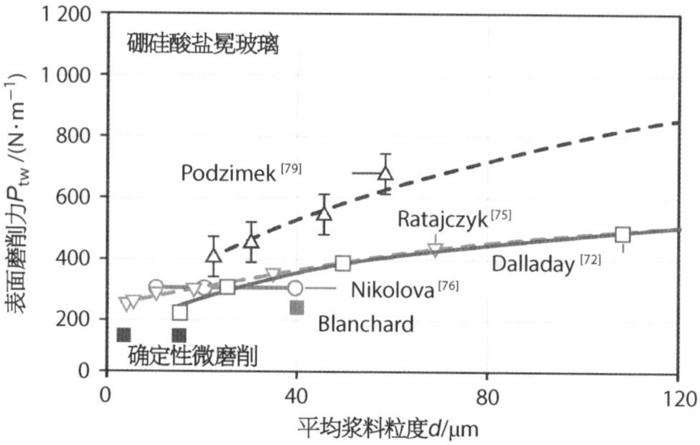

图 2-27 对于硼硅酸盐冕玻璃,磨削表面 Twyman 应力是工件上浆料的函数

(资料来源:Lambropoulos 等人,1996 年[74]。经光学学会许可复制)

一个简单的实验可以用来量化磨削残余应力对面形变化的影响。在熔融石英样品抛光工件的一侧磨削,并测量相对表面的面形变化[1]。图 2-28a~d 显示了使用 9 μm 和 30 μm 氧化铝松散研磨料的影响,这导致相对表面显著变形(PV 分别为 3.51 和 6.5 μm 凹面)。应力的大小可以从以下形式的 Twyman 应力方程[78]中推断出来,公式如下:

$$PV = \frac{3}{4}\frac{P_{tw}(1-\nu_1)}{E_1}\left(\frac{2r_o}{t_1}\right)^2 \qquad (2-41)$$

式中,P_{tw} 为 Twyman 应力;ν_1 为工件泊松比。基于这些偏转,P_{tw} = 270 N·m^{-1} 使用 9 μm 氧化铝,P_{tw} = 420 N·m^{-1} 使用 30 μm 氧化铝[66]。这些值与 Lambropoulos 等人[74]和 Podzimek、Heuvelman[79]报告的颗粒大小非常匹配,且比例相似(图 2-27)。

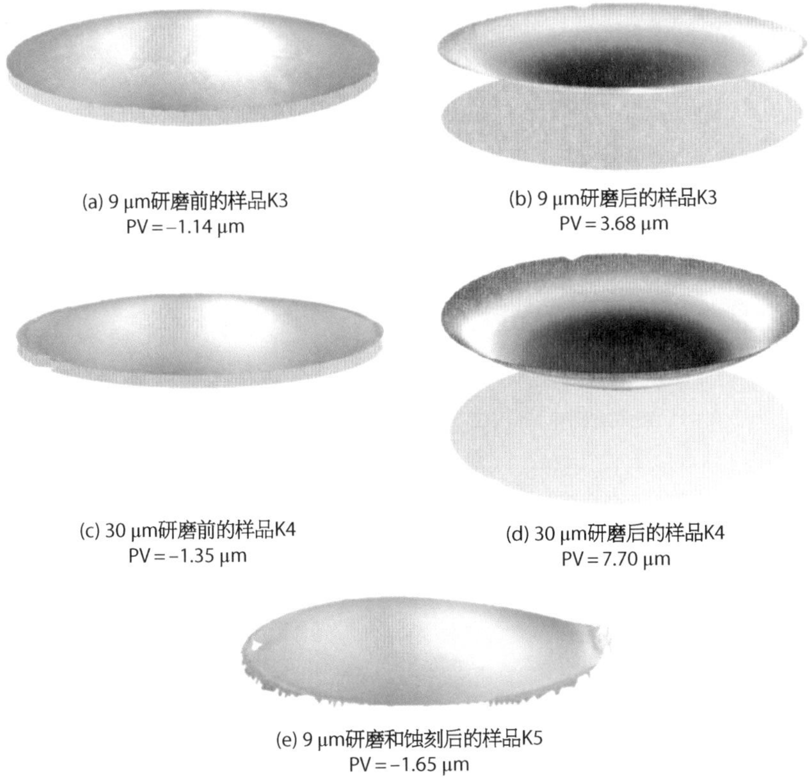

图 2 - 28　高 AR(100 mm×2.2 mm)工件使用 9 μm 氧化铝浆料研磨之前(a)和之后(b)的另一表面的面形图;高 AR 工件(100 mm×2.2 mm 厚)使用 30 μm 氧化铝浆料研磨之前(c)和之后(d)的另一面的面形图;(e)高 AR 工件(100 mm×2.2 mm 厚)首先用 9 μm 氧化铝浆料研磨,然后在 NH_4F: HF 中蚀刻 30 min 后的面形图。所有表面面形均以相同的标度绘制,-3.5~3.5 μm

(资料来源: Suratwala 等人,2012 年[66]。经 John Wiley & Sons 公司许可复制)

在抛光过程中磨削工件上的残余应力将与施加的压力(σ_o)相加。因此,残余应力可能会影响工件弯曲,从而影响工件-抛光盘失配和去除均匀性。然而,由于研磨面无法进行干涉测量,因此很难量化这种影响。这里探索了两种消除残余应力的方法: ① 在另一个步骤中抛光磨光表面;② 化学蚀刻表面以消除残余应力[66]。附加抛光研磨表面的结果及其对相对表面最终工件形状的影响如图 2 - 29 所示。随着抛光的进行,残余应力层逐渐被去除,由此产生的 Twyman 应力引起的面形变化减小。残余应力层深度<10 μm。因此,通过预抛光至少 10 μm,可以消除残余应力并避免对去除均匀性的潜在影响。或者,可以使用例如用于熔融石英工件的NH_4F: HF 蚀刻磨削面。通过蚀刻移除 ~10 μm 的材料后,另一表面的面形几乎恢复到其磨削前状态(图 2 - 28e),可以确定该

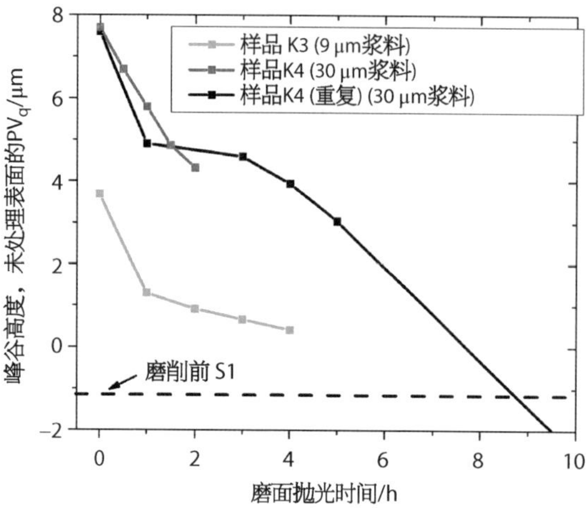

图 2-29 高 AR 熔融石英工件(100 mm×2.2 mm 厚)最初用 9 μm 或 30 μm 氧化铝浆料研磨,然后抛光不同时间后另一表面的 PV 面形图

(资料来源: Suratwala 等人,2012 年[66]。经 John Wiley & Sons 公司许可复制)

方法具有消除残余应力及其去除均匀性的潜在影响的能力。注意,蚀刻研磨表面还有其他优点,例如暴露划痕以进行表面质量评估,还可以减少为消除研磨过程产生的亚表面机械损伤所需的抛光去除量[80-81]。

2.5.6.5 温度

工件和抛光盘之间的界面温度可以通过改变浆料的化学反应性来影响材料去除率的大小。热的主要来源是工件-抛光盘界面处抛光颗粒去除过程的摩擦做功。研究人员提出了许多描述该温升的模型:运动能[82]、摩擦能[83]、粗糙微接触[84-85]和摩擦加热增强的化学反应[86-87]。这些研究大多集中于抛光系统的整体温升[83-84,87-88]。例如,Kim[87]和 Horng 等人[84]表明,随着转速的增加,温度呈线性上升。

在某些抛光系统中,材料去除率具有如下 Arrhenius 温度依赖性:

$$\frac{dh}{dt} = \left(\frac{dh}{dt}\right)_o \exp\left(-\frac{\Delta E}{RT}\right) \tag{2-42}$$

式中,$\left(\frac{dh}{dt}\right)_o$ 为恒定去除率;T 为温度;ΔE 为活化能。图 2-30 显示了活化能为 21~58 $kJ \cdot mol^{-1}$的抛光去除率对 Arrhenius 温度的依赖性[34]。Sugimoto 等人[89]还表明,随着温度的升高,去除率会增加(温度升高 10℃,去除率会增加 6 倍)。

除整体温升外,还表明存在径向抛光盘温度分布差异,最大温度位于工件与抛光盘的最大径向接触处 (f_o) [见方程(2-34)][7,82,90]。这种空间温差可能导致工件上的空间材料去除不均匀。在最近的一项研究中,使用红外成像摄像机详细评估了抛光盘和工件上的温度分布[7]。为了测量工件界面表面,将工件从抛光机上取下,快速擦掉泥浆,并对面向抛光机一侧的工件表面温度进行成像。由于工件的热容量相对较大,在此过程中,界面温度基本保持不变。图 2-31 显示了作为旋转速率函数的抛光盘和未旋转工件(在工件-抛光盘界

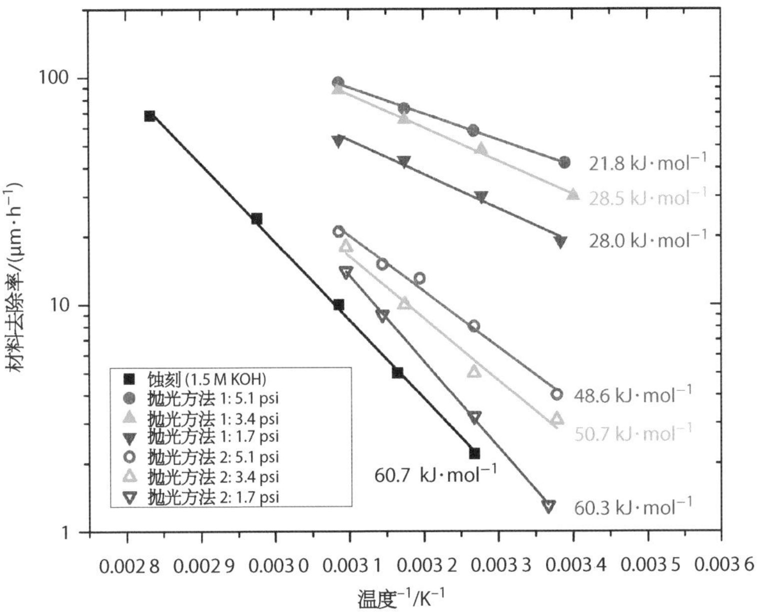

图 2－30　温度对抛光过程去除率和化学蚀刻的影响

（资料来源：Doi 等人，2015 年的数据[34]）

面）的红外热图像。正如所预期的那样，随着转速的增加，由于单位时间内摩擦加热的增加，抛光盘和工件温度升高。在抛光盘和工件上，温度分布基本上相对于抛光盘呈径向对称分布。最大温度对应于抛光盘上最大工件路径长度的径向位置。

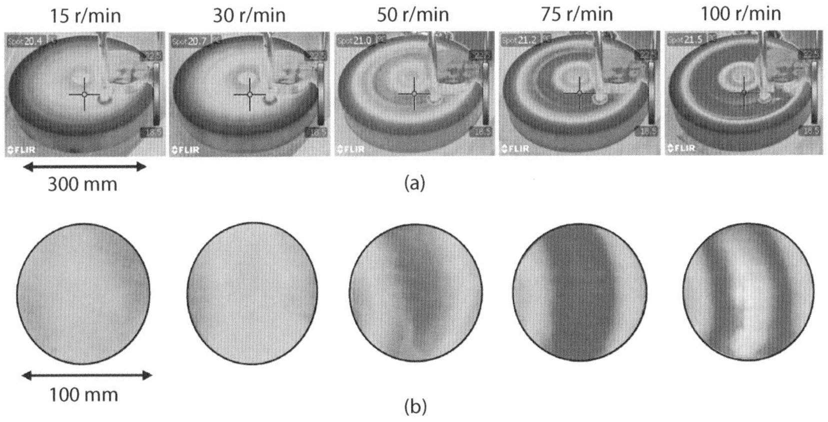

图 2－31　在工件-抛光盘界面处抛光盘表面的红外热图像（a）、工件表面的红外热图像（b）与抛光盘旋转速度的对应关系。对于工件表面热像，抛光盘中心靠每个图像的左侧。每个图像具有相同的热成像色标，从 18.5℃（暗）至 22.5℃（亮）

（资料来源：Suratwala 等人，2014 年[7]。经 John Wiley & Sons 公司许可复制）

使用非旋转工件、旋转工件和旋转工件加补偿隔膜[7]测量的各种抛光配置的抛光盘热轮廓示例如图 2-32a 所示。由于径向（相对于工件）时间平均，旋转工件减小了整个抛光盘的温度变化。此外，补偿隔膜的添加进一步减小了温度变化。这在图 2-32b 中得到了更清楚的说明，图 2-32b 显示了作为相同三种抛光配置的抛光盘最大温差与旋转速度函数的关系。在抛光系统中具有较小的温度梯度是有益的，因为它减小了材料去除的空间不均匀性，这使抛光过程中材料去除具有更高确定性成为可能。

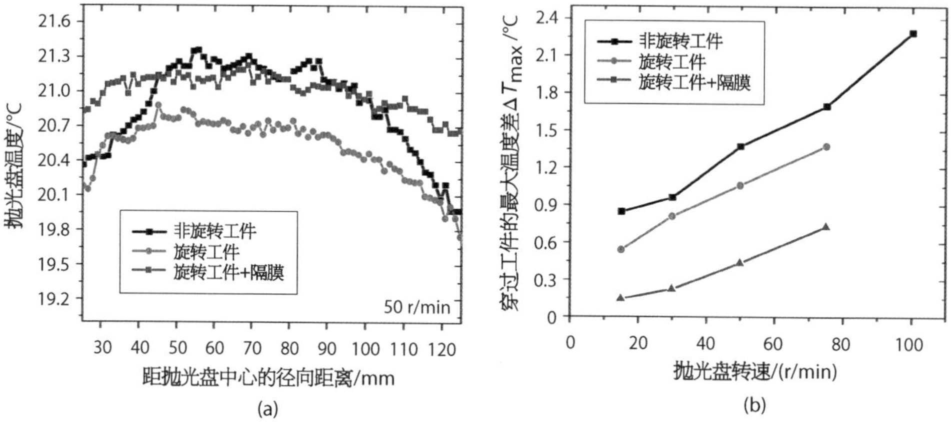

图 2-32 （a）在工件未旋转、正在旋转以及使用支撑隔膜旋转的情况下，工件与抛光盘接触区域内抛光盘表面的温度分布；（b）工件与抛光盘接触区域内抛光盘表面的最大温差与（a）中相同配置的抛光盘旋转速度的函数关系

（资料来源：Suratwala 等人，2014 年[7]。经 John Wiley & Sons 公司许可复制）

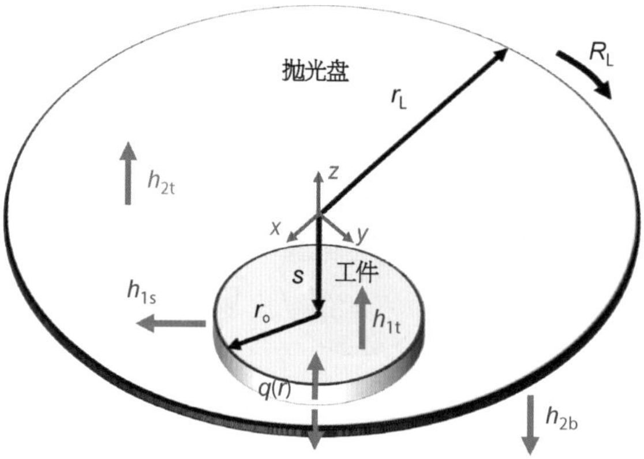

图 2-33 抛光热模型几何尺寸、运动和热参数示意图

（资料来源：Suratwala 等人，2014 年[7]。经 John Wiley & Sons 公司许可复制）

一个相对简单的热模型可以用来预测抛光过程中的温度大小和分布，其中抛光过程中的主要热源是工件-抛光盘界面处的摩擦功[7]。考虑旋转抛光盘上的静态圆形工件，如图 2-33 所示。系统的热平衡可通过旋转对流传输的稳态热方程描述，如下所示：

$$\alpha_1 \nabla^2 T = 0_{(\text{工件})} \tag{2-43}$$

$$\alpha_{2-3}\nabla^2 T = R_L\left(y\frac{\partial T}{\partial x} - x\frac{\partial T}{\partial y}\right)_{\text{lap}} \tag{2-44}$$

式中，T 为空间温度分布；α_1 为工件玻璃的热扩散率；α_{2-3} 为抛光盘和浆料的综合热扩散率；R_L 为抛光盘旋转率；x 和 y 为抛光盘上的坐标位置。由于实验中使用的浆料流速相对较低，浆料流动产生的热传递被认为很小，并被视为抛光盘和浆料的组合有效热扩散率。

在工件-抛光盘界面上，给定抛光盘半径(r)处的单位面积产热率(单位：$W \cdot m^{-2}$)的定义如下：

$$q(r) = f_o(r)\mu\sigma_o v_r(r) \tag{2-45}$$

式中，μ 为摩擦系数；σ_o 为施加在工件上的压力；$v_r(r)$ 为工件和抛光盘之间的相对速度；$f_o(r)$ 为工件覆盖的抛光盘圆周部分，由式(2－34)给出，并已在前面讨论过[7,66]。对于未旋转的工件，$v_r(r)$ 就是 $R_L r$。注意：在方程(2－34)中，f_o 随抛光盘径向位置(r)的增加先增大后减小；同时，相对速度随抛光盘径向位置(r)线性增加。两者的结合使径向摩擦加热分布出现一个斜向上的最大值。

热源界面边界条件由下式给出：

$$k_{wp}\frac{\partial T}{\partial z} = -q(r) \tag{2-46}$$

并且利用系统主要表面的有效热传递，建立剩余边界条件，如下所示：

$$-k_i\frac{\partial T}{\partial n^*} = h_{ij}\Delta T \tag{2-47}$$

式中，k_i 为抛光盘($i=2$)或工件($i=1$)的导热系数；n^* 为边界条件表面的法向；h_{ij} 为对应系统各个表面的热传导系数($W \cdot m^{-2} \cdot K^{-1}$)：抛光盘顶部为 h_{2t}、抛光盘底部为 h_{2b}、工件侧面为 h_{1s}、工件顶部为 h_{1t}。

在图 2－31 所示的实验中，使用熔融石英工件的导热系数、热容和密度($k_1 = 1.38\ W \cdot m^{-1} \cdot K^{-1}$；$C_{p1} = 740\ J \cdot kg^{-1} \cdot K^{-1}$；$\rho_1 = 2\,200\ kg \cdot m^{-3}$)以及结合抛光垫和浆料的导热系数、热容和密度($k_2 = 0.3\ W \cdot m^{-1} \cdot K^{-1}$；$C_{p2} = 4\,186\ J \cdot kg^{-1} \cdot K^{-1}$；$\rho_2 = 1\,000\ kg \cdot m^{-3}$)，工件和抛光盘/抛光液的热扩散率由公式 $\alpha_i = k_i/(\rho_i C_{pi})$ 确定。利用花岗岩抛光盘基层的导热系数及其厚度确定抛光盘底部的热传导系数，得出 $h_{2b} = 60\ W \cdot m^{-2} \cdot K^{-1}$。同样，工件顶部的传热系数(与不锈钢负载相连)计算为 $h_{1t} = 648\ W \cdot m^{-2} \cdot K^{-1}$。考虑到抛光液中水的室温

蒸发（$h_{2t}=60\ \mathrm{W\cdot m^{-2}\cdot K^{-1}}$），抛光盘顶部的传热系数基于典型值。工件侧面的传热基于典型的空气-固体值（$h_{1s}=20\ \mathrm{W\cdot m^{-2}\cdot K^{-1}}$）。最后，调整有效摩擦系数以获得与数据的最佳拟合（$\mu=0.012$）。该系数的较小结果值可归因于这样一个事实，即表面之间摩擦所做的功只有一小部分表现为热[91]。

将工件上的计算热分布与图 2－34a、b 中的实验数据进行比较，并将在不同抛光盘旋转率下获得并观察到的热剖面的大致空间形状与径向数据线进行定量比较。尽管所提出的热模型大大简化了浆料流体流动预期的一些已知复杂热行为，例如在工件界面、抛光盘和抛光垫凹槽中，但它确实获得了抛光过程热行为的显著特征。

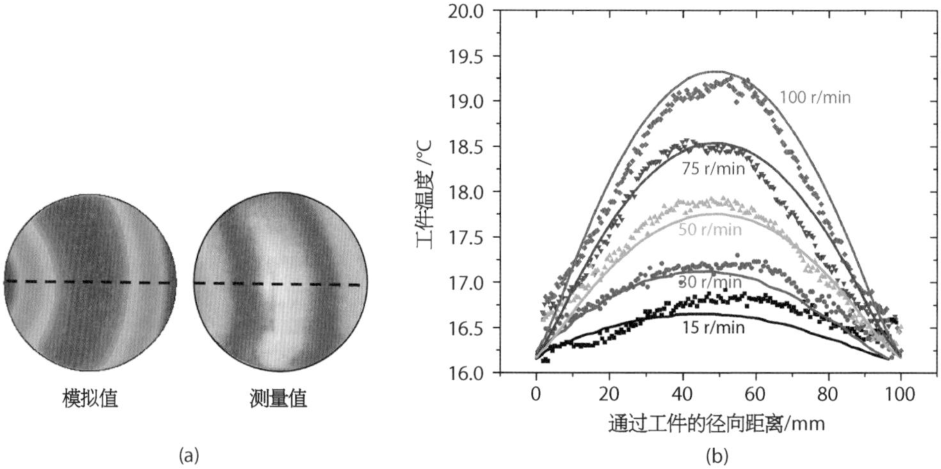

图 2－34 （a）对旋转抛光盘（100 r/min）上直径为 100 mm 的非旋转熔融石英工件上的模拟和测量温度分布进行比较（工件的左侧朝向研磨中心）；（b）在不同的抛光盘旋转速度下，比较工件上的测量（点）和计算（线）温度值

（资料来源：Suratwala 等人，2014 年[7]。经 John Wiley & Sons 公司许可复制）

通过前面介绍的热模型，结合一些基准温度测量，为理解给定抛光过程的热特性提供了一个有用的工具，并提出可能减小温度空间不均匀性和相应材料去除空间不均匀性的策略。补偿隔膜的使用是减小温度不均匀性策略的一个很好的例子[7,66-67]。

2.5.6.6 抛光垫整体特性

除了抛光垫磨损（如第 2.5.6.2 节所述），其他几个抛光垫特性可能会影响工件-抛光盘失配。抛光盘的总模量决定了抛光盘的柔顺性，从而决定了为给定工件-抛光盘失配建立的压差的大小（图 2－20）。在研磨和重复使用抛光盘期间，由于水渗透[92-94]、研磨运行之间干燥后的抛光垫收缩以及抛光盘中嵌入的抛光颗粒[95]或工件去除物[96]的影响，整体抛光盘性能可能会发生变化。因此，抛光盘的有效模量可能会随着抛光盘的使用和处理而变化。

图 2-35a 显示了 265 mm×265 mm 熔融石英工件的表面图，该工件在聚氨酯泡沫垫上抛光后，使用收敛抛光方法[66]（见第 8.4 节）进行抛光，该聚氨酯泡沫垫在黏附到抛光盘后不允许干燥，然后在同一个抛光垫上抛光，在抛光迭代之间让其干燥。结果表明，工件的面形变化比较大，从 PV = 4.7 μm 变化为 PV = −5.8 μm，总变化量为 10.5 μm。这一现象的一种可能机理是，将抛光垫涂敷在抛光盘底座上并在抛光干燥后，抛光垫会永久收缩，从而导致抛光盘高度轮廓的不可逆变化、工件-抛光盘失配以及工件形状的变化。这种表现与标准光学抛光规则一致，即抛光垫在抛光迭代之间不允许干燥。

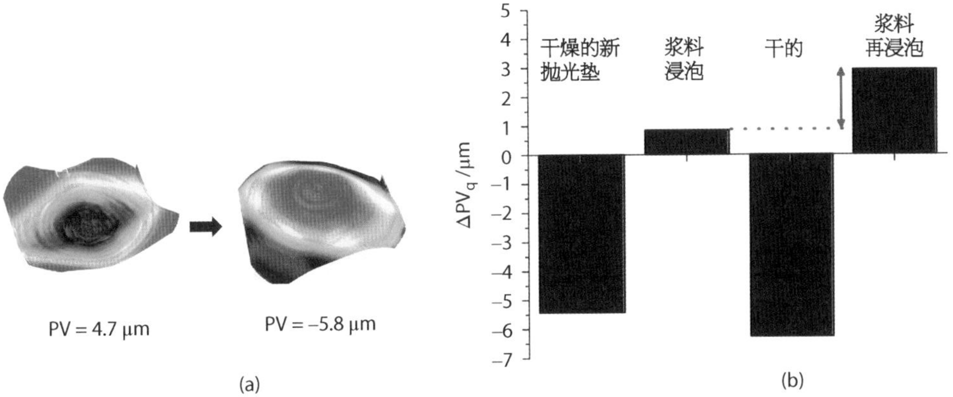

图 2-35　(a) 方形熔融石英工件(尺寸 265 mm×265 mm×10 mm)在 MHN 聚氨酯垫上抛光后测量的反射波前，在抛光间隙中允许抛光垫完全干燥；(b) 将 MHN 聚氨酯衬垫黏附到直径为 150 mm、厚 2.2 mm 的圆形熔融石英板前表面，并暴露于各种环境条件下抛光后，其背面的反射波前测量值

使用 Twyman 挠度测量对抛光垫收缩假设进行了测试，结果如图 2-35b 所示。该图显示了在聚氨酯衬垫暴露于各种按时间顺序排列的环境后，黏附在聚氨酯抛光垫上的熔融石英板背面的反射波前的 PV 值。将抛光垫浸泡在浆料中导致工件形状发生变化。干燥和再浸泡后，由于衬垫收缩，相对于保持湿态的情形，工件产生 ~2 μm 的偏差。这表明，如果允许抛光垫在抛光迭代之间干燥，然后重新浸泡，则会导致抛光垫尺寸的永久性变化。这种在抛光机和工件上的影响类似于在图 2-35a 观察到的数据。

2.5.6.7　浆料空间分布

抛光过程中研磨液颗粒在抛光盘上的空间分布方式会影响工件上材料去除的均匀性。已经证明，这种效应在毫米尺度和微米尺度长度下都会发生[7,96]。

后者将在第 4 章中讨论。

使用聚氨酯盘面和氧化铈浆料在旋转抛光盘上抛光非旋转熔融石英工件后，可在工件上肉眼观察到相对于抛光盘沿圆周排列的亚毫米级波纹图案(图 2-36)，表明有小空间尺度的材料去除不均匀性[7]。摆动(工件相对于抛光盘的切线或径向线性运动)、金刚石修整器和抛光垫材料的变化都会影响波纹图案的特性(图 2-37a、b)[7]。没有摆动时，在基本厚度为 50 mil(1 mil = 0.025 4 mm) 的 MHN 聚氨酯垫上抛光，工件表面显示出高度不均匀的波纹图案，平均间距为 ~270 μm。使用 PV 值作为材料去除不均匀性的度量，无摆动情况的 PV 值为 2.78 μm。同时添加金刚石修整会产生类似幅度的波纹图案(PV = 2.32 μm)。另一方面，增加摆动导致均匀性显著改善；使用径向摆动的结果为 PV = 0.38 μm。此外，如图 2-37b 所示，通过改变抛光垫材料，均匀性也可以大大提高。材料去除不均匀性的改善顺序如下：PV = 0.81 ~ 2.78 μm 的聚氨酯泡沫垫(50 mil MHN 和 25 mil MHN)、PV = 0.52 μm 的聚氨酯纤维垫(Suba 550)和 PV = 0.23 μm 的软橡胶泡沫垫(Chem Pol)。

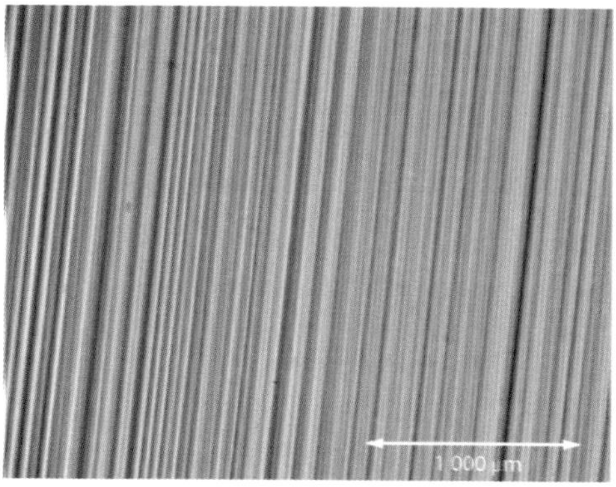

图 2-36 抛光后在熔融石英表面上观察到的波纹的光学显微照片(未旋转且无冲程)

(资料来源：Suratwala 等人，2014 年[7])

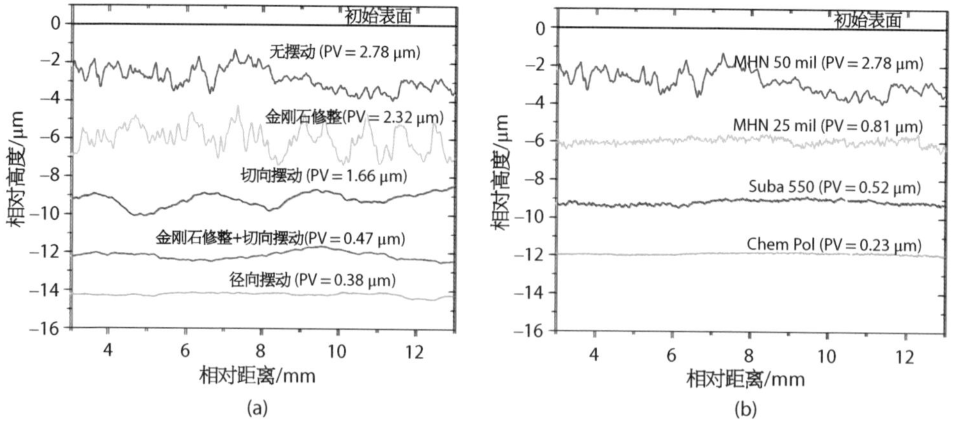

图 2-37 (a) 在各种条件下抛光(非旋转)后熔融石英表面的表面纹路；(b) 在不同抛光垫上抛光(非旋转)后熔融石英表面的纹路

(资料来源：Suratwala 等人，2014 年[7]。经 John Wiley & Sons 公司许可复制)

结果表明,这种小尺度材料的不均匀性随着抛光垫硬度的增加而增加。注意,为了改善收敛性抛光的控制能力,通常需要更高硬度的抛光垫[52,66]。这个例子说明了如何以牺牲一个抛光特性为代价来改善另一个抛光特性(图 1-6)。

有人认为,在工件上观察到的亚毫米级波纹图案是由于抛光垫上随机分布的岛状微观浆料团造成的较大去除率所导致的[7]。抛光盘相对于工件的径向移动导致时间平均的一维空间径向材料去除不均匀性,从而导致工件上的波纹图案与抛光盘半径对齐(图 2-36)。在使用过的 50 mil MHN 抛光垫表面上的扫描电子显微镜图像显示存在浆料岛(图 2-38),其间距与波纹间距类似。在这种机制下,人们期望径向摆动(即垂直于波纹方向的运动)以最佳方式在空间和时间上平滑不均匀性,从而降低波纹图案的大小。这与实验结果一致:当使用径向摆动时,PV 值从 2.78 μm 大幅降低到 0.38 μm(图 2-37a)。

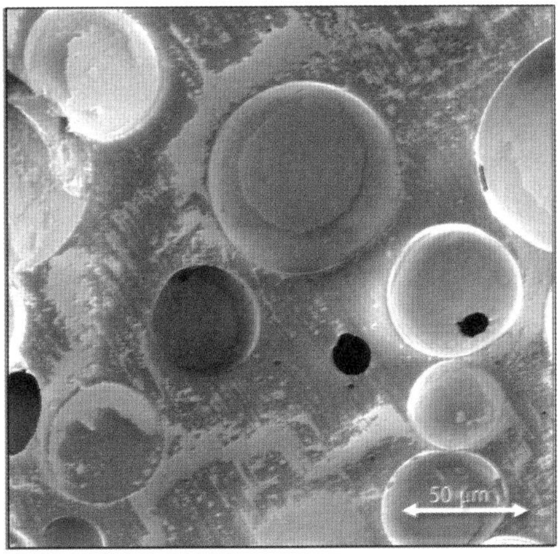

图 2-38　抛光后 50 mil MHN 抛光垫表面的扫描电子显微镜(SEM)图像,显示了氧化铈颗粒在平台上的岛状分布。圆形区域是抛光垫的开孔

(资料来源:Suratwala 等人,2014 年[7]。经 John Wiley & Sons 公司许可复制)

2.5.6.8　局部非线性物质沉积

由于抛光时间较长(通常为数十小时),并且由于工件在抛光盘上的旋转作用,会观察到另一种中等长度的材料去除不均匀性,如图 2-39a 所示,在工件表面面形中心附近形成了一个相对较深的凹陷[7]。在抛光迭代之间,未对抛光垫进行特殊的处理,并在同一块抛光垫上抛光同一工件时,表面面形较差,而通过金刚石修整器足够处理(DC)后,中等尺度的不均匀结构可以被去除(图 2-39b)。

持续抛光后工件表面中心凹陷的形成是由于抛光盘上特定径向位置特殊的浆料和玻璃产物材料沉积所致。已通过以下三种方式得到证实:测量抛光盘的轮廓,显示抛光盘上固定径向距离处材料沉积的高度升高(图 2-40a);在同一抛光垫上测量未旋转的工件,在同一径向位置显示出非常强烈的优先材料去除的增加(~7 倍)(图 2-40b);在同一抛光垫上使用修整器去除材料沉积(图 2-41),可以消除抛光过程中抛光盘处的温升(由于材料去除量增加而产生的摩擦加热)。

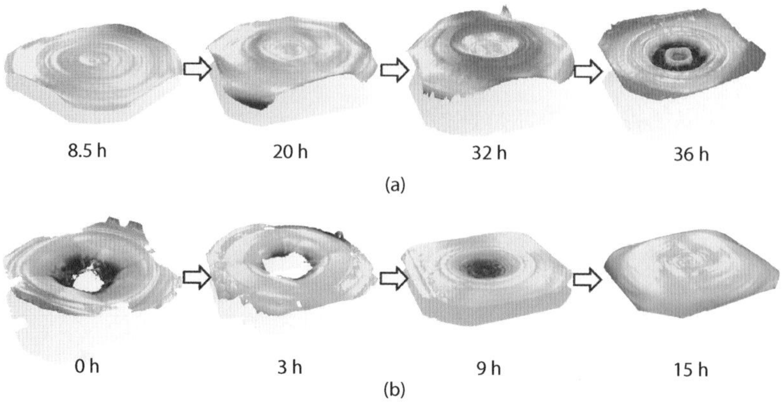

图 2-39 265 mm 正方形熔融石英工件面形随抛光时间的变化：无任何抛光垫处理(a)(标度范围-2~1 μm)和抛光垫处理后(b)(DC)(标度范围-3~3.5 μm)

(资料来源：Suratwala 等人,2014 年[7]。经 John Wiley & Sons 公司许可复制)

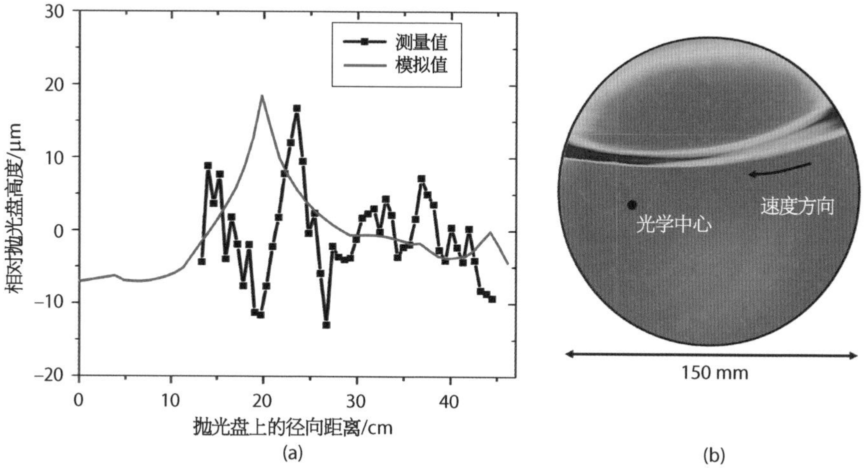

图 2-40 (a) 抛光~50 h 后抛光垫表面高度轮廓的测量(数据点)和计算值(红线),显示材料呈环状沉积在抛光垫表面,抛光盘半径为 20~22 cm;(b) 在(a)中所示的抛光垫上抛光 30 min 后,非旋转 265 mm 正方形熔融石英工件部分的测量面形(PV=1.4 μm)。注意,测量仅在工件中心附近进行

(资料来源：Suratwala 等人,2014 年[7]。经 John Wiley & Sons 公司许可复制)

在普雷斯顿方程中除了抛光垫的磨损项外,还可以通过加入源项来模拟材料沉积[1,7]。工件上的材料去除作为位置和时间的函数(dh/dt)由普雷斯顿方程确定,见方程(2-2)。类似地,抛光盘上的材料去除(dh_{lap}/dt)作为位置的函数[方程(2-32)],可以增加一项,以包括材料沉积：

$$\frac{dh_{lap}}{dt}(x, y, t) = \frac{f_o(r)}{t}\int_0^t \{[k_{lap}(t')\mu(x, y, t')v_r(x, y, t')\sigma(x, y, t')] - [f_{redep}k_p\mu(x, y, t')v_r(x, y, t')\sigma(x, y, t')]\}dt' \quad (2-48)$$

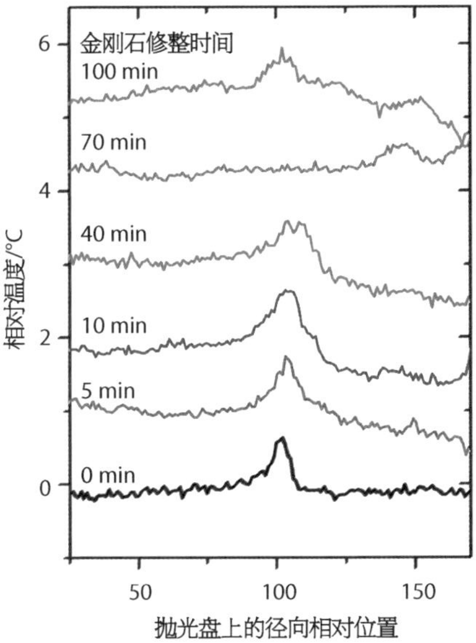

图 2-41 在金刚石修整处理不同时间后的抛光过程中观察测量到的抛光盘上径向温度分布

(资料来源: Suratwala 等人,2014 年[7]。经 John Wiley & Sons 公司许可复制)

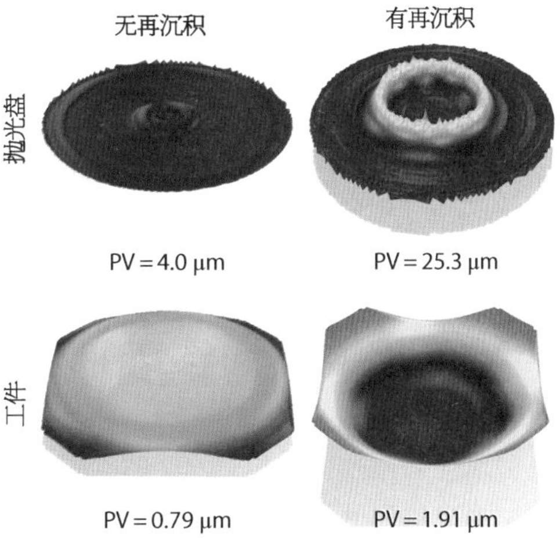

图 2-42 使用 SurF 代码和方程(2-48)模拟抛光盘(上图)和工件(下图)的面形[左侧,无沉积($f_{redep}=0$),右侧,有沉积($f_{redep}=1.5$)](抛光盘面形的标度范围为-8~30 μm;工件面形的标度范围为-1.2~1.2 μm)

(资料来源: Suratwala 等人,2014 年[7]。经 John Wiley & Sons 公司许可复制)

式中,f_{redep} 为从工件上移除的沉积在抛光盘特定位置的部分玻璃碎屑产物。方程(2-48)积分中的第一项描述了抛光垫的磨损;第二个描述了抛光盘上的材料沉积速率。注意: 沉积速率与 $f_o(r)f_{redep}k_p$ 成正比,这意味着沉积速率与抛光盘上的工件径向路径长度成正比。

图 2-42 显示了在无材料沉积 (f_{redep} = 0) 和有材料沉积 (f_{redep} = 1.5, 表示与实验数据最佳匹配)的情况下,使用抛光盘(上图)和工件表面(下图)的 SurF 代码的模拟结果[7]。第 2.6 节将描述 SurF 代码。随着材料沉积,在半径为 20 cm 抛光盘上的固定位置会产生大量材料沉积(~20 μm 厚),其大小和位置与实验结果相当接近(图 2-39a)。工件表面形成的中心凹陷也和实验数据类似。当 f_{redep} 值较小时(≪1),模拟中抛光盘上的沉积变化很小;但是,如果使用较大的 f_{redep} 值(>1),则抛光盘在特定位置的材料沉积将呈非线性。沉积的非线性方面在物理上源于这样一个事实,即如果开始在抛光盘特定的径向位置上沉积材料,则工件-抛光盘失配将导致该位置的压力增大而提高材料去除率,反过来又进一步提高材料沉积率。注意,f_{redep} > 1 表示抛光盘表面沉积的材料多于从工件上移除的材料。抛光盘上沉积物的能量色散光谱(EDS)测量结果表明,

Si：Ce 比为 2.3：1，表明材料沉积物是玻璃产物（来自熔融石英工件）和抛光液（氧化铈）的组合。因此，$f_{redep} > 1$ 的最佳拟合值是合理的。

2.6 确定性面形

在本章中，对材料去除率普雷斯顿方程进行了剖析，以了解在空间和时间上影响材料去除的各种现象，并最终确定抛光工件的面形（图 2-1）。从经验来看，预测全孔径抛光面形的能力涉及抛光迭代，其中抛光过程的变化如运动和带有修整器的抛光盘成型，是在每次迭代时通过面形测量来实现的。达到最终面形的抛光次数和抛光质量在很大程度上取决于光学仪器制造师的技能。

随着对上述现象的进一步理解，可以采用以下几种通用方法来增强面形控制中的确定性：

1）子口径抛光

在这种方法中，具有定义去除函数的子口径刀具与数控机床相结合，在工件上扫描时刀具在每个位置的停留时间不同，以确定表面上每个点的移除量。例如，使用 MRF（磁流变抛光，见第 8.1 节）方法在光学制造领域引起了极大的兴趣，特别是在任意面形光学元件（即具有复杂形状或表面偏离常规球体、非球面和平面的光学元件）的制造领域。然而，与全孔径抛光一样，理解影响去除函数的所有现象仍然是一个挑战。去除函数作为位置和时间函数的确定性和可重复性，将在很大程度上推动整个过程的确定性。将本章概述的原理扩展到小型刀具去除函数和生成的表面面形，是光学制造研究一个卓有成效的应用。

2）表面面形模拟器

增加确定性的另一种方法是将本章概述的所有现象结合起来，并将它们定量地输入抛光模拟器中，从而可以预测面形。最近开发了名为 Surface Figure（或 SurF）的代码，该代码包含大量现象，这些现象同时在空间和时间上考虑了工件以及抛光盘上的去除及材料沉积。图 2-43 说明了 SurF 的高级算法。该图为 SurF 代码如何将普雷斯顿材料去除率方程的所有贡献合并在一起的流程图，标有星号的项目是正在开发的模块。有关更详细的说明，请参见文献[1]。图 2-44 以及图 2-3、图 2-15、图 2-40 和图 2-42 显示了与许多抛光方案的实验数据相比的 SurF 模拟结果。由于同时发生的大量现象以及可能事先未知的输入参数，与提供一组给定的抛光条件以获得最终面形相比，此类代码在识别面形演变趋势方面更具价值。随着对各

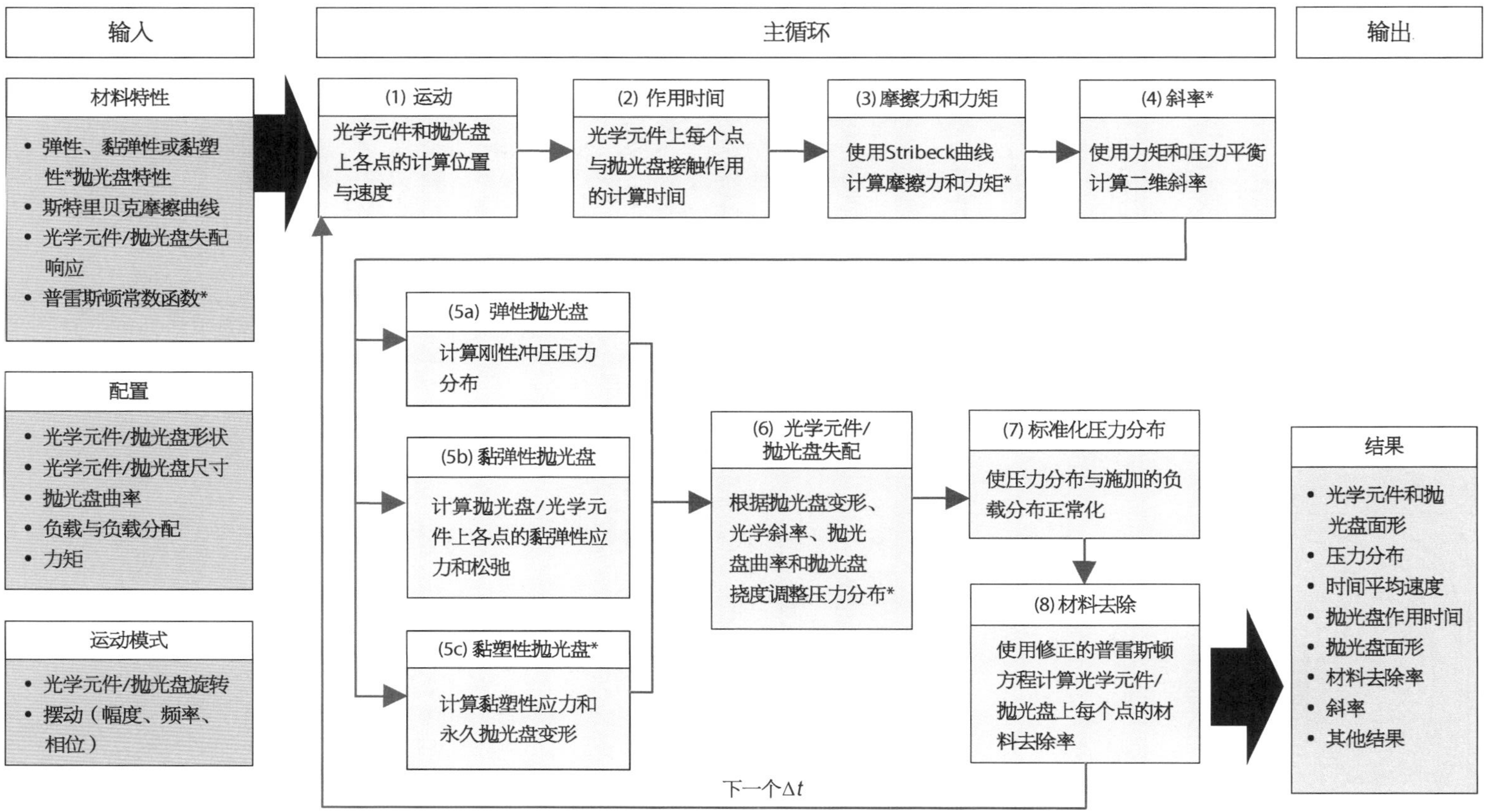

图 2-43　SurF 高级算法说明

（资料来源：Suratwala 等人，2010 年[1]。经 John Wiley & Sons 公司许可复制）

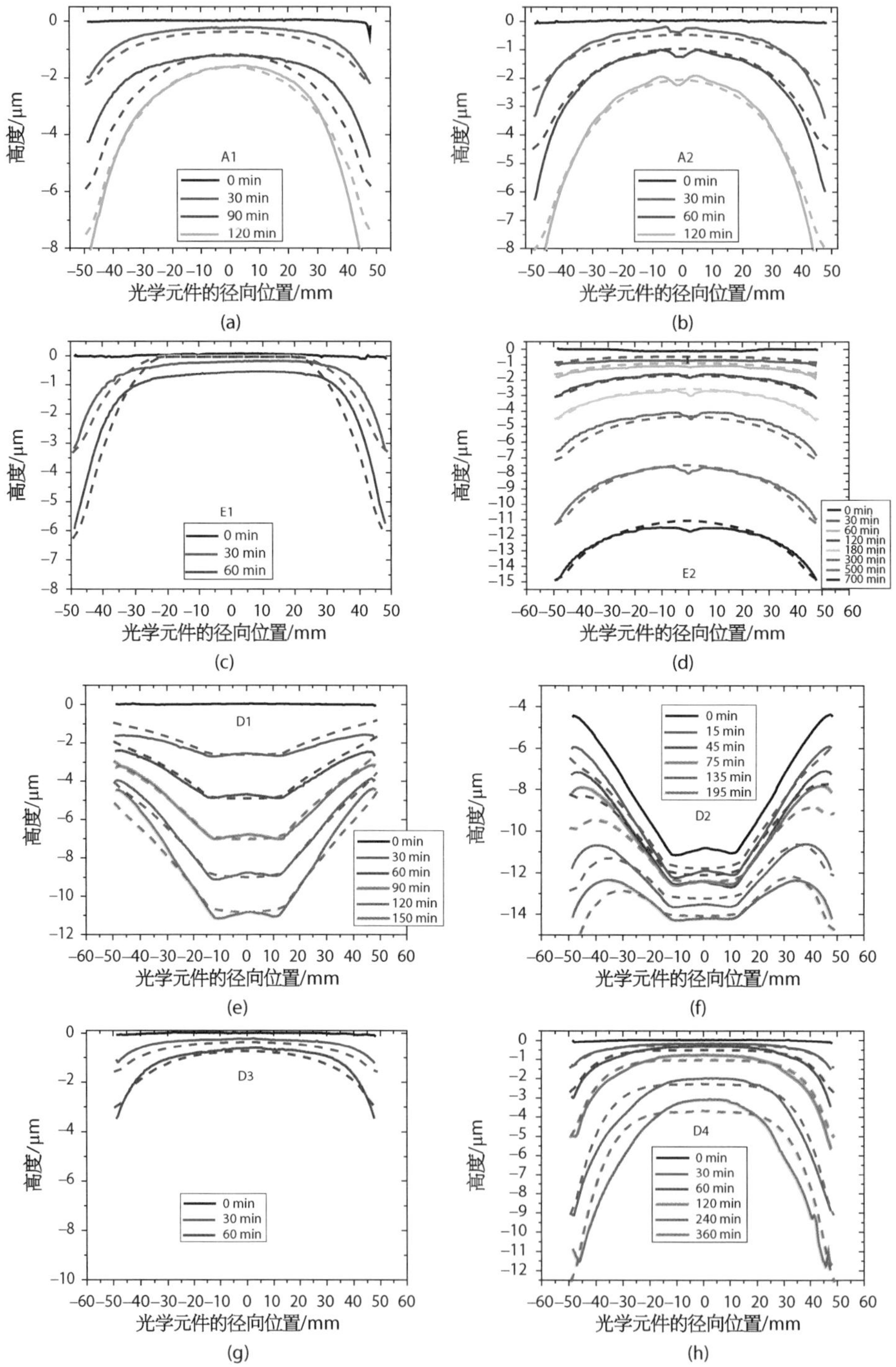

图 2-44 在各种条件下抛光的熔融石英工件表面面形轮廓线的测量数据(实线)与 SurF 模拟(虚线)的比较

(资料来源：Suratwala 等人，2010 年[1]。经 John Wiley & Sons 公司许可复制)

种现象和规律的更好的理解，可以预见该代码在面形定量预测中将更具有确定性应用意义。

3）减少材料去除不均匀性

增加确定性的第三种方法是通过改变抛光系统的设计或控制加工参数，系统地减小或消除材料去除的不均匀性。通过这种方式，可以减少必须定量理解或监控以控制面形抛光过程变量的数量，因为影响过程的变量更少，这将更容易实现抛光过程的确定性。一个例子是在抛光机中加入一个隔膜，以抵消工件在抛光垫上的不均匀磨损，从而使抛光垫磨损不再导致材料去除不均匀（见第 7.1.3 节）。收敛抛光充分利用了这一概念，消除了除工件形状导致的工件–抛光盘失配之外的所有材料去除不均匀性来源。收敛抛光的完整描述见第 8.4 节。

参考文献

[1] Suratwala, T.I., Feit, M.D., and Steele, W.A. (2010). Toward deterministic material removal and surface figure during fused silica pad polishing. *J. Am. Ceram. Soc.* 93 (5): 1326 – 1340.

[2] Luo, Q., Ramarajan, S., and Babu, S. (1998). Modification of the Preston equation for the chemical-mechanical polishing of copper. *Thin Solid Films* 335 (1): 160 – 167.

[3] Cordero-Davila, A., Gonzalez-Garcia, J., Pedrayes-Lopez, M. et al. (2004). Edge effects with the Preston equation for a circular tool and workpiece. *Appl. Opt.* 43 (6): 1250 – 1254.

[4] Lin, S.-C. and Wu, M.-L. (2002). A study of the effects of polishing parameters on material removal rate and non-uniformity. *Int. J. Mach. Tools Manuf.* 42 (1): 99 – 103.

[5] Tseng, W.T. and Wang, Y.L. (1997). Re-examination of pressure and speed dependences of removal rate during chemical-mechanical polishing processes. *J. Electrochem. Soc.* 144 (2): L15 – L17.

[6] Pal, R.K., Garg, H., and Karar, V. (2016). Full aperture optical polishing process: overview and challenges. In: *CAD/CAM, Robotics and Factories of the Future*, 461 – 470. Springer.

[7] Suratwala, T., Feit, M.D., Steele, W.A., and Wong, L.L. (2014). Influence of temperature and material deposit on material removal uniformity during optical pad polishing. *J. Am. Ceram. Soc.* 97 (6): 1720 – 1727.

[8] Cumbo, M., Fairhurst, D., Jacobs, S., and Puchebner, B. (1995). Slurry particle size evolution during the polishing of optical glass. *Appl. Opt.* 34 (19): 3743 – 3755.

[9] Izumitani, T. (1986). *Optical Glass*, 197. New York: American Institute of Physics.

[10] Lambropoulos, J.C., Xu, S., and Fang, T. (1997). Loose abrasive lapping hardness of optical glasses and its interpretation. *Appl. Opt.* 36 (7): 1501 – 1516.

[11] Hutchings, I.M. (1992). *Tribology: Friction and Wear of Engineering Materials*, viii, 273. Boca Raton, FL: CRC Press.

[12] Lai, J.-Y. (2001). *Mechanics, Mechanisms, and Modeling of the Chemical Mechanical polishing Process*. Massachusetts Institute of Technology.

[13] Hersey, M.D. (1966). *Theory and Research in Lubrication: Foundation for Future Developments*. Wiley.

[14] Moon, Y. (1999). Mechanical aspects of the material removal mechanism in chemical

mechanical polishing (CMP). PhD Thesis. University of California Berkeley, 193 pages.
[15] Soares, S., Baselt, D., Black, J.P. et al. (1994). Float-polishing process and analysis of float-polished quartz. *Appl. Opt.* 33 (1): 89 – 95.
[16] Namba, Y., Ohnishi, N., Yoshida, S. et al. (2004). Ultra-precision float polishing of calcium fluoride single crystals for deep ultra violet applications. *CIRP Ann. Manuf. Technol.* 53 (1): 459 – 462.
[17] Namba, Y., Tsuwa, H., Wada, R., and Ikawa, N. (1987). Ultra-precision float polishing machine. *CIRP Ann. Manuf. Technol.* 36 (1): 211 – 214.
[18] Namba, Y. and Tsuwa, H. (1979). A chemo-mechanical ultrafine finishing of polycrystalline materials. *Ann. CIRP* 28 (1): 425 – 429.
[19] Namba, Y. and Tsuwa, H. (1978). Mechanism and some applications of ultra-fine finishing. *Ann. CIRP* 27 (1): 511 – 516.
[20] Namba, Y. and Tsuwa, H. (1977). Ultra-fine finishing of sapphire single crystal. *Ann. CIRP* 26 (1): 325.
[21] Brown, N. (1981). *A Short Course on Optical Fabrication Technology*. Lawrence Livermore National Laboratory.
[22] Taylor, J., Davis, C., Demiris, A. et al. (1995). High speed lapping of flat optics. UCRL – ID – 119056, pp. 4 – 13.
[23] Marinescu, I.D., Hitchiner, M.P., Uhlmann, E. et al. (2006). *Handbook of Machining with Grinding Wheels*. CRC Press.
[24] Marinescu, I.D., Uhlmann, E., and Doi, T. (2006). *Handbook of Lapping and Polishing*. CRC Press.
[25] Brown, N. (1977). *Optical Polishing Pitch*. Livermore, CA: California University, Lawrence Livermore Laboratory.
[26] Jones, R.A. (1979). Grinding and polishing with small tools under computer control. *Opt. Eng.* 18 (4): 184 – 390.
[27] Jones, R.A. and Rupp, W.J. ed. (1990). Rapid optical fabrication with CCOS. In: *Advanced Optical Manufacturing and Testing*, vol. 1333, 34 – 44. International Society of Optics and Photonics.
[28] Golini, D., Jacobs, S., Kordonski, W., and Dumas, P. (1997). Precision optics fabrication using magnetorheological finishing. Proceedings of SPIE CR67 – 16, pp. 1 – 23.
[29] Pollicove H., Golini D. Deterministic manufacturing processes for precision optical surfaces. *InKey Eng. Mater.* 2003 (Vol. 238, pp. 53 – 58) Trans Tech Publications.
[30] Pollicove, H. and Golini, D. (2002). Computer numerically controlled optics fabrication. *Int. Trends Appl. Opt.* 5: 125 – 144.
[31] West, S., Martin, H., Nagel, R. et al. (1994). Practical design and performance of the stressed-lap polishing tool. *Appl. Opt.* 33 (34): 8094 – 8100.
[32] Walker, D., Brooks, D., King, A. et al. (2003). The "Precessions" tooling for polishing and figuring flat, spherical and aspheric surfaces. *Opt. Exp.* 11 (8): 958 – 964.
[33] Beaucamp, A., Namba, Y., and Freeman, R. (2012). Dynamic multiphase modeling and optimization of fluid jet polishing process. *CIRP Ann. Manuf. Technol.* 61 (1): 315 – 318.
[34] Doi, T., Uhlmann, E., and Marinescu, I.D. (2015). *Handbook of Ceramics Grinding and Polishing*. William Andrew Publishing.
[35] Menapace, J. A., Dixit, S. N., Génin, F. Y., and Brocious, W. F., ed. (2004). Magnetorheological finishing for imprinting continuous-phase plate structures onto optical surfaces. XXXV Annual Symposium on Optical Materials for High Power Lasers: Boulder Damage Symposium. International Society for Optics and Photonics.
[36] Heynacher, E., Beckstette, K., and Schmidt, M. (1989). Apparatus for lapping and polishing optical surfaces. Google Patents.
[37] Nagahara, R.J. and Lee, D.M. (2001). Method and apparatus for using across wafer back pressure differentials to influence the performance of chemical mechanical polishing. Google

Patents.
[38] Twyman, F. (1952). *Prism and Lens Making; A Textbook for Optical Glassworkers*, 2e, viii, 629. London: Hilger & Watts.
[39] Johnson, K.L. and Johnson, K.L. (1987). *Contact Mechanics*. Cambridge University Press.
[40] Kimura, M., Saito, Y., Daio, H., and Yakushiji, K. (1999). A new method for the precise measurement of wafer roll off of silicon polished wafer. *Jpn. J. Appl. Phys.* 38 (1R): 38.
[41] Fu, G. and Chandra, A. (2005). The relationship between wafer surface pressure and wafer backside loading in chemical mechanical polishing. *Thin Solid Films* 474 (1): 217 - 221.
[42] Fu, G. and Chandra, A. (2002). A model for wafer scale variation of material removal rate in chemical mechanical polishing based on viscoelastic pad deformation. *J. Electron. Mater.* 31 (10): 1066 - 1073.
[43] Fu, G. and Chandra, A. (2001). A model for wafer scale variation of removal rate in chemical mechanical polishing based on elastic pad deformation. *J. Electron. Mater.* 30 (4): 400 - 408.
[44] Guthrie, W.L., Cheng, T., Ko, S.-H. et al. (1998). Method and apparatus for using a retaining ring to control the edge effect. Google Patents.
[45] Terrell, E. J. and Higgs, C. F. (2006). Hydrodynamics of slurry flow in chemical mechanical polishing a review. *J. Electrochem. Soc.* 153 (6): K15 - K22.
[46] Runnels, S. R. and Eyman, L. M. (1994). Tribology analysis of chemical-mechanical polishing. *J. Electrochem. Soc.* 141 (6): 1698 - 1701.
[47] Park, S.-S., Cho, C.-H., and Ahn, Y. (2000). Hydrodynamic analysis of chemical mechanical polishing process. *Tribol. Int.* 33 (10): 723 - 730.
[48] Cho, C.-H., Park, S.-S., and Ahn, Y. (2001). Three-dimensional wafer scale hydrodynamic modeling for chemical mechanical polishing. *Thin Solid Films* 389 (1): 254 - 260.
[49] Runnels, S.R. (1994). Feature-scale fluid-based erosion modeling for chemical-mechanical polishing. *J. Electrochem. Soc.* 141 (7): 1900 - 1904.
[50] Chen, J. and Fang, Y.-C. (2002). Hydrodynamic characteristics of the thin fluid film in chemical-mechanical polishing. *IEEE Trans. Semicond. Manuf.* 15 (1): 39 - 44.
[51] Bullen, D., Scarfo, A., Koch, A. et al. (2000). In situ technique for dynamic fluid film pressure measurement during chemical mechanical polishing. *J. Electrochem. Soc.* 147 (7): 2741 - 2743.
[52] Suratwala, T., Feit, M., Steele, W. et al. (2014). Microscopic removal function and the relationship between slurry particle size distribution and workpiece roughness during pad polishing. *J. Am. Ceram. Soc.* 97 (1): 81 - 91.
[53] Sundararajan, S., Thakurta, D.G., Schwendeman, D.W. et al. (1999). Two-dimensional wafer-scale chemical mechanical planarization models based on lubrication theory and mass transport. *J. Electrochem. Soc.* 146 (2): 761 - 766.
[54] Yu, T.-K., Yu, C., and Orlowski, M. ed. (1994). Combined asperity contact and fluid flow model for chemical-mechanical polishing. Proceedings of International Workshop on Numerical Modeling of Processes and Devices for Integrated Circuits, 1994 NUPAD V, 1994. IEEE.
[55] Suratwala, T., Steele, R., Feit, M.D. et al. (2008). Effect of rogue particles on the sub-surface damage of fused silica during grinding/polishing. *J. Non-Cryst. Solids* 354 (18): 2023 - 2037.
[56] Lu, H., Obeng, Y., and Richardson, K. (2002). Applicability of dynamic mechanical analysis for CMP polyurethane pad studies. *Mater. Charact.* 49 (2): 177 - 186.
[57] Karow, H.H. (1992). *Fabrication Methods for Precision Optics* (ed. J.W. Goodman), 1 - 751. New York: Wiley.
[58] Rupp, W.J. (1971). Conventional optical polishing techniques. *J. Mod. Opt.* 18 (1): 1 - 16.

[59] DeGroote, J.E., Jacobs, S.D., Gregg, L.L. et al. ed. (2001) Quantitative characterization of optical polishing pitch. International Symposium on Optical Science and Technology. International Society for Optics and Photonics.
[60] Gillman, B.E. and Tinker, F. ed. (1999). Fun facts about pitch and the pitfalls of ignorance. SPIE's International Symposium on Optical Science, Engineering, and Instrumentation. International Society for Optics and Photonics.
[61] Burge, J.H., Anderson, B., Benjamin, S. et al. ed. (2001). Development of optimal grinding and polishing tools for aspheric surfaces. International Symposium on Optical Science and Technology. International Society for Optics and Photonics.
[62] Chen, C.Y., Yu, C.C., Shen, S.H., and Ho, M. (2000). Operational aspects of chemical mechanical polishing polish pad profile optimization. *J. Electrochem. Soc.* 147 (10): 3922 – 3930.
[63] Chang, O., Kim, H., Park, K. et al. (2007). Mathematical modeling of CMP conditioning process. *Microelectron. Eng.* 84 (4): 577 – 583.
[64] Zhou, Y.-Y. and Davis, E.C. (1999). Variation of polish pad shape during pad dressing. *Mater. Sci. Eng.*, *B* 68 (2): 91 – 98.
[65] Park, B., Lee, H., Park, K. et al. (2008). Pad roughness variation and its effect on material removal profile in ceria-based CMP slurry. *J. Mater. Process. Technol.* 203 (1): 287 – 292.
[66] Suratwala, T., Steele, R., Feit, M. et al. (2012). Convergent pad polishing of amorphous silica. *Int. J. Appl. Glass Sci.* 3 (1): 14 – 28.
[67] Suratwala, T., Steele, R., Feit, M. et al. (2014). Convergent polishing: a simple, rapid, full aperture polishing process of high quality optical flats & spheres. *J. Vis. Exp.* 94: doi: 10.3791/51965.
[68] Ng, S.H., Yoon, I., Higgs, C.F., and Danyluk, S. (2004). Wafer-bending measurements in CMP. *J. Electrochem. Soc.* 151 (12): G819 – G823.
[69] Love, A.E.H. (2013). *A Treatise on the Mathematical Theory of Elasticity*. Cambridge University Press.
[70] Roark, R.J. and Young, W.C. (1975). *Formulas for Stress and Strain*. McGraw-Hill.
[71] Feit, M.D., DesJardin, R.P., Steele, W.A., and Suratwala, T.I. (2012). Optimized pitch button blocking for polishing high-aspect-ratio optics. *Appl. Opt.* 51 (35): 8350 – 8359.
[72] Dalladay, A. (1922). Some measurements of the stresses produced at the surfaces of glass by grinding with loose abrasives. *Trans. Opt. Soc.* 23 (3): 170.
[73] Twyman, F. ed. (1905). Polishing of glass surfaces. In: *Proceedings of the Optical Convention*, 78. London: Northgate & Williams.
[74] Lambropoulos, J.C., Xu, S., Fang, T., and Golini, D. (1996). Twyman effect mechanics in grinding and microgrinding. *Appl. Opt.* 35 (28): 5704 – 5713.
[75] Ratajczyk, F. (1966). Die Abhangigkeit des Twymaneffekts von den Scheifbedingungen des optischen Glases. *Feingeratetechnik* 15: 445 – 449.
[76] Nikolova, E.G. (1985). Review: on the Twyman effect and some of its applications. *J. Mater. Sci.* 20: 1 – 8.
[77] Chen, J. and De Wolf, I. (2003). Study of damage and stress induced by backgrinding in Si wafers. *Semicond. Sci. Technol.* 18 (4): 261.
[78] Rupp, W. ed. (1987). Twyman effect for ULE. Optical Fabrication and Testing Workshop.
[79] Podzimek, O. and Heuvelman, C. (1986). Residual stress and deformation energy under ground surfaces of brittle solids. *CIRP Ann. Manuf. Technol.* 35 (1): 397 – 400.
[80] Wong, L., Suratwala, T., Feit, M.D. et al. (2009). The effect of HF/NH4F etching on the morphology of surface fractures on fused silica. *J. Non-Cryst. Solids* 355 (13): 797 – 810.
[81] Suratwala, T., Wong, L., Miller, P. et al. (2006). Sub-surface mechanical damage distributions during grinding of fused silica. *J. Non-Cryst. Solids* 352 (52 – 54): 5601 –

5617.
[82] Hocheng, H., Huang, Y.L., and Chen, L.J. (1999). Kinematic analysis and measurement of temperature rise on a pad in chemical mechanical planarization. *J. Electrochem. Soc.* 146 (11): 4236 - 4239.
[83] White, D., Melvin, J., and Boning, D. (2003). Characterization and modeling of dynamic thermal behavior in CMP. *J. Electrochem. Soc.* 150 (4): G271 - G278.
[84] Horng, J.H., Chen, Y.Y., Wu, H.W. et al. ed. (2011). Study of contact temperature in polishing surfaces. *Adv. Mater. Res.* 189 - 193: 1527 - 1531.
[85] Horng, J.-H., Jeng, Y.-R., and Chen, C.-L. (2004). A model for temperature rise of polishing process considering effects of polishing pad and abrasive. *J. Tribol.* 126 (3): 422 - 429.
[86] Oh, S. and Seok, J. (2008). Modeling of chemical — mechanical polishing considering thermal coupling effects. *Microelectron. Eng.* 85 (11): 2191 - 2201.
[87] Kim, H., Kim, H., Jeong, H. et al. (2002). Friction and thermal phenomena in chemical mechanical polishing. *J. Mater. Process. Technol.* 130: 334 - 338.
[88] Kim, N.-H., Ko, P.-J., Seo, Y.-J., and Lee, W.-S. (2006). Improvement of TEOS-chemical mechanical polishing performance by control of slurry temperature. *Microelectron. Eng.* 83 (2): 286 - 292.
[89] Sugimoto, F., Arimoto, Y., and Ito, T. (1995). Simultaneous temperature measurement of wafers in chemical mechanical polishing of silicon dioxide layer. *Jpn. J. Appl. Phys.* 34 (12R): 6314.
[90] Sampurno, Y.A., Borucki, L., Zhuang, Y. et al. (2005). Method for direct measurement of substrate temperature during copper CMP. *J. Electrochem. Soc.* 152 (7): G537 - G541.
[91] Chen, Q. and Li, D. (2005). A computational study of frictional heating and energy conversion during sliding processes. *Wear* 259 (7): 1382 - 1391.
[92] Castillo-Mejia, D., Gold, S., Burrows, V., and Beaudoin, S. (2003). The effect of interactions between water and polishing pads on chemical mechanical polishing removal rates. *J. Electrochem. Soc.* 150 (2): G76 - G82.
[93] McGrath, J. and Davis, C. (2004). Polishing pad surface characterisation in chemical mechanical planarisation. *J. Mater. Process. Technol.* 153: 666 - 673.
[94] Lu, H., Fookes, B., Obeng, Y. et al. (2002). Quantitative analysis of physical and chemical changes in CMP polyurethane pad surfaces. *Mater. Charact.* 49 (1): 35 - 44.
[95] Charns, L., Sugiyama, M., and Philipossian, A. (2005). Mechanical properties of chemical mechanical polishing pads containing water-soluble particles. *Thin Solid Films* 485 (1): 188 - 193.
[96] Suratwala, T., Steele, R., Feit, M. et al. (2017). Relationship between surface μ-roughness and interface slurry particle spatial distribution during glass polishing. *J. Am. Ceram. Soc.* 100: 2790 - 2802.

第 3 章　表面质量

术语“表面质量”和“亚表面机械损伤”(SSD)通常使用得不够精确。本书将表面质量定义为工件表面在精加工和清洁后表现出的完美程度的度量。一个完美的表面被定义为相对于本体而言没有机械、结构和化学修饰的表面。注意,表面质量不包括表面粗糙度,表面粗糙度在第 4 章中单独叙述。实际上,并没有一个绝对完美的表面,这是因为在工件表面或工件表面下面可能发生各种微观和分子级别的表面变化。如图 3-1 所示,表面变化包括以下内容:

(1) 亚表面机械相互作用,可能导致表面破裂、塑性流动或致密化。

(2) 干燥过程中由于粒子沉降或沉淀留在表面上的外来颗粒或残留物。

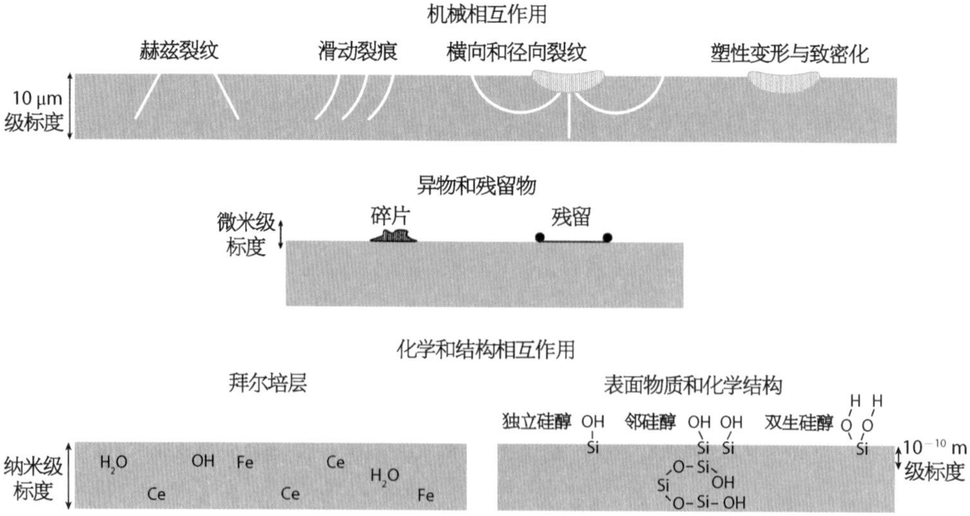

图 3-1　可能会影响表面质量的各种机械、化学和结构表面变化

(3) 表面分子部分的变化或近亚表面(拜尔培层)的变化可能导致的化学和结构相互作用。

这些影响表面质量的因素在尺度上可能存在显著差异,从几十微米到 10^{-10} m 量级。

3.1　亚表面机械损伤

亚表面机械损伤是指在磨削或抛光脆性材料表面(如玻璃)时在加工工件上产生的表面微裂纹。事实上,微裂纹的产生正是材料去除的机制(图 1 - 9)。抛光后,任何剩余或新产生的表面裂纹在宏观上都被识别为划痕或凹陷。对于光学元件,可检测到的亚表面机械损伤必须尽量少,因为亚表面机械损伤会导致表面散射、降低光学性能[1]。一些亚表面机械损伤可能隐藏在与其折射率相匹配的拜尔培层下方,或者可能破口已闭合(即已愈合)。因此,并非所有亚表面机械损伤都可以通过目视检查或标准光学显微镜进行检测,除非通过化学蚀刻进行暴露[2]。在一些高端光学应用中,需要进一步消除亚表面机械损伤包括隐藏的亚表面机械损伤,以提高材料强度,例如在航天器、水下窗口以及军事中应用的屏障,因为表面缺陷决定了最终强度。消除亚表面机械损伤还可以减小高功率高能激光器中的激光损伤[3-4]。在激光光学应用中特别值得关注的是,表面微裂纹是断裂表面上的固有缺陷状态,作为潜在的吸收前体,其在高通量激光照射下会加热并爆炸(讨论见第 9 章)[5-8]。因此,多年来光学制造行业一直在寻求制造无亚表面机械损伤的光学器件和窗口[9-11]。

3.1.1　压痕断裂力学

3.1.1.1　静态压痕

玻璃的磨削可以在显微镜下描述为从交叉脆性断裂的集合中去除玻璃颗粒,这是由正常加载的硬压头(磨料)在工件表面滑动或滚动的共同作用引起的。这些脆性断裂导致材料去除和加工工件中亚表面机械损伤深度分布的扩展。从机械加载在材料上的单个颗粒或粗大颗粒开始,理解基本断裂力学关系,对于深入理解研磨和抛光复杂过程的相关性至关重要。

图 3 - 2 显示了脆性固体在静态施压下可能出现的裂纹。三种基本类型是

赫兹[12]、径向[12-14]和横向[12-14]：

（1）赫兹裂纹为圆锥形，由球形压头产生。

（2）径向裂纹为半圆形，垂直于玻璃表面，由锋利的压头产生。

（3）横向裂纹扩展更平行于玻璃表面，通常由锋利的压头产生。

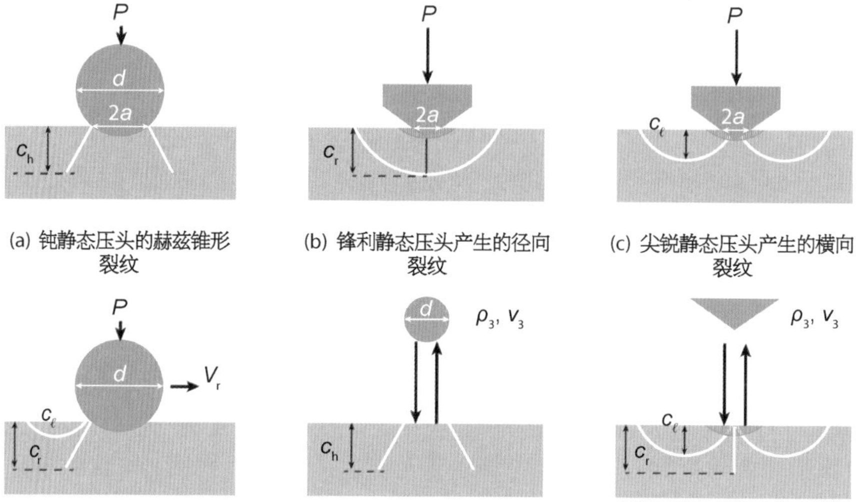

(a) 钝静态压头的赫兹锥形裂纹　(b) 锋利静态压头产生的径向裂纹　(c) 尖锐静态压头产生的横向裂纹

(d) 滑动钝压头产生的滑动痕和横向裂纹　(e) 钝压头冲击产生的赫兹锥形裂纹　(f) 锐压头冲击产生的径向和横向裂纹

图 3-2　静态(a~c)和动态(d~f)压痕产生的理想断口几何示意图

当裂纹尖端的应力强度（K_I）大于材料的断裂韧性（K_{Ic}）时，脆性材料中的断裂会扩展[15]。断裂几乎总是垂直于材料中产生的 I 型张力传播(见第 6 章)。图 3-2 所示类型的裂纹扩展方向由加载和卸载期间压头施加在工件上的应力分布决定[12]。

与它们的几何形状一致，横向裂纹的形成在很大程度上导致材料去除，并对磨削过程中观察到的表面粗糙度产生显著影响。另外，赫兹裂纹和径向裂纹在很大程度上影响亚表面机械损伤深度分布。由于与其他裂纹相交，它们也可能有助于材料去除。控制初始载荷（P_c）和最初观察到的表面上断裂的关系，之前已描述如下[12-14]：

$$P_{ch} = Ar \tag{3-1}$$

$$P_{cr} = \alpha_r \frac{K_{Ic}^4}{H_I^3} \tag{3-2}$$

$$P_{c\ell}=\text{常数} \tag{3-3}$$

式中，A 为奥尔巴赫常数（$N \cdot m^{-1}$）；α_r 为径向裂纹引发常数；r 为压痕颗粒或球体的局部半径（m）；K_{Ic} 为工件材料断裂韧性（$MPa \cdot m^{1/2}$）；H_1 为工件材料硬度（GPa）；下标 h、r 和 ℓ 分别代表赫兹裂纹、径向裂纹和横向裂纹。赫兹裂纹的起始载荷在很大程度上取决于压头的半径曲率，其中使用较大的曲率半径（更钝）压头更难引发断裂。径向裂纹和横向裂纹的起始载荷与基体的性质有关，即断裂韧性和硬度的比率 K_{Ic}^4/H_1^3 被描述为脆性指数或之前由 Lawn 等人讨论的脆性比[12,16-17]。

文献[12－14]给出了控制裂纹引发后产生的裂缝范围的关系：

$$c_h=\left(\frac{\chi_h P}{K_{Ic}}\right)^{2/3} \tag{3-4}$$

$$c_r=\left(\frac{\chi_r P}{K_{Ic}}\right)^{2/3} \tag{3-5}$$

$$c_\ell=\frac{\chi_\ell\left(\frac{E_1}{H_1}\right)^{2/3}P^{1/2}}{H_1^{1/2}} \tag{3-6}$$

式中，c_h、c_r 和 c_ℓ 为裂纹扩展深度；χ_h、χ_r 及 χ_ℓ 为裂纹扩展常数（无单位）；E_1 为脆性工件的弹性模量（GPa）；P 为单位粒子施加的法向载荷（N）。同样，下标 h、r 和 ℓ 分别代表赫兹裂纹、径向裂纹和横向裂纹。赫兹裂纹和径向裂纹的裂纹深度等级为 $P^{2/3}$，横向裂纹的裂纹深度等级为 $P^{1/2}$。已知裂纹的扩展速率与基材的材料特性成比例，即横向裂纹为 $E_1^{1/2}/H_1$、径向裂纹为 $(E_1/H_1K_{Ic}^2)^{1/3}$[18]。

为了使用上述关系确定裂纹发生载荷和后续扩展深度，引发常数（A，α_r，$P_{c\ell}$）和生长常数（χ_h，χ_r，χ_ℓ）必须确定。这些是文献中通常找不到的材料特性，可通过在各种载荷下施加受控静态压痕，然后测量裂纹特性来确定。图 3－3a、b 显示了赫兹和径向裂纹的测量深度，其作为标准赫兹和维氏压痕产生的各种光学材料上裂纹 $P^{2/3}$ 的函数；同样，图 3－3c 显示了相同材料的横向裂纹深度与 $P^{1/2}$ 的函数关系。所有三组数据均获得了合理的线性拟合，表明观察到的载荷依赖性与上述压痕增长表达式基本一致。线性拟合的 x 截距值用于确定 α_r 以及 A、$P_{c\ell}$，线性拟合的斜率用于使用方程（3－4）～方程（3－6）计算 χ_ℓ、χ_r 以及 χ_h。表 3－1 显示了这些常数的测定值。Fang 和 Lambropoulos 还测量了一些各向异性单晶裂纹扩展的各向异性[19]。施加的法向载荷（P）和工件的材料特性是决定断裂程度的关键参数。给定材料的生长常数是量化研磨速率、亚表面机械损伤深度和划痕特性的基础，后续章节将进一步叙述。

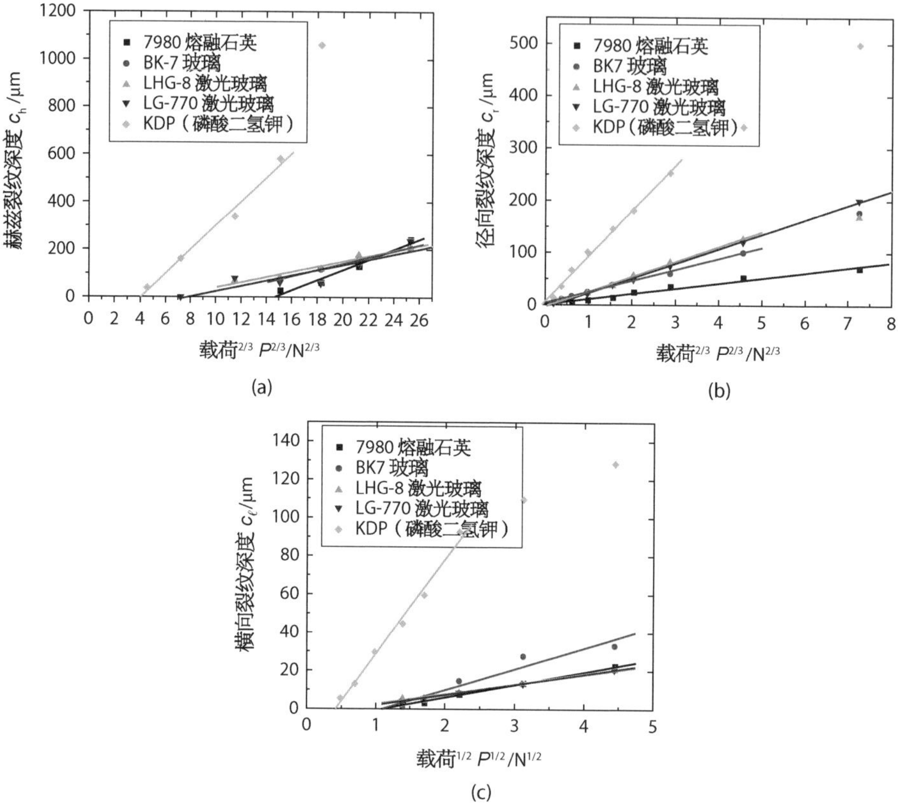

图 3-3　测量选定光学玻璃和单晶上的赫兹(a)、径向(b)和横向(c)裂纹尺寸与载荷的关系

表 3-1　测定的一系列光学玻璃和晶体的裂纹萌生和裂纹扩展常数

名　称	变量	单位	熔融石英(干)	熔融石英(湿)	硼硅玻璃(BK7)	磷酸盐玻璃(LHG8)	磷酸盐玻璃(LG770)	KDP
赫兹裂纹的萌生常数	A	10^4 N·m^{-1}	9.8±2.0	—	9.8±2.0	5.9±2.0	2.9±1.0	1.0±1.0
赫兹裂纹的生长常数	χ_h	无单位	0.050±0.008	—	0.034±0.005	0.019±0.003	0.017±0.003	0.028±0.004
径向裂纹的萌生常数	α_r	$\times10^5$	10.0±3.3	5.0±1.7	6.0±2.0	2.2±0.7	4.1±1.4	1.1±1.1
径向裂纹的生长常数	χ_r	无单位	0.022±0.003	0.03±0.005	0.085±0.013	0.083±0.013	0.067±0.011	0.081±0.013

续　表

名　称	变量	单位	熔融石英（干）	熔融石英（湿）	硼硅玻璃（BK7）	磷酸盐玻璃（LHG8）	磷酸盐玻璃（LG770）	KDP
横向裂纹的萌生常数	$P_{c\ell}$	N	1.5±0.5	0.73±0.24	1.5±0.5	1.5±0.5	1.5±0.5	0.17±0.07
横向裂纹的生长常数	χ_{ℓ}	无单位	0.19±0.03	0.14±0.02	0.35±0.06	0.10±0.02	0.12±0.02	0.38±0.06
边缘韧性	T_e	$N \cdot mm^{-1}$	109	nm	110	58	133	nm

nm＝未测量。

3.1.1.2　崩边和倒角

脆性材料中的另一种断裂类型是崩边。这是一种发生在工件边缘附近的静态压痕断裂。由于边缘边界条件，静态压痕产生的应力分布不同于连续平面上的应力分布，导致裂纹扩展至工件边缘，并形成碎片（通常称为贝壳状断裂）从工件上脱落（图 3－4a）。崩边的一个关键特征是，其在给定材料上形成所需的法向载荷（P_{ce}）与从工件边缘施加载荷的距离（d_e）成线性比例（图 3－4b）。因此

$$P_{ce} = T_e d_e \tag{3-7}$$

式中，T_e 为边缘韧性。

给定材料的边缘韧性，可通过在不同载荷和距离工件边缘处进行一系列压痕来确定。图 3－5 显示了在距离边缘越来越近的情况下施加的9.8 N压痕。注意，一旦边缘距离减小到 105 μm，就会形成崩边。对各种载荷重复该过程，然后可将边缘韧性确定为图 3－4b 所示 P_{ce} 对 d_e 的斜率。

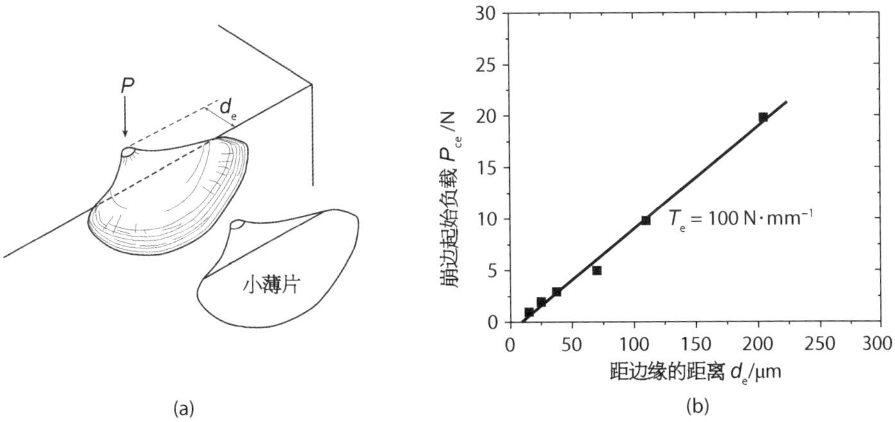

图 3－4　(a) 产生崩边的示意图(参见文献[20])；(b) 熔融石英玻璃产生崩边的临界载荷和工件边缘距离之间的关系

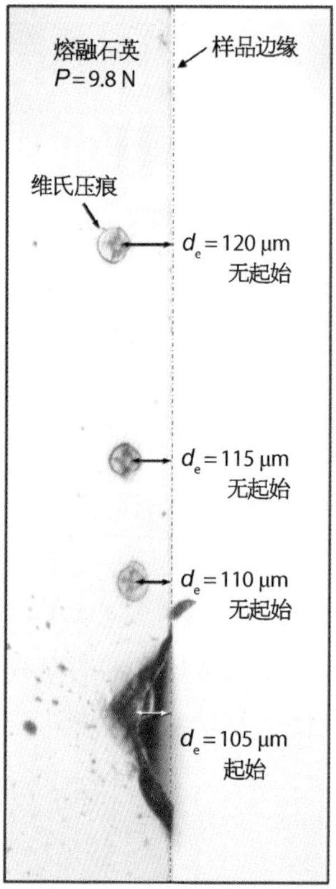

图 3-5 熔融石英工件表面的光学显微照片,显示崩边的产生。9.8 N 时的静态压痕放置在距工件边缘不同距离处

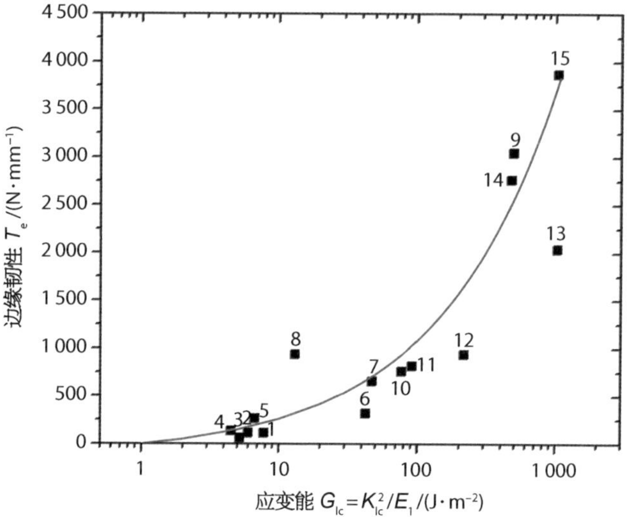

1—熔融石英;2—BK7;3—LHG8 激光玻璃;4—LG770 激光玻璃;5—钠钙玻璃;6—RBSN;7—氧化钒氧化铝;8—碳化硅;9—氧化硅氧化铝;10—氮化硅;11~14—各种等级的碳化钨;15—各种等级的不锈钢

图 3-6 各种材料边缘韧性的相关性

(资料来源:Morrell 和 Gant,2001 年[21])

另外,可以用材料的应变能释放率 ($G_{Ic}=K_{Ic}^2/E_1$)[21] 确定给定工件材料的边缘韧性近似值。图 3-6 显示了各种不同工件材料的边缘韧性与 G_{Ic} 的合理相关性。根据经验,边缘韧性由以下公式给出:

$$T_e \approx 120\left(\sqrt{\frac{K_{Ic}^2}{E_1}}-1\right) \tag{3-8}$$

式中,T_e 的单位为 $N \cdot mm^{-1}$;K_{Ic}^2/E_1 的单位为 $J \cdot m^{-2}$。

当无法获得边缘韧性的直接实验数据时,该表达式可用于使用基本材料特性估算边缘韧性。典型光学材料边缘韧性的一些测定值见表 3-1。

边缘的几何形状(角度和斜面设计)会显著影响工件对边缘切削的阻力。图 3-7a、b 显示了边缘角度对边缘相对韧性的影响,其中崩边所需的载荷随边缘角度显著增加[22-23]。边缘角度 (α_e) > 120° 的边缘可导致相对边缘韧性为 90°边缘的 5 倍。图 3-8 显示了斜面的影响和边缘距离 (d_e) 定义中的调整,该定义将与边缘韧性方程(3-7)[22] 一起使用。通常随着斜面的增加,整体相对边缘韧性增加。

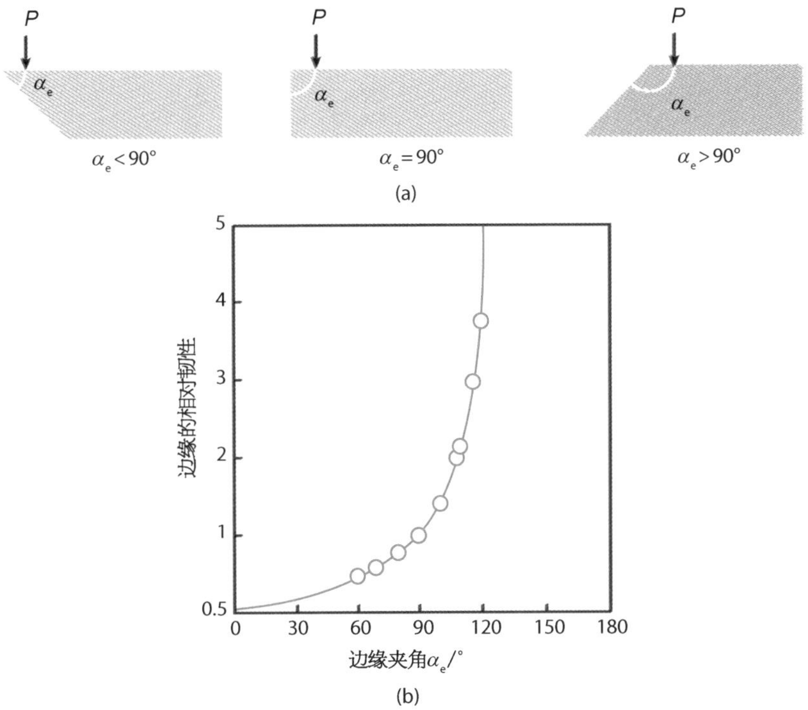

图 3－7　(a) 工件上不同夹角示意图(α_e)；(b) 相对边缘韧性是工件上夹角的函数

(资料来源：Hangl，1996[22]年；Almond，1990 年[23])

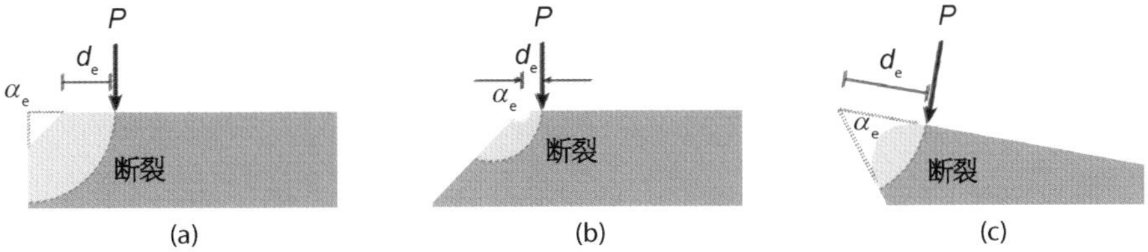

图 3－8　边缘有效距离(d_e)和夹角的定义(α_e)。用于：(a) 带有大碎片的倒角边缘；(b) 带有小碎片的倒角边缘；(c) 任意形状的边缘

(资料来源：Hangl，1996 年[22]。经 Springer 许可复制)

3.1.1.3　滑动压痕

到目前为止，本书对压痕断裂的描述假设为静态压痕，即无摩擦界面上的非移动粒子。实际上，在考虑研磨过程时，必须考虑滑动和滚动因素，颗粒与玻璃表面之间的摩擦非常重要。Lawn[24]分析了带摩擦的滑动球体。图 3－9 计算比较了静态压痕和滑动压痕应力分布的变化。摩擦改变了应力分布，使得峰值拉伸应力位于颗粒的后缘，初始断裂(从表面上看)具有弧形结构，与常见的无摩擦赫兹锥接触环形断裂相反[24-25]。图 3－10 显示了滑动压痕断裂的几何结

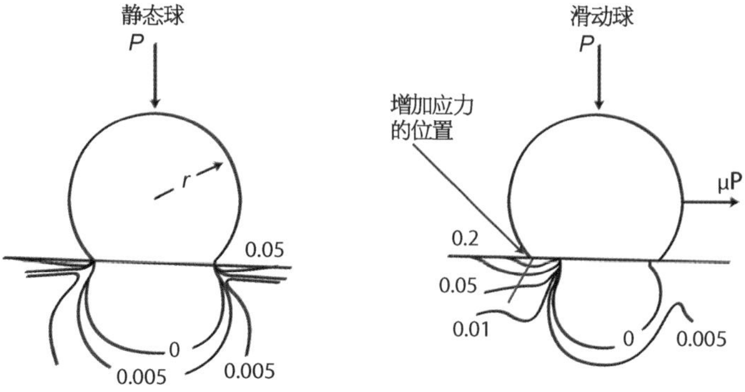

图 3-9 静态(无摩擦)和滑动(摩擦)赫兹压痕应力分布的比较

(资料来源：Lawn,1993 年[12]。经剑桥大学出版社许可复制)

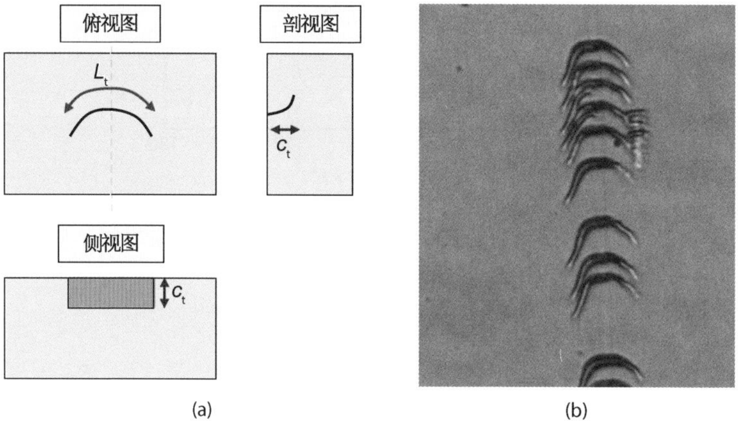

图 3-10 (a) 单个滑动压痕断裂的几何图形示意图;(b) 在 BOE 蚀刻的细划痕(划痕宽度~10 μm)中观察到的滑动压痕断裂的光学显微照片

(资料来源：Suratwala 等人,2006 年[4]。经 Elsevier 许可复制)

构,包括示意图和光学显微照片。滑动压痕断裂线也称颤振痕迹,是一种常见的划痕类型。也有证据表明,尖锐的滑动压头会产生颤振痕迹[26]。球形滑动颗粒的滑动压痕起始载荷(P_{ct})、裂纹深度(c_t)和表面裂纹长度(L_t)的形式类似于静态压痕,由文献[24]给出：

$$P_{ct} = \frac{Ad}{2(1 + B\mu)^2} \tag{3-9}$$

$$c_t = \left[\frac{\chi_h(1 + \mu^2)^2 P}{K_{Ic}}\right]^{2/3} \tag{3-10}$$

$$L_t \approx \frac{1}{4}\pi(2a) \approx \frac{\pi}{2}\left(\frac{2}{3}\frac{\kappa}{E_1}Pd\right)^{1/3} \tag{3-11}$$

式中，B 为摩擦常数(无单位)；μ 为摩擦系数(无单位)；a 为赫兹接触的接触半径(m)；d 为有效磨料直径(m)；假设为球形颗粒，κ 为由下式给出的材料常数比：

$$\kappa = \frac{9}{16}\left[(1-\nu_1)+(1-\nu_3)\frac{E_1}{E_3}\right] \tag{3-12}$$

式中，ν_1 及 ν_3 分别为工件和压头抛光颗粒的泊松比；E_1 和 E_3 分别为工件和压头颗粒的杨氏模量。当摩擦系数为零时，表达式与第 3.1.1.1 节中描述的无摩擦赫兹起始和生长关系相同。与无摩擦赫兹裂纹相比，摩擦力显著降低了滑动压痕裂纹的起始载荷 (P_{ct})，有时降低了几个数量级[将方程(3－9)与方程(3－1)进行比较]。然而，与无摩擦赫兹裂纹相比，随着摩擦的增加，滑动压痕的增长仅略微增加，这可通过比较方程(3－10)和方程(3－5)[24]而得到。滑动压痕断裂的裂纹长度近似为根据赫兹接触分析[12]确定的赫兹接触周长的 1/4。

根据接触时颗粒的局部形状、颗粒的机械性能、施加的载荷和基底的材料性能，除滑动凹痕断裂外其他类型的特征可能会形成划痕[4,26-27]。玻璃抛光过程中可能形成的划痕类型如图 3－11 所示。Swain 描述了在不同载荷范围下

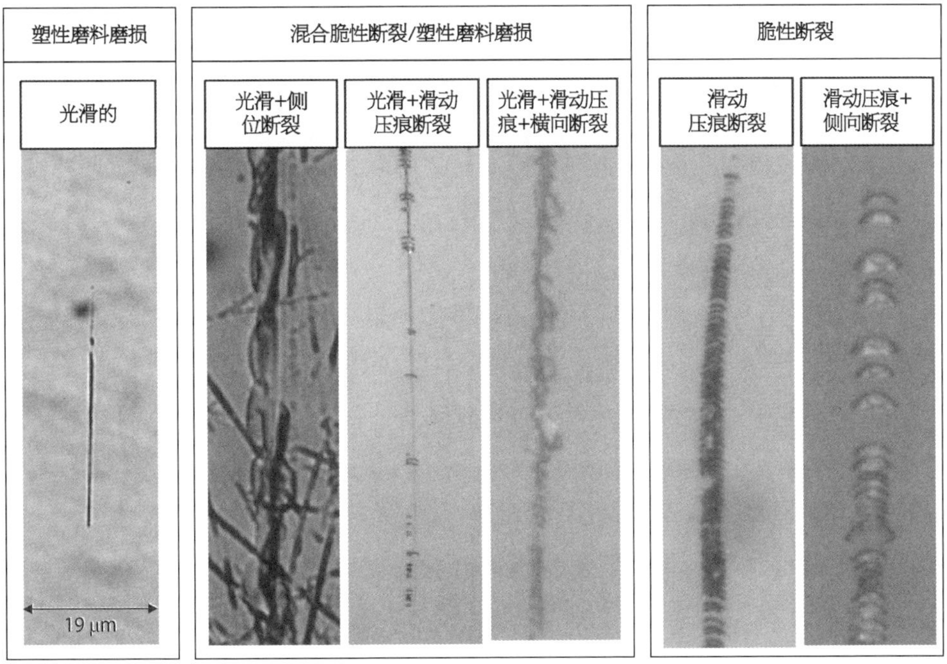

图 3－11　熔融石英玻璃抛光过程中观察到的由离散颗粒引起的划痕类型

(资料来源：Suratwala，2008 年[28])

锐压头划痕的一般特征(图3-12)[26]。在低载荷($P<0.05$ N)下,通常形成塑性变形沟槽,无断裂。在中等载荷(0.1 N $<P<5$ N)下,会出现明显的径向或滑动压痕断裂以及侧向裂纹。在较高载荷($P>5$ N)下,塑性变形的轨道断裂转变为类似碎石的外观,而横向和滑动凹痕裂纹不太明显。

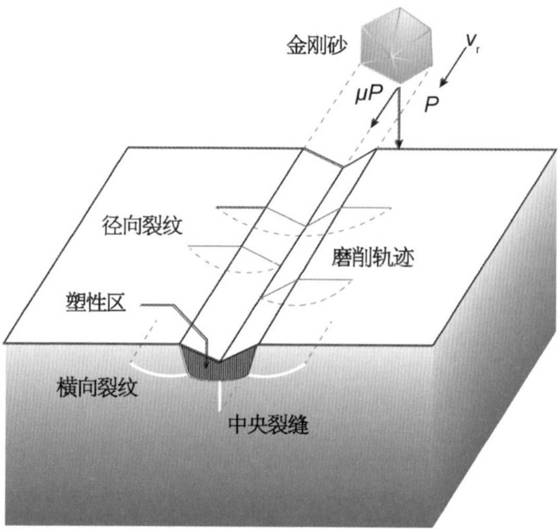

图 3-12 划痕中可能出现的断裂和变形类型

(资料来源:Swain,1979 年[26]。经皇家学会许可复制)

3.1.1.4 冲击压痕断裂

在光学制造的某些工艺步骤中,移动的粒子或弹丸可能会在工件上产生冲击破碎。例如喷砂和喷射磨削,通过使表面破碎以去除材料;对工件进行超声波处理可能会存在异常离散颗粒撞击表面,以及在工件使用期间,如在飞机、航天器或激光碎片窗口暴露于外来粒子的影响下发生的撞击。

静态压痕的原理通常应用于冲击过程,其中冲击载荷(P)在接触时由粒子的运动速度(v_3)、颗粒直径(d)和密度(ρ_3)确定。图3-2显示了与静载荷断裂相比的颗粒撞击断裂。撞击可能导致长度为 c_h 的锥形断裂(来自钝性撞击)或半径为 c_r 的径向断裂(来自锋利撞击),或两者兼而有之。硬质颗粒对熔融石英表面的影响之前已经研究过[25,29-31]。这些研究表明,钝性压痕和锐性压痕都会导致圆锥和径向断裂。通过结合 Lawn[12]、Wiederhorn 和 Lawn[32]以及 Knight[33]所述的现有模型,已经制定了两种冲击断裂的理想情况(钝性和锐性)。该碰撞模型做出了几个基本假设,例如,弹丸材料不变形、弹丸硬度大于目标硬度。

对于钝性弹丸冲击,当弹丸达到其对基体的最大弹性穿透深度时,工件上的峰值载荷(P_b)出现。峰值载荷可通过将弹丸动能与最大穿透深度时的弹性应变能相等来确定,从而得出[33]

$$P_b=\left(\frac{5\pi\rho_3}{3}\right)^{3/5}\left(\frac{3k'}{4}\right)^{-2/5}v_3^{6/5}\left(\frac{d}{2}\right)^2 \tag{3-13}$$

式中,ρ_3 为弹丸粒子的密度;d 为粒子的大小;v_3 为粒子的速度;下标 b 表示钝性撞击;k' 为材料常数,由下式给出:

$$k' = \frac{1-\nu_1^2}{E_1} + \frac{1-\nu_3^2}{E_3} \tag{3-14}$$

注意,峰值载荷随弹丸颗粒直径的平方 (d^2) 而变化。利用等式(3-13)中的峰值载荷,可利用等式(3-4)确定冲击断裂深度 (c_h)。

起始断裂所需临界载荷 (P_{ch}) 的确定取决于基板表面的质量。对于含有 >1~10 μm缺陷的表面,如等式(3-1)所述,起始载荷呈线性变化。将方程(3-1)代入方程(3-13)并求解 v_3,无任何塑性变形的钝体弹丸断裂起始的临界速度 (v_{3bc}) 为

$$v_{3bc}(d) = \frac{\left(\frac{3}{4}k'\right)^{1/3}}{\sqrt{\frac{5\pi\rho_3}{3}}}\left(\frac{2A}{d}\right)^{5/6} \tag{3-15}$$

对于尖锐的弹丸撞击,接触面积减小,因此,接触区内的应力急剧增加。施加的应力通常超过工件的屈服应力,导致工件发生不可逆的塑性变形。如图 3-2e 所示,尖锐冲击期间产生的断裂与尖锐静态压痕类似。在加载和卸载过程中,通常会观察到径向和横向裂纹。冲击载荷 (P_s) 的表达式可以通过平衡粒子的动能和使材料塑性变形的功来确定[29,32]。根据该平衡,有效载荷为

$$P_s = \alpha_s \xi H_1^{1/3}\left(\frac{\pi d^3}{12}\rho_3 v_3^2\right)^{2/3} \tag{3-16}$$

式中,α_s 为用于使表面塑性变形的动能分数(通常等于 0.5);ξ 为几何常数(对于维氏压痕,等于 4.8);H_1 为工件的硬度;下标 s 表示强烈尖锐冲击。该载荷表达式假设接触速度 (v_3) 相对于声速较慢。换句话说,准静态条件适用[32]。

与钝性弹丸的情况一样,使用方程(3-16)中确定的峰值载荷和方程(3-5)中的值,可以求解尖锐弹丸冲击产生的径向裂纹 (c_r) 的尺寸。钝性弹丸和尖锐弹丸都会导致 $P^{2/3}$ 级的断裂。与钝性弹丸相比,尖锐撞击引发断裂的临界载荷 (P_{cr}) 与弹丸尺寸无关。相反,断裂起始载荷取决于基底的 K_{Ic}^4/H_1^3 比率,见等式(3-2)[12]。例如,熔融石英的临界负荷为 $P_{cr} = 0.02$ N。用 P_{cr} 代替等式(3-16)中的 P_s,尖锐弹丸 (v_{3sc}) 断裂起始的临界速度为

$$v_{3sc}(d) = \left(\frac{P_{cr}}{\alpha_s \xi H_1^{1/3}}\right)^{3/4}\left(\frac{12}{\pi d^3 \rho_3}\right)^{1/2} \tag{3-17}$$

钝性和尖锐颗粒碰撞模型的应用显示了熔融石英弹丸颗粒对熔融石英工件的影响,以说明其效用。图 3－13a 显示了预期断裂起始的时间,如钝性压痕方程(3－13)和尖锐压痕方程(3－16)所预测的。对于锐利冲击,损伤起始的临界速度远低于钝冲击。图 3－13b 显示了理想钝性冲击的预测赫兹裂纹长度(c_h)。图 3－13c 显示了理想尖锐冲击的预测径向裂纹半径(c_r)。

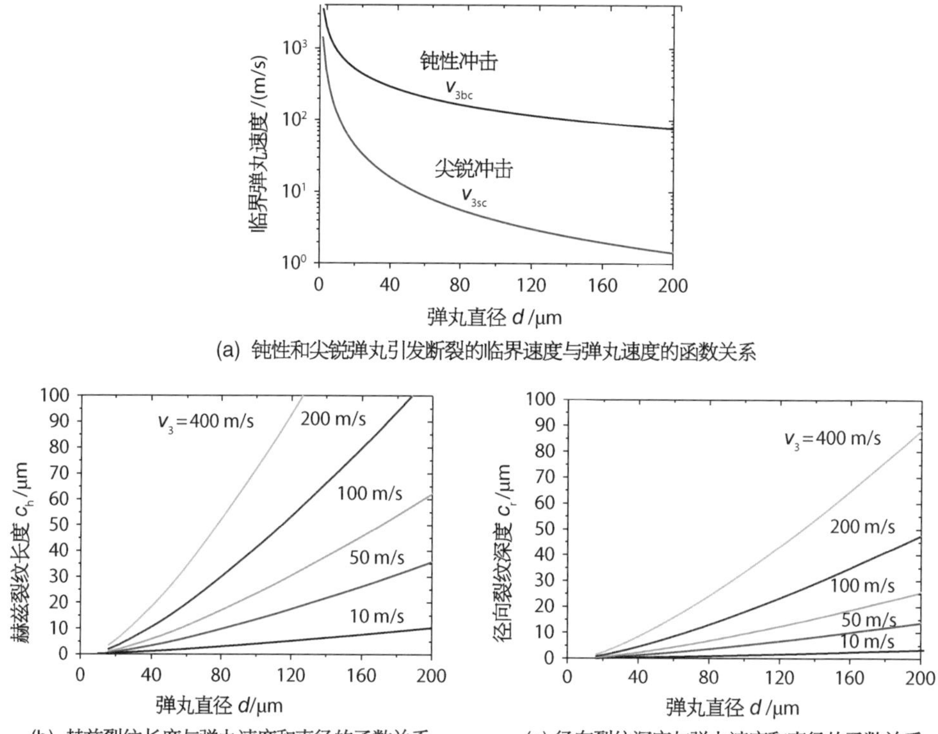

(a) 钝性和尖锐弹丸引发断裂的临界速度与弹丸速度的函数关系

(b) 赫兹裂纹长度与弹丸速度和直径的函数关系

(c) 径向裂纹深度与弹丸速度和直径的函数关系

图 3－13　使用方程(3－4)、方程(3－5)和方程(3－13)~方程(3－17)计算熔融石英颗粒弹丸撞击熔融石英工件后的断裂特征。计算使用 $\alpha_s=0.5$、$\xi=4.8$、$H_1=6$ GPa、$\rho_3=2.2$ gm · cm^{-3}、$E_1=E_3=73$ GPa、$\nu_1=\nu_3=0.17$,以及表 3－1 中的常数

一些实验数据可用于比较和验证该碰撞模型的一般性能[34-35]。在一系列实验中,不锈钢(SS)弹丸(d=760 μm)射出在硼硅酸盐玻璃(Borofloat)窗口上,其厚度为 0.4~3.0 mm,射出速度为 64~375 m/s。在许多射击中,射弹穿透目标玻璃。将数据与图 3－14 中的冲击模型进行比较,该模型显示了工件中的锥形裂纹长度与弹丸速度的函数关系。图中的点表示有关锥形裂纹长度的测量数据。不同的符号表示在不同厚度玻璃上的测量数据。实线表示赫兹裂纹长度(c_h)的模型预测,虚线表示根据工件厚度可能出现的最大裂纹长度。在大多数冲击中,

圆锥体断裂穿透了工件的厚度。因此，该模型不能用于预测锥体断裂的长度，尽管在这些情况下，数据与该模型并不矛盾。对于在厚度为3.0 mm的靶材上进行的实验，断裂没有穿透（参见三角形数据点），计算值与测量数据相当吻合。

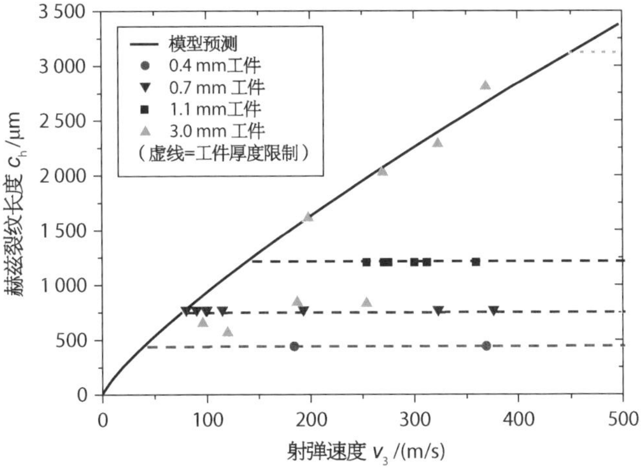

图 3－14　比较不同速度下 760 μm 直径不锈钢弹丸在不同厚度硼硅酸盐玻璃工件上测得的圆锥断裂长度与冲击模型的断裂长度。这些点代表测量数据，实线为方程（3－4）和方程（3－13）中碰撞模型预测的数据，虚线表示圆锥体断裂穿过工件厚度处的长度

上述弹丸压痕模型适用于等于或大于工件硬度的冲击颗粒。对于较软的材料如许多金属，弹丸会变形，从而降低撞击时的有效载荷。可能需要更复杂的数值模拟来检查变形弹丸的影响。对于硬度较低的脆性射弹材料，必须考虑射弹本身的断裂。没有考虑硬度低于工件的弹丸的分析模型；然而，Shipway 和 Hutchings[36] 使用一系列脆性抛射体材料研究了 H_3/H_1 比率（其中 H_3 是抛射体颗粒的硬度）对侵蚀率（应与压痕损伤成比例）的影响，如图 3－15 所示。一般来说，对于 $H_3/H_1 > 1$，侵蚀率或压痕量基本上是恒定的，

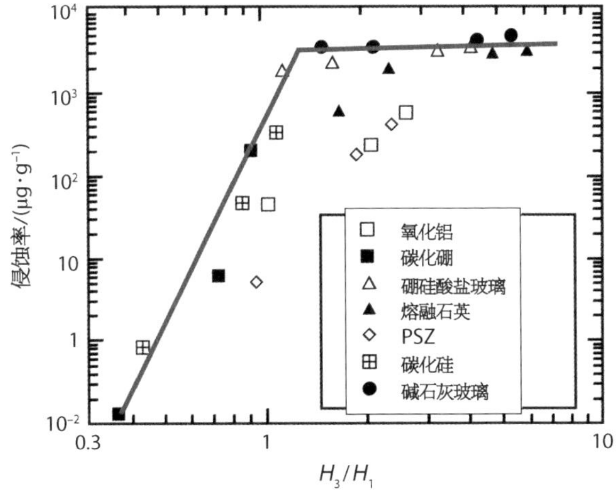

图 3－15　各种脆性材料的侵蚀率，作为射弹硬度与工件硬度之比的函数（根据 Shipway）[36]。该线表示使用方程（3－18）和方程（3－19）拟合数据的经验上限

应采用上述模型。当 $H_3/H_1 < 1$ 时,侵蚀率和压痕深度显著降低。利用图3－15中的数据,侵蚀率随弹丸硬度的降低可作为接触时有效峰值载荷下降的估计值。该比例因子的定量定义如下:

$$z_s = \frac{10^{6.3\frac{H_3}{H_1}-2.8}}{3\,160},\ H_3/H_1 < 1 \tag{3-18}$$

$$z_s = 1,\ H_3/H_1 \geqslant 1 \tag{3-19}$$

z_s 比例因子可以乘以根据方程(3－13)和方程(3－16)确定的计算峰值负荷。对于图3－13中的具体情况,在熔融石英工件上使用熔融石英弹丸,$H_3/H_1=1$,因此 $z_s=1$。

3.1.2 研磨过程中的亚表面机械损伤

3.1.2.1 亚表面机械损伤深度分布

如本章开头所述,亚表面机械损伤(SSD)由磨削过程中加工工件上产生的表面微裂纹组成。微裂缝的产生与磨削脆性材料典型工艺中去除材料的机理相同(图1－9)。图3－16提供了暴露于短暂化学蚀刻后玻璃工件研磨表面的

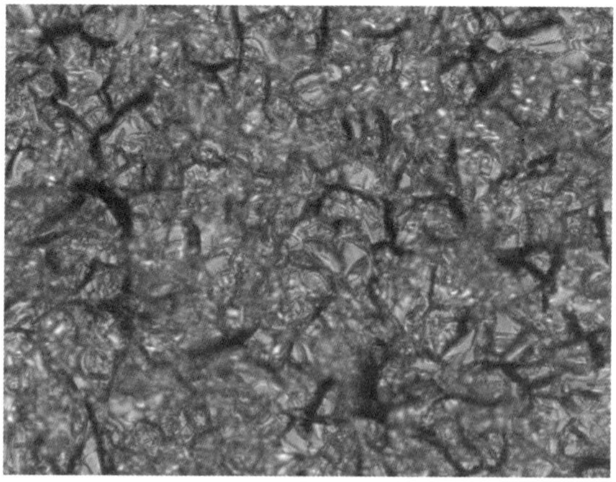

图3－16 使用150粒度发生器研磨的熔融石英玻璃研磨表面的光学显微照片。照片幅面为2.37 mm;表面被蚀刻了~1 μm,以显示表面裂纹的存在

(资料来源:Suratwala 等人,2006 年[4];Wong 等人,2009 年[37]。经 Elsevier 许可复制)

显微图像。表面有一个易碎的结构,显示出一系列交叉裂纹,包括横向和滑动凹痕裂纹。

实际重要的是裂纹的深度分布,它最终确定了下一个工艺步骤需要去除多少材料(图 1-2)。已经探索了多种用于测量 SSD 数量和深度的破坏性和非破坏性技术[38-43],其中许多在 Lee 等人的文献中进行了描述[43]。破坏性方法包括球表面缺陷清理[44]、磁流变抛光(MRF)斑点法[45]、锥形抛光方法[46]、MRF[4,47]楔形技术、马尔赫恩方法、三维横截面、化学蚀刻、染料浸渍。

无损检测方法包括粗糙度-SSD 相关性、激光散射、共焦显微镜、全内反射显微镜(TIRM)、光学相干层析成像(OCT)。

一般来说,无损检测技术需要一些推断或复杂的相关性,从而导致深度测定中的更大不确定性。更精确的是破坏性方法,这显然需要牺牲工件。最好选择一种能够在足够大的区域内执行的方法,以获得所需的裂纹深度分布统计数据,并且可通过不产生额外干扰 SSD 的材料去除过程来执行。

MRF 楔形技术允许在大面积上直接统计确定裂纹深度和长度分布[4,48-49]。由于此抛光方法产生 SSD 的程度较小或不存在,因此不会对 SSD 结果产生干扰(参见第 8.1 节)。当最终工件需要去除最深的表面裂纹时,此 SSD 诊断方法就特别有价值,并可深入了解工艺参数如何影响 SSD 深度和形状的分布。

MRF 楔形技术的基本步骤如图 3-17 所示。首先,在样品工件上执行相关的研磨过程;然后,使用 MRF 在研磨工件进行深度逐步渐变的楔形抛光;最后,进行轻微的化学蚀刻以增强裂缝的可见性后,在原始表面的不同深度对裂缝统计进行表征。第 7.2.2 节将描述该诊断的详细信息。

图 3-18 显示了在熔融石英玻璃[4]上观察到的裂纹图像,这些裂纹是各种

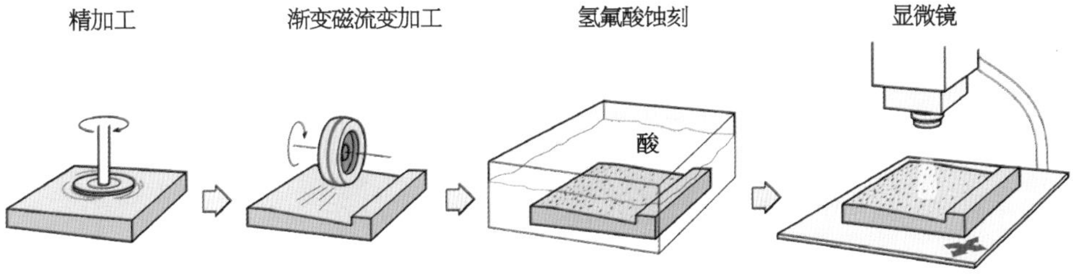

图 3-17　楔形渐变抛光技术的示意图,可用于直接测量 SSD 分布

(资料来源: Suratwala 等人,2006 年[4]。经 Elsevier 许可复制)

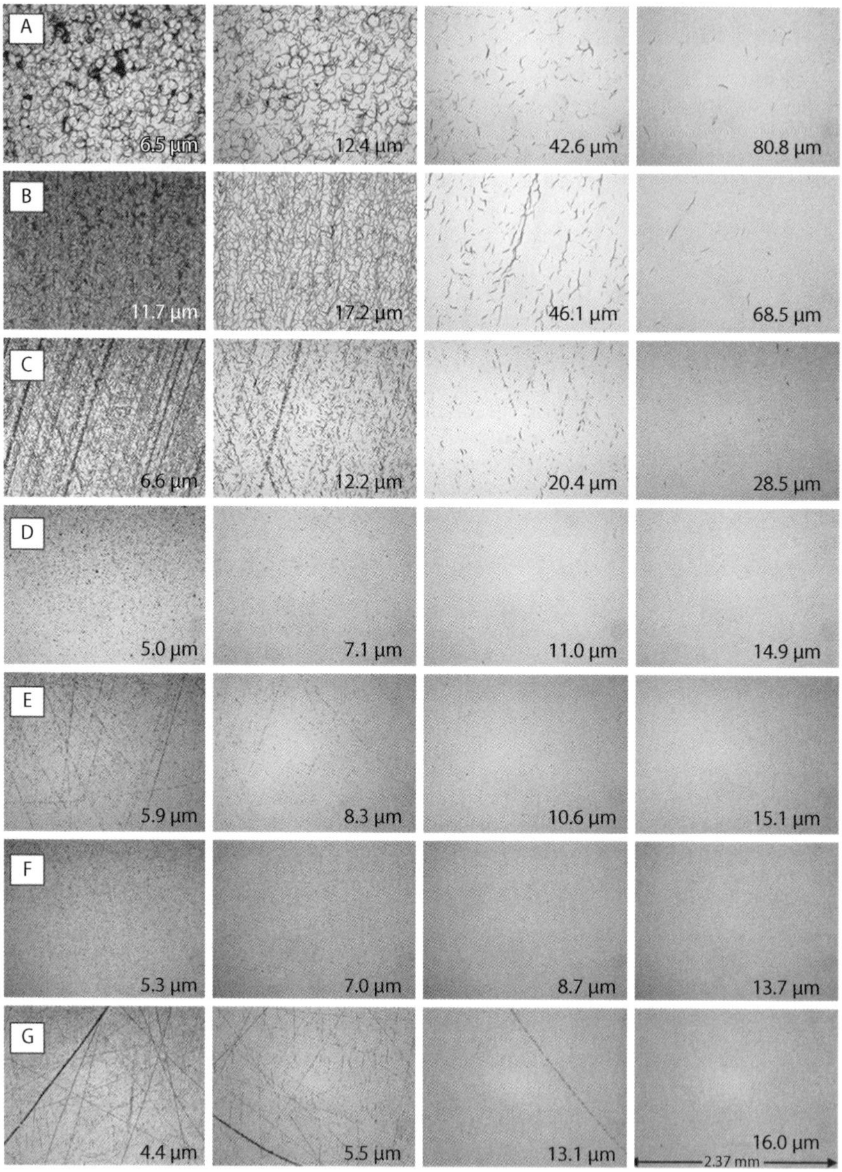

图 3-18 经各种研磨工艺处理的熔融石英工件的光学显微图像。使用 MRF 楔形技术，样品处于不同的去除深度。图像右下角的值是拍摄图像时原始表面下方的深度。样本 A：喷砂；样品 B：120 粒度发生器研磨；样品 C：150 粒度发生器研磨；样品 D：15 μm 松散磨料；样品 E：15 μm 固定磨料；样品 F：9 μm 松散磨料；样品 G：7 μm 固定磨料

（资料来源：Suratwala 等人，2006 年[4]。经 Elsevier 许可复制）

研磨过程深度的函数。典型研磨表面上的裂纹数量密度非常高,以至于单个裂纹相交,呈现出一种易碎的外观(图 3-16)。然而,在表面以下几微米处(经过抛光后),可以看到具有共同形态的明显单个裂纹,其数量密度随深度而减少。这些裂纹中的大多数具有滑动压痕特征[4],也称为颤振痕迹[50]或凹状断裂。

图 3-19 比较了通过抛光去除磨碎表面后各种研磨表面的光学显微照片,说明了在研磨表面上观察到的典型单个裂纹。这些滑动凹痕裂纹 (L_t) 的长度或尺寸随着用于磨削的磨料颗粒的尺寸而减小。具体来说,L_t 是研磨用磨料直径的 0.15~0.30 倍[4,48]。注意,相对原始裂缝的宽度和长度的大小都增加了 ~1 μm,这是由于腐蚀导致裂纹扩展。根据这些图像确定的统计裂纹深度(图 3-20a) 和长度(图 3-20b)分布,可得到 SSD 特性的更详细信息。根据累积裂纹遮掩率(裂纹面积分数)中的裂纹深度分布,是玻璃工件初始处理深度的函数。由于表面附近裂纹的交叉导致裂纹数密度计数的不确定性,因此使用遮掩率代替裂纹数密度作为描述 SSD 密度的单位。大多数情况下 SSD 随深度分布的形态都遵循单指数依赖关系,只有在底端附近由于裂纹密度下降非常快,看起来像一个渐进截止点。在某些情况下,遮掩率变化的指数相关性跨越 4~5 个数量级。此外,SSD 的总深度通常随着研磨过程中磨料尺寸的增加而增加。

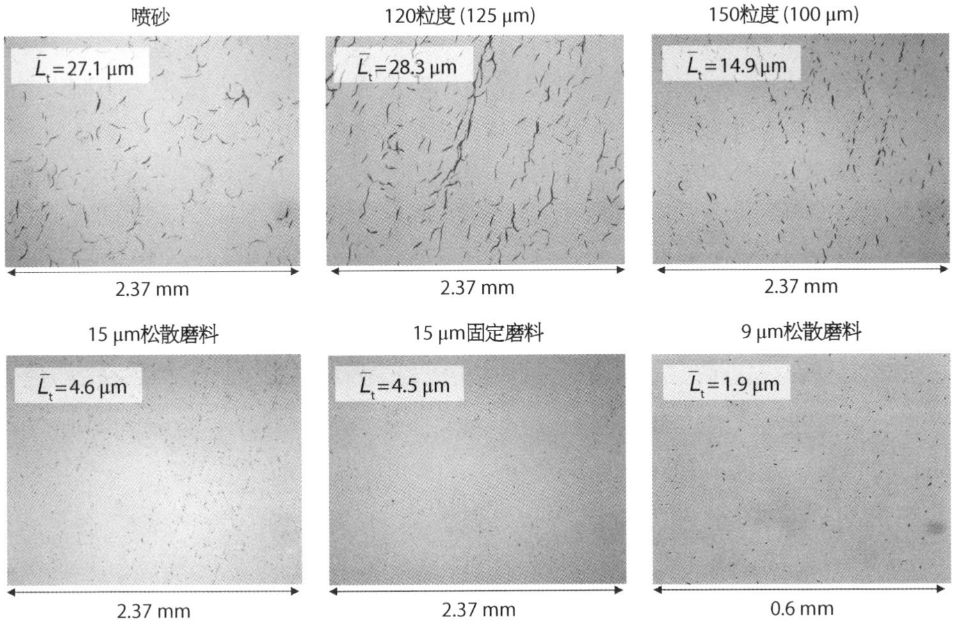

图 3-19　熔融石英玻璃上各种研磨过程形成的断裂的光学显微图像

(资料来源:Suratwala 等人,2006 年[4]。经 Elsevier 许可复制)

根据累积数分布绘制裂纹长度分布图,与裂纹长度具有函数关系。对于这些分布,仅计算离散裂纹(非相交裂纹)。同样,每个磨削过程的平均裂纹长度通常随着磨料尺寸的增加而增加(图 3-20b)。

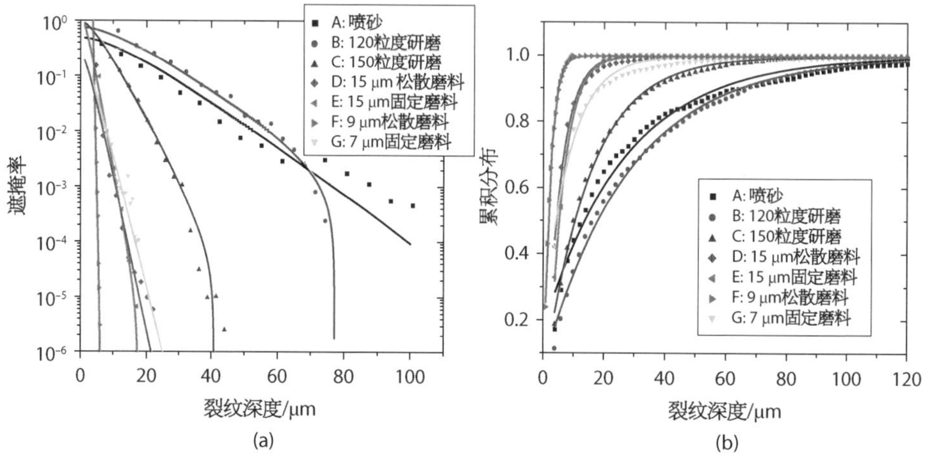

图 3-20 (a) 经各种研磨工艺处理的熔融石英表面的累积裂纹深度分布测量值。该图为半对数图,表示裂纹遮掩率与裂纹深度之间的关系;(b) 与(a)中相同样品的测量累积裂纹长度分布。点表示数据点,线表示使用研磨模型的最佳拟合(如第 3.1.2.5 节所述)

(资料来源:Suratwala 等人,2006 年[4]。经 Elsevier 许可复制)

Menapace 等人[47]的研究通过使用 MRF 抛光工艺对熔融石英玻璃多次抛磨,并随后采集显微成像,对 SSD 进行了三维重构(图 3-21a)。因为可以从不同角度查看数据,包括从工件内部,所以这种技术可以更直观地观察形态和深

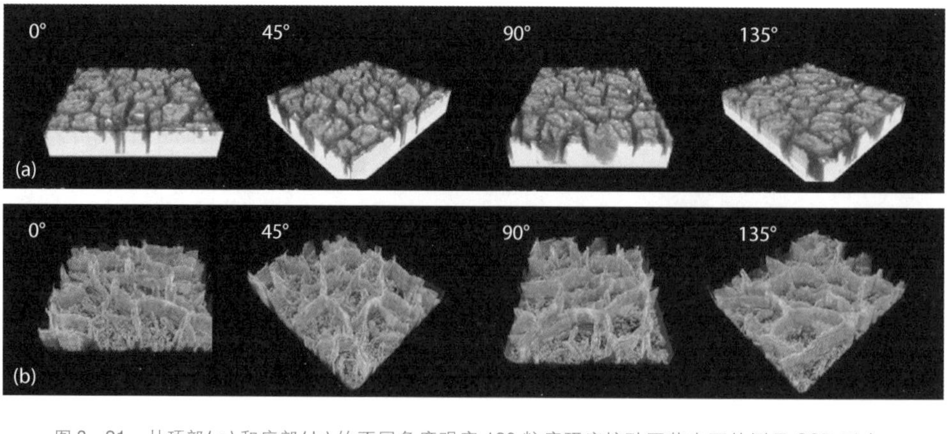

图 3-21 从顶部(a)和底部(b)的不同角度观察 120 粒度研磨熔融石英表面的测量 SSD 形态。从表面的 MRF 切片和不同厚度深度的成像中收集数据,然后进行三维重建

(资料来源:经 Menapace 2005 年许可复制[51])

度分布，并对形态有更深入的了解，例如，在图 3－21b 中，可以观察到滑动凹痕裂纹的交点和不同深度。

3.1.2.2　粗糙度和平均裂纹长度与最大 SSD 深度的关系

另一种估算 SSD 深度的方法是使用以下公式将其和磨削工件的粗糙度关联起来：

$$c_{\max} = k_{\max}\delta \tag{3-20}$$

式中，$k_{\max}$ 为比例常数；δ 为工件表面的粗糙度。这种方法是方便的，因为它是非破坏性的，并且粗糙度是大多数光学制造设备中常规测量的特性。然而，其相关性不如 MRF 楔形技术精确。

熔融石英、其他玻璃和晶体的 $k_{\max}$ 已经测得。图 3－22 显示了其中一种相关性的数据。但是，即使是相同的材料（如熔融石英），其报告值也存在显著差异：例如，Preston 发现 ~3[50]；Aleinikov，~4[38]；Lambropoulos，<2[42,46,52]；Randi，1.4[46]；P.Hed，5~8[46]；Neauport，~3.3[53]；以及 Suratwala 和 Miller，对于最深的裂缝~49，平均值为~9[4,48]。$k_{\max}$ 值的较大差异源于测量方法（例如轮廓测定法与白光干涉法）、测量的空间尺度范围、粗糙度度量定义（rms 或 PV）以及测量的表面或区域长度的变化。大多数人发现 PV 粗糙度、δ_{PV}（最高高度减去最深谷）[42,44,52]，与平均粗糙度或均方根粗糙度不同，能提供与 SSD 深度更好的相关性[42,44,52]。但是，δ_{PV} 测量对扫描长度和测量表面的位置非常敏感。

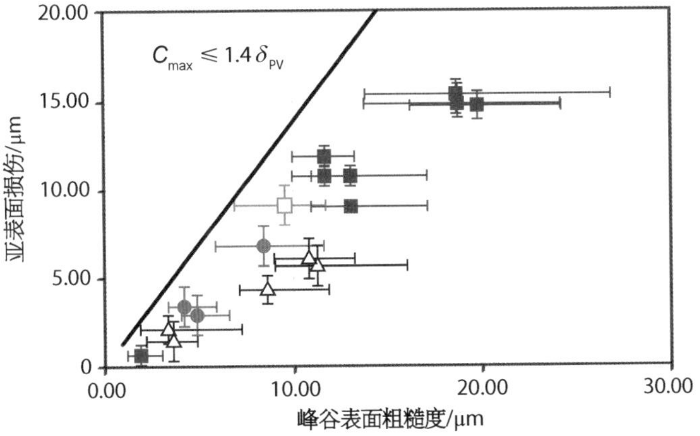

图 3－22　各种单晶的 SSD 深度与 PV 表面粗糙度的关系

（资料来源：Randi 等人，2005 年[46]。经光学学会许可复制）

在更基本的层面上，表面粗糙度和SSD深度之间的关系可以根据单个裂纹的断裂力学进行研究。横向裂纹可被认为是材料去除和粗糙度的主要原因，径向裂纹或滑动压痕裂纹是SSD深度的主要原因。Lambropoulos等人利用这一想法推导出粗糙度-SSD相关性[52]。假设表面粗糙度（δ_{PV}）峰谷值等于横向裂纹深度（c_ℓ），然后使用方程(3-20)计算比例常数（k_{max}）：

$$k_{max} = \frac{c_{max}}{\delta_{PV}} = \frac{c_{max}}{c_\ell} = \frac{c_{max}}{\dfrac{\chi_\ell (E_1/H_1)^{2/5}(P/N_L)^{1/2}}{H_1^{1/2}}} \tag{3-21}$$

式中，c_{max}为表面上统计测量的最大亚表面损伤深度；N_L为加载的抛光颗粒数。应用熔融石英的材料特性，确定了25~39之间的k_{max}值。这与使用测量的PV表面粗糙度确定[4]的$k_{max}=49$符合得相当好。

3.1.2.3 机械加载的磨料颗粒比例

第3.1.1节中描述的压痕-断裂关系可用于说明加载并导致断裂的磨料颗粒的比例非常小[4]。例如，对熔融石英进行9 μm的松散磨料研磨，并假设抛光盘和工件之间的所有磨料颗粒均匀、机械加载，工件下方的颗粒填充比例为~0.3[54]。由于摩擦系数未知，且其对裂纹深度的影响很小，因此使用方程(3-4)来估算滑动压痕裂纹的损伤深度。对于直径为10 cm的工件和9 μm直径的磨料，工件下方的颗粒总数(NT)为10^8。在总载荷为25 N的情况下，每个粒子的载荷仅为2×10^{-7} N。代入方程(3-4)，计算所得的裂纹深度仅为3.5×10^{-10} m。该预测值比c_{max}的测量值(6 μm)小约10^4数量级，如图3-20所示。对这种巨大差异的合理解释是，只有一小部分粒子被加载。

给定断裂深度($f_{load}(c)$)下加载的颗粒比例可描述如下：

$$f_{load}(c) = \frac{N_L}{N_T} = \frac{\chi_h P}{K_{Ic} c^{3/2}} \frac{d^{-2}}{4fr_o^2} \tag{3-22}$$

式中，N_L为加载的颗粒数；N_T为工件和研磨盘之间的颗粒总数；c为裂纹深度；P为施加的总载荷；d为平均磨料粒度；f为填充比例；r_o为光学元件的半径[4]。利用图3-20所示工艺参数和数据，应用方程(3-22)计算$f_{load}(c)$。在较浅的SSD深度(例如1 μm)，f_{load}范围为$10^{-3}\sim10^{-5}$；在接近c_{max}的SSD深度处，f_{load}为$10^{-5}\sim10^{-7}$。换句话说，对于最深的SSD，只有10万；1 000万个粒子中的1个被加载导致断裂。其他人也得出了关于承载颗粒的类似结论[55-56]。

磨料颗粒分布尾端的较大颗粒为承载颗粒。图3-23显示了制造商提供的

15 μm 松散磨料(细抛光颗粒 15T)的磨料粒度分布,符合对数正态分布[4]。通过使用对数正态拟合外推粒度分布数据,并使用方程(3-22),确定承载颗粒的粒度估计值为 22~28 μm,远大于颗粒的平均粒度~7 μm。

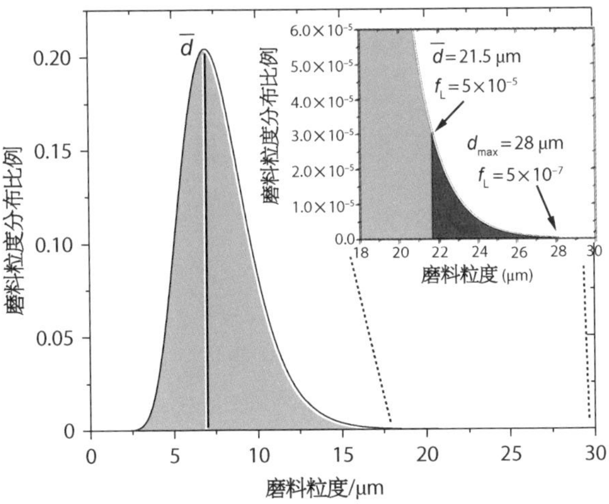

图 3-23　磨料粒度分布比例和导致断裂的负载颗粒的估计范围

(资料来源: Suratwala 等人,2006 年[4]。经 Elsevier 许可复制)

3.1.2.4　裂纹长度与深度的关系

由于给定磨削过程中裂纹的深度不尽相同(图 3-20),因此很明显,给定颗粒的载荷不同。每个颗粒的载荷变化很大程度上取决于颗粒的大小,较大的抛光颗粒承受较大的载荷(图 3-24)。因此,磨料的粒度分布(PSD)与基本裂纹分布 ($f_o(c)$) 有关。然而,这种关系因许多可能的因素而变得复杂,例如: ① 仅通过尾端颗粒(分布中最大的颗粒)参与断裂事件;② 凝聚;③ 粉碎;④ 颗粒的旋转;⑤ 进入界面的外来颗粒;⑥ 负载颗粒引发的断裂,其可能根据表面上存在的先前断裂而变化(如裂纹尖端的应力分布或强度变化);⑦ 抛光盘和工件的粗糙度;⑧ 整体界面间隙,可改变载荷或颗粒。

大多数脆性材料磨削模型都集中于确定材料去除率和预测 SSD 深度分布(见第 5 章)。到目前为止,还没有从工件和研磨材料特性、磨料尺寸和几何分布、运动学以及加载和进给速度条件出发,开发出一个全面的研磨模型。

即使在不知道这些复杂因素影响的情况下,也已制定了将表面裂纹的裂纹长度分布(易于观察)与裂纹深度分布相关的有用工程关联式[4]。此类工程模

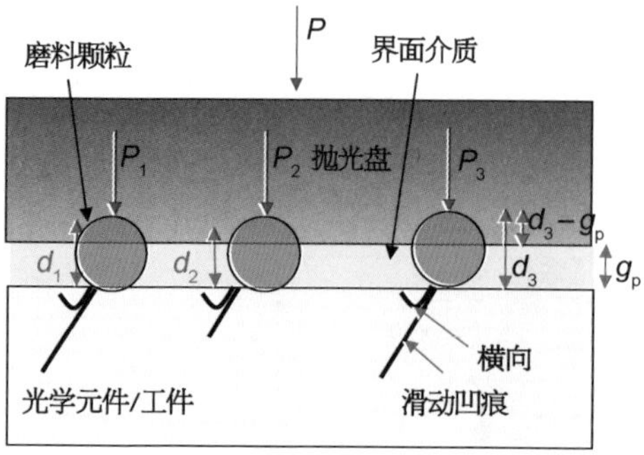

图 3-24 描述研磨过程中 SSD 发展的工作模型示意图

（资料来源：Suratwala 等人，2006 年[4]。经 Elsevier 许可复制）

型的示意图如图 3-24 所示，其中球形研磨颗粒加载于抛光盘和工件之间的界面上。

滑动的磨料颗粒产生拖尾压痕裂纹，有助于 SSD，并产生横向裂纹，有利于材料去除。滑动压痕断裂的几何形状如图 3-10 所示，其裂纹扩展采用近似赫兹裂纹扩展关系（见第 3.1.1.1 节）[4]。为简单起见，抛光盘表面和工件光滑平整，间隙（g_p）固定且不随时间变化。假定每个颗粒的载荷与颗粒在抛光盘或工件中的穿透深度成线性比例。换句话说，对于固定间隙（g_p），其为颗粒的垂直尺寸，对于球形颗粒，其为与载荷成正比的有效颗粒尺寸（d）。负载与粒度的线性关系也用于其他研磨和抛光模型[55-56]。给定有效粒径（d）的载荷定义如下：

$$P(d)=\frac{P}{N_L}\left(\frac{d}{\bar{d}}\right) \tag{3-23}$$

式中，P 为零件上施加的总载荷；N_L 为加载到工件上的颗粒数量；$\bar{d}$ 为磨料的平均粒径。使用第 3.1.1.1 节中描述的各种关系，裂纹深度和长度之间的关系简化为[4]

$$c=\frac{L_t}{\Omega} \tag{3-24}$$

其中

$$\Omega=\frac{\pi}{2}\left(\frac{K_{Ic}}{\chi_h}\right)^{2/3}\left(\frac{2kN_L\bar{d}}{3E_1 P}\right)^{1/3} \tag{3-25}$$

Ω 的值在很大程度上取决于工件材料和裂纹扩展特性、磨料尺寸和施加的载荷。对于熔融石英工件，大多数研磨情况下的 Ω 值介于 3 和 5 之间（即没有显著变化）[4]。因此，方程（3-24）表明裂纹长度与裂纹深度呈线性关系。实验数据还显示了平均裂纹长度（L_t）与平均裂纹深度（c）和最大 SSD 深度（c_{max}）之间的线性关系，这与工程模型一致（图 3-25a）。

裂纹长度和深度之间的关系具有重要的实际意义（另见第 6.2 节）。通过测量工件上裂纹的长度,可以估计其深度。根据图 3-25a,熔融石英玻璃上的裂纹深度平均为长度的 35%。Catrin 等人也观察到了这一比率[57]。然而,最深裂纹的深度可能是裂纹长度的 2.8 倍。换句话说,如果微裂缝在工件表面上的裂纹长度为 10 μm(与划痕宽度 10 μm 相同),移除 0.35 × 10 μm = 3.5 μm 的材料,则移除单个裂缝的概率为 50%。根据相同的逻辑,移除 2.8 × 10 μm = 28 μm 时,断裂移除的概率为 100%(图 3-25b)。

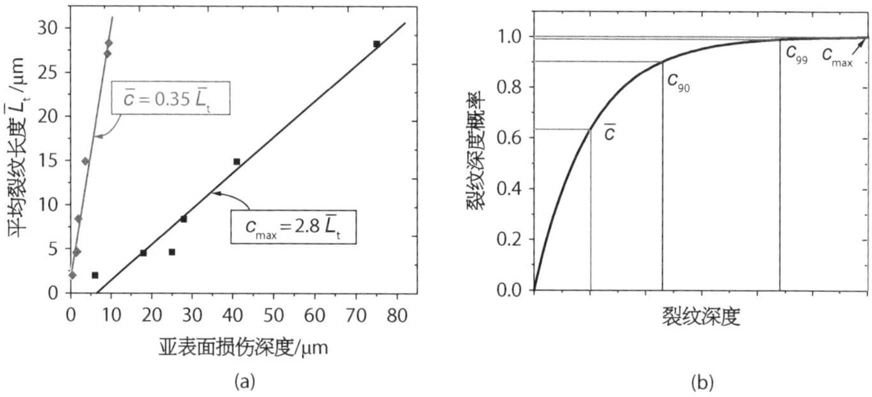

图 3-25 (a) 最大 SSD 深度(c_{max})和平均 SSD 深度(c)与测量平均裂纹长度(L)的相关性;(b) 裂纹深度去除概率是工件去除量的函数

(资料来源: Suratwala 等人,2006 年[4]。经 Elsevier 许可复制)

3.1.2.5 SSD 深度分布形态

图 3-20a 所示半对数形式的 SSD 深度分布遵循一般的指数相关性。决定 SSD 深度分布形态的两个主要因素是在某个给定时间产生的裂纹的基本瞬时分布 $f_o(c)$ 和由于材料移除导致的裂纹不断缩短而产生的 $f_o(c)$ 总和,以及在每个时间步产生的新裂纹。一个简单的模型用于评估 $f_o(c)$ 和最终观察到的 SSD 深度分布 $F_c(c)$ 之间的关系(图 3-26)[4]。已知先前产生的裂纹不太可能扩展(见第 3.1.2.6 节),裂纹深度的累积分布如下所述:

$$F_c(c) = \int_c^\infty f_c(c)\,\mathrm{d}c \tag{3-26}$$

式中,$f_c(c)$ 为裂纹的最终增量分布,它取决于裂纹的基本瞬时分布 ($f_o(c)$),如下所示:

$$f_c(c) = f_o(c) + f_o(c+\Delta) + f_o(c+2\Delta) + \cdots = \sum_i f_o(c+i\Delta) \tag{3-27}$$

式中,Δ 为去除增量;i 为去除增量的数量。对于每个 Δ,产生另一组具有相同

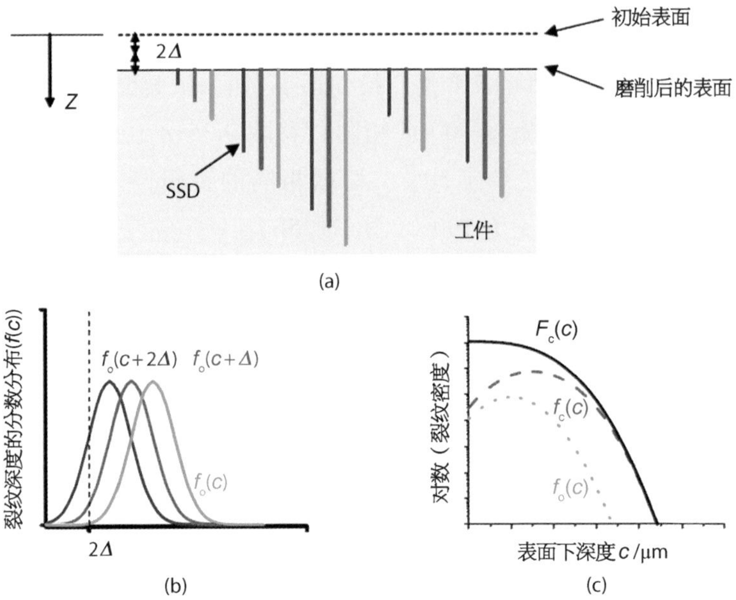

图 3-26 (a) 作为表面去除功能的裂纹产生和去除示意图;(b) 不同 Δ 去除增量下裂纹深度($f_o(c)$)的瞬时分布;(c) 在半对数图中比较 $f_o(c)$、$f_c(c)$ 和 $F_c(c)$

(资料来源: Suratwala 等人,2006 年[4]。经 Elsevier 许可复制)

基本分布的裂纹,但从新的表面深度 $i\Delta$ 开始。先前产生的裂纹会不断缩短,并最终消除。这个简单的模型意味着分布中最深的裂纹是在最后的增量中产生的;也就是说,在研磨过程结束时产生的。这个简单模型的另一个有趣结果是,计算分布的尾端形状显示为单指数,与 $f_o(c)$ 的函数形式(例如高斯、对数正态和洛伦兹)无关,它与观察到的 SSD 分布的形态相匹配[4]。

通过对测量的裂纹长度分布进行单指数拟合(图 3-20b 中的曲线),并利用裂纹长度分布和深度分布之间建立的关系,SSD 裂纹深度分布(从顶部看,根据遮掩率或裂纹面积)已推导为[4]

$$O(c) = A_o w_c n_s \Omega\left(c + \frac{\bar{L}_t}{\Omega}\right)\exp\left(\frac{-c\Omega}{\bar{L}_t}\right) - A_o w_c n_s (L_{max} + \bar{L}_t)\exp\left(\frac{-L_{max}}{\bar{L}_t}\right) \tag{3-28}$$

式中,A_o 为指数前常数;w_c 为裂纹宽度(取决于试样的蚀刻量);n_s 为表面裂纹的面数密度;L_{max} 为最大裂纹长度;$\bar{L}_t$ 为平均裂纹长度。方程(3-28)中的第一项描述了初始深度分布,其大致为单指数,第二项是与 SSD 最大深度(c_{max})相关的常数[4]。图 3-20a 中所示的计算 SSD 深度分布,使用方程(3-28)的计算结果和测量的裂纹长度数据能很好地匹配[4]。这种方式通过测量研磨工件表面上观察到的平均和最大裂纹长度,具有能够估计 SSD 分布的实用性。

3.1.2.6　各种磨削参数对 SSD 深度分布的影响

SSD 深度分布还与一些基本加工参数相关,如负载、磨料尺寸和加工顺序[4,25,38,58]。图 3-27a 显示了在三种载荷(25 N、220 N 和 580 N)或压力(0.46 psi、4.1 psi 和 10.7 psi)下,在直径为 100 mm 的工件上对熔融石英玻璃进行的一系列 9 μm 松散颗粒研磨工艺过程的裂纹深度分布[4]。随着载荷的增加,由于每颗粒载荷的增加,裂纹深度增加(见第 3.1.1.1 节)。此外,在施加非常高的负载时,SSD 深度分布中出现了在较低负载下未观察到的第二个拐点。这表明,第二种分布的颗粒被加载,导致断裂,或者某些部分的颗粒以不同的方式加载,通过另一种机制断裂。Li 等人[59]通过对熔融石英进行固定磨料研磨,发现 SSD 深度随切割深度(与施加的载荷或压力类似)增加的趋势。

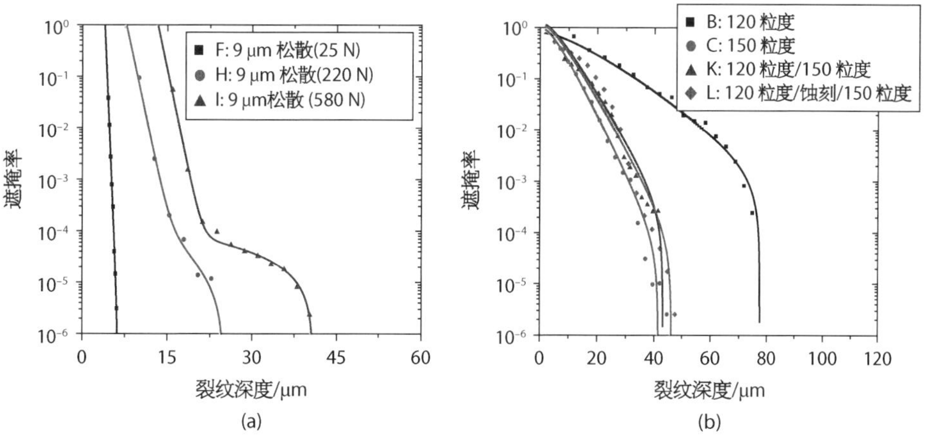

图 3-27　测量的熔融石英表面累积裂纹深度分布:(a) 作为载荷的函数;(b) 颗粒污染。这些图是裂纹遮掩度与裂纹深度的半对数图

(资料来源:Suratwala 等人,2006 年[4]。经 Elsevier 许可复制)

根据图 3-24 中概述的模型,平均磨料尺寸的增加会导致负载颗粒的面密度 (N_L) 降低,从而导致每个颗粒的负载更大。每个颗粒的较大载荷会增加断裂深度,从而增加去除率(图 1-3)和 SSD 深度。图 3-20a 显示了熔融石英玻璃上各种松散和固定磨料的磨料尺寸的这种趋势。Dong 和 Cheng[60]的研究表明,使用固定磨料的 SSD 深度的主要影响因素是磨料尺寸,其次是碳化硅研磨过程中的速度。Wang 等人[49]还展示了磨料尺寸对 BK7 玻璃的影响。

为了确定上一研磨步骤产生的裂纹是否会增长并改变下一研磨步骤导致的SSD深度分布，在不同研磨步骤顺序后测量了SSD分布。图3－27b显示了使用四种研磨工艺在熔融石英玻璃上测量的SSD深度分布：120、150、先120然后150，以及先120再蚀刻然后150粒度研磨。注意，粒度是磨料尺寸的常见描述，其中值越大，磨料越小。这里120粒度有～125 μm颗粒，150粒度有～100 μm颗粒。对于每个样本，在最终150粒度研磨过程中去除～100 μm的材料，以确保去除量大于单独120粒度研磨造成的SSD深度，测量值为80 μm。对于每一次150粒度的最终研磨，SSD深度分布几乎没有差异，这表明120粒度工艺中预先存在的裂纹不会比仅采用150粒度工艺造成的裂纹更深。

最后，各种研究评估了非常规磨削工艺和不同工件或磨削材料对SSD的影响。所有这些似乎在定性上与基本压痕断裂力学和图3－24中概述的磨削模型一致。Lv等人[61]比较了BK7玻璃上超声波研磨与传统研磨的SSD深度，得出结论是超声波研磨对SSD深度的影响更大。这可能是由于超声波能量赋予每个粒子更大的负载。Neauport等人[53]使用一整套松散磨料研磨熔融石英，得出结论如下：与硬度较高、模量较高的磨料（如B_4C或SiC）相比，氧化铝磨料导致SSD深度较浅。如图3－28[14,62]所示，低硬度磨料的磨损率较低。

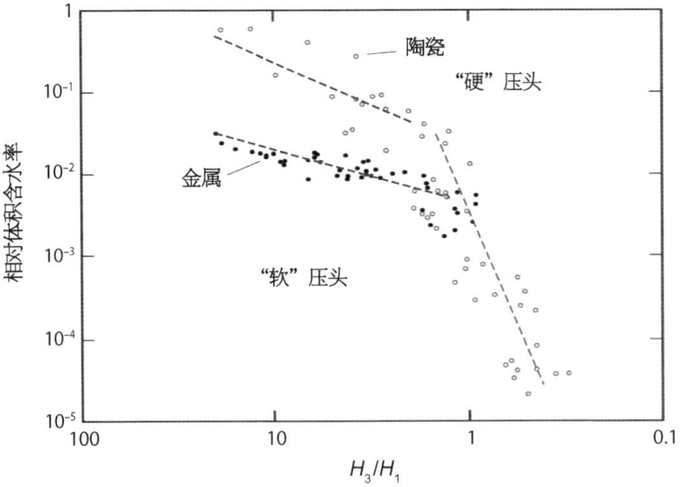

图3－28　各种金属和陶瓷的体积磨损率是磨料和基体之间相对硬度的函数

（资料来源：Hutchings，1992年[14]。经Taylor & Francis许可复制）

在测量各种工件材料上的SSD深度分布方面，Randi等人[46]研究了光学单晶；Shafrir等人[63]研究了硬质陶瓷，包括AlON、SiC和Al_2O_3；Esmaeilzare等人[64]研究了其他一些玻璃。然而，迄今为止，还没有开发和测试出一个综合的定量模型，来预测 SSD 深度与工件材料特性的函数关系。

3.1.2.7　研磨过程中的杂质颗粒

杂质粒子是颗粒粒度分布（PSD）中明显大于基本分布的粒子。在研磨和抛光过程中，它们的存在会对 SSD 产生强烈影响（见第 3.1.3 节）。考虑一系列具有不同 PSD 的氧化铝松散磨料颗粒，如图 3－29 所示。图 3－29a 中，在所有其他工艺条件不变的情况下，使用这些浆料的各种混合物对熔融石英玻璃进行研磨[65]。图 3－29b 显示了使用 9 μm 和 15 μm 氧化铝松散磨料的各种混合物测得的 SSD 深度分布。在 9 μm 浆液中加入少量 15 μm 浆料污染物，SSD 深度显著增加。另一个示例如图 3－29c 所示，该图显示了使用 15 μm 和 30 μm 氧化铝

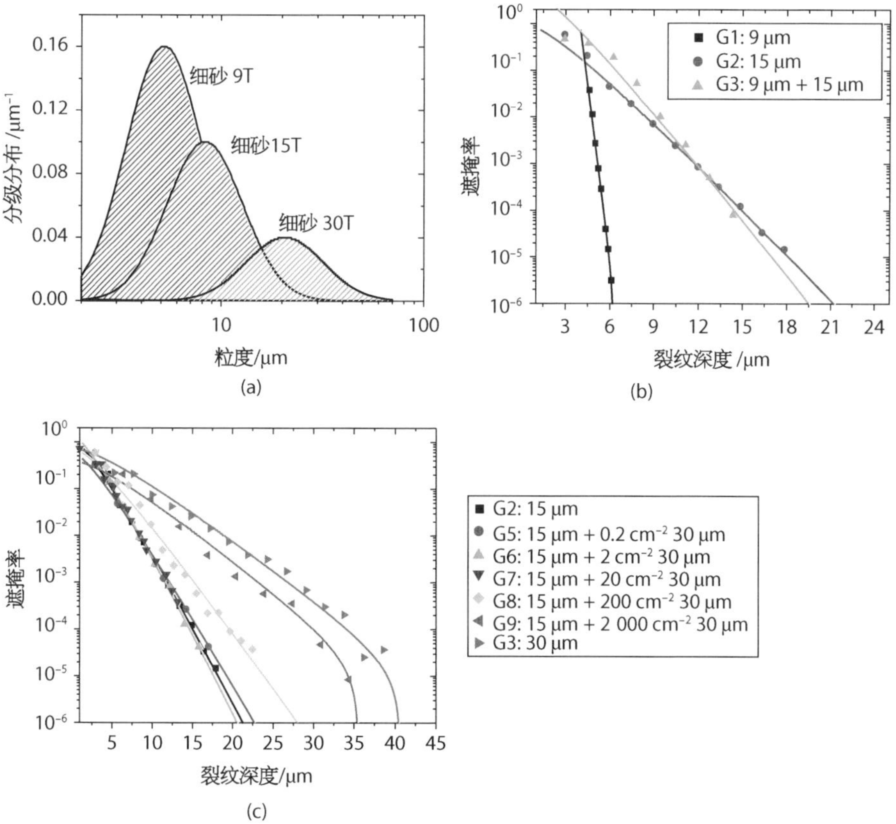

图 3－29　(a) 研磨实验中使用的各种氧化铝浆液的 PSD；(b) 使用不同氧化铝松散磨料 PSD 的熔融石英工件上的 SSD 深度分布；(c) 使用不同数量的 30 μm 氧化铝颗粒污染 15 μm、30 μm 和 15 μm 的松散磨料研磨后，熔融石英工件的 SSD 深度分布

（资料来源：Suratwala 等人，2008 年[65]。经 Elsevier 许可复制）

松散磨料的各种混合物研磨熔融石英玻璃后测量的 SSD 深度分布。图中的最小和最大 SSD 深度,与仅使用 15 μm 磨料和 30 μm 磨料的 SSD 深度相关。在 15 μm 磨料浆中添加少量 30 μm 磨料颗粒(即杂质颗粒)后,即使杂质颗粒的比例相当低($<10^{-4}$)或面积密度为 200 cm^{-2},SSD 深度比基础浆料中发现的深度增加,因此,只需少量杂质粒子即可增加 SSD。

结果表明,只有分布中最大的粒子是具有负载的活性粒子,它们具备在工件上产生裂纹和去除材料的作用,其余的粒子基本上不起作用。第 3.1.2.3 节所述分析得出了类似的结论。实际含义是,杂质粒子的存在可能会严重降低光学制造工艺的产量和效率(图 1-2)。因此,在管理 SSD 时,需要进行重要的控制,以最大限度地减少杂质颗粒,例如防止处理步骤之间的污染。

研磨过程中添加杂质颗粒时 SSD 深度分布的变化,可使用第 3.1.2.4 节和第 3.1.2.5 节中描述的研磨模型进行量化。当两个不同的 PSD 混合并用于研磨时,SSD 分布的形状将采用文献[65]中给出的形式:

$$O(c) = \int_{c}^{c_{\max}} [(1 - x_r) g_b(d) + x_r g_r(d)] c^{1/2} Q_r \mathrm{d}c \tag{3-29}$$

式中,$g_b(d)$ 为基浆磨料的 PSD;$g_r(d)$ 为杂质颗粒的 PSD;x_r 为杂质颗粒 PSD 中颗粒的数量分数;Q_r 为由以下公式给出的常数:

$$Q_r = \frac{3\pi K_{Ic} w_c n_s}{8\chi_h} \left(\frac{N_L \bar{d}^2}{P} \right)^{2/3} \left(\frac{2\kappa}{3E_1} \right)^{1/3} \tag{3-30}$$

式中,K_{Ic} 为基底的断裂韧性;N_L 为加载的磨料颗粒数;$\bar{d}$ 为平均磨料颗粒尺寸;χ_h 为赫兹压痕裂纹扩展常数;P 为施加的载荷;w_c 为表面裂纹的宽度;n_s 为表面裂纹的数量密度;κ 为与基材、压头的模量和泊松比相关的材料常数[见方程(3-14)]。

使用图 3-29a 中磨料 PSD 的对数正态分布函数形式,当 n_s 为 ~0.05 μm^{-2} 和 P/N_L 约为 0.25 N 时,使用方程(3-29)和方程(3-30)[65]计算 SSD 深度分布。计算的 SSD 深度分布如图 3-29b、c 所示,计算的最大 SSD 深度如图 3-30 中实线所示。这个简单模型预测的 SSD 深度与作为杂质粒子浓度函数的测量数据相当一致。方程(3-29)和方程(3-30)可用于其他研磨过程,以估计存在杂质颗粒时的 SSD 深度,或作为根据观察到的 SSD 深度分布变化估计杂质颗粒大小或浓度的方法。

3.1.2.8 研磨 SSD 的总结

各种磨削过程的 SSD 深度和长度分布可以直接测量和统计评估。观察到的表面裂纹特征为近表面横向或较深的滑动凹痕型(振痕)断裂。滑动凹痕的长度 (L_t) 与给定的磨削工艺相关,特别是磨料尺寸 (d)。SSD 深度分布通常由单指数分布描述,然后是深度渐近截止 (c_{max})。影响 SSD 的关键工艺参数包括磨料尺寸、PSD、硬度、施加载荷和工件机械性能。

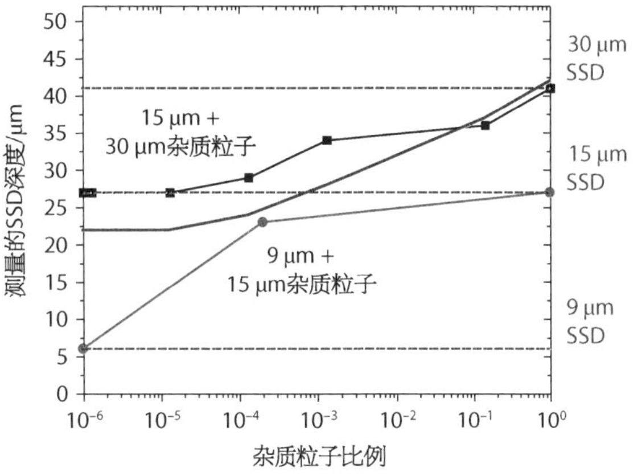

图 3-30　对于 19 μm 或 15 μm 松散磨料研磨(不添加杂质颗粒)观察到的 SSD 深度,最大 SSD 深度是杂质颗粒浓度(15 μm 或 30 μm 氧化铝)的函数

(资料来源: Suratwala 等人,2008 年[65]。经 Elsevier 许可复制)

利用断裂-压痕关系表明,只有一小部分磨料颗粒被加载并参与断裂作用,磨料颗粒 PSD 中较大的抛光颗粒承受较高的载荷。采用力学模型描述磨削过程,测量的裂纹长度分布与裂纹深度分布相关。最大 SSD 深度 (c_{max}) 与平均裂纹长度 (L_t) 和测量的表面粗糙度相关 (δ)。粗糙度和裂纹深度之间的比例常数是可靠的,但需要标准化表征。此外,观察到的平均裂纹长度和最大 SSD 深度之间的关系可作为经验法则,通过测量单个 SSD 缺陷的裂纹长度来无损地估计 SSD 深度。对于按一系列步骤执行的研磨,上一个研磨步骤导致的 SSD 不会明显影响最终 SSD 深度分布,前提是材料去除超过上一个步骤的 SSD 深度。最后,少量较大磨料颗粒(杂质颗粒)的污染物可大大增加 SSD 深度。因此,在光学制造过程中必须小心管理杂质粒子。

3.1.3　抛光过程中的 SSD

抛光过程中的 SSD 定义为杂质颗粒产生的断裂,即脆性划痕。如第 1.3 节所述,抛光过程中的材料去除通过纳米塑性变形或化学反应,在每个颗粒的较低载荷下发生在断裂极限以下。在磨削过程中,使用较大的颗粒(通常 >10 μm),导致工件和抛光盘之间每单位面积的负载颗粒较少,从而导致每颗粒的负载超过断裂的起始负载(>0.01 N)。在抛光过程中,使用较小的颗粒(通常 <3 μm),导致单位面积内有更多的负载颗粒,每个颗粒的负载低于断裂起始负载。例如,考虑用典型的氧化铈基浆料抛光的玻璃工件(在施加压力为0.3 psi

的情况下使用0.5 μm的颗粒,在界面处有0.3的填充比例和10^{-4}的承载颗粒)。由此,可以估算出每一颗粒的载荷~10^{-6} N[65]。显然,平均抛光颗粒上的载荷比引发断裂所需的载荷低很多数量级。因此,抛光表面上形成的任何划痕都意味着存在杂质颗粒或凹凸不平,导致比平均颗粒更高的负载。

普雷斯顿是最早认识到成品表面上存在SSD的人之一,他指出蚀刻会暴露出振痕裂纹(滑动压痕断裂或脆性划痕)[50]。研磨或抛光过程中浆料中的杂质颗粒会严重影响工件的表面特性,无论是更深的损伤还是孤立的划痕[12,65-69]。一些关于抛光集成电路的研究已经调查了杂质颗粒对使用化学机械平坦化研磨或抛光的晶圆的影响。Basim等人[66]在胶态二氧化硅浆料中加入杂质二氧化硅颗粒后,发现划痕密度随杂质颗粒大小和浓度的增加而增加。Basim还表明,通过使用动态光散射对浆料PSD进行表征,即使在非常低的浓度($<10^{-5}$)下存在杂质颗粒,也会降低表面质量。Ahn等[67]和Kallingal等[70]比较了基于不同pH值的胶体二氧化硅和胶体氧化铝、过滤方法或超声波制备方法的不同浆料,以减少微裂缝。根据工艺参数如何影响分布中的大颗粒,解释了划痕结果。了解抛光过程中杂质颗粒的影响最终有助于开发最小或无SSD的抛光工艺。这在需要高质量抛光表面的应用中至关重要,包括集成电路、高强度窗口和用于高功率激光或光刻应用的光学元件[3,5]。

图3-11[65]显示了添加杂质颗粒后产生的各种类型的划痕。这些划痕分为三个基本类别:

(1) 塑性,不显示脆性断裂,但仅对表面进行塑料改良(通常称为光滑)。

(2) 脆性,只有裂纹(滑动凹痕或横向)。

(3) 混合,包含塑性改良和裂纹。

无论是横向还是纵向凹痕,将根据裂纹类型进一步分类。当局部压力超过接触区工件的屈服应力时,尖锐压头可能会产生塑性划痕。钝压头可能会产生纯脆性划痕。

在对杂质颗粒影响的系统研究中,将一系列不同尺寸的杂质金刚石颗粒掺杂到0.5 μm氧化铈抛光液中,然后用于抛光熔融石英工件[65]。图3-31显示

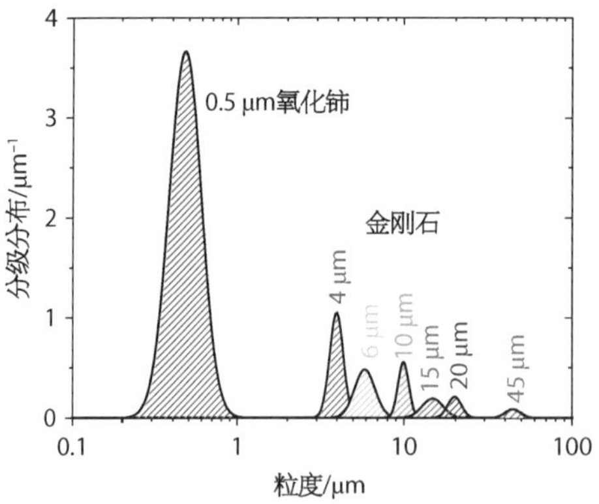

图3-31 抛光实验中氧化铈浆料和添加的杂质金刚石颗粒的PSDs

(资料来源:Suratwala等人,2008年[65]。经Elsevier许可复制)

了抛光液和杂质金刚石颗粒的 PSD。图 3－32 总结了作为杂质颗粒特性(尺寸和浓度)函数的划痕特性(长度、宽度和数量密度)。刮痕数密度在固定的杂质颗粒数浓度下随杂质颗粒粒径呈指数增长(图 3－32a)。这表明杂质粒子越大,造成划痕的可能性越大,或者效率越高。图 3－33 所示的显微图像也说明了根据颗粒大小的划痕数密度差异的大小。划痕数密度对杂质粒子浓度的敏感性要低得多。对于检查的大多数杂质颗粒浓度(5～500 cm^{-2}),划痕浓度变化不超过 5 倍。但是,在高杂质颗粒浓度(5 000 cm^{-2}),塑料划痕数密度增加了 1 000 倍(图 3－32b)。

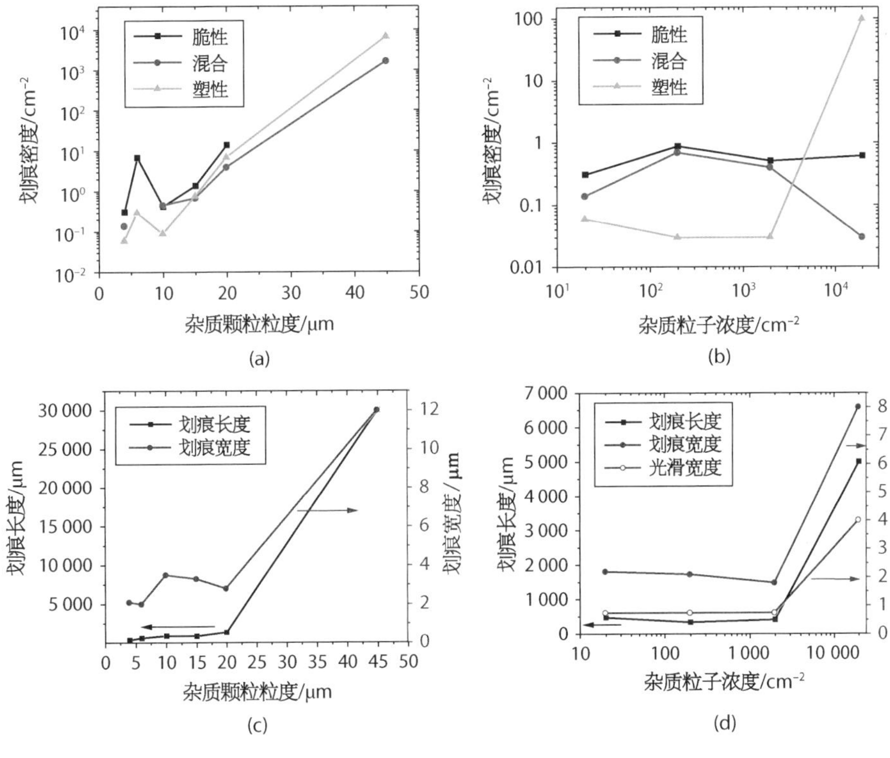

图 3－32　在熔融石英上添加杂质金刚石颗粒进行氧化铈抛光后观察到的划痕数密度,与在 50 cm^{-2} 固定杂质颗粒浓度下杂质颗粒尺寸(a)和固定杂质粒径为 4 μm(b)时杂质颗粒浓度的函数关系。添加杂质金刚石颗粒对熔融石英进行氧化铈抛光后观察到的划痕尺寸(长度、宽度)与在 50 cm^{-2} 固定杂质颗粒浓度下杂质颗粒尺寸(c)和 4 μm 固定杂质粒径(d)下杂质颗粒浓度的关系

(资料来源:Suratwala 等人,2008 年[65]。经 Elsevier 许可复制)

观察到划痕的宽度和长度随着杂质颗粒尺寸的增加而增加,并且对杂质颗粒浓度相对不敏感,除非浓度非常高时(图 3－32c、d)。宽度增加归因于预期与较大杂质颗粒的较大接触区;划痕的宽度名义上是添加到抛光浆料中金刚石平

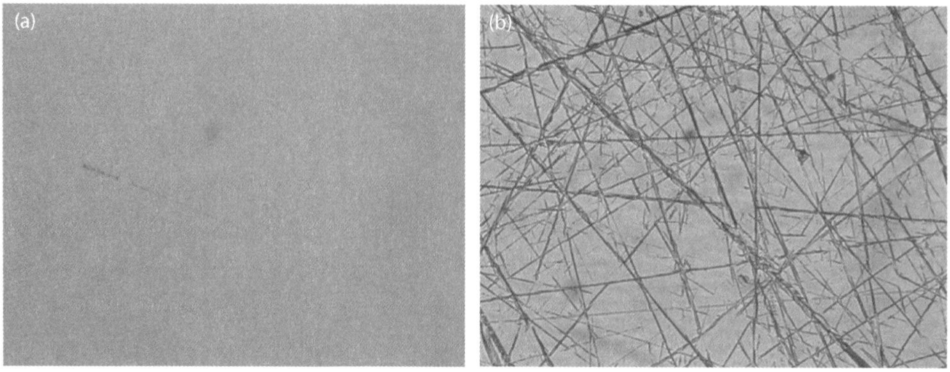

图 3-33 (a) 添加 10 μm 金刚石颗粒后在抛光表面上观察到的典型划痕;(b) 添加 45 μm 金刚石颗粒后在抛光表面上观察到的典型划痕的光学显微照片。每幅图像的水平标度为 237 μm

(资料来源: Suratwala 等人,2008 年[65]。经 Elsevier 许可复制)

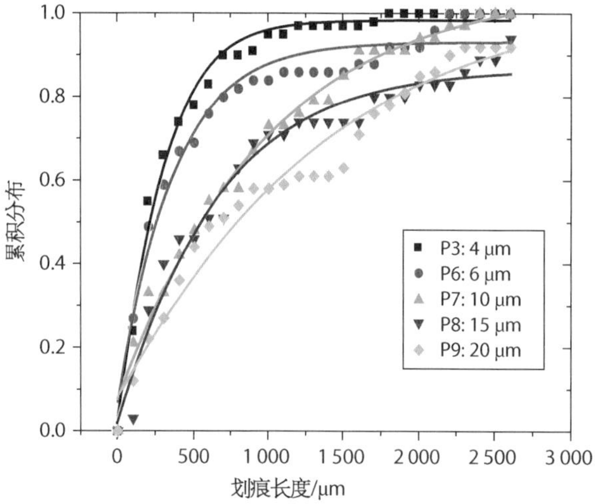

图 3-34 使用不同尺寸的杂质颗粒和 50 cm^{-2} 恒定杂质金刚石浓度测量氧化铈抛光样品的累积划痕长度分布。根据这些分布确定的平均裂纹长度如图 3-25 所示

(资料来源: Suratwala 等人,2008 年[65]。经 Elsevier 许可复制)

均直径的 15%~30%。划痕长度也随着金刚石粒度在 4~20 μm 范围内的增加而增加(图 3-32c)。图 3-34 通过绘制各种杂质金刚石粒度的累积划痕长度分布图,更明确地说明了这一趋势。平均划痕长度从 ~330 μm 至 ~1 300 μm。对于这些样品,直径为 100 mm 的圆形基板上划痕数密度 2~25 cm^{-2} 或名义上总共 150~2 000 处划痕。粒子相对于光学元件的平均相对速度为 80 cm/s。因此,对于观察到的划痕长度,每个杂质颗粒的加载时间范围为 0.3~1.6 ms。假设划痕是在抛光(1 h)期间随机产生的,则平均每 1.8~24 s 产生一次划痕。结论是划痕是偶尔发生的。

较长的刮痕表明,假设相对杂质粒子速度恒定,粒子在工件表面加载的时间较长。图 3-35 显示了由杂质颗粒产生划痕的可能机制的示意图,其中杂质颗粒加载的时间由颗粒的大小和抛光盘的黏弹性特性决定。在某个任意时间零点,杂质粒子以某种方式到达工件和抛光盘之间的界面。由于其尺寸较大,

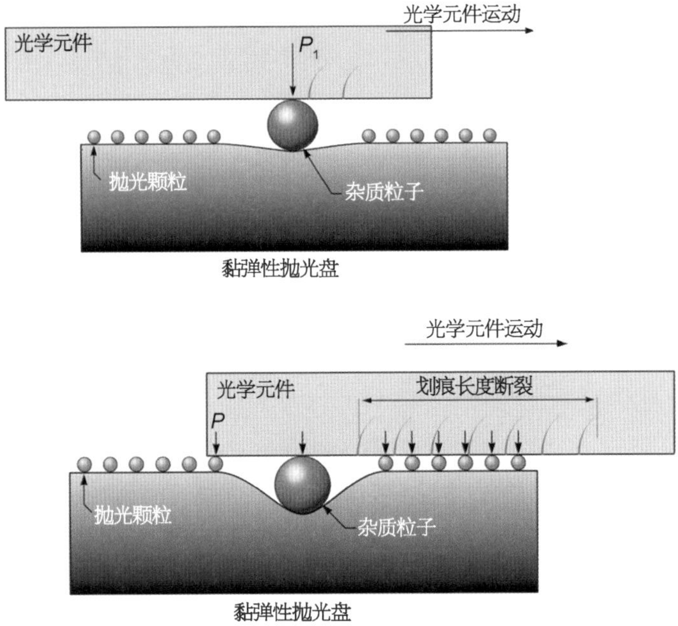

图 3－35　黏弹性抛光盘上杂质颗粒划伤的形成和产生长度的可能机制示意图

（资料来源：Suratwala 等人，2008 年[65]。经 Elsevier 许可复制）

其承受的载荷将远高于抛光盘上的平均粒子。该载荷足以在工件上引发并产生脆性断裂或塑性变形。当加载且相对于抛光盘静止时，杂质粒子将穿入黏弹性抛光盘，直到以下两种情况：

（1）抛光盘和光学元件之间的间隙减小到抛光氧化铈颗粒的间隙，从而降低杂质颗粒上的负载，使其与普通氧化铈颗粒的负载相匹配，并结束划痕。

（2）已达到最大弹性穿透（抛光盘弹性模量的函数），导致不完全的杂质颗粒穿透，杂质颗粒上的载荷几乎没有下降，在光学元件上产生无限长度的划痕。

划痕长度黏弹性机制的有效性可以通过评估测量的划痕长度相关性进行半定量检验，该相关性不仅作为杂质颗粒尺寸的函数，还作为许多参数的函数，例如抛光盘黏度（由温度或抛光盘材料确定）和施加压力[65]。这些结果汇总于图 3－36 中。对于抛光盘材料，观察到划痕长度随着抛光盘黏度的增加而增加。抛光盘温度对划痕长度也有影响；随着温度的升高，抛光盘黏度降低，划痕长度减小。最后，随着施加压力的增加，发现划痕长度减小。所有这些趋势与解释划痕长度的黏弹性机制一致。

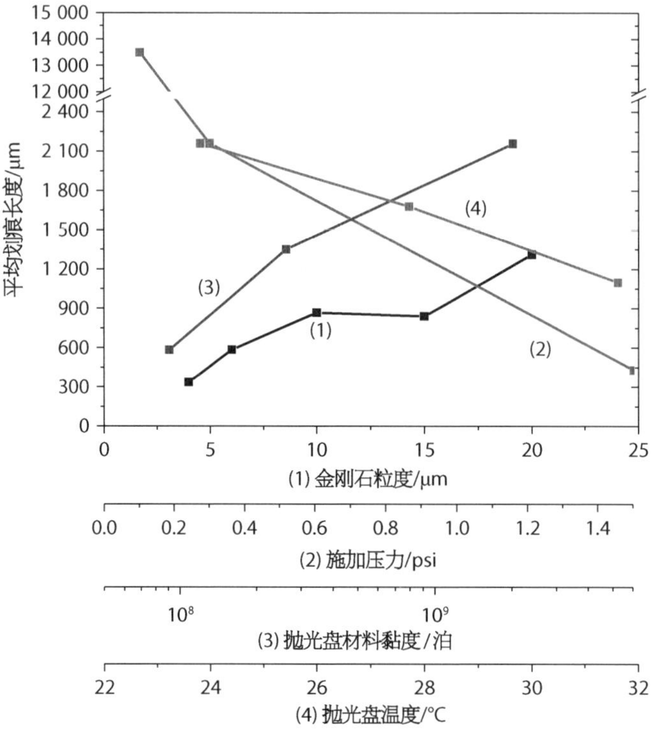

图 3-36 平均划痕长度与金刚石颗粒尺寸、施加压力、抛光盘材料和抛光盘(节距)温度的关系

(资料来源：Suratwala 等人,2008 年[65]。经 Elsevier 许可复制)

杂质颗粒的黏弹性穿透率已通过在黏弹性抛光盘[65]上的准静态载荷下模拟硬球磨料来量化。该模型使用 Lee 和 Radok[71]的方法,在简单线性黏弹性基底上扩展原始赫兹弹性接触[72]。该方法的基础是以下公式给出的力平衡控制方程：

$$E_2\varepsilon + \eta_2 \frac{\mathrm{d}\varepsilon}{\mathrm{d}t} = \frac{P}{\pi a^2} \tag{3-31}$$

式中, P 为施加在球形粒子上的载荷; a 为赫兹接触区半径; ε 为由此产生的应变。抛光盘的黏弹性特性由弹性模量 (E_2) 和黏度 (η_2) 描述。对于给定的施加压力[方程(3-31)右侧的项],存在弹性极限响应(左侧的第一项)和时间相关响应(左侧的第二项)。考虑到接触区外黏弹性抛光盘表面位移的大应变,方程(3-31)可改写为以下形式(详见文献[65])：

$$\frac{\partial \chi_{\mathrm{v}}}{\partial t} + \frac{\chi_{\mathrm{v}}}{\tau} = \frac{12P}{\pi d^2 \eta_2}(1 + \chi_{\mathrm{v}}^{2/3}) \tag{3-32}$$

其中

$$\chi_v = \varepsilon^3 = \frac{a^3}{\left(\frac{d^2}{4} - a^2\right)^{3/2}} \tag{3-33}$$

$$\tau_s = \frac{\eta_2}{3E_2} \tag{3-34}$$

式中，d 为颗粒直径；τ_s 为应力松弛时间常数；χ_v 为与应变相关的项。方程(3－32)～方程(3－34)可通过数值求解确定作为时间函数的接触区 $a(t)$。

其目的是确定穿透随时间的变化，即确定载荷何时降至划痕结束的点。具体而言，颗粒需要穿透到界面间隙(约为平均抛光颗粒的直径)。因此，使用直径为 0.5 μm 的典型抛光液，划痕结束前 4 μm 的杂质颗粒需要穿透～3.5 μm。在一组更为复杂的关系中，接触区与颗粒在抛光盘中的穿透深度有关，这是由两个组成部分引起的：硬球的赫兹穿透和远离接触区的基线表面位移。这些深度关系的细节在其他地方进行了描述[65]。

图 3－37 显示了杂质粒子穿透时间函数的计算结果，实验结果如图 3－32～图 3－34 所示[65]。这些计算使用黏弹性聚氨酯垫的已知特性（E_2 = 100 MPa、η_2 = 9×10^7 泊）[73]，并假设载荷为 1 N，且在造成脆性划痕所需的范围内。当绘图中的曲线平稳时，粒子已穿透到界面间隙，减少了粒子上的负载并结束了划痕。该模型预测更大的杂质粒子，穿透时间更长。这与图 3－34 中的实验结果一致。对于 4～20 μm 范围内的杂质粒子，穿透时间计算为 1～5 ms。如

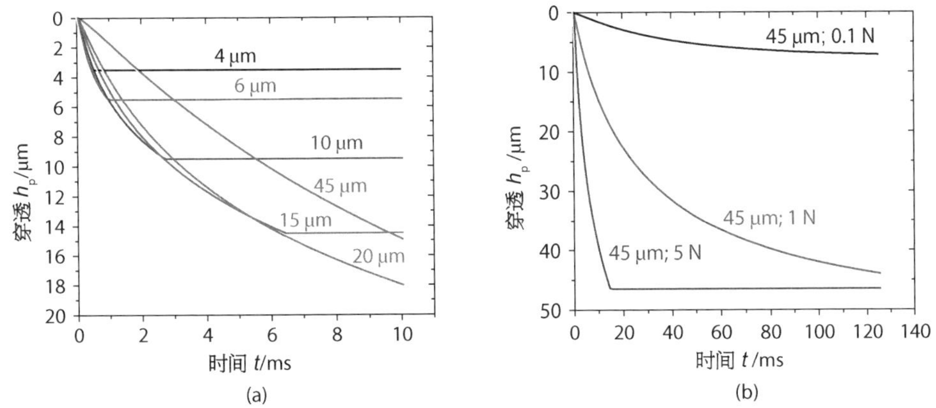

图 3－37　(a) 在 1 N 载荷下，不同尺寸的杂质金刚石颗粒的计算穿透深度随时间变化；(b) 不同载荷下的计算穿透深度随时间变化(计算使用 E_2 = 100 MPa、η_2 = 9×10^7 泊)

(资料来源：Suratwala 等人，2008 年[65]。经 Elsevier 许可复制)

图 3－37b 所示，在相同的 1 N 载荷下，对于较大的杂质颗粒（45 μm），即使在 120 ms 后，颗粒也不会穿透抛光盘。对于该研究中使用的相对速度（V_r = 80 cm/s），计算的划痕长度（>14 000 μm）明显大于测量视场（237 μm），导致出现基本上无限长的划痕。这与图 3－33b 中的实验结果再次一致。

上述黏弹性模型可简化为以下有用关系，以确定平均划痕长度 $\overline{L_s}$：

$$\overline{L_s} \approx 2.2 \frac{V_r \eta_2 d^2}{P} \tag{3-35}$$

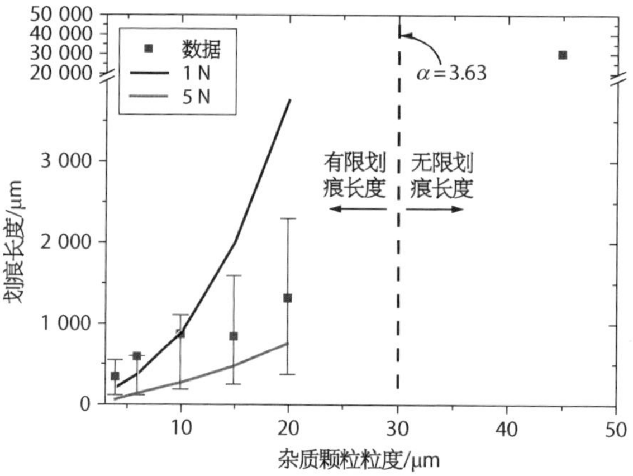

图 3－38 使用图 3－24 中的数据与简单黏弹性模型在 1 N 和 5 N 两种不同载荷下的平均划痕长度进行比较，测量结果为杂质颗粒尺寸的函数

（资料来源：Suratwala 等人，2008 年[65]。经 Elsevier 许可复制）

式中，V_r 为粒子相对于工件表面的平均相对速度；d 为杂质粒子直径；P 为施加的载荷。图 3－38 显示了使用方程（3－35）在 1 N 和 5 N 载荷（在引起划痕所需的范围内）下计算的裂纹长度，其作为杂质颗粒尺寸的函数，并与测量的划痕长度进行了比较。测量数据中的条形代表观察到的划痕长度分布的 80%。请注意，数据限定在 1～5 N 的负载范围内。

该模型的另一个有用关系是应力参数（α），定义如下：

$$\alpha = \frac{4P}{\pi d^2 E_2} \tag{3-36}$$

式中，P 为施加载荷；E_2 为抛光盘模量。该关系是施加载荷与平衡穿透度的比率。当该值较低时，负载不足以将杂质粒子完全穿透到抛光盘中。因此，划痕长度将是无限的。当该值超过临界值（在本例中为 3.64）时，粒子将穿透，划痕长度将是有限的。在图 3－38 中，在标称尺寸为 30 μm、载荷为 1 N 的情况下，应力参数值达到 3.64。在该粒度以上，模型预测无限长的划痕延伸至工件边缘，这再次与 45 μm 粒子导致无限长划痕的实验数据一致。

总而言之，方程（3－35）是一个简单的表达式，可用于根据杂质颗粒的大小、载荷以及抛光盘的运动学和材料特性确定划痕长度。式（3－36）也可用作确定划痕长度是有限还是无限的有用关系。

除了金刚石颗粒，不同材料类型的杂质颗粒也会造成划痕。无论是金刚石、沥青还是干氧化铈结块，都会产生划痕。唯一的例外是有机城市灰尘，这不会导致任何可测量的 SSD[65]。Kwon 等人[69]对 CMP 过程中的划痕进行了综述，描述了杂质颗粒的各种来源。这些包括抛光垫微孔，其可以容纳杂质颗粒、金刚石修整工具，也可以驱逐和产生杂质颗粒，还有抛光垫碎片。其他杂质颗粒源是来自其他加工步骤的交叉污染，例如研磨颗粒和从工件边缘脱落的颗粒。这些结果证实，在抛光过程中，清洁度和消除所有杂质颗粒源对于获得接近无划痕的表面至关重要。

3.1.4　蚀刻对 SSD 的影响

光学制造过程中的化学蚀刻对于 SSD 具有重要作用。首先，它是暴露隐藏表面微裂缝（如划痕）的非常有用的方法。在抛光过程中，工件上形成了一种称为拜尔培层的改良表面层，可以隐藏表面微裂缝（见第 3.3 节）。图 3-39 所示

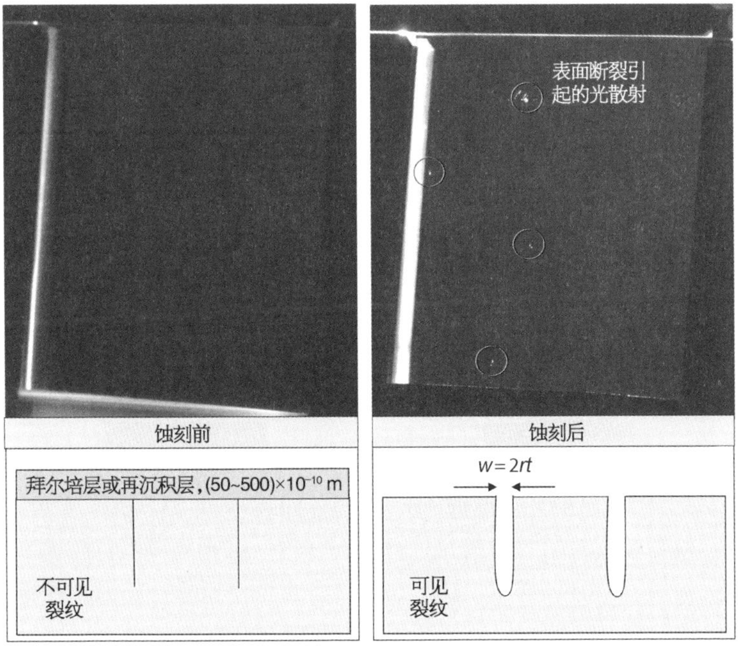

图 3-39　上：蚀刻前（左）和蚀刻后（右）抛光熔融石英表面的边缘或侧面照明图像；
下：玻璃表面的横截面显示蚀刻前隐藏的裂缝（左）和蚀刻后打开的裂缝（右）

（资料来源：Wong 等人，2009 年[37]。经 Elsevier 许可复制）

为熔融石英工件的蚀刻如何显示此类裂缝[37]。蚀刻的第二个重要功能是作为表面处理,以减小 SSD 深度的大小。这样可以减少后续抛光。

化学蚀刻进一步用于清洁工件表面(第 3.2 节),去除抛光表面层中的杂质(第 9 章),去除表面大的压应力(第 2.5.1.4 节),并大幅提高激光光学器件的激光损伤阈值(第 9 章)。

所使用的蚀刻方法,无论是用液体、气体或是离子蚀刻剂,蚀刻剂的成分在很大程度上取决于工件的成分和所需的蚀刻类型(各向同性、各向异性、一致性或不一致性)。以下章节中的讨论主要限于光学玻璃,特别是熔融石英玻璃基于氢氟酸的水性蚀刻,其具有基本上各向同性的一致蚀刻行为。

硅酸盐玻璃基于氟化物的湿化学蚀刻是使用各种试剂完成的,包括 HF 或在适当的酸性条件下使用氟化物或氟化氢盐。硅酸盐玻璃的溶解导致稳定的六氟硅酸盐,形成(SiF_6^{2-})阴离子[4,45,50,74-80]:

$$SiO_2 + 6HF \longrightarrow SiF_6^{2-} + 2H_2O + 2H^+ \quad (3-37)$$

这种反应的潜在机制涉及许多步骤和中间产物。例如,在水溶液中,氢氟酸作为弱酸,在未离解酸、H^+离子和 F^-离子之间保持平衡:

$$HF \longrightarrow H^+ + F^-,\ {}^{25}K_a = 6.7 \times 10^{-4}\ mol \cdot L^{-1} \quad (3-38)$$

式中,${}^{25}K_a$ 为 25℃时的平衡常数[81]。在未离解 HF 存在的情况下,氟离子发生反应形成双氟阴离子(HF_2^-),这被认为是对硅玻璃基质造成攻击的主要物质:[75,79,81]

$$HF + F^- \longrightarrow HF_2^-,\ {}^{25}K_a = 3.96\ mol \cdot L^{-1} \quad (3-39)$$

各种试剂,只要它们同时产生氟化物(F^-)以及氢(H^+)离子,可以原位形成双氟化物离子,从而腐蚀硅酸盐玻璃。

缓冲氧化物蚀刻(BOE)是氟化氢和氟化铵(NH_4F)的混合物,由于其稳定的蚀刻速率和较低的蒸汽压力,减少了部分所需的安全预防措施,因此通常代替氟化氢用作蚀刻剂。在该溶液中,NH_4F 完全分解,提供了丰富的 F^-离子来源,并和未离解 HF 自由反应形成 HF_2^- 离子,如反应式(3-39)所示。此外,反应中的一小部分游离 HF[见反应式(3-38)]提供了催化整个反应的 H^+ 离子[82]。

BOE 最初开发用于半导体行业[74-76,80]。因此,对玻璃表面氟化物蚀刻的大多数研究集中在掩模和介质膜应用上,文献中[74-75,83-84]描述了二氧化硅表面随蚀刻时间的演变。普雷斯顿[50]是最早研究 HF 蚀刻如何影响光学制造的人之一,包括作为检查辅助的划痕暴露和磨砂玻璃表面的表面形貌变化。Spierings[74]后来综合了玻璃科学和集成电路(IC)制造文献的结果,对蚀刻机理、玻璃表面的蚀刻形态变化以及蚀刻剂和玻璃成分的影响进行了全面的综述。

3.1.4.1　蚀刻期间 SSD 的形态变化

图 3-40[37]显示了 BOE 蚀刻对一系列滑动压痕裂纹(即典型划痕)的影响。顶部图像显示不同蚀刻时间的光学显微照片;图中下部是相应的表面轮廓仪测得的轮廓图。刻蚀过程中,划痕的形态可能会发生显著变化。在较短的蚀刻时间下,单个裂缝保持孤立。在较长的时间内,这些裂纹张开形成尖点,称为表面上的圆形凹坑,其深度等于裂纹深度。尖头在较长的蚀刻时间合并,在光学元件表面形成几乎连续的沟槽。由于这种结合仅在工件上的一个方向上发生,对应于裂纹之间的最小距离,因此即使在蚀刻(或去除裂纹 ~200 μm 有效玻璃厚度)120 h 后,划痕仍然显著。图 3-41 显示了相邻裂纹的蚀刻形态变化示意图。注意,熔融石英的 BOE 蚀刻基本上是各向同性的,从所有可穿透表面以大致相同的速率进行蚀刻。使用这种蚀刻机制,实际的划痕永远不会消失,因为它以相同的速率在平面工件表面和每个划痕的底部进行蚀刻。另一种描述这种现象的方法是,对于原始划痕深度为 10 μm 的孤立划痕,无论蚀刻多少,PV 高度始终为 10 μm。

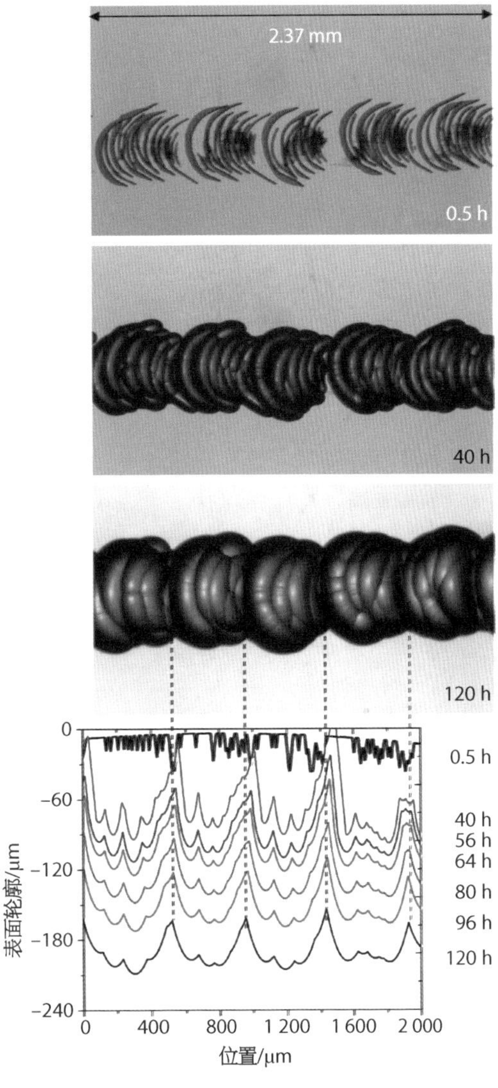

图 3-40　在不同时间使用 BOE 蚀刻后,划痕(滑动凹痕裂纹)的光学显微照片和表面轮廓测量。光学显微照片以与表面轮廓线相同的比例显示

(资料来源: Wong 等人,2009 年[37]。经 Elsevier 许可复制)

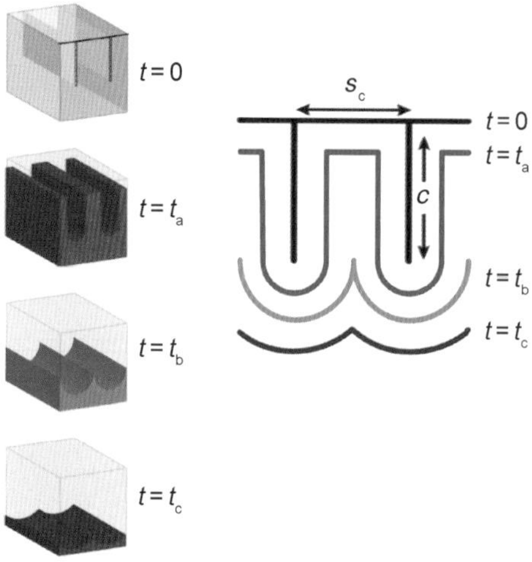

图 3-41 描述裂纹表面轮廓随蚀刻时间演变的简单二维几何模型

（资料来源：Wong 等人，2009 年[37]。经 Elsevier 许可复制）

图 3-42 显示了在两个研磨熔融石英表面上进行 BOE 蚀刻的效果，一个用 150 μm 粗砂固定磨料处理，另一个用 30 μm 粗砂松散磨料处理[37]。如图 3-40 中的孤立划痕所示，当石英玻璃从每个微裂缝的侧面和底部侵蚀时，研磨表面的蚀刻形成一系列单独的尖点。在这里，随着蚀刻的进行，各个尖点在各个方向上合并，由于研磨表面由随机分布在表面上的密集滑动凹痕断裂组成，因此它们的结合增加了尖点的大小，增加了表面粗糙度的空间周期，减小了 SSD 深度。

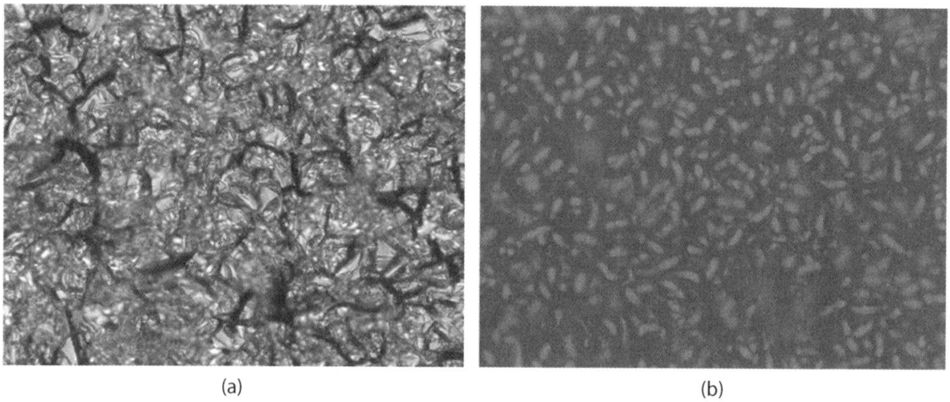

图 3-42 两个使用 BOE 蚀刻不同时间后研磨熔融石英表面的光学显微照片和表面轮廓。表面采用 150 粒度固定磨料研磨(a)和 30 μm 松散磨料研磨(b)进行处理

（资料来源：Wong 等人，2009 年[37]。经 Elsevier 许可复制）

如 Spierings[74]所述，每个尖点都源于对单个表面裂缝的蚀刻。尖点直径(D_c)随蚀刻时间的平方根($t_{1/2}$)增加，如图 3-43[37]所示。尽管它们的机制有显著差异，但描述多晶陶瓷中此类尖端生长速率和晶粒生长的形式相似[85]。具体而言，每个尖点(D_c)的直径以与其大小成反比的速率增长，如下所示：

$$\frac{dD_c}{dt} = \frac{k_c}{D_c} \tag{3-40}$$

式中，k_c 为尖点增长常数。由方程(3－40)的积分可得

$$D_c = \sqrt{2k_c t + D_{co}^2} \tag{3-41}$$

式中，D_{co} 为初始尖点或裂纹尺寸[37]。当 $D_{co} << D_c$ 时，$D_{co} = \sqrt{2k_c t}$，这与图 3－43 中观察到的依赖于蚀刻时间的均方根相一致。对于 150 μm 固定磨料工件，k_c 值为 0.010 $\mu m^2 \cdot s$；对于 30 μm 松散磨料工件，k_c 值为 0.006 $\mu m^2 \cdot s$。尖点扩展速率取决于裂纹深度、长度和间距以及表面的方向分布(见第 3.1.4.2 节)。

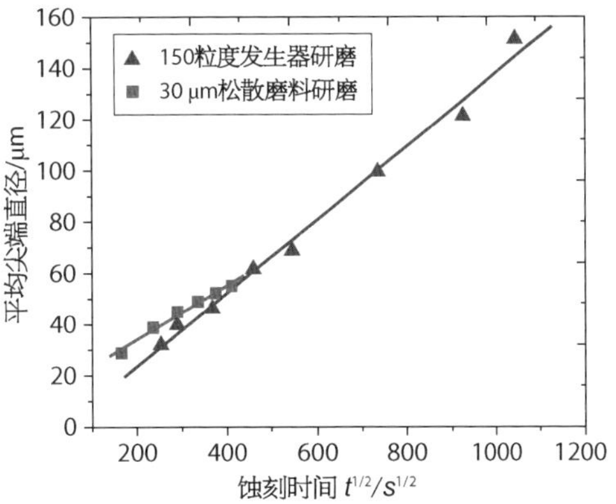

图 3－43　在 20∶1 BOE 中蚀刻的两个研磨熔融石英表面的测量尖端直径与蚀刻时间$^{1/2}$的关系

(资料来源：Wong 等人，2009 年[37]。经 Elsevier 许可复制)

3.1.4.2　SDD 分布对蚀刻速率和粗糙度的影响

表面上裂缝的数量密度通常很高，以至于它们重叠后模糊了单个裂缝的识别或深度。如第 3.1.2.1 节所述，从表面抛光几微米材料后，密度呈指数下降，直至达到亚表面损伤的最大深度。

对于各向同性蚀刻剂，工件的蚀刻速率应与暴露的表面积成比例。图 3－36 显示了两个研磨熔融石英表面上的蚀刻速率随蚀刻时间的大幅下降，这两个表面的蚀刻速率达到名义上的平面蚀刻速率[37]。正如 SSD 深度分布随深度呈指数下降一样，蚀刻速率随深度的移除呈指数下降。随着蚀刻时间的延长，表面积的减小可能是由尖点的合并或湮灭性相邻裂纹造成的，如图 3－41 时间 t_b 时所示。图 3－44 所示的行为表明，最初可供蚀刻剂在研磨表面上使用的表面积约为相同尺寸抛光无断裂表面的表面积的 3.5 倍。当与每个断裂相关的尖端在蚀刻过程中结合时，真实表面积(即蚀刻剂可用的面积)减小，直至与标称几何表面积相等，此时表面的材料蚀刻速率与块体蚀刻速率相等。

磨削表面蚀刻过程中尖头的生长和合并也会影响表面粗糙度，特别是粗糙度 PV 值。图 3－45 描述了通过探针轮廓仪测量的粗糙度 PV 值，是图 3－42[37]所示研磨表面蚀刻时间的函数。测量粗糙度的初始上升是轮廓仪触针的有限宽度(～10 μm)的伪影，无法探入蚀刻前存在的窄的深宽比(～1 μm×40 μm)裂纹中。实际粗糙度 PV 应与 SSD 深度相对应，即～40 μm。以 1.6 $\mu m \cdot h^{-1}$的蚀

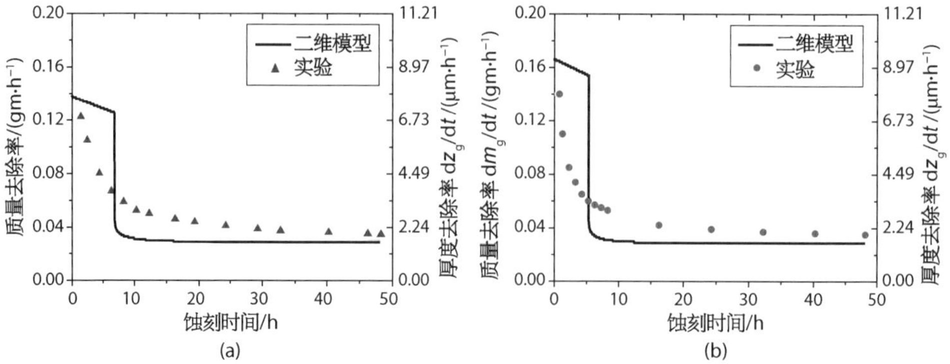

图 3-44　使用二维蚀刻模型测量和计算 150 粒度固定研磨表面(a)和 30 μm 松散研磨表面(b)的质量和厚度去除率

(资料来源：Wong 等人,2009 年[37]。经 Elsevier 许可复制)

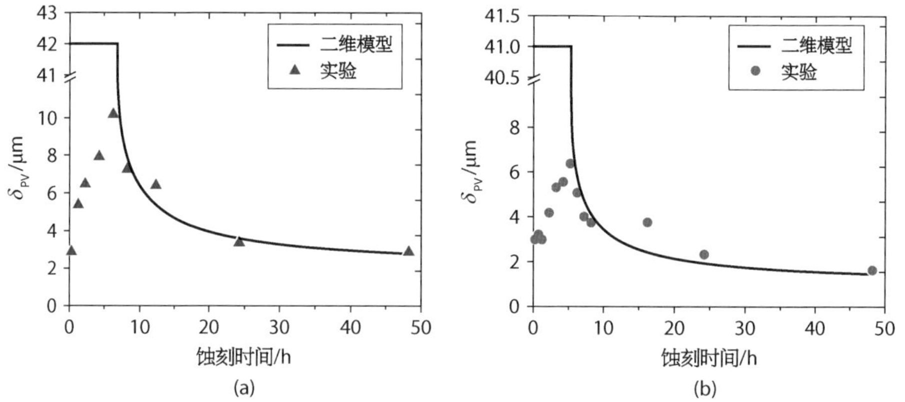

图 3-45　使用二维蚀刻模型测量和计算 150 粒度固定研磨表面(a)和 30 μm 松散研磨表面(b)的粗糙度

(资料来源：Wong 等人,2009 年[37]。经 Elsevier 许可复制)

刻速率、触针完全穿透发生在蚀刻约 4 h,与图 3-45 中观察到的粗糙度峰值一致。更重要的是,观察到粗糙度 PV 随着蚀刻时间的延长而降低。

一个简单的二维几何模型可以描述尖点合并的关键特征,并说明蚀刻速率和表面形貌或粗糙度应如何随蚀刻时间的变化而变化。考虑一个由无数等距、平行的均匀深度 (c),间距为 s_c 的裂纹组成的表面,如图 3-41 所示。真实表面上的裂缝以裂缝深度、间距和方向的分布为特征,这些都会影响蚀刻特性。如图 3-41 所示,在 $t=0$ 时,蚀刻尚未开始,裂纹保持闭合;在 t_a 时,蚀刻开始,产生一系列孤立的尖头;在时间 t_b 时,尖点相交并合并。相交所需的时间 (t_b) 以及合并所需的时间如下:

$$t_b = \frac{s_c}{2r_b} \tag{3-42}$$

式中，r_b 为整体蚀刻速率。相邻表面裂缝合并前（$t < t_b$）的有效厚度蚀刻率由整体蚀刻率乘以表面积(时间 t) 与平坦表面积之比得出[37]。对于 $t < t_b$，

$$\frac{dz_g}{dt} = r_b \frac{(2\pi - 8)r_b t + 4c + 2s_c}{2s_c} \tag{3-43}$$

合并后（$t \geqslant t_b$），使用图 3－41 中概述的尖点几何形状,厚度蚀刻速率如下[37]：

$$\frac{dz_g}{dt} = \frac{2r_b^2 t}{s_c}\arcsin\left(\frac{s_c}{2r_b t}\right) \tag{3-44}$$

使用确定的块体材料蚀刻速率（r_b = 1.6 μm·h）、平均裂纹间距(对于 150 粒度固定磨料，s_c = 23 μm；对于 30 μm 粒度松散磨料，s_c = 17 μm）和最大 SSD 深度(对于 150 粒度固定磨料，c_{max} = 42 μm；对于 30 μm 粒度松散磨料，c_{max} = 41 μm）的值,使用方程(3－43)和方程(3－44)[4,37]将计算的蚀刻速率与图 3－44 中的测量值进行比较。注意,在二维模型中使用 c 和 s_c 的单一值过于简单,因为每个真实研磨表面上都存在裂纹深度和间距分布[4,86]。然而,这种方法仍然捕获了蚀刻速率随蚀刻时间变化的一些显著特征。计算的蚀刻速率在蚀刻过程开始时具有最高值,其值与测量值相似,表明初始计算的表面积接近实际表面上的表面积。预计蚀刻速率将略微降低,直到尖头开始合并,此时表面积显著减小,因此,蚀刻速率降低,直到收敛至块体材料的蚀刻速率（r_b）。在该模型中使用裂纹深度和间距分布将使计算值随蚀刻时间平滑,更接近图 3－44 所示的测量数据。

图 3－41 所示的二维蚀刻模型也可用于计算粗糙度随蚀刻时间的变化,如下所示[37]：

对于 $t < t_b$，

$$\delta_{pv} = c \tag{3-45}$$

对于 $t \geqslant t_b$，

$$\delta_{pv} = r_b t - \sqrt{(r_b t)^2 - \frac{1}{4}s_c^2} + \delta_b \tag{3-46}$$

式中，δ_{pv} 为 PV 粗糙度；δ_b 为基线粗糙度。在尖点合并发生之前,即 $t < t_b$，PV 粗糙度由裂纹深度（c）定义。在 t_b 时刻，δ_{pv} 瞬间减小,因为在本模型中假设裂

纹具有垂直边。合并后即 $t \geqslant t_b$ 时，表面粗糙度与裂纹深度无关，并遵循方程(3-46)。

图 3-45 比较了两个磨削工件的计算表面粗糙度 PV 与测量数据。如实线所示，计算出的尖点交点和湮灭时间对于 150 粒度固定研磨表面为 6.9 h，对于 30 μm 粒度松散研磨表面为 5.3 h。一旦蚀刻所需时间超过轮廓仪探针物理尺寸测量限制，本模型就可合理预测表面粗糙度随时间的变化。观察到的表面粗糙度 PV 降低，说明在最终研磨后使用蚀刻可以减少移除 SSD 所需的抛光量。

酸蚀刻可使研磨工艺中产生的高密度且尺寸相对均匀裂缝易于在蚀刻中合并，从而减低 SSD 和减少抛光时间。这通过对各种裂纹分布进行各向同性蚀刻模拟来说明，可使用三维有限差分蚀刻模型，如图 3-46[37] 所示。模拟了以下三种情况：

(1) 相同长度和深度的随机间隔和方向裂缝。

(2) 相同长度和深度的有序裂缝。

(3) 不同长度和深度的随机间隔和方向裂缝。

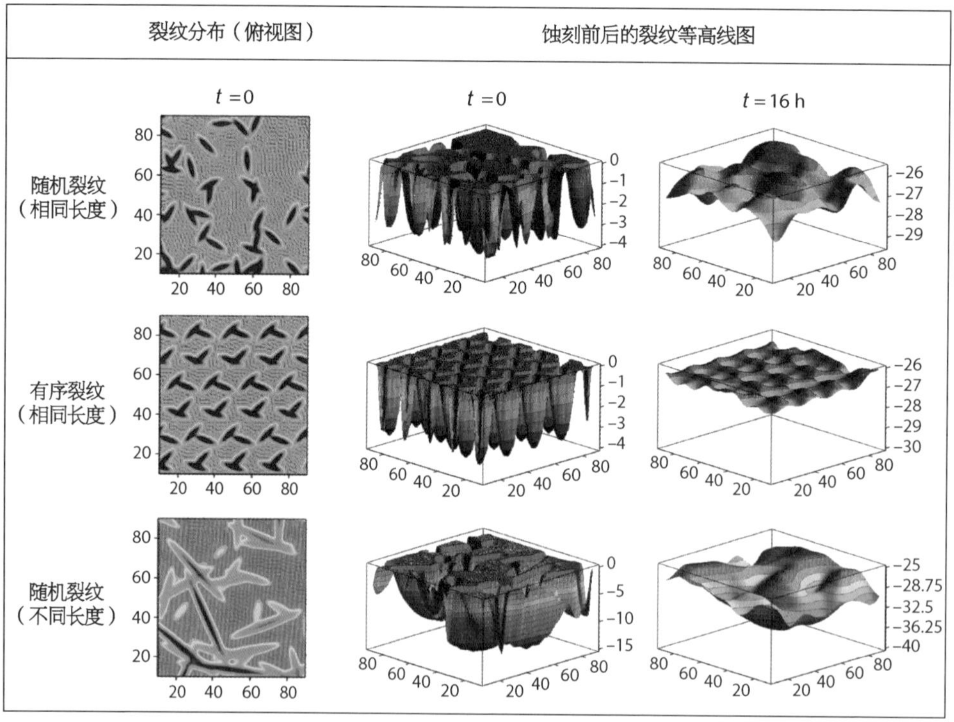

图 3-46 表面三种裂纹分布的各向同性三维有限差分蚀刻模拟

(资料来源：Wong 等人，2009 年[37]。经 Elsevier 许可复制)

在每种情况下，使用相同数量的裂纹密度。在第一种情况下，蚀刻模拟显示，在裂纹相距较远的区域，不会发生裂纹交叉和合并，PV 表面粗糙度仍然较高。在第二种情况下，当裂纹间距相等时，粗糙度 PV 的降低最为有效。该案例证实，具有最大裂纹分布均匀性（深度和间距方面）的蚀刻表面在减少移除 SSD 所需的后续抛光方面具有最大优势。然而，由于磨削表面通常包含裂纹长度、深度、方向和间距的分布，第三种情况最具代表性。为简单起见，粗糙度 PV 被用于度量通过蚀刻减少 SSD 的程度，剩余 SSD 的量将是蚀刻后减少抛光时间的更定量、更具代表性的指标。

3.1.5　最小化 SSD 的策略

典型的光学制造工艺涉及一系列工艺步骤转换，从成型、研磨到抛光，如图 1－1 所示。由于从研磨到抛光的过程中，去除率降低，加工时间增加几个数量级，同时表面形状和粗糙度控制增加。因此，经济的精加工过程需要多个工艺步骤，如图 1－2 所示。

开发一种高效、高产量、廉价的光学制造工艺，要求最终工件上的 SSD 或缺陷率较低，这可能是一项挑战。为了缓解、调和工艺难度，经济的精加工工艺要求在每个工艺步骤的表面质量方面具有较高的成品率。例如，由于给定步骤后的划痕而导致的不良成品率可能需要比下一步更多的去除量，或者需要将工件返回到上一步以去除划痕。

基于断裂力学、摩擦学、化学概念和本章中描述的新型表征方法，提供了一些基本指南和策略，用于开发经济的表面处理工艺和实现 SSD 的高表面质量成品率：

（1）在每个过程步骤测量并最小化 SSD。对于每个步骤，定量测量 SSD 的数量。对于研磨 SSD，使用 SSD 测量技术（如锥形楔技术）；对于抛光，使用剥离后蚀刻划痕/挖掘测量。如果 SSD 分布深度超过预期，则通过调整浆料或工具粒度分布、区域清洁度、进给速度等，修改工艺以实现较低的 SSD。

（2）在每个步骤中定义适当的移除速率，以便移除上一步骤中所有的 SSD。定义一个通用的工艺路线，使每个步骤的工艺时间最小化，但确保在后续步骤中消除前一步骤造成的所有损坏。

（3）研磨后使用蚀刻移除 SSD。评估化学蚀刻是否提供了一种节省成本的方法来减少研磨后的 SSD，从而可能减少更慢、更昂贵的抛光时间。

（4）减少或消除抛光机中的杂质颗粒，或使用对杂质颗粒免疫更强的抛光方法。划痕形成于承载大于临界载荷的杂质颗粒或粗颗粒,因此,可以通过排除杂质颗粒或确保杂质颗粒不会表现出足以引发断裂的载荷来减少划痕。防止划伤或深部 SSD 的最佳方法是避免杂质颗粒。消除所有杂质粒子的来源可能是非常具有挑战性的,因为来源包括:

(1) 浆料粒度分布中的大颗粒。

(2) 抛光机中产生颗粒的磨损部件。

(3) 环境中的颗粒物。

(4) 先前工艺步骤中磨料或浆料颗粒的交叉污染。

(5) 抛光系统中浆料颗粒的湿或干结块。

(5) 确保搬运和清洁,包括防止杂质颗粒接触工件表面的保护措施。例如,避免接触任何含有环境颗粒或粗糙的工具表面。

(6) 使用划痕取证来确定来源,并估计需要清除多少材料(见第 6.2 节)。

3.2 碎屑、颗粒和残留物

除 SSD 外,工件的表面质量还受到颗粒或残留物沉积的影响(图 3-1)。在光学制造过程中,这种表面质量与精加工过程中使用的颗粒和化学杂质的去除效率有关。杂质的一些常见例子是残留的浆料颗粒、沥青或蜡残留物。工件表面不够清洁,会影响其粗糙度、润湿、吸收、散射甚至抗激光损伤能力。根据工件的应用情况,不完全清洁的影响范围可能从外观问题到光学性能下降,再到光学元件的灾难性损坏。对于要求高抗激光损伤性的高质量激光光学元件,用水漂洗,水杂质含量低至万亿分之一,对于减少表面上的分子杂质至关重要(见第 9 章)[6,87-88]。

3.2.1 颗粒

颗粒的来源和类型包括抛光浆料、纤维、花粉、灰尘、有机物、金属、氧化物和其他杂项来源。颗粒从工件上的去除由颗粒与工件表面之间的黏附力 (F_{13}) 和通过给定清洁过程施加的力 (F_a) 驱动(图 3-47)。当颗粒未与工件发生化学反应时,总黏附力由下列式子给出:

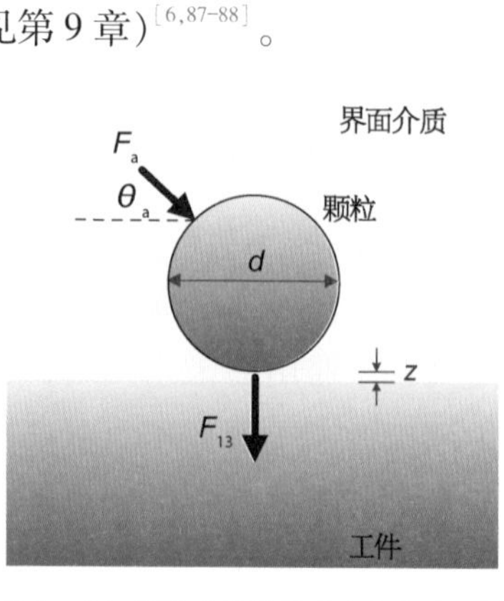

图 3-47　颗粒之间的黏附力和移动颗粒所需作用力的性质示意图

$$F_{13} = F_{wdw} + F_{electrostatic} + F_{double} + F_{capillary} + F_{gravity} \tag{3-47}$$

$$F_{vdw} = \frac{h_{vdw}d}{16\pi z^2} \tag{3-48}$$

$$F_{electrostatic} = \frac{q_d^2(\pi d^2)^2}{4\pi\varepsilon_r\varepsilon_o d^2} \tag{3-49}$$

$$F_{double} = \frac{\pi\varepsilon_o U^2 d}{2z} \tag{3-50}$$

$$F_{capillary} = 2\pi d\gamma \tag{3-51}$$

$$F_{gravity} = \frac{\pi d^3\rho_3 g}{6} \tag{3-52}$$

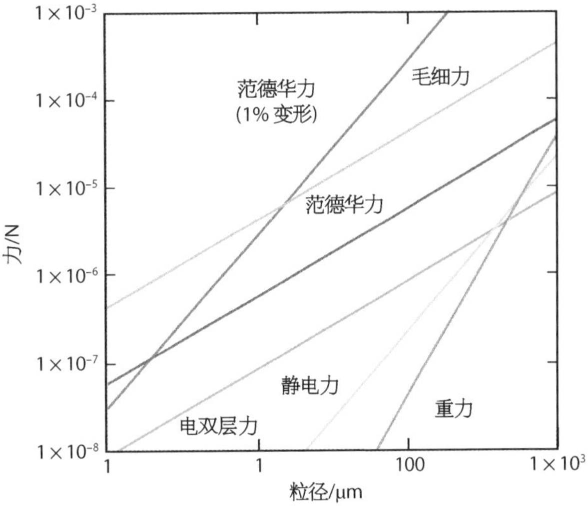

图 3-48　根据方程(3-47)~方程(3-52),作用于氧化铈颗粒和熔融石英工件表面的各种力是颗粒尺寸的函数。其中 $\rho_3=7.6\ \mathrm{gm\cdot cm^3}$, $z=4\times10^{-10}\ \mathrm{m}$, $h_{vdw}=3\ \mathrm{eV}$, $q_d=100$ 电子·$\mathrm{cm^{-2}}$, $\varepsilon_3=1$, $\gamma=72\ \mathrm{mN\cdot m^{-1}}$, $U=0.5\ \mathrm{V}$

式中,主要相互作用力为范德华力(F_{vdw})、静电力($F_{electrostatic}$)、电双层力(F_{double})、毛细力($F_{capillary}$)和重力($F_{gravity}$)[89]。d 为有效颗粒直径;z 为颗粒与工件表面的分离距离;γ 为液体介质表面张力;U 为功函数差;h_{vdw} 为范德华常数;ε_r 为界面介质的介电常数;q_d 为粒子的表面电荷密度;ρ_3 为粒子密度;g 为重力加速度($9.8\ \mathrm{m\cdot s^{-2}}$);$\varepsilon_o$ 为真空中的介电常数($8.854\times10^{-12}\ \mathrm{F\cdot m^{-2}}$)。范德华力通常是原子或分子之间由于永久或诱导偶极子而产生的吸引力,或两者兼而有之。静电力(即经典库仑引力)描述了带电粒子之间的力。静电双层力解释了界面介质中的带电物质,如水(见第4.5.1节讨论)。毛细管力是指在较高蒸气压力下,颗粒和工件之间的小缝隙中形成液体(通常为水)所产生的力。在图3-48中,针对熔融石英工件上氧化铈颗粒的具体情况,将每个力绘制为颗粒尺寸的函数。通常,高相对湿度下的毛细力或范德华力占主导地位,黏附力随粒径的增大而增大。

考虑某种方法施加的力以某种角度 θ_a 去除粒子(图 3-47)。使用简单的力平衡,并考虑界面处的摩擦力,将颗粒从表面移出所需的力为

$$F_a \geqslant \frac{\mu(F_{13}+F_a\sin\theta_a)}{\cos\theta_a} \tag{3-53}$$

注意,增加施力角度会使颗粒去除更加困难,因为施加的力会增加黏附力。最好保持施力角度较小或力尽可能与表面相切。

3.2.2 残留物

残留物在此处定义为当工件暴露于液体环境(通常为水环境)后干燥时,通过沉淀或收集分子物质(例如有机残留物)形成的微小颗粒。水溶液可包含溶解物质,例如金属阳离子、离子、阴离子或残余有机物,其可在干燥期间优先集中在固定干燥前沿或干燥前沿末端。当水蒸发时,因为溶解度极限已达到或水已被去除,蒸发压力低于水的物质将浓缩并最终从溶液中出来。所得残留物可形成结晶盐,例如 NaCl、KCl 或无定形固体。根据杂质的浓度,它们可能在宏观上表现为污渍或黏附颗粒。

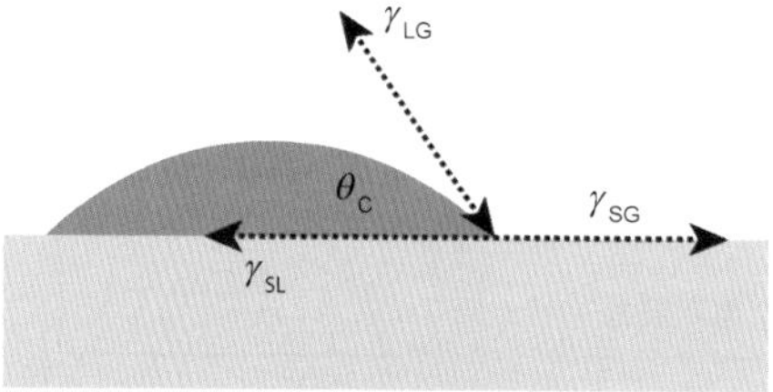

图 3-49 在表面上形成固着液滴的示意图

(资料来源: https://en.wikipedia.org/wiki/Sessile_drop_technique。根据 CC 3.0 获得许可)

实际上,没有最终冲洗不含杂质的情况;但是,润湿特性和表面形貌可能会影响杂质在表面上的聚集或迁移。润湿是对流体如何在表面上聚集的描述,是固体表面的表面能和液体表面能的函数。表面上的液滴将形成由以下公式给出的表面上特征接触角 θ_c(图 3-49):

$$\cos\theta_c = \frac{\gamma_{SG}-\gamma_{SL}}{\gamma_{LG}} \tag{3-54}$$

式中,γ_{SG}、γ_{SL}、γ_{LG} 分别为固体–气体、固体–液体和液体–气体表面能。

非浸润冲洗液(即大接触角)或工件上的孤立液滴可能会导致有害的“咖啡环”效应。例如,在对表面进行水冲洗后,对工件进行最终冲洗和干燥,如果水不能很好地润湿表面,就会形成水滴,干燥的水滴会将残留的杂质聚集在沿着固定水滴周长的环形沉积物中。Deegan 等人[90-91]很好地描述了这种效应。

在这种现象中，液滴开始从上表面蒸发，从而导致液滴在所有尺寸上收缩。在某些液滴尺寸下，外部边缘将被限定，即液滴直径不会进一步改变，如图 3－50 所示。此时，因为边缘的蒸发由内部的液体补充，进一步蒸发会导致液体携带颗粒和溶解物质，从液滴中心流向周围。这种流动被称为平流，并导致周围溶质或溶解物的积聚。这也会导致周边蒸发量（$J_s(r)$）增加，从而增强周边溶解物质和颗粒的聚集，如图 3－51 所示。蒸发量呈径向对称，边缘增强量取决于接触角[90－91]：

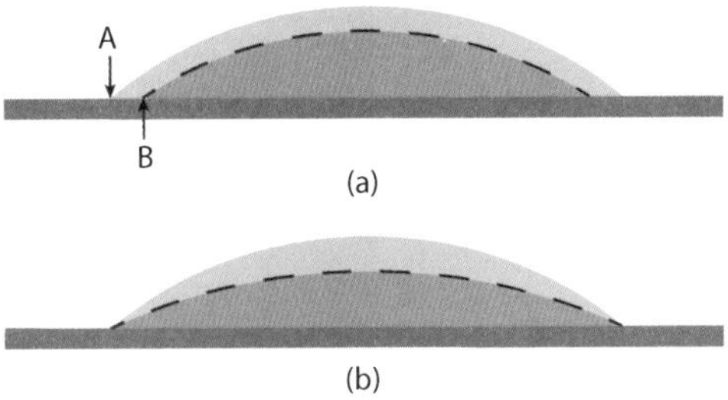

图 3－50　边缘未限制(a)和在边缘限制(b)的表面上蒸发液滴

（资料来源：Deegan 等人，2000 年[91]。经美国物理学会许可复制）

$$J_s(r) \propto (R_p - r)^{-\frac{\pi - 2\theta_c}{2\pi - 2\theta_c}} \tag{3-55}$$

式中，R_p 为液滴的固定半径。

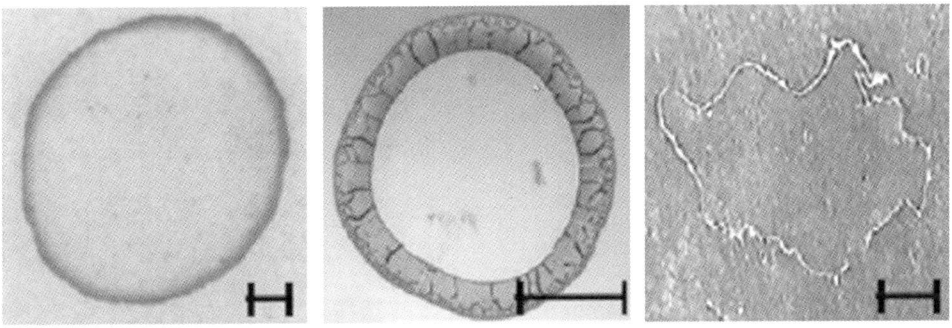

(a) 咖啡　(b) 胶体微球溶液　(c) 盐水

图 3－51　液滴残留物优先沉积分布

（资料来源：Deegan 等人，2000 年[91]。经美国物理学会许可复制）

除润湿特性外，表面形貌还会影响液滴的固定，如图 3－52 所示。考虑熔融石英工件尺寸表面凹坑约为 20 μm。工件用含有少量溶解食用色素的水冲洗，然后晾干。正常表面具有良好的润湿性，因此出现了均匀、线性的干燥前沿，没有液滴固定，并且很少或没有残留物沉积在表面上。然而，在表面凹坑处，液态水滴被固定住并通过类似于上面去湿水滴的机制进行干燥。这导致在凹坑边缘聚集残留物。该机制的示意图如图 3－53 所示。

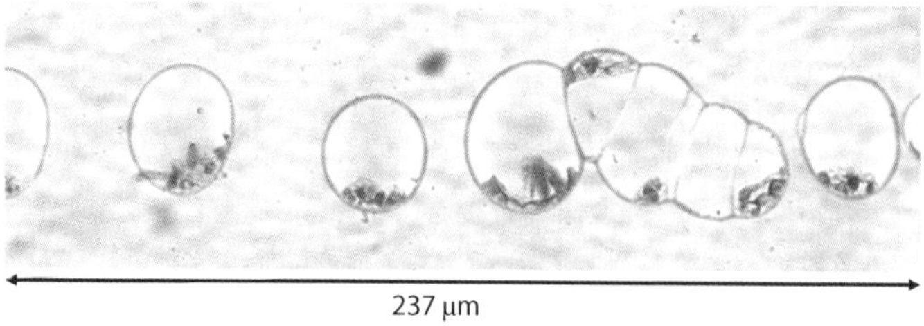

图 3-52　用食用色素稀释溶液干燥后带有凹坑(蚀刻尖)的熔融石英玻璃表面,说明了凹坑中残留物和沉淀的优先沉积

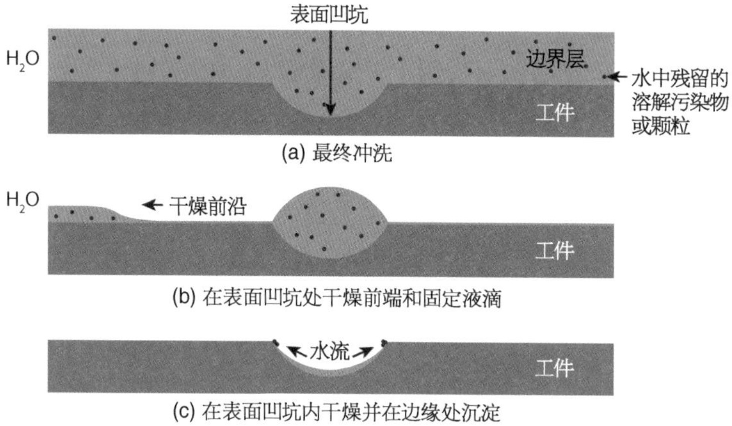

图 3-53　玻璃表面干燥过程中表面凹坑中残留物/沉淀物收集机理示意图

3.2.3　清洁策略和方法

清洁工件表面的基本策略包括施加足够的作用力(F_a)以去除颗粒,并进行有效的冲洗,以防止颗粒和残留物初沉积或再沉积。虽然去除较大颗粒所需的力较高,但实际上从表面去除较小颗粒通常要困难得多,这是因为,越接近表面越需要大的作用力(阻力)。例如,使用流体或气流移动粒子需要在表面附近具有相对较高的速度。挑战在于,流体在表面的速度趋近于零。因此,需要在表面附近有一个非常大的速度梯度来去除粒子。

为了在冲洗过程中产生尽可能干净的表面,应实施以下关键策略:

(1) 尝试使用目标杂质的高溶解度溶液达到最高稀释水平。正如老一代化学家所说,“稀释就是解决办法”。

(2) 清洗溶剂的纯度必须非常高,尤其是在最终冲洗和干燥期间。

（3）使用表面活性剂（比如肥皂）去除杂质。最终冲洗必须充分稀释表面活性剂本身，以确保其不会留在表面上。

清洗光学表面的方法因抛光过程的性质和工件材料而异。Izumitani[9]、Karow[10]、Bennett[92]、Mittal[89]、Kern[93-94]以及 Reinhardt 和 Kern[95]讨论了光学制造和半导体加工的许多清洁方法。一个例子是 RCA 清洁，这是一种针对半导体表面的既定多步骤清洁工艺，其中一个步骤是通过氧化去除有机物，并通过 zeta 电位改性（使用 NH_4OH 和 H_2O_2）去除颗粒。然后进行 HF 蚀刻以去除几层氧化物，使用 HCl 和 H_2O_2 进行离子清洗以去除痕量金属污染物[93]。其他清洁方法包括高压流体清洗、超声波/兆声波处理、擦拭、二氧化碳雪清洗、蒸汽脱脂、化学蚀刻、可剥离涂层、等离子体清洁和臭氧清洁。

卡洛的经典著作《精密光学器件的制造方法》中概述了一条重要的一般规则，即“这些微小颗粒（浆料）的数量非常大，是表面上烟雾、污渍和斑点的来源”，让它们在表面上干燥是有害的。因此，最好的策略是，不要让颗粒在抛光后立即在表面干燥。为了实现这一点，需要在工件第一次干燥之前，在抛光后立即进行有效的初始冲洗，以去除表面上的所有颗粒[86]。氧化铈是一种常见的玻璃抛光剂，抛光后留在玻璃表面时，氧化铈可能与玻璃表面发生化学反应。在后续步骤中颗粒清洗可能会导致颗粒与工件之间的接触区出现表面点蚀。已在熔融石英玻璃（见第 4.1 节）和磷酸盐玻璃（图 3－54a）上通过实验观察到点蚀，从而在工件上产生永久性雾斑[86,96]。对于磷酸盐玻璃，图 3－54b 显示了积极有效的初始冲洗以减少点蚀的效果。图 3－55[86]显示了与激光磷酸盐玻璃进行氧化铈反应的可能机制。

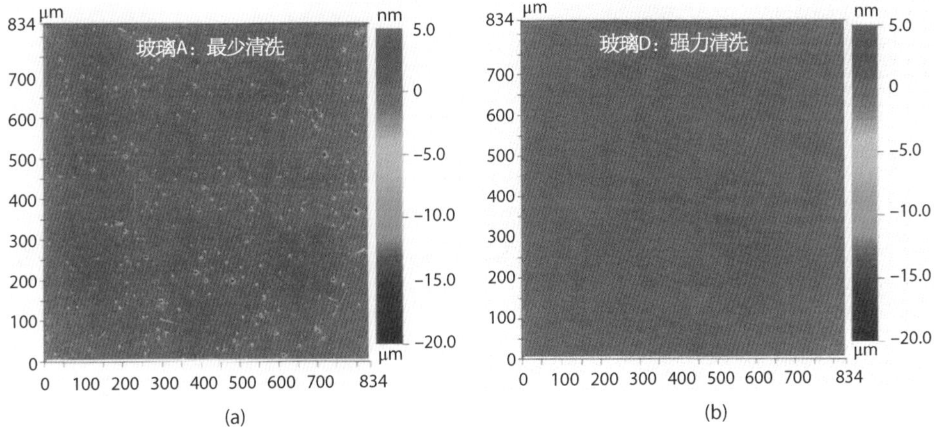

图 3－54　使用氧化铈浆料抛光后，经过不同程度水洗的激光磷酸盐玻璃工件的白光干涉仪图像

（资料来源：Suratwala 等人，2005 年[86]。经 Elsevier 许可复制）

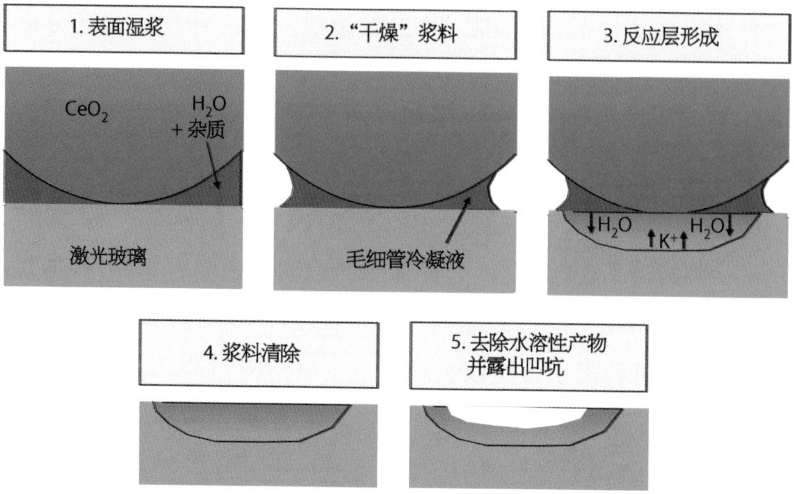

图 3-55　工件表面上干燥的抛光液颗粒导致表面浅凹坑的示意图

（资料来源：Suratwala 等人，2005 年[86]。经 Elsevier 许可复制）

3.3　拜尔培层

在金属、晶体和玻璃的抛光过程中，形成了厚度从几纳米到 1 μm 不等的改性非晶表面层。该层通常被称为拜尔培层，其名称最初仅指金属抛光层[2]。对于抛光玻璃表面，该层也称为抛光层、改性层或水合层。拜尔培层是一个重要的表面质量度量。该表面层可能与最终工件上的本体具有不同的特性，可能会改变工件的机械、化学或光学行为。如第 4.2 节所述，抛光过程中的表面特性变化也可能影响工件表面粗糙度。

由于拜尔培层非常薄，直到最近几年才确定该表面的特征。Nevot 和 Croce[97]以及后来的 Trogolo 和 Rajan[98]利用透射电子显微镜成功地在横截面上成像了硅玻璃拜尔培层，显示了两个不同的表面层：一个厚 3~4 nm，另一个厚 15~20 nm。Liao 等人[99]最近使用场发射扫描电子显微镜（FE-SEM）进行了类似的测量。灵敏光学反射率测量仪、椭偏仪[100]和 X 射线反射率测量仪[101]测量表明，该层的折射率通常比块体材料高 0.003~0.005。

通过使用二次离子质谱（SIMS）等技术来确定深度剖面，可以方便地基于杂质的存在来表征拜尔培层。玻璃上的拜尔培层含有较高水平的杂质，其浓度通常在表面几十纳米范围内呈指数衰减至块体浓度[7,102-104]。与硅酸盐玻璃相关的拜尔培层可通过化学蚀刻玻璃本身(例如使用 HF 基酸)去除,或通过化学浸出表面的金属阳离子(例如使用硝酸等矿物酸)进行改性[6,50,105]。

直到最近,尽管人们普遍认为水化正在发生,但还没有对抛光层中的水渗透进行直接测量。Wakabayashi 和 Tomozawa[106]提供了间接证据,证明可能存在 H_2O 渗透。Moon 在硅表面上显示了进行和未进行化学处理的纳米塑料去除方面的改性差异[107]。随后对表面进行的 H SIMS 测量证实了 H 穿透熔融石英玻璃抛光表面层的存在(图 3-56)[108]。因为仪器背景噪声相对较高(~10^{19}原子/cm^3),对于测量 H,H 在表面中的实际穿透深度无法根据该数据确定。然而,结果证实了因为水渗透,H 的高表面浓度为~(1~3)×10^{20}原子/cm^3(即 10 000~30 000 ppm)(1 ppm=10^{-6})。水通过扩散渗透到玻璃表面,然后与玻璃基质反应形成羟基[109-111]。

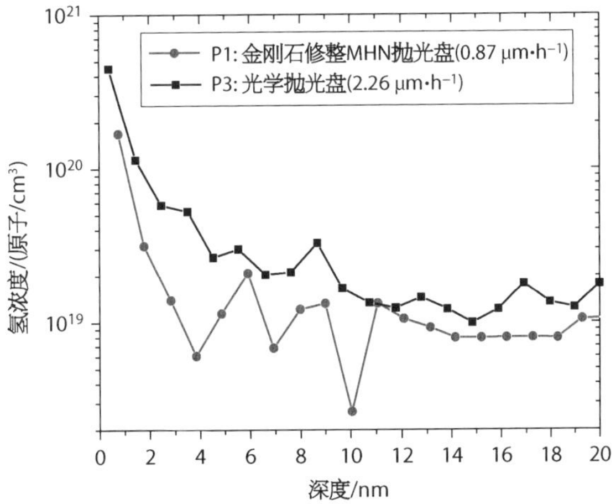

图 3-56 在选定的抛光熔融石英表面上,通过 H SIMS 测量得到石英表面 H 的深度剖面分布

(资料来源:Suratwala 等人,2015 年[108]。经 John Wiley & Sons 许可复制)

在表面中掺入其他阳离子杂质的一个可能机制是扩散。如果拜尔培层的形成是扩散诱导的,那么材料去除率和杂质物质的扩散传质之间应该存在稳态关系。在稳态下,进入工件的杂质扩散量等于抛光过程中通过去除表面去除的杂质量。该平衡由以下公式得出:

$$C\frac{dh}{dt} = D\frac{dC}{dx} \tag{3-56}$$

式中,C 为扩散杂质阳离子的浓度;dh/dt 为工件表面材料抛光去除率;D 为杂质阳离子扩散率;x 为进入移动玻璃表面的深度。注意,等式(3-56)的右侧是菲克第一定律。使用普雷斯顿的材料去除方程[方程(1-3)][50,108]和求解方程(3-56)得出

$$\frac{dh}{dt} = k_p\sigma_o V_r \approx \frac{D}{t_{Bielby}} \tag{3-57}$$

式中，k_p 为普雷斯顿系数；σ_o 为施加的压力；V_r 为抛光过程中的相对速度；t_{Bielby} 为拜尔培层的有效厚度。这一关系表明，增加材料去除率应导致了拜尔培层厚度减小；也就是说，减少了给定杂质的相对渗透。

图 3－57a、b[108] 以一对半对数图的形式显示了用氧化铈浆料抛光的一系列熔融石英样品的钾和铈深度剖面图，其中添加了用于 pH 平衡的 KOH，其相对速度不同（因此抛光去除率也不同）。注：在 2×10^{22} 原子/cm^3 的均匀值下测量大块玻璃硅浓度（图中未显示），而每个分析物的背景噪声为 ~10^{16} 原子/cm^3。钾渗透到玻璃表面的程度明显比铈渗透（20~100 nm）更大（500~900 nm）。随着抛光条件的变化，这两种杂质的表面浓度差别很大，为 6×10^{16} ~ 2×10^{20} 原子/cm^3，钾渗透与扩散的预期行为一致，其中钾渗透随材料去除率的增加而减少［方程（3－57）］。相反，铈渗透到近表面层与扩散机制不一致，因为铈渗透随着材料去除率的增加而增加（图 3－57b）。这表明，除扩散以外的另一种机制如化学反应特性，控制着铈渗透到玻璃表面。下面的讨论更详细地描述了扩散和化学反应的穿透，以定量地探索这些数据。

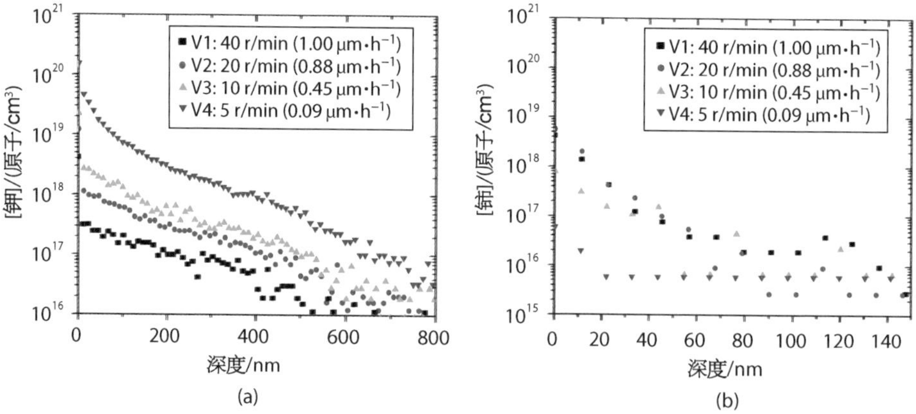

图 3－57 在抛光后 2 周测量的：(a) SIMS——不同材料去除率下制备的熔融石英表面上钾的深度分布剖面；(b) SIMS——不同材料去除率下制备的相同熔融石英表面上生成铈的深度剖面。熔融石英工件在 pH 值为 8.3 的稳定 Hastilite PO 氧化铈浆料中以不同的转速进行抛光，以改变材料去除率

（资料来源：Suratwala 等人，2015 年[108]。经 John Wiley & Sons 许可复制）

3.3.1 通过两步扩散的钾渗透

在 KOH 中浸泡熔融石英玻璃而不进行抛光会导致 K 的显著渗透（图 3－58a），这表明抛光过程中的界面相互作用不是钾渗透的必要条件。此外，在

室温下储存时,即使在抛光后,钾的扩散也会继续发生(图 3－58b)。这是一个非常有趣的结果,因为通常假设抛光后的工件是静态的,并且在抛光后不变。显然,在熔融石英的情况下,表面层可能在储存期间继续变化。

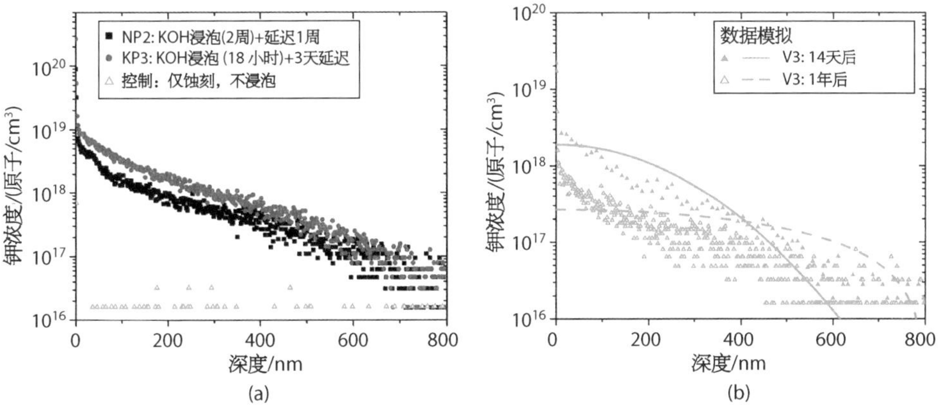

图 3－58　(a) SIMS——在浸泡于 KOH 水溶液中的蚀刻熔融石英表面上生成钾的深度分布;(b) SIMS——在抛光后 2 周和抛光后 1 年生成钾的深度分布。这些图线是使用简单的一步扩散模型计算的扩散剖面

(资料来源: Suratwala 等人,2015 年[108]。经 John Wiley & Sons 许可复制)

钾渗透到表面可以用两步扩散过程来描述: 首先,在抛光过程中,扩散发生在移动表面边界处,并达到稳定状态,如前一节[112]所述。其次,在储存过程中,钾的来源现在被移除,二氧化硅-玻璃表面边界被固定,依赖时间的钾扩散由菲克第二定律确定。

抛光过程中的扩散遵循平流扩散模型。使用一维 (x) 半无限固体中钾的浓度无关扩散系数 (D), 钾浓度 (C_K) 如下:

$$\frac{\mathrm{d}}{\mathrm{d}x}\left(D\frac{\mathrm{d}C_K}{\mathrm{d}x}+\frac{\mathrm{d}h}{\mathrm{d}t}C_K\right)=0 \tag{3-58}$$

其解如下所示:

$$C_K(x)=\frac{A_o}{\frac{\mathrm{d}h}{\mathrm{d}t}}\exp\left[\frac{-\left(\frac{\mathrm{d}h}{\mathrm{d}t}\right)x}{D}\right] \tag{3-59}$$

式中, A_o 为常数。图 3－59 显示了抛光步骤后的预测轮廓(虚线)。注意,方程(3－59) 中的指数前项是表面浓度,其随 $\mathrm{d}h/\mathrm{d}t$ 降低。此外,方程中的指数项将随 $\mathrm{d}h/\mathrm{d}t$ 而变化,半对数图中钾深度剖面的斜率应随材料去除率而变化。尽管

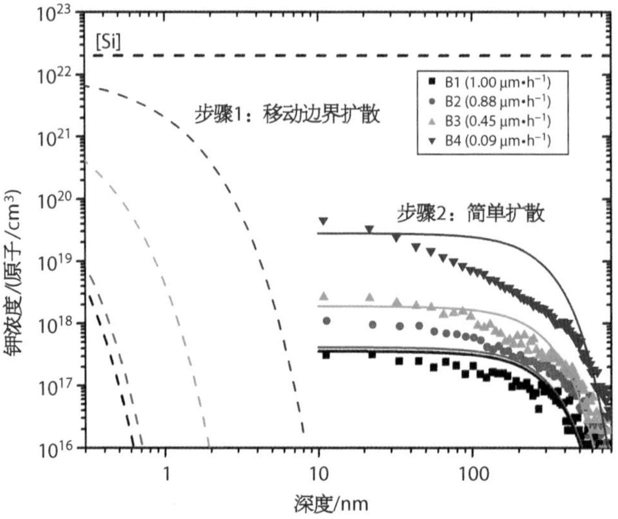

图 3-59 比较使用方程(3-58)~方程(3-60)两步扩散模型与测量的钾深度剖面分布。所有测量均在抛光后 2 周进行

（资料来源：Suratwala 等人，2015 年[108]。经 John Wiley & Sons 许可复制）

去除率变化了~10 倍，但图 3-57a 中的测量数据未显示坡度的有意义变化，这支持了扩散行为遵循多步骤过程的结论。

在储存过程中，钾源去除，硅玻璃表面边界固定。在这种情况下，依赖时间的钾扩散由菲克第二定律确定，其形式如下：

$$\frac{\mathrm{d}}{\mathrm{d}x}\left(D\frac{\mathrm{d}C_{\mathrm{K}}}{\mathrm{d}x}\right)=\frac{\mathrm{d}C_{K}}{\mathrm{d}t} \tag{3-60}$$

边界条件为大块玻璃中的浓度为零，且玻璃表面不去除钾。使用两个扩散步骤的扩散率 (D) 的估计值(10^{-16} cm^2 · s^{-1})以及 A_o 的最佳拟合值(10^{21} cm^{-3} · μm^{-1} · h)，将经过 2 周储存步骤后计算的扩散曲线(实线)与不同去除率下抛光的测量数据进行比较(图 3-59)。两步扩散模型的总体形状、穿透深度和材料去除率与实验数据吻合良好。然而，由于两步模型使用恒定的扩散系数，因此最终测量的扩散剖面的详细形状存在偏差。作者假设该偏差反映了钾的扩散率(D)随深度(x)的变化，这可能是由拜尔培层中玻璃结构的变化引起的[108]。

3.3.2 化学反应性引起的铈渗透

除了图 3-57 所示的数据外，图 3-60a 还显示了使用各种铈浆料和抛光垫抛光的许多其他熔融石英工件的一系列铈深度剖面分布[108]。根据所使用的抛光工艺,铈渗透深度变化很大。图 3-60b 使用相同的数据,显示表面铈浓度是抛光材料去除率的函数。与钾渗透行为相反,铈渗透到熔融石英表面的程度随着抛光材料去除率的增加而增加。尽管抛光过程中存在很大变化,但事实上测量的铈表面浓度和测量的材料去除率之间存在定量关联。此外,与钾的行为相反,简单地将熔融石英样品浸泡在氧化铈浆料中不会导致铈渗透到抛光样品的表面(参见图 3-60a 中的开放数据点)。这表明抛光过程本身有助于将铈输送到玻璃的近表面层。

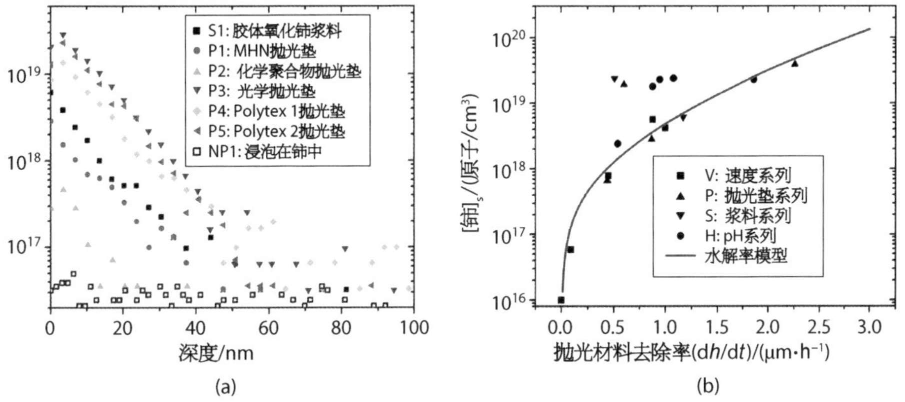

图 3-60 (a) SIMS——在不同抛光条件下制备的熔融石英表面上生成的铈深度分布;(b) 不同抛光熔融石英样品的表面铈浓度与抛光材料去除率的函数关系。点是测量数据,线是使用水解率模型计算的值

(资料来源: Suratwala 等人,2015 年[108]。经 John Wiley & Sons 许可复制)

众所周知,在抛光过程中,氧化铈在去除玻璃表面的二氧化硅方面起着关键作用。最广泛接受的化学机理是缩合和随后的水解反应,也称为化学齿模型,由文献[54]给出:

$$\equiv \mathrm{Si-OH} + \mathrm{HO-Ce} \equiv \longrightarrow \equiv \mathrm{Si-O-Ce} \equiv + \mathrm{H_2O} \tag{3-61}$$

$$\begin{aligned} &\equiv \mathrm{Si-O-Si-O-Ce-O-Ce} \equiv + \mathrm{H_2O} \longrightarrow \\ &\equiv \mathrm{Si-OH} + \mathrm{HO-Si-O-Ce-O-Ce} \equiv \end{aligned} \tag{3-62}$$

其中,反应(3-61)是 Si-OH 二氧化硅表面和 Ce-OH 氧化铈颗粒表面之间的缩合反应,反应(3-62)是 Si-O-Si 键的后续水解,导致从玻璃表面去除二氧化硅。有关材料去除的这些化学反应的性质,见第 5 章。

另一种被提及的可能反应,即水解发生在 Ce-O-Ce 键上,将铈留在二氧化硅表面,如文献[108]所示:

$$\equiv \mathrm{Si—O—Si—O—Ce—O—Ce} \equiv + \mathrm{H_2O} \longrightarrow$$
$$\equiv \mathrm{Si—O—Si—O—Ce—OH} + \mathrm{HO—Ce} \equiv \quad (3-63)$$

为了在抛光过程中去除材料,反应(3－62)的反应速率必须远大于反应(3－63)的反应速率。

在抛光过程中的稳态下,由于反应(3－63)导致的铈掺入速率和反应(3－62)导致的铈从移动二氧化硅表面的去除速率将相等。使用该速率平衡,已经证明[108]

$$2av_r n_p S_p r_{\mathrm{Ce:Si}} = 2av_r d_m n_p [\mathrm{Ce}]_s \quad (3-64)$$

式中,$2a$ 为球形抛光颗粒的接触直径;v_r 为抛光颗粒的速度;n_p 为每单位面积的颗粒数密度;S_p 为硅原子的面数密度;d_m 为去除深度或键长;$r_{\mathrm{Ce:Si}}$ 为 Ce－O－Ce 和 Si－O－Si 之间的水解反应速率比;$[\mathrm{Ce}]_s$ 为表面产生的稳态铈浓度。注意,$2av_r$ 为单位时间内每个浆料颗粒的面积接触;$2av_r d_m$ 为单位时间内每个浆料颗粒的体积去除率。简化方程(3－64)可得

$$[\mathrm{Ce}]_s = \frac{S_p r_{\mathrm{Ce:Si}}}{d_m} \quad (3-65)$$

这表明稳态铈表面浓度将由两个水解反应的比率($r_{\mathrm{Ce:Si}}$)决定,因为 S_p(硅原子的面密度)和 d_m(去除深度)在很大程度上是恒定的[108]。

为了说明铈表面浓度随材料去除率的变化而变化,提出了水解反应比($r_{\mathrm{Ce:Si}}$)随界面温度的变化,这是材料去除率的函数[108]。前面已经描述了单个滑动颗粒的界面温度,在移动接触界面处产生的摩擦热由下式给出[113-115]:

$$T = \frac{1.464aQ}{k_1\sqrt{\pi(0.874 + \mathrm{Pe})}} \quad (3-66)$$

式中

$$Q = \frac{\mu P v_r}{\pi a^2} \quad (3-67)$$

以及

$$\mathrm{Pe} = \frac{v_r a \rho_1 C_{p1}}{2k_1} \quad (3-68)$$

式中,a 为接触半径;Q 为摩擦热流;μ 为摩擦系数;P 为施加的载荷;v_r 为颗粒

速度；ρ_1 为工件质量密度；k_1 为二氧化硅的工件导热系数；C_{p1} 为二氧化硅的工件热容；Pe 为 Peclet 数。材料去除率（dh/dt）通过普雷斯顿方程与工件速度相关，如方程（1－3）所示，因此方程（3－67）可改写为

$$Q = \frac{\mu P \frac{dh}{dt}}{\pi a^2 k_p \sigma_o} \tag{3-69}$$

使用方程（3－66）～方程（3－69）计算出的温升是材料去除率的函数，如图 3－61 所示。对于熔融石英，$\rho_1 = 2.2\ gm \cdot cm^{-3}$，$k_1 = 1.4\ W \cdot mK^{-1}$，且 $C_{p1} = 740\ J \cdot kg \cdot K^{-1}$；对于抛光实验，$k_p = 2.2 \times 10^{-13} m^2 \cdot N^{-1}$ 及 $\sigma_o = 0.6\ psi$。使用抛光实验和称为集成赫兹多间隙（EHMG）模型[96]的接触力学模型，如第 4.7.1 节所述，平均接触参数确定为 $a = 55\ nm$ 和 $P = 10^{-4}\ N$。结果表明，去除率每增加 1 $\mu m \cdot h^{-1}$，颗粒-工件界面温度以 55 K 的速率线性增加。在之前的一项研究[116]中，在非常相似的条件下测量了抛光过程中的整体温升，导致温升 1～2 K。由于总颗粒-工件接触面积相对于整个工件表面面积较小，因此预计局部界面温度将远高于系统的整体温度。

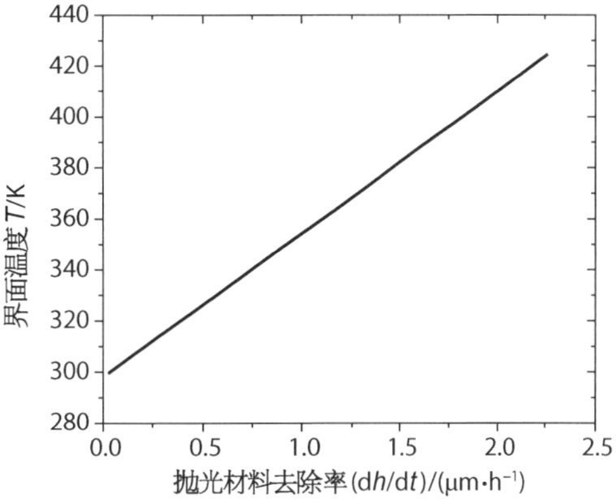

图 3－61　作为材料去除率的函数计算的抛光颗粒-工件界面温度

（资料来源：Suratwala 等人，2015 年[108]。经 John Wiley & Sons 许可复制）

基于上述情况，比率 $r_{Ce:Si}$ 应具有阿累尼乌斯温度依赖性，方程（3－65）可改写如下：

$$[Ce]_s = \frac{S_p}{d_m} r_A \exp\left[\frac{-E_r}{RT(dh/dt)}\right] \tag{3-70}$$

式中，r_A 为指数前常数；E_r 为活化能；$T(dh/dt)$ 为作为去除率的函数的界面温度。图 3－60b 显示了实线指定的计算铈表面浓度（使用 $r_A = 80$ 和 $E_r = 42\ kJ \cdot mol^{-1}$）与每个抛光样品的所有 SIMS 测量结果的比较[108]。该模型在匹配观察到的 Ce 表面浓度和去除率方面做了合理的解释。最佳拟合活化能值 $E_r = 42\ kJ \cdot mol^{-1}$ 似乎是一个合理的值，因为据报道，Si－O－Si 的水解活化具有类似的值[117]。

3.3.3 拜尔培层和抛光工艺的化学-结构-机械模型

结合对拜尔培层形成机理的洞察和化学齿模型以及确定的抛光接触参数[96]，表 3－2 和图 3－62 描述了拜尔培层和抛光过程的详细化学-结构-机械模型[108]。考虑熔融石英工件在聚氨酯垫上抛光，使用氧化铈浆料的具体情况。抛光工件时，会形成一层含有水、铈和钾杂质的拜尔培层。每种杂质的浓度和穿透深度都大不相同。表 3－2 比较了表面浓度：H 最高，H：Si 比率为 1：100，其次是 Ce：Si 比率为 1：400 的铈，以及 K：Si 比率为 1：20 000 的钾。鉴于这种差异，拜尔培层的深度很难明确定义，因为这些物种渗透到明显不同的深度。给定物质穿透的深度可能取决于时间或抛光速率。为方便起见，表 3－2 中的拜尔培层深度是根据铈穿透深度定义的，特别是当铈浓度不可再从 SIMS 测量时的背景噪声 ~10^{16}原子/cm^3 中检测到时。鉴于浓度呈指数衰减，绝大多数铈存在于表面的前几纳米范围内[108]。

表 3－2　用于开发拜尔培层化学-机械-结构表示和抛光工艺的参数

参　数	符　号	数　值	Si：X^a	资料来源
拜尔培层厚度	t_{Beilby}	50 nm	—	本研究
氢表面浓度	$[H]_s$	2×10^{20}原子/m^3	100：1	本研究
铈表面浓度	$[Ce]_s$	5×10^{19}原子/m^3	400：1	本研究
钾表面浓度	$[K]_s$	1×10^{18}原子/m^3	20 000：1	本研究
主体二氧化硅结构	$Q^4:Q^3:Q^2:Q^1$	87：11：2：0	—	[26]
表面二氧化硅结构	$Q^4:Q^3:Q^2:Q^1$	86：12：2：0	—	本研究
去除率	dh/dt	0.80 μm·h^{-1}	—	[16]
粒度	r	400 nm	—	[16]
平均载荷/粒子	P	10^{-4} N	—	[16]
接触区直径	$2a$	110 nm	—	[16]
弹性深度		3.8 nm	—	[16]
去除深度	d_m	1 nm	—	[16]

a. Si(2×10^{22}原子/cm^3)与 H、Ce 或 K 的原子比。
（资料来源：Suratwala 等人，2015 年[108]。经 John Wiley & Sons 许可复制）

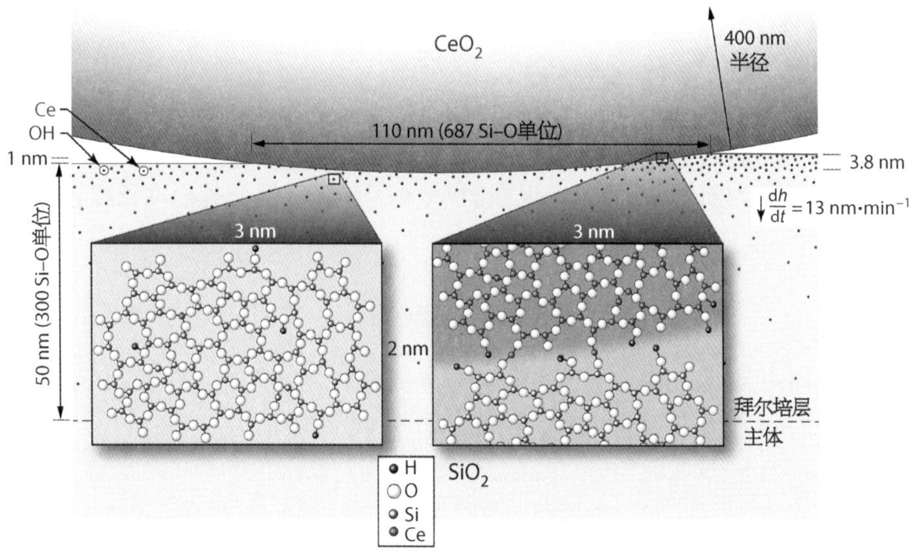

图 3-62　表示抛光过程和拜尔培层的可能化学和结构模型

（资料来源：Suratwala 等人，2015 年[108]。经 John Wiley & Sons 许可复制）

熔融石英近表面的键合结构更难通过实验确定。许多研究人员[118]已经通过固态核磁共振（NMR）对二氧化硅玻璃的本体结构信息进行了很好的表征。硅的 Q 物质描述了玻璃结构中的四元氧四面体，其中 Q^4 代表四个 Si－O 相邻、Q^3 代表三个 Si－O 相邻，等等。Q^4 的比例越大，玻璃结构的交联程度越高。K 和 H 作为网络改性剂，减少了玻璃结构的交联是合理的。类似地，Ce 将被视为网络构成者[85]。通过假设表层中检测到的所有 K 和 H 物质作为网络改进剂，表 3－2 计算并总结了表层中 Q 物质相对于大块熔融石英的分布。计算的表面 Q 物质比率表明，由于相对于主体硅浓度而言，杂质浓度总体较小，因此交联度仅略有降低。

抛光颗粒与玻璃表面之间接触的机械方面也见表 3－2。使用基于力学的抛光模型，该模型基于工件-抛光垫界面处浆料颗粒的多个赫兹接触，其中有效界面间隙通过使用浆料 PSD 的弹性负载平衡确定（见第 4.7.1 节）[96]。由此，确定了载荷、穿透力和接触区分布，并通过实验确定了单个滑动颗粒的去除函数[96]。平均粒径（导致塑料型去除）为 ~800 nm，平均负载为 10^{-4} N，形成 110 nm 的弹性接触区，穿透深度为 3.8 nm，去除深度为 1 nm。

使用表 3－2 中的信息，图 3－62 显示了单个颗粒-工件接触的示意图。此处，单个 800 nm 的 CeO_2 颗粒在负载下在玻璃表面从左向右滑动。粒度、接触区、穿透深度和拜尔培层厚度按比例显示。表层中化学杂质(如 H 和 Ce)的存在由彩色点表示,其密度对应于模型标度长度中预期的相对面积浓度。插入图提供了粒子-玻璃界面正下方玻璃结构的更详细视图。由于杂质浓度呈指数衰减,拜尔培层在距表面仅几纳米的范围内类似于大块玻璃。此外,由于钾浓度非常低,因此平均而言,它不会出现在图 3-62[108]所示模型的标度长度内。

参考文献

[1] Bennett, J.M. and Mattsson, L. (1999). *Introduction to Surface Roughness and Scattering*, 2e, viii, 130. Washington, DC: Optical Society of America.

[2] Beilby, G.T. (1921). *Aggregation and Flow of Solids*. London: Macmillan and co., Ltd.

[3] Spaeth, M.L., Wegner, P.J., Suratwala, T.I. et al. (2016). Optics recycle loop strategy for NIF operations above UV laser-induced damage threshold. *Fusion Sci. Technol.* 69 (1): 265-294.

[4] Suratwala, T., Wong, L., Miller, P. et al. (2006). Sub-surface mechanical damage distributions during grinding of fused silica. *J. Non-Cryst. Solids* 352 (52-54): 5601-5617.

[5] Feit, M.D. and Rubenchik, A.M. ed. (2004). Influence of subsurface cracks on laser-induced surface damage. Proceedings of SPIE, Volume 5273, pp. 264-272.

[6] Suratwala, T.I., Miller, P.E., Bude, J.D. et al. (2011). HF-based etching processes for improving laser damage resistance of fused silica optical surfaces. *J. Am. Ceram. Soc.* 94 (2): 416-428.

[7] Miller, P.E., Bude, J.D., Suratwala, T.I. et al. (2010). Fracture-induced subbandgap absorption as a precursor to optical damage on fused silica surfaces. *Opt. Lett.* 35 (16): 2702-2704.

[8] Laurence, T.A., Bude, J.D., Shen, N. et al. (2009). Metallic-like photoluminescence and absorption in fused silica surface flaws. *Appl. Phys. Lett.* 94 (15): 151114.

[9] Izumitani, T. (1986). *Optical Glass*, x, 197. New York: American Institute of Physics.

[10] Karow, H.H. (1992). *Fabrication Methods for Precision Optics* (ed. J.W. Goodman), 1-751. New York: Wiley.

[11] Brown, N.A. (1981). *Short Course on Optical Fabrication Technology*. Lawrence Livermore National Laboratory.

[12] Lawn, B.R. (1993). *Fracture of Brittle Solids*, 2e, xix, 378. Cambridge, New York: Cambridge University Press.

[13] Lawn, B. and Wilshaw, R. (1975). Indentation fracture: principles and applications. *J. Mater. Sci.* 10 (6): 1049-1081.

[14] Hutchings, I.M. (1992). *Tribology: Friction and Wear of Engineering Materials*, viii, 273. Boca Raton, FL: CRC Press.

[15] Anderson, T.L. (1995). *Fracture Mechanics: Fundamentals and Applications*, 2e, 688. New York: CRC Press.

[16] Lawn, B. and Evans, A. (1977). A model for crack initiation in elastic/plastic indentation fields. *J. Mater. Sci.* 12 (11): 2195-2199.

[17] Lawn, B. and Marshall, D. (1979). Hardness, toughness, and brittleness: an indentation analysis. *J. Am. Ceram. Soc.* 62 (7-8): 347-350.

[18] Lambropoulos, J.C., Xu, S., and Fang, T. (1997). Loose abrasive lapping hardness of optical glasses and its interpretation. *Appl. Opt.* 36 (7): 1501-1516.

[19] Fang, T. and Lambropoulos, J. C. (2002). Microhardness and indentation fracture of potassium dihydrogen phosphate (KDP). *J. Am. Ceram. Soc.* 85 (1): 174 - 178.
[20] Danzer, R., Hangl, M., and Paar, R. (2000). Edge chipping of brittle materials. *Ceram. Trans.* 122: 43 - 55.
[21] Morrell, R. and Gant, A. (2001). Edge chipping of hard materials. *Int. J. Refract. Met. Hard Mater.* 19 (4): 293 - 301.
[22] Hangl, M., Danzer, R., and Paar, R. ed. (2013). Edge toughness of brittle materials. ECF11, Poitiers 1996.
[23] Almond, E. (1990). N.J. McCormick, Edge flaking of brittle materials. *J. Hard Mater.* 1: 154 - 156.
[24] Lawn, B.R. (1967). Partial cone crack formation in a brittle material loaded with a sliding spherical indenter. *Proc. R. Soc. London, Ser. A* 299 (1458): 307 - 316.
[25] Chaudhri, M.M. and Brophy, P.A. (1980). Single particle impact damage of fused silica. *J. Mater. Sci.* 15 (2): 345 - 352.
[26] Swain, M.V. ed. (1979). Microfracture about scratches in brittle solids. *Proc. R. Soc. London, Ser. A* 366 (1727): 575 - 597.
[27] Li, K. and Warren Liao, T. (1996). Surface/subsurface damage and the fracture strength of ground ceramics. *J. Mater. Process. Technol.* 57 (3): 207 - 220.
[28] Suratwala, T., Miller, P., Feit, M., and Menapace, J. (2008). Scratch forensics. *Opt. Photonics News* 20 (9): 12 - 15.
[29] Ritter, J., Jakus, K., and Panat, R. ed. (1998). Impact Damage and Strength Degradation of Fused Silica. MRS Proceedings. Cambridge University Press.
[30] Chaudhri, M. and Kurkjian, C. (1986). Impact of small steel spheres on the surfaces of "normal" and "anomalous" glasses. *J. Am. Ceram. Soc.* 69 (5): 404 - 410.
[31] Hagan, J. (1979). Cone cracks around Vickers indentations in fused silica glass. *J. Mater. Sci.* 14 (2): 462 - 466.
[32] Wiederhorn, S. and Lawn, B. (1979). Strength degradation of glass impacted with sharp particles: I, Annealed surfaces. *J. Am. Ceram. Soc.* 62 (1 - 2): 66 - 70.
[33] Knight, C., Swain, M.V., and Chaudhri, M. (1977). Impact of small steel spheres on glass surfaces. *J. Mater. Sci.* 12 (8): 1573 - 1586.
[34] Eder, D.C., Whitman, P.K., Koniges, A.E. et al. (2006). Optimization of experimental designs by incorporating NIF facility impacts. *J. Phys. IV* 133: 721 - 725.
[35] Eder, D., Fisher, A., Koniges, A., and Masters, N. (2013). Modelling debris and shrapnel generation in inertial confinement fusion experiments. *Nucl. Fusion* 53 (11): 113037.
[36] Shipway, P. and Hutchings, I. (1996). The role of particle properties in the erosion of brittle materials. *Wear* 193 (1): 105 - 113.
[37] Wong, L., Suratwala, T., Feit, M.D. et al. (2009). The effect of HF/NH4F etching on the morphology of surface fractures on fused silica. *J. Non-Cryst. Solids* 355 (13): 797 - 810.
[38] Aleinikov, F. (1957). The effect of certain physical and mechanical properties on the grinding of brittle materials. *Sov. Phys. Tech. Phys.* 2 (12): 2529 - 2538.
[39] Brinksmeier, E. (1989). State-of-the-art of non-destructive measurement of sub-surface material properties and damages. *Precis. Eng.* 11 (4): 211 - 224.
[40] Lucca, D., Brinksmeier, E., and Goch, G. (1998). Progress in assessing surface and subsurface integrity. *CIRP Ann. Manuf. Technol.* 47 (2): 669 - 693.
[41] Parks, R. (1990). Subsurface damage in optically worked glass. In: *Science of Optical Finishing*, Technical Digest Series, vol. 9. OSA.
[42] Lambropoulos, J.C., Li, Y., Funkenbusch, P.D., and Ruckman, J.L. ed. (1999). Noncontact estimate of grinding-induced subsurface damage. SPIE's International Symposium on Optical Science, Engineering, and Instrumentation. International Society for Optics and

Photonics.
[43] Lee, Y. (2011). Evaluating subsurface damage in optical glasses. *J. Eur. Opt. Soc. Rapid Publ.* 6: 11001.
[44] Hed, P. P. and Edwards, D. F. (1987). Optical glass fabrication technology. 2: Relationship between surface roughness and subsurface damage. *Appl. Opt.* 26 (21): 4677 - 4680.
[45] Menapace, J., Davis, P., Wong, L. et al. ed. (2005). Measurement of process-dependent subsurface damage in optical materials using the MRF technique. Proceedings of SPIE.
[46] Randi, J.A., Lambropoulos, J.C., and Jacobs, S.D. (2005). Subsurface damage in some single crystalline optical materials. *Appl. Opt.* 44 (12): 2241 - 2249.
[47] Menapace, J. A., Davis, P. J., Steele, W. A. et al. (2005). MRF applications: measurement of process-dependent subsurface damage in optical materials using the MRF wedge technique. Proceedings of SPIE, Volume 5991.
[48] Miller, P. E., Suratwala, T. I., Wong, L. L. et al. ed. (2005). The distribution of subsurface damage in fused silica.
[49] Wang, Z., Wu, Y., Dai, Y., and Li, S. (2008). Subsurface damage distribution in the lapping process. *Appl. Opt.* 47 (10): 1417 - 1426.
[50] Preston, F.W. (1922). The structure of abraded glass surfaces. *Trans. Opt. Soc.* 23 (3): 141.
[51] Menapace, J. A., Davis, P. J., Steele, W. A. et al. ed. (2005). Utilization of magnetorheological finishing as a diagnostic tool for investigating the three-dimensional structure of fractures in fused silica. Boulder Damage Symposium XXXVII: Annual Symposium on Optical Materials for High Power Lasers. International Society for Optics and Photonics.
[52] Lambropoulos, J., Jacobs, S. D., Gillman, B. et al. (1997). Subsurface damage in microgrinding optical glasses. *Ceram. Trans.* 82: 469 - 474.
[53] Neauport, J., Destribats, J., Maunier, C. et al. (2010). Loose abrasive slurries for optical glass lapping. *Appl. Opt.* 49 (30): 5736 - 5745.
[54] Cook, L. (1990). Chemical processes in glass polishing. *J. Non-Cryst. Solids* 120 (1 - 3): 152 - 171.
[55] Bulsara, V. H., Ahn, Y., Chandrasekar, S., and Farris, T. (1998). Mechanics of polishing. *J. Appl. Mech.* 65 (2): 410 - 416.
[56] Chauhan, R., Ahn, Y., Chandrasekar, S., and Farris, T. (1993). Role of indentation fracture in free abrasive machining of ceramics. *Wear* 162: 246 - 257.
[57] Catrin, R., Neauport, J., Legros, P. et al. (2013). Using STED and ELSM confocal microscopy for a better knowledge of fused silica polished glass interface. *Opt. Express* 21 (24): 29769 - 29779.
[58] Lambropoulos, J.C., Fang, T., Funkenbusch, P.D. et al. (1996). Surface microroughness of optical glasses under deterministic microgrinding. *Appl. Opt.* 35 (22): 4448 - 4462.
[59] Li, Y., Zheng, N., Li, H. et al. (2011). Morphology and distribution of subsurface damage in optical fused silica parts: bound-abrasive grinding. *Appl. Surf. Sci.* 257 (6): 2066 - 2073.
[60] Dong, Z. and Cheng, H. (2014). Study on removal mechanism and removal characters for SiC and fused silica by fixed abrasive diamond pellets. *Int. J. Mach. Tools Manuf.* 85: 1 - 13.
[61] Lv, D., Wang, H., Zhang, W., and Yin, Z. (2016). Subsurface damage depth and distribution in rotary ultrasonic machining and conventional grinding of glass BK7. *Int. J. Adv. Manuf. Technol.* 86 (1 - 11): 2361 - 2371.
[62] Moore, M.A. (1978). Abrasive wear. *Int. J. Mater. Eng. Appl.* 1 (2): 97 - 111.
[63] Shafrir, S.N., Lambropoulos, J.C., and Jacobs, S.D. (2007). Subsurface damage and microstructure development in precision microground hard ceramics using magnetorheological

finishing spots. *Appl. Opt.* 46 (22): 5500 – 5515.

[64] Esmaeilzare, A., Rahimi, A., and Rezaei, S. (2014). Investigation of subsurface damages and surface roughness in grinding process of Zerodur? glass-ceramic. *Appl. Surf. Sci.* 313: 67 – 75.

[65] Suratwala, T., Steele, R., Feit, M.D. et al. (2008). Effect of rogue particles on the subsurface damage of fused silica during grinding/polishing. *J. Non-Cryst. Solids* 354 (18): 2023 – 2037.

[66] Basim, G., Adler, J., Mahajan, U. et al. (2000). Effect of particle size of chemical mechanical polishing slurries for enhanced polishing with minimal defects. *J. Electrochem. Soc.* 147 (9): 3523 – 3528.

[67] Ahn, Y., Yoon, J.-Y., Baek, C.-W., and Kim, Y.-K. (2004). Chemical mechanical polishing by colloidal silica-based slurry for micro-scratch reduction. *Wear* 257 (7): 785 – 789.

[68] Blaineau, P., André, D., Laheurte, R. et al. (2015). Subsurface mechanical damage during bound abrasive grinding of fused silica glass. *Appl. Surf. Sci.* 353: 764 – 773.

[69] Kwon, T.-Y., Ramachandran, M., and Park, J.-G. (2013). Scratch formation and its mechanism in chemical mechanical planarization (CMP). *Friction* 1 (4): 279 – 305.

[70] Kallingal, C., Duquette, D., and Murarka, S. (1998). An investigation of slurry chemistry used in chemical mechanical planarization of aluminum. *J. Electrochem. Soc.* 145 (6): 2074 – 2081.

[71] Lee, E. and Radok, J.R.M. (1960). The contact problem for viscoelastic bodies. *J. Appl. Mech.* 27 (3): 438 – 444.

[72] Oyen, M.L. (2005). Spherical indentation creep following ramp loading. *J. Mater. Res.* 20 (08): 2094 – 2100.

[73] Lu, H., Fookes, B., Obeng, Y. et al. (2002). Quantitative analysis of physical and chemical changes in CMP polyurethane pad surfaces. *Mater. Charact.* 49 (1): 35 – 44.

[74] Spierings, G.A.C.M. (1993). Wet chemical etching of silicate-glasses in hydrofluoric-acid based solutions. *J. Mater. Sci.* 28 (23): 6261 – 6273.

[75] Kikyuama, H., Miki, N., Saka, K. et al. (1991). Principles of wet chemical-processing in ULSI microfabrication. *IEEE Trans. Semicond. Manuf.* 4 (1): 26 – 35.

[76] Kikuyama, H., Waki, M., Kawanabe, I. et al. (1992). Etching rate and mechanism of doped oxide in buffered hydrogen-fluoride solution. *J. Electrochem. Soc.* 139 (8): 2239 – 2243.

[77] Zhou, Y.Y., Funkenbusch, P.D., Quesnel, D.J. et al. (1994). Effect of etching and imaging mode on the measurement of subsurface damage in microground optical-glasses. *J. Am. Ceram. Soc.* 77 (12): 3277 – 3280.

[78] Kline, W.E. and Fogler, H.S. (1981). Dissolution of silicate minerals by hydrofluoric-acid. *Ind. Eng. Chem. Fund.* 20 (2): 155 – 161.

[79] Judge, J.S. (1971). A study of the dissolution of SiO_2 in acidic fluoride solutions. *J. Electrochem. Soc.* 118 (11): 1772 – 1775.

[80] Proksche, H., Nagorsen, G., and Ross, D. (1992). The influence of NH4F on the etch rates of undoped SiO_2 in buffered oxide etch. *J. Electrochem. Soc.* 139 (2): 521 – 524.

[81] Broene, H.H. and Devries, T. (1947). The thermodynamics of aqueous hydrofluoric acid solutions. *J. Am. Chem. Soc.* 69 (7): 1644 – 1646.

[82] Kline, W. and Fogler, H. (1981). Dissolution kinetics: catalysis by strong acids. *J. Colloid Interface Sci.* 82 (1): 93 – 102.

[83] Iliescu, C. and Tay, F.E. ed. (2005). Wet etching of glass. CAS 2005 Proceedings 2005 International Semiconductor Conference. IEEE.

[84] Witvrouw, A., Du Bois, B., De Moor, P. et al. ed. (2000). Comparison between wet HF etching and vapor HF etching for sacrificial oxide removal. Micromachining and Microfabrication. International Society for Optics and Photonics.

[85] Kingery, W.D., Bowen, H.K., and Uhlmann, D.R. (1976). *Introduction to Ceramics*, 2e, 1032. New York: Wiley.
[86] Suratwala, T.I., Miller, P.E., Ehrmann, P.R., and Steele, R.A. (2005). Polishing slurry induced surface haze on phosphate laser glasses. *J. Non-Cryst. Solids* 351 (24 – 26): 2091 – 2101.
[87] Bude, J., Miller, P.E., Shen, N. et al. (2014). Silica laser damage mechanisms, precursors and their mitigation. In: *Proceedings of SPIE, Volume 9237, Laser-Induced Damage in Optical Materials* (ed. G.J. Exarhos, V.E. Gruzdev, J.A. Menapace, et al.).
[88] Bude, J., Miller, P., Baxamusa, S. et al. (2014). High fluence laser damage precursors and their mitigation in fused silica. *Opt. Express* 22 (5): 5839 – 5851.
[89] Mittal, K.L. (1994). *Particles on Surfaces: Detection: Adhesion, and Removal*. CRC Press.
[90] Deegan, R.D., Bakajin, O., Dupont, T.F. et al. (1997). Capillary flow as the cause of ring stains from dried liquid drops. *Nature* 389 (6653): 827 – 829.
[91] Deegan, R.D., Bakajin, O., Dupont, T.F. et al. (2000). Contact line deposits in an evaporating drop. *Phys. Rev. E* 62 (1): 756.
[92] Bennett, J.M. (1994). Contamination on optical surfaces-concerns, prevention, detection, and removal. In: *Particles on Surfaces: Detection: Adhesion, and Removal*, 101. Springer-Verlag.
[93] Kern, W. (1990). The evolution of silicon wafer cleaning technology. *J. Electrochem. Soc.* 137 (6): 1887 – 1892.
[94] Kern, W. (1993). *Handbook of Semiconductor Wafer Cleaning Technology*, 111 – 196. Park Ridge, NJ: Noyes Publication.
[95] Reinhardt, K. and Kern, W. (2008). *Handbook of Silicon Wafer Cleaning Technology*. William Andrew.
[96] Suratwala, T., Feit, M., Steele, W. et al. (2014). Microscopic removal function and the relationship between slurry particle size distribution and workpiece roughness during pad polishing. *J. Am. Ceram. Soc.* 97 (1): 81 – 91.
[97] Nevot, L. and Croce, P. (1980). Characterization of surfaces by grazing X-ray reflection — application to the study of polishing of some silicate glasses. *Rev. Phys. Appl.* 15 (3): 761 – 780.
[98] Trogolo, J. and Rajan, K. (1994). Near surface modification of silica structure induced by chemical/mechanical polishing. *J. Mater. Sci.* 29 (17): 4554 – 4558.
[99] Liao, D., Chen, X., Tang, C. et al. (2014). Characteristics of hydrolyzed layer and contamination on fused silica induced during polishing. *Ceram. Int.* 40 (3): 4479 – 4483.
[100] Yokota, H., Sakata, H., Nishibori, M., and Kinosita, K. (1969). Ellipsometric study of polished glass surfaces. *Surf. Sci.* 16: 265 – 274.
[101] Wallace, W., Wu, W., and Carpio, R. (1996). Chemical-mechanical polishing of SiO_2 thin films studied by X-ray reflectivity. *Thin Solid Films* 280 (1): 37 – 42.
[102] Kozlowski, M.R., Carr, J., Hutcheon, I.D. et al. ed. (1998). Depth profiling of polishing-induced contamination on fused silica surfaces. Laser-Induced Damage in Optical Materials: 1997. International Society for Optics and Photonics.
[103] Miller, P. (1988). *Trace Impurities in High Average Power Optical Materials*. Livermore, CA: Lawrence Livermore National Laboratory.
[104] Bach, H. ed. (1983). *Analysis of Surface Layers. Optical Surface Technology*. International Society for Optics and Photonics.
[105] Miller, P.E., Suratwala, T.I., Bude, J.D. et al. (2012). Methods for globally treating silica optics to reduce optical damage. Google Patents.
[106] Wakabayashi, H. and Tomozawa, M. (1989). Diffusion of water into silica glass at low temperature. *J. Am. Ceram. Soc.* 72 (10): 1850 – 1855.
[107] Moon, Y. (1999). Mechanical aspects of the material removal mechanism in chemical

mechanical polishing (CMP).
[108] Suratwala, T., Steele, W., Wong, L. et al. (2015). Chemistry and formation of the Beilby layer during polishing of fused silica glass. *J. Am. Ceram. Soc.* 98 (8): 2395 – 2402.
[109] Davis, K. and Tomozawa, M. (1995). Water diffusion into silica glass: structural changes in silica glass and their effect on water solubility and diffusivity. *J. Non-Cryst. Solids* 185 (3): 203 – 220.
[110] Moulson, A. and Roberts, J. (1961). Water in silica glass. *Trans. Faraday Soc.* 57: 1208 – 1216.
[111] Doremus, R. (1995). Diffusion of water in silica glass. *J. Mater. Res.* 10 (9): 2379 – 2389.
[112] Crank, J. (1975). *The Mathematics of Diffusion*. Oxford: Clarendon press.
[113] Chen, Y., Zhang, L., Arsecularatne, J., and Montross, C. (2006). Polishing of polycrystalline diamond by the technique of dynamic friction, Part 1: Prediction of the interface temperature rise. *Int. J. Mach. Tools Manuf.* 46 (6): 580 – 587.
[114] Jaeger, J.C. ed. (1942). Moving sources of heat and the temperature of sliding contacts. *Proc. R. Soc. New South Wales* 76: 203.
[115] Tian, X. and Kennedy, F.E. (1994). Maximum and average flash temperatures in sliding contacts. *J. Tribol.* 116 (1): 167 – 174.
[116] Suratwala, T., Feit, M. D., Steele, W. A., and Wong, L. L. (2014). Influence of temperature and material deposit on material removal uniformity during optical pad polishing. *J. Am. Ceram. Soc.* 97 (6): 1720 – 1727.
[117] Cypryk, M. and Apeloig, Y. (2002). Mechanism of the acid-catalyzed Si – O bond cleavage in siloxanes and siloxanols. A theoretical study. *Organometallics* 21 (11): 2165 – 2175.
[118] Eckert, H. (1992). Structural characterization of noncrystalline solids and glasses using solid state NMR. *Prog. Nucl. Magn. Reson. Spectrosc.* 24 (3): 159 – 293.

第 4 章　表面粗糙度

由于表面粗糙度会导致光学散射损耗和激光调制[1]，所以光学元件的表面粗糙度是光学系统（包括激光器和望远镜）的重要参数。在光学抛光过程中，工件、抛光液和抛光盘之间的各种相互作用可能会在工件上产生不同空间尺度的粗糙度。第 2 章（见图 2-1）描述了影响工件大空间尺度（>1 mm）的表面结构（即表面面形）。相比之下，本章将主要描述影响小空间尺度（<1 mm）（即表面粗糙度从 AFM2 尺度粗糙度到 μ-粗糙度）表面结构的工艺参数（见图 1-8）。微尺度粗糙度通常由原子力显微镜（AFM）测量，称为 AFM1（≤5 μm）和 AFM2 粗糙度（≤50 μm），如图 1-8 右侧所示。该尺度下的粗糙度受各种参数影响，如单颗粒去除函数、拜尔培层特性、浆料粒度分布（PSD）、抛光盘形貌、抛光盘机械特性和浆料颗粒再沉积。另一个更大空间尺度（微米到毫米的范围，称为微粗糙度或 μ-粗糙度）的粗糙度通常采用白光干涉法测量（图 1-8）。μ-粗糙度不仅受形成上述较小空间尺度结构参数的影响，还受控制浆料界面相互作用因素的影响，如界面上浆料颗粒的空间分布。这些参数和作用如图 4-1 所示，包括影响最终抛光表面粗糙度的空间尺度的工件-抛光盘界面示意图。图 4-1 为本章提供的一个有价值的描述。

4.1　单颗粒去除功能

每个颗粒从工件上去除的材料量作为载荷的函数（称为去除函数），它是一个影响表面粗糙度和整体材料去除率的关键参数（见第 5 章）。主要去除机制

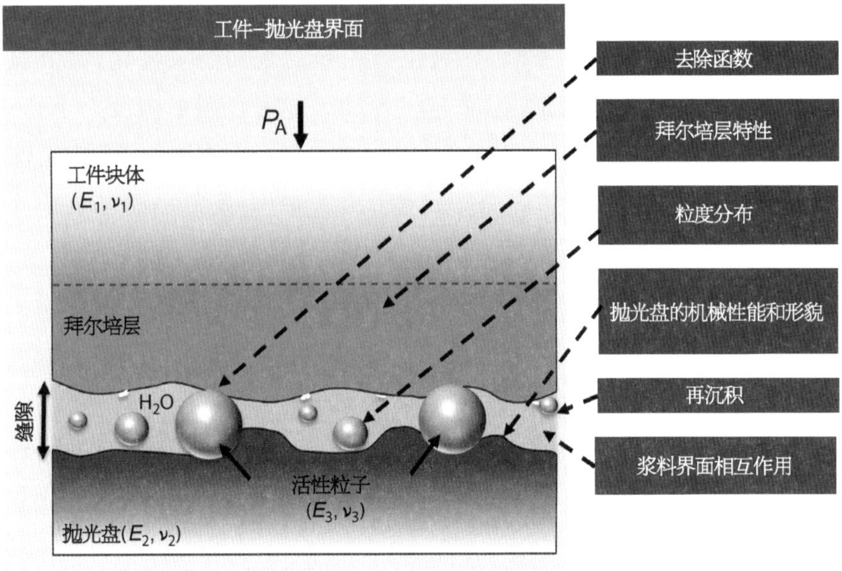

图 4－1　工件-抛光盘界面示意图和影响抛光表面微粗糙度的关键参数

（资料来源：Suratwala 等人，2016 年[2]。经 John Wiley & Sons 许可复制）

包括脆性断裂、化学或物理溶解、塑性变形和化学反应（图 1－9）。除化学溶解的情况外，去除量取决于作用于颗粒上的载荷。图 4－2 说明了载荷对去除量的影响，它显示了熔融石英玻璃的跨越多个数量级的载荷范围和去除深度的对数关系[3]。阴影区域对应不同的材料响应，从弹性（在极低载荷下工件不会发生永久性机械改变）、塑性（在中等载荷下发生永久性塑性变形或去除）到断裂（在高载荷下可能形成各种类型的裂纹）。

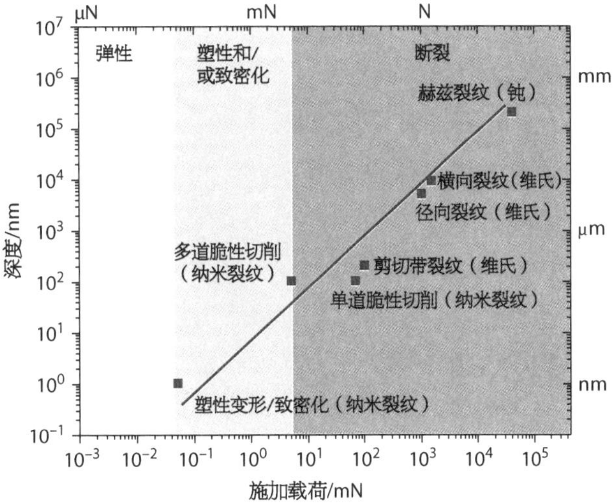

图 4－2　熔融石英在大范围载荷下，载荷和去除深度之间的关系

（资料来源：Shen 等人，2016 年[3]。经 John Wiley & Sons 许可复制）

图 4－2 中，化学去除将在弹性载荷状态下占主导地位，在弹性载荷状态下，颗粒可以进行物理接触和反应，但载荷不足以改变工件机械特性。Cook[4] 提出了硅酸盐玻璃上氧化铈颗粒最广泛接受

的化学去除机制，他发现化学物质的去除是通过缩合和随后的水解反应进行的［见反应(3－61)和反应(3－62)］。氧化铈颗粒的表面是氢氧化铈，氢氧化铈与玻璃(硅羟基键)表面缩合形成 Ce—O—Si 键。这种新键的强度大于 Si—O—Si 键(即玻璃)。因此，Si—O—Si 发生水解，将二氧化硅的“分子”从工件上移除。抛光实际上是氧化铈颗粒在分子尺度(10^{-10} m)上反复撕裂二氧化硅网络的过程。

在中间载荷状态下，由塑性流动机制实现去除[3,5-9]。有报告说，化学机械平坦化抛光是由化学反应性韧性层产生的[10]。有趣的是，即使是在非常易碎的材料(如玻璃)上，在这种载荷状态下，发生了纳米级的塑性流动[3,11-13]。这可以通过一个简单的实验来说明，该实验揭示了浆料中的氧化铈颗粒对工件表面的影响，如图 4－3 所示[14]。从非常光滑的抛光熔融石英工件(2.3×10^{-10} m RMS)开

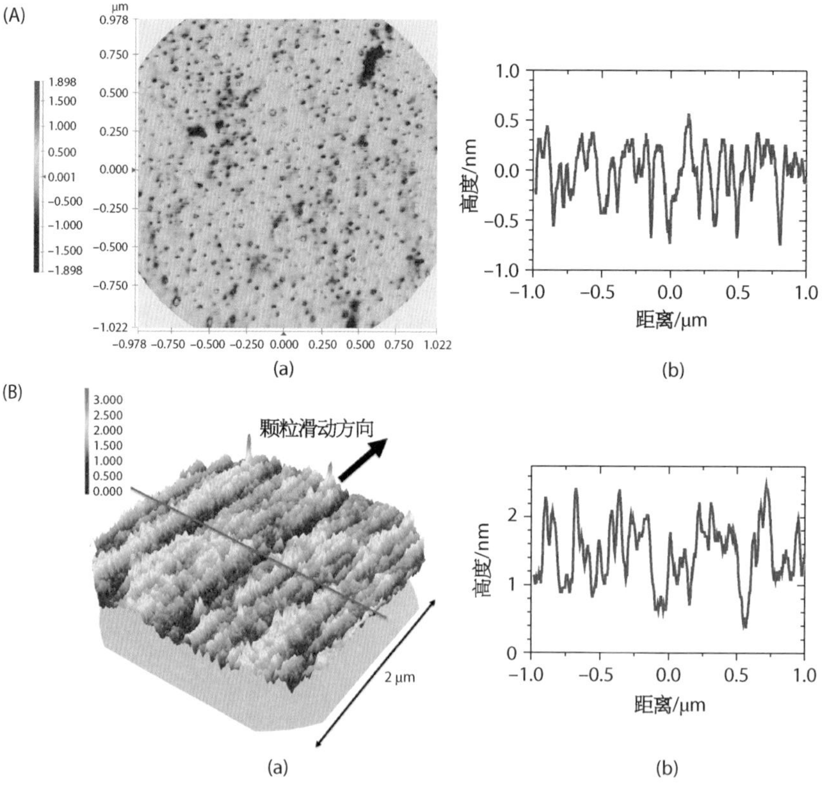

图 4－3 (A，a)将氧化铈浆液以 0.3 psi 的压力静态加载到抛光盘下，使其干燥，并使用过氧化氢蚀刻去除后，熔融石英表面的 AFM 图像(2 μm×2 μm)；(A，b)表面轮廓线。(B，a)单程氧化铈浆滑动(10 cm/s 在压力 0.3 psi 下)后熔融石英表面的 AFM 图像(2 μm×2 μm)；(B，b)垂直于颗粒滑动方向的表面轮廓线

(资料来源：Suratwala 等人，2014 年[14]。经 John Wiley & Sons 许可复制)

始，氧化铈浆料颗粒（尺寸~100 nm）在普通光学抛光压力（0.3 psi）下，在表面上静态加载并干燥（图 4-3A）或沿表面单向滑动（图 4-3B）。右侧的曲线是穿过图像中心的高度轮廓线。在静态氧化铈颗粒负载情况下，观察到的凹坑通常为 10~50 nm 宽、约 1 nm 深。观察到的坑的横向尺寸表示氧化铈颗粒和熔融石英表面之间接触区的尺寸。在氧化铈滑动的方向上观察到线性轨迹，典型深度为~1 nm。这些结果显示了抛光过程中单个氧化铈颗粒材料去除功能的一些重要特性。去除的深度~1 nm 是~6 个 Si—O—Si 单位，表明通过纳米塑性流动变形或致密化，可在超过单个分子水平的深度上进行去除或改性。因此，尽管氧化铈抛光可以通过化学去除进行，但在每个颗粒的负载较高时，其去除也可以通过纳米塑性流动进行。

在光学玻璃抛光过程中，玻璃工件上的浆料颗粒承受的载荷通常非常小，范围为 0.1~200 μN[4,14-15]。为了理解和预测抛光过程中获得的材料去除率和由此产生的表面粗糙度，必须量化相关负载条件下单个颗粒的化学和塑性去除功能。

塑性变形的程度可以用机械纳米压痕来量化。图 4-4 总结了熔融石英玻璃上的静态纳米压痕弹性和永久变形与施加载荷的关系[14,16]。在最大载荷下压头进入熔融石英工件的位移描述了弹性、塑性和致密化变形的组合，而卸载后的压头位移仅描述了塑性和致密化变形。除极低载荷外，最大载荷下的位移遵循幂律关系，卸载时的位移也遵循幂律关系。可测量的最小永久变形位移为~5 N·m 在施加的负载为 10^{-4} N（或 100 μN）时。因此，该方法无法确定塑性变形所需的临界载荷。需要在较低负荷下进行评估，以便获得更具典型性的抛光参数。

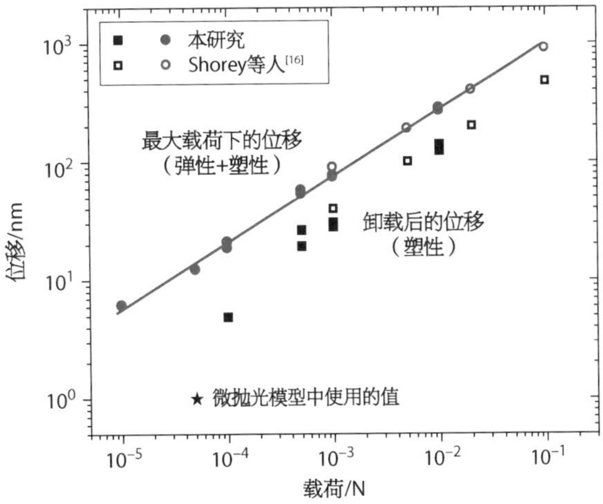

图 4-4　在最大载荷下测得的位移，代表弹性和塑性变形。在卸载时，代表不同载荷下纳米压痕后熔融石英表面上的永久塑性变形

（资料来源：Suratwala 等人，2014 年[14]。经 John Wiley & Sons 许可复制）

再后来，一种新的方法被用于量化纳米塑性去除功能，在更相近的载荷下使用纳米划痕技术[3,17]。Shen 等人[3]使用该技术量化了作为载荷

函数的各种玻璃表面的去除量(图 4-5)。在 AFM 上使用“硬”金刚石 AFM 针尖(半径 150 nm),分别在空气和水环境中在抛光玻璃表面上形成线性纳米划痕。图 4-5a、b 显示了在空气和水中以 20~170 μN 的不同载荷抛光熔融石英、硼硅酸盐玻璃和磷酸盐玻璃表面上所产生的纳米划痕的 AFM 图像。在样本图像中,金刚石尖端从上到下滑动。无论玻璃类型、处理方式或载荷范围如何,每个纳米划痕都呈清晰可见几百纳米宽的线性轨迹,并且未观察到断裂。不同载荷下工件材料的平均纳米划痕横截面如图 4-5c、d 所示。

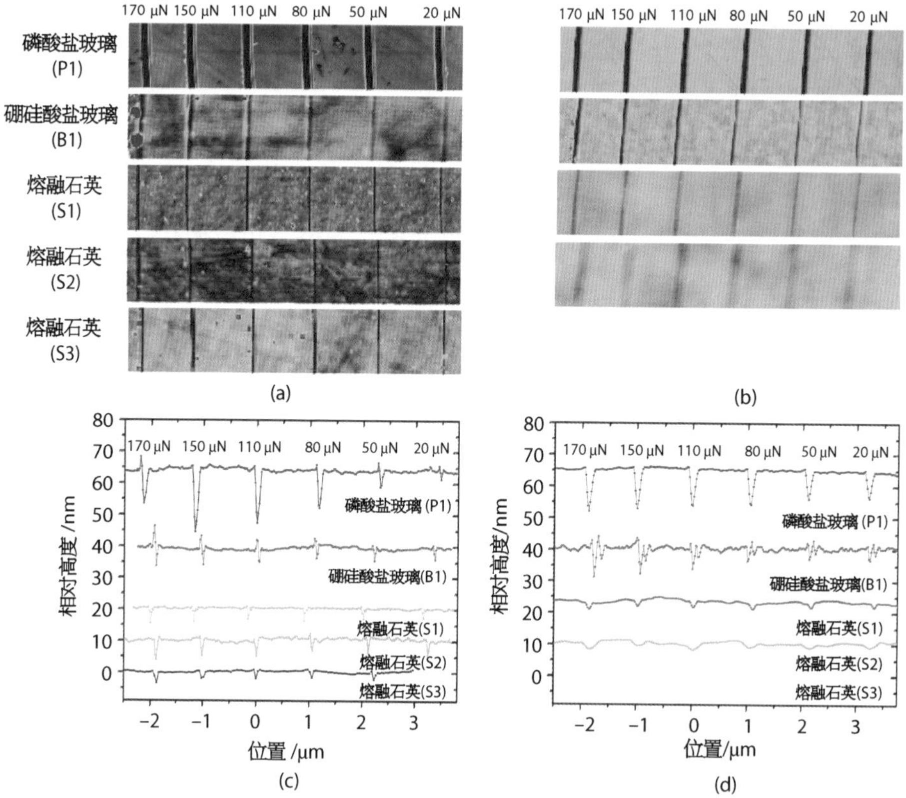

图 4-5 (a) 在空气中不同载荷(170 μN、150 μN、110 μN、80 μN、50 μN、20 μN)下,不同样品上纳米划痕的 AFM 图像。划痕方向为从上到下。样品(从顶部开始):磷酸盐玻璃(P1)、硼硅酸盐玻璃(B1)、熔融石英(胶体石英浆料,20 r/min)(S1)、熔融石英(氧化铈浆料,10 r/min)(S2)和熔融石英(氧化铈浆料,40 r/min)(S3)。(b) 在液态水中对相同样品在相同载荷下得到的纳米划痕图像。(c) (a)中所示纳米划痕样品的平均一维线形图。(d) (b)中所示纳米划痕的平均一维线形图

(资料来源:Shen 等人,2016 年[3]。经 John Wiley & Sons 许可复制)

熔融石英表面上的纳米划痕深度在这次试验的载荷范围内很少或没有显示出载荷依赖性。硼硅酸盐玻璃的变形深度对载荷的依赖性也很弱,类似于熔融石英,而磷酸盐玻璃的变形深度随载荷的增加而系统地增加。然而,在更高的

载荷（如 Pergande 等人[18]所测量的 700～6 000 μN）下，熔融石英的塑性变形深度以更符合预期的方式增加，以每 1 000 μN 载荷 40 nm 的速率增加。水中的纳米划痕更能代表抛光环境，对于熔融石英样品，纳米划痕则显得更宽、更浅（图 4－5d）。对于硼硅酸盐和磷酸盐玻璃，这种影响不太明显。然而，这三种玻璃在空气和水环境中的纳米划痕的载荷依赖性是相似的。

玻璃材料去除深度的难易趋势，按熔融石英<硼硅酸盐<磷酸盐排序，在量上与反映材料塑性的玻璃材料参数特性一致，即给定加载端曲率半径下玻璃整体硬度的倒数[19]。熔融石英、硼硅酸盐和磷酸盐玻璃的硬度（H1）值分别为 6.0、5.1 和 3.4 GPa[20]。观测到的去除深度趋势反映了它们的硬度差异。

由于塑性流动和致密化都可能发生，因此使用纳米划痕法定量测定单个颗粒的去除量变得复杂（见第 7.2.5 节）。使用亚热重热退火技术确定，致密化显著促进了纳米划痕过程中的变形[3,21]。熔融石英和硼硅酸盐玻璃退火后存在纳米划痕明显松弛的证据，表明第一次纳米划痕上的变形很大一部分是由于致密化。这些结果与先前关于纳米压痕过程中熔融石英致密化的报告一致[22-23]。

因此，为了确定仅由于塑性流动而产生的去除量，使用了在同一位置重复纳米划痕的技术，其中每一道次的 δ 去除量代表单个颗粒的去除量[3]。图4－6a显示了熔融石英、硼硅酸盐玻璃和磷酸盐玻璃在空气

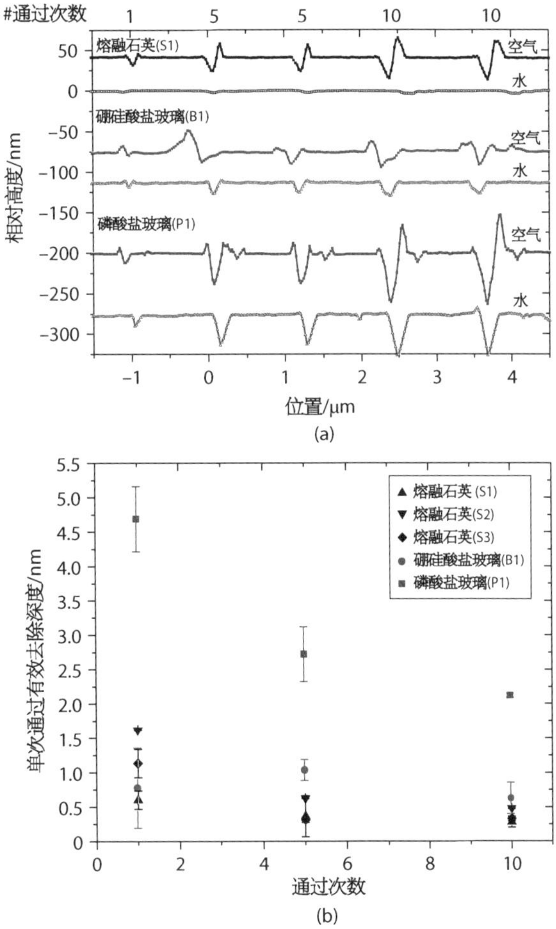

图 4－6　（a）在空气和液态水中以 110 μN 负载施加在熔融石英（S1）、硼硅酸盐玻璃（B1）和磷酸盐玻璃（P1）上进行 1 次、5 次和 10 次的平均纳米划痕排列；（b）对于三种玻璃类型，对应的每次通过有效纳米划痕去除深度（d_p）与纳米划痕的次数

（资料来源：Shen 等人，2016 年[3]。经 John Wiley & Sons 许可复制）

和水中相同位置重复纳米划痕的典型横截面深度剖面。图 4－6a 顶部所示通过次数（1、5 或 10）表示在同一位置使用同一金刚石尖端进行纳米划痕的次数。正如预期的那样，纳米划痕过程中去除的体积随着通过次数的增加而增加。在重复的纳米划痕过程中，金刚石尖端可能并不总是与先前的划痕精确对齐，这可能导致从现有划痕的边缘去除材料，并可能低估每道次去除的划痕深度。因此，不是直接通过测量深度来表征纳米划痕，而是将每次通过有效去除深度确定为纳米划痕通过次数的函数，如图 4－6b 所示。单次通过有效去除深度（d_p）定义为

$$d_p = \frac{A_p}{n_{ps} w_p} \tag{4-1}$$

式中，A_p 为塑性纳米划痕的测量横截面积；n_{ps} 为通过次数；w_p 为所产生纳米划痕的测量宽度。单次的有效深度去除量随道次的增加而减小，但在～10 次通过之后趋于稳定（图 4－6b）。在这项研究中，发现 10 次通过后在水中测定的单次有效去除深度最能代表光学抛光过程中发生的重复纳米划痕。在 110 μN 的载荷下，熔融石英的测定值为 0.3～0.55 nm/次，硼硅酸盐玻璃的测定值为 0.85 nm/次，磷酸盐玻璃的测定值为 2.4 nm/次。

化学和纳米塑性去除之间的转换也通过在更低的载荷（0.05～20 μN）下的纳米划痕来确定（图 4－7）。基于此，确定与任何可检测永久变形开始对应的临界载荷，熔融石英玻璃为～1.0 μN，硼硅酸盐玻璃为～1.2 μN，以及磷酸盐玻璃为～0.2 μN。临界载荷的变化可能与玻璃的硬度有关[3]。该临界载荷的含义是，在相同条件下（即相同载荷/颗粒分布）的抛光过程中，与熔融石英和硼硅酸盐玻璃相比，磷酸盐玻璃通过塑性去除将导致更大比例的颗粒去除材料量，因为磷酸盐玻璃的 P_c 值较低。

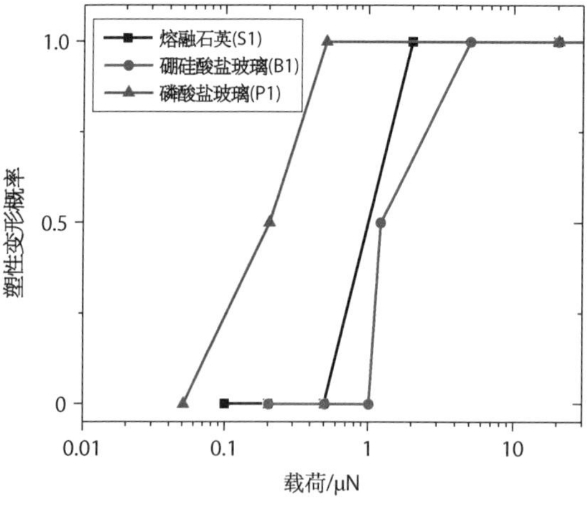

图 4－7 在熔融石英（S1）、硼硅酸盐玻璃（B1）和磷酸盐玻璃（P1）的不同外加载荷下，观察纳米划痕后塑性变形的概率。过渡代表永久变形的临界载荷

（资料来源：Shen 等人，2016 年[3]。经 John Wiley & Sons 许可复制）

上述信息可结合在一起，以定量描述单个抛光颗粒作为给定工件材料负载函数的去除函数

(图 4-8)[2-3]。图中阴影区域表示移除材料的有效深度。去除函数有两个主要区域：低负荷下的化学和中等负荷下的纳米塑性。化学反应的临界负荷是根据分子间的范德华相互作用力来近似计算的 10^{-9} ~ 10^{-8} N[24]。此外，根据先前的研究，熔融石英的化学去除深度推断为 0.04 nm[14]。

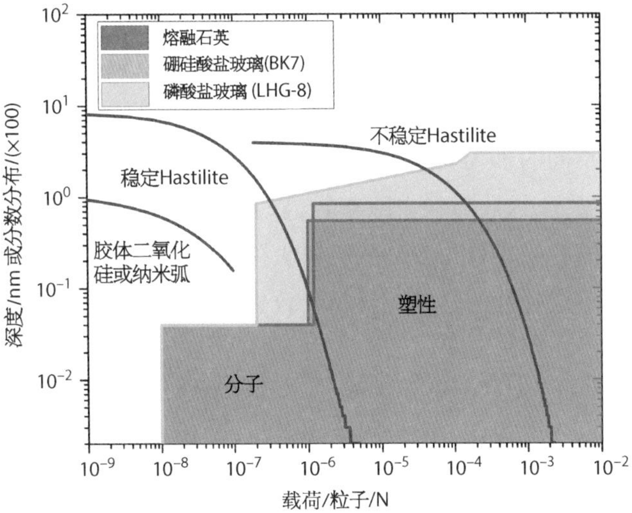

图 4-8　使用 EHMG 模型(如第 4.7 节所述)，测量去除函数(阴影区域)作为单个浆料颗粒载荷的函数，并计算三种浆料的每颗粒载荷分布(线)

(资料来源：Suratwala 等人，2016 年[2]。经 John Wiley & Sons 许可复制)

去除函数不仅可以阐明抛光机理，而且还可以帮助预测抛光工件的表面粗糙度。将去除函数与界面中确定的每个粒子载荷分布相结合，每个粒子的去除是已知的，因此可以通过工件表面上所有粒子的联合去除来确定粗糙度。第 4.7 节将更详细地描述该方法。

4.2　拜尔培层特性

如第 3.3 节所述，抛光过程中形成的拜尔培表面层的化学和结构特性与整体工件不同。因此，这些变化可能会影响单个颗粒的去除函数，进而影响工件的最终表面粗糙度。

直接测量拜尔培层的机械性能或化学反应性能的变化更具挑战性，因为拜尔培层的深度较浅(几十纳米)，并且该表面层内的性能呈指数变化。即使是超低载荷(比如 100 μN)下的纳米压痕也会导致弹性穿透深度远超过拜尔培层的深度。因此，到目前为止，没有关于拜尔培层玻璃表面化学反应性变化的令人信服的报告。假设表面层的水合作用增加了表面层对铈的反应性，则也可能增加了氧化铈的有效化学去除[见反应(3-61)~(3-63)]。Fu 等人[12]建立了一个模型，该模型基于抛光颗粒通过磨损改性水合表面层去除材料的情况。

然而,如第 4.1 节所述,可以使用纳米划痕来探索拜尔培层对单颗粒去除函数的影响。在图 4-5 中,三个熔融石英表面,即 S1 使用 20 r/min 的胶体石英浆料、S2 使用 10 r/min 的氧化铈浆料、S3 使用 40 r/min 的氧化铈浆料,显示出明显不同的永久变形深度,范围从 2~6 nm。熔融石英工件(样品 S3)在较高转速下抛光,因此材料去除率较高,在所有载荷下变形较小。考虑到使用氧化铈浆料的抛光工件中较高的材料去除率会导致铈在拜尔培层中更大的渗透,推测拜尔培层特性的这种差异是导致去除函数变化的原因。

4.3 浆料粒度分布

影响最终抛光工件表面粗糙度的另一个关键参数是抛光液的粒度分布(PSD)(图 4-1)。一些研究通过在浆料中加入较大颗粒[25-26]或通过改变整体 PSD[27],检验了浆料 PSD 对划痕的影响。然而,这些研究集中在每个颗粒的载荷超过断裂起始载荷(通常>0.1 N)的情况下,导致脆性断裂。Cumbo 等人[28]研究了 PSD 的各个方面,包括抛光过程中浆料团聚体破裂导致 PSD 的演变。这项工作强调了浆液化学的重要性,特别是通过颗粒表面电荷和浆液 pH 值实现的颗粒胶体稳定性。Cumbo 强调了实现良好分散浆液以获得尽可能光滑的玻璃表面的重要性。图 4-9 显示了某些氧化铈浆料中存在大量的团聚体,也显示了超声搅拌浆料时团聚体会减少。

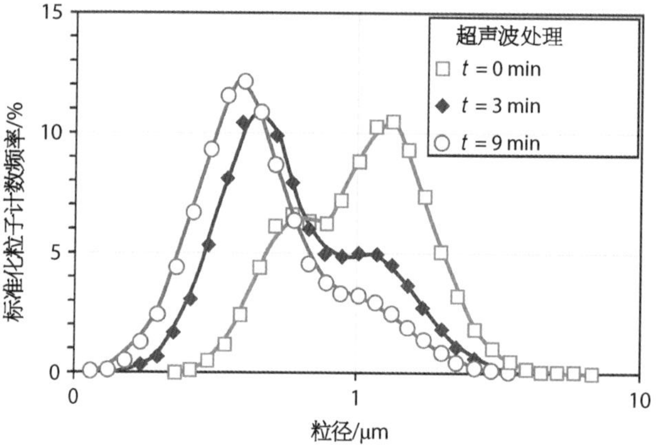

图 4-9 存在浆料颗粒团聚体的证据:通过超声波搅拌,二氧化铈浆料的浆料粒度分布发生变化

(资料来源:Cumbo 等人,1995 年[28]。经光学学会许可复制)

后来的一项研究表明,最终工件表面粗糙度与浆料 PSD 有定量关系(具体而言,就是与 PSD 曲线末端最大颗粒数呈对数关系)[14]。图 4-10a 显示了通过静态光散射测量的一些氧化铈浆料的 PSD,$f(r)$。稳定的和不稳定的 Hastilite 氧化铈浆料具有非常相似的分布,平均尺寸为~100 nm;同样,Ultrasol 3005 和

Ultrasol 3030 具有非常相似的分布,平均尺寸为 50 nm。然而,浆料 PSD 的尾端(涉及总颗粒的一小部分)被发现是非常不同的。图 4-10b 显示了通过半对数图中的单粒子光学传感测量的浆料分数 PSD, $f(r)$[14]。尽管两组浆料具有相同的平均粒径,但粒度分布曲线的末端不同,并且可以通过以下形式的单指数粒径依赖性来描述:

$$f(r) = A_o e^{\frac{-2r}{d_{PSD}}} \quad (4-2)$$

式中, r 为粒子半径; A_o 为指数前常数; d_{PSD} 为 PSD 中的逆指数斜率。注意图4-10b 中的线条。

图 4-11 显示了使用图 4-10[14] 中所述浆料抛光的熔融石英工件的表面形态和表面粗糙度(通过 AFM 测量)。表面粗糙度变化显著。PSD 衰减最快的浆料的粗糙度最低,衰减最慢的浆料的粗糙度最高。图 4-12 定量说明了这种相关性,它显示了

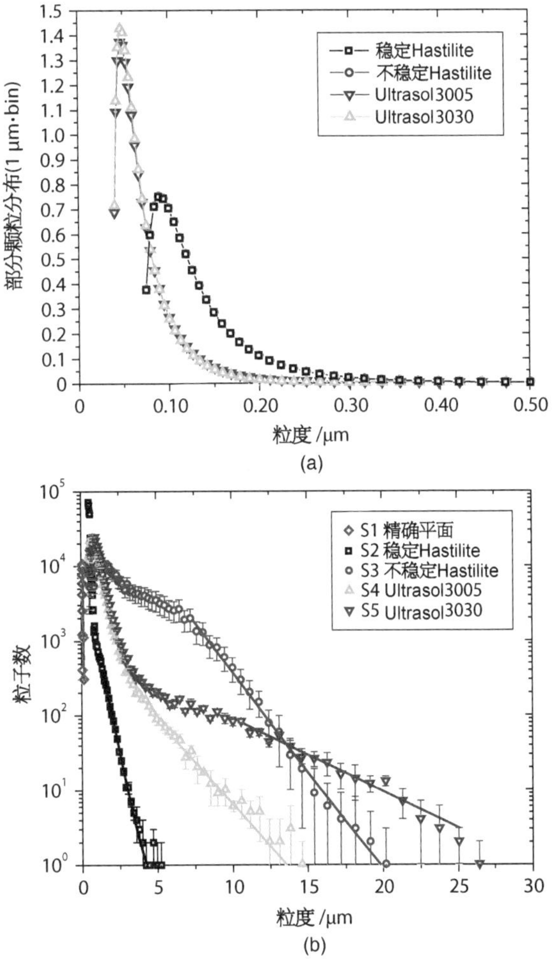

图 4-10　(a) 使用静态光散射在线性尺度上测量各种氧化铈抛光液的 PSD;(b) 使用单粒子光学传感在对数刻度上测量相同氧化铈浆料的 PSD

(资料来源: Suratwala 等人, 2014 年[14]。经 John Wiley & Sons 许可复制)

PSD (d_{PSD}) 的指数逆斜率和 RMS 粗糙度 (δ) 之间的交叉图,按照以下形式:

$$d_{PSD} = d_a e^{\frac{-\delta}{\delta_o}} \quad (4-3)$$

式中, d_a 和 δ_o 是值分别为 0.008 μm 和 0.2 nm 的常数。这些结果表明,最大的颗粒(无论是较大的颗粒还是团块)在改变表面形态方面占主导地位,而平均尺寸的颗粒(浆料中的大多数颗粒)对去除和由此产生的表面粗糙度几乎没有影响。在研究 CMP 晶圆抛光[29-30] 和玻璃磨削过程[25] 期间的整体材料去除率时,提出了一组类似的概念。

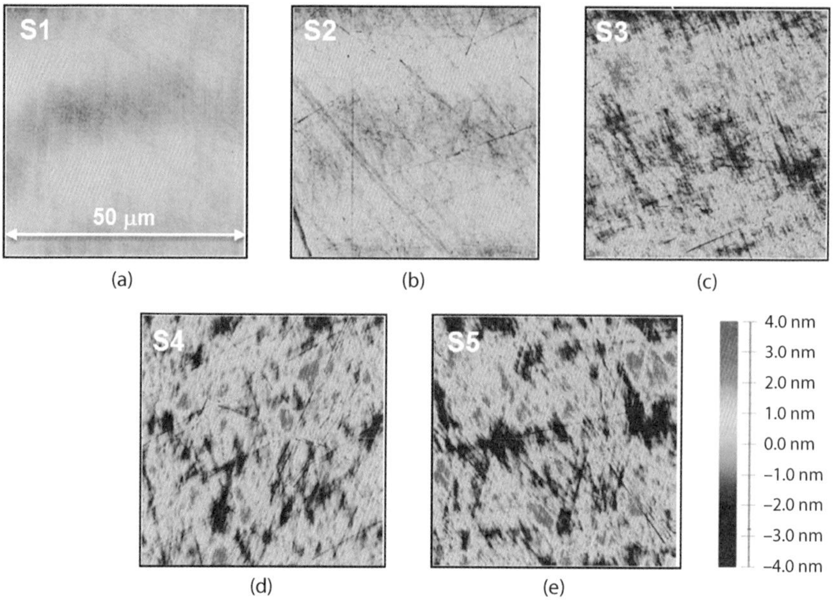

图 4－11　(a～e)使用各种浆料(S1～S5)抛光后熔融石英表面的 AFM 图像(50 μm×50 μm)。所有表面均以线性垂直比例,从−4.0 nm 至 4.0 nm

(资料来源：Suratwala 等人,2014 年[14]。经 John Wiley & Sons 许可复制)

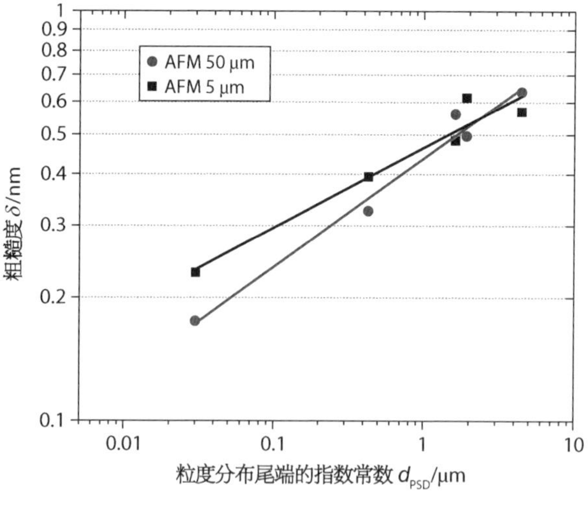

图 4－12　作为浆料 PSD 尾端指数常数 (d_{PSD}) 的函数,熔融石英表面均方根粗糙度 (δ) 在不同空间尺度上的变化

(资料来源：Suratwala 等人,2014 年[14]。经 John Wiley & Sons 许可复制)

4.4　抛光盘机械性能和形貌

影响工件表面粗糙度和材料去除率的另一个重要参数是抛光盘性能——抛光盘的机械性能及其表面形貌(图 4-1)。将这些抛光盘特性与表面粗糙度联系起来的基本因素在很大程度上是机械因素,其中,在工件载荷作用下,每个接触粒子将分担承载界面施加给所有粒子的载荷。抛光盘特性将影响每个粒子的最终载荷分布。每个颗粒载荷分布的变化将改变根据第 4.1 节所述的去除函数从工件上单个颗粒的去除量,从而改变最终工件表面粗糙度。第 4.7 节将对该机制进行了更定量和详细的描述。

在较大的空间尺度下,抛光盘的硬度和模量会影响材料去除的一致性和空间尺度,如图 2-20 所示,其会影响抛光盘和工件之间的活动接触区域。硬度和模量较低的抛光垫会增加工件和抛光盘之间的接触面积[10,14],这会导致装载更多的浆料颗粒而降低每个颗粒分布的总负载,并降低表面粗糙度。

这些相对简单的机械界面相互作用因以下因素而变得复杂:

(1) 由于黏弹性和黏塑性特性,抛光盘的时间相关机械响应[15,25]。

(2) 由于抛光盘的化学相互作用或膨胀,抛光盘性能随时间变化[31]。

(3) 抛光盘上光,即工件反应产物的堆积或抛光盘表面的冷流平滑。

(4) 影响抛光盘形态或去除抛光盘上光的抛光盘处理,如金刚石修整[2,32]。

(5) 由于抛光盘结构,如抛光盘上的孔隙、纤维表面结构和沟槽模式等,导致浆料补充量发生变化[33-35]。

(6) 由于抛光盘结构或不同抛光盘层,导致抛光盘硬度和模量的变化[34]。

许多专门针对 CMP 的研究评估了这些因素,以最大限度地提高材料去除率,特别是在抛光盘设计方面。其中一些因素也会影响表面粗糙度。

沥青抛光盘通常用于常规光学抛光,表现出黏塑性行为。黏塑性材料对变形具有随时间变化的响应,且变形是永久性的。这种变形是一种有用的工具,用于调整抛光盘的整体形状,并允许光学仪器制造商创建更加受控的面形。在微观尺度长度下,黏塑性行为也会影响单个颗粒上的载荷响应,如图 4-13 所示。机械加载后,单个颗粒永久性地渗透到沥青中,嵌入称为“充电”[4,35]。较大的颗粒比较小的颗粒渗透更多,导致颗粒载荷分布的变窄。这反过来会缩小单个颗粒的去除量,并导致较低的表面粗糙度。从经验上看,与抛光盘抛光相比,沥青抛光可获得低得多的粗糙度表面,这可能是由于黏塑性响应。颗粒穿透黏塑性抛光盘的速率取决于加载时间和沥青黏度,如下所示:[35]

$$\frac{h_p}{d} \propto \left(\frac{t}{\eta_2}\right)^{2/3} \tag{4-4}$$

式中,h_p 为渗透量;d 为浆料粒径;t 为渗透时间;以及 η_2 为抛光盘黏度。

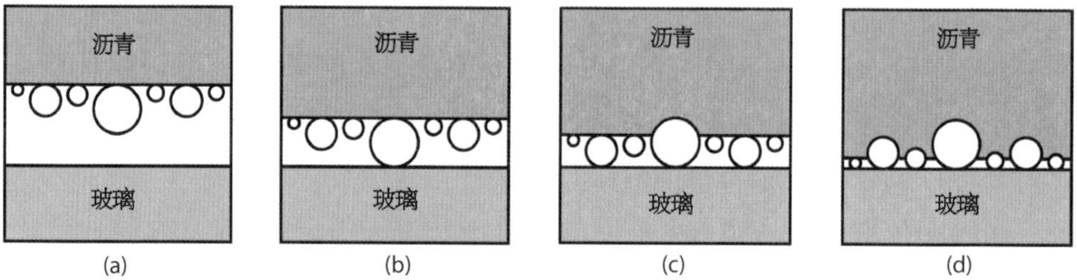

图 4-13 在不同加载阶段,浆料颗粒渗入黏塑性沥青抛光盘的示意图
(资料来源:改编自库克,1990 年[4]和库马宁,1967 年[36])

相比之下,抛光盘具有更大的弹性和黏弹性。颗粒的穿透程度取决于抛光盘的弹性模量和黏弹性所占比例。第 3.1.3 节对聚氨酯抛光盘与异常杂质颗粒的黏弹性行为进行了分析。

有很多种类的抛光盘可用,其中许多是为 CMP 行业开发的。根据常规性能和微观结构,抛光盘可分为四类[34]:

(1) Ⅰ型抛光盘是用聚合物黏合剂黏结在一起的毡化纤维,形成连续的通道型微观结构。这些抛光盘通常具有中等模量、高表面纹理/形态和中等浆液保持能力。由于其材料去除率高,因此此类抛光盘通常适用于去除坯料和粗抛光。

(2) Ⅱ型抛光盘是具有垂直定向开孔的多孔抛光盘。它们往往具有低模量、高表面形貌和高浆液保持能力,旨在最大限度地减少划痕并实现整体平整化。

(3) Ⅲ型抛光盘为微孔聚合物板,具有闭孔孔隙率微观结构。这些抛光盘往往具有高模量、中等表面形貌和较低的浆液保持能力。

(4) Ⅳ型抛光盘为无孔聚合物板,通常具有极高的模量、较低的表面纹理和极低的浆液保持能力。

Ⅲ型和Ⅳ型通常用于在最终抛光步骤中去除少量的表面不规则起伏。因为它们具有较高的模量和较低的磨损率，所以能够提供最大的表面形状控制。

基于其机械机制和较低的模量，Ⅱ型抛光盘将倾向于提供较低的表面粗糙度。然而，由于许多其他因素控制粗糙度，因此使用其他类型的工具可以获得较低的粗糙度。例如，已证明抛光盘表面纹理或形貌会影响工件的最终表面粗糙度。考虑一种Ⅲ型聚氨酯泡沫垫（MHN），其表面形貌由各种处理改性，然后通过激光共聚焦显微镜定量评估（图 4 – 14）[2]。新的 MHN 抛光盘具有大量较高（数百微米）的微凸体，这些微凸体随着抛光时间或通过金刚石修整去除（注意：新制造的抛光盘的表面具有孔隙结构，这些孔隙很容易观察到，并在表面处理后保留）。然后，在相同的抛光条件下（即相同的运动、施加的载荷和氧化铈浆料），使用处理过的抛光盘抛光熔融石英工件[2]。结果表明，更均匀的抛光盘在形貌与抛光工件上观察到的去除率的增加与表面粗糙度的降低相关。如图 4 – 15 所示，其中显示了在许多抛光样品上测量的去除率和 AFM 粗糙度，包括代表图 4 – 14 所示抛光盘处理样品的 T 系列。

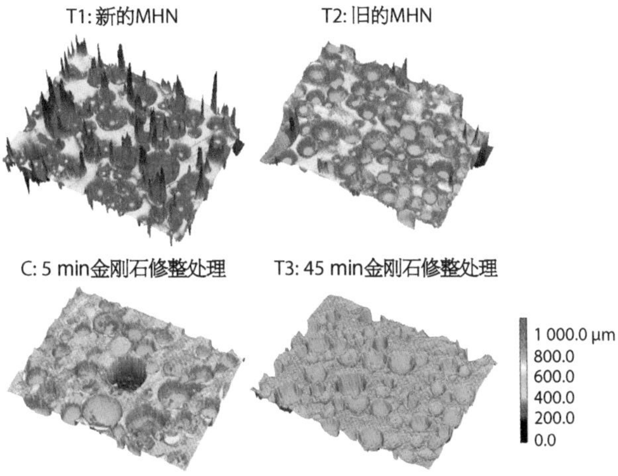

图 4 – 14　用激光共聚焦显微镜在 1 400 μm×1 000 μm 视场上测量不同条件下处理的 MHN 抛光盘的表面形貌

（资料来源：Suratwala 等人，2016 年[2]。经 John Wiley & Sons 许可复制）

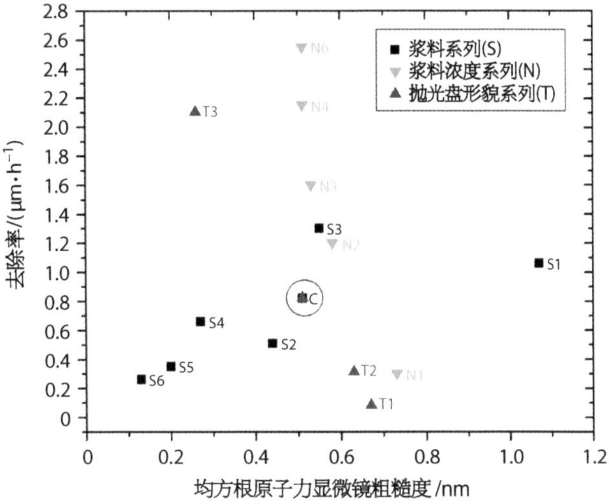

图 4 – 15　在不同条件下抛光的熔融石英玻璃样品的测量去除率和 AFM 粗糙度的综合图

（资料来源：Suratwala 等人，2016 年[2]。经 John Wiley & Sons 许可复制）

4.5 浆料界面相互作用

界面处浆料颗粒的相互作用以及它们如何在抛光盘上组装或聚集为浆料岛，可能会影响工件表面较大空间尺度粗糙度（μ -粗糙度带）。本节将讨论这一现象的实验证据以及影响聚集的关键因素。

4.5.1 浆料岛和 μ -粗糙度

图 4－16 比较了在各种条件下抛光后测得的熔融石英和磷酸盐玻璃工件的 μ -粗糙度和 AFM2 粗糙度[14,37]。AFM2 粗糙度的增加通常对应于 μ -粗糙度的增加，尽管磷酸盐玻璃和熔融石英的数据差异很大。先前的研究表明，特定的工艺参数，如单颗粒去除性能、浆料 PSD、抛光盘机械性能和抛光盘形貌会影响 AFM2 表面粗糙度。两个粗糙度标度长度之间的弱关联表明，这些参数也会影响 μ -粗糙度。然而，这种大范围影响表明，带来比 AFM2 更大尺度粗糙度的工艺也会影响 μ -粗糙度。

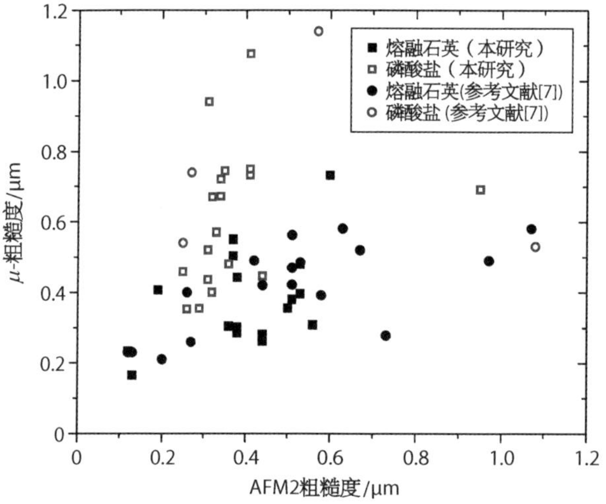

图 4－16 熔融石英和磷酸盐玻璃在各种抛光条件下 AFM2 粗糙度和 μ -粗糙度之间的相互关系。这些抛光过程使用相同的载荷和运动方式（研磨旋转速率）

（资料来源：Suratwala 等人，2017 年[37]。经 John Wiley & Sons 许可复制）

最近的一项抛光研究表明，影响 μ -粗糙度带的现象可以被区分和识别[37]。在熔融石英和磷酸盐玻璃工件上，使用不同 pH 值的各种抛光液进行了一系列全面的抛光实验。图 4－17 显示了产生的去除率、μ -粗糙度和 AFM2 粗糙度。AFM2 粗糙度在很大程度上不随 pH 变化，这表明单个颗粒的去除函数也不随 pH 变化而变化。然而，磷酸盐玻璃工件的 μ -粗糙度显著变化，三种浆料类型的 μ -粗糙度随 pH 线性增加。这一趋势可以从图 4－18 中

相同 z 刻度上显示的磷酸盐玻璃的 AFM2 和 μ -粗糙度图像中展示。与磷酸盐不同的是,熔融石英玻璃的 μ -粗糙度并未随 pH 值或各种浆液而发生系统性变化。有例外情况是,熔融石英上稳定 Hastilite 氧化铈浆料抛光在 pH7 ~ 8 附近显示 μ -粗糙度峰值,这也是传统氧化铈浆料的等电离点(IEP);这与之前关于二氧化铈在其 IEP 附近聚集的报告一致[4,28,38]。

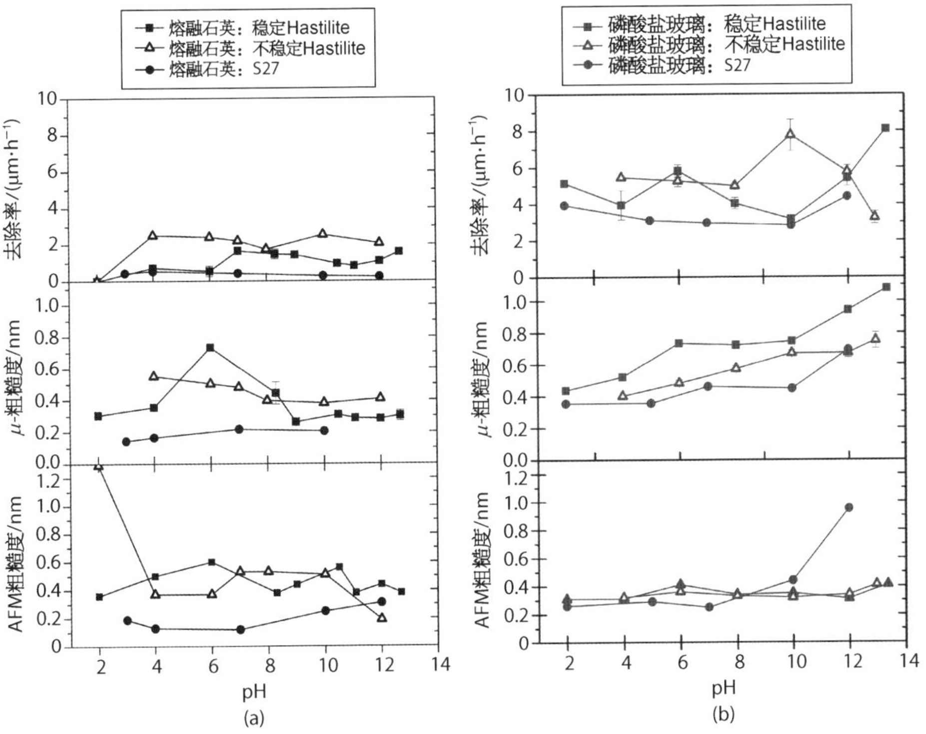

图 4 - 17　抛光液 pH 值对使用各种抛光液的熔融石英玻璃(a)和磷酸盐玻璃(b)的去除率、μ -粗糙度和 AFM 粗糙度的影响

(资料来源: Suratwala 等人,2017 年[37]。经 John Wiley & Sons 许可复制)

测量了用于磷酸盐玻璃低 pH 值和高 pH 值抛光的抛光盘的共聚焦显微图像,发现抛光盘上黏附的浆料的数量和分布存在很大差异(图 4 - 19),尽管表征是在抛光后进行的,但观察到的差异被认为在抛光期间也存在。在磷酸盐玻璃抛光过程中,随着浆料 pH 值的变化,观察到浆料分布发生了很大变化,而在熔融石英玻璃抛光过程中,浆料 pH 值的相同变化对浆料分布影响不大(未显示)[37]。基于这些结果,提出了抛光盘上的浆料附着分布(即浆料岛分布)对工件 μ -粗糙度的影响。

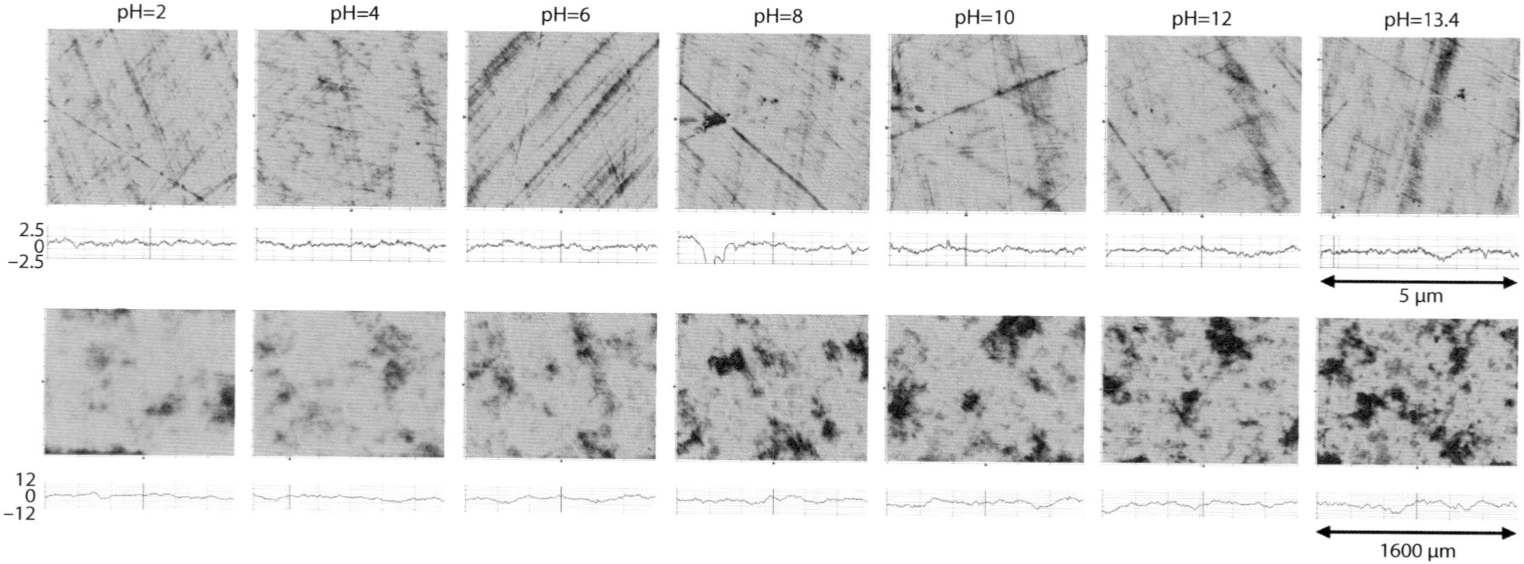

图 4－18 （顶部）在不同 pH 值下用不稳定 Hastilite 氧化铈浆料抛光后磷酸盐玻璃表面的 AFM2 图像（5 μm×5 μm，高度标尺−2.5～2.5 nm）；（底部）在不同 pH 值下用不稳定 Hastilite 氧化铈浆料抛光后磷酸盐玻璃表面的μ-粗糙度图像（800 μm×1 600 μm，高度标尺−12～12 nm）

（资料来源：Suratwala 等人，2017 年[37]。**经 John Wiley & Sons 许可复制）**

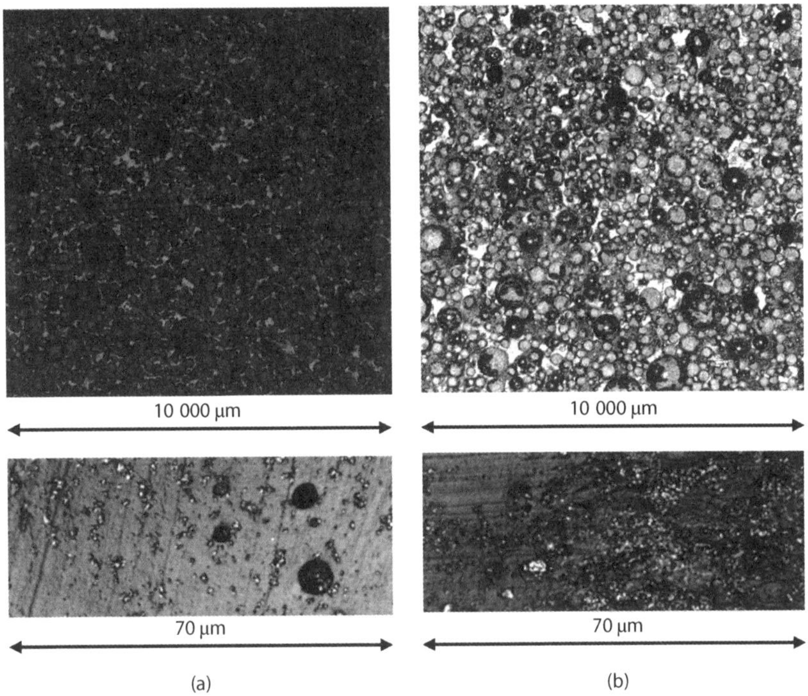

图 4－19　使用 pH＝2（a）和 pH＝13（b）的浆料抛光磷酸盐玻璃后，聚氨酯抛光盘的激光共聚焦显微镜图像

（资料来源：Suratwala 等人，2017 年[37]。经 John Wiley & Sons 许可复制）

利用共聚焦测量数据，确定了抛光盘的浆料岛尺寸分布和高度分布（图 4－20a、b）。在图 4－20a 中，相对高度的零点参考抛光盘的平台。低于零的高度值表示 MHN 抛光盘上的大孔隙，高于零的高度值表示抛光平台粗糙度；或

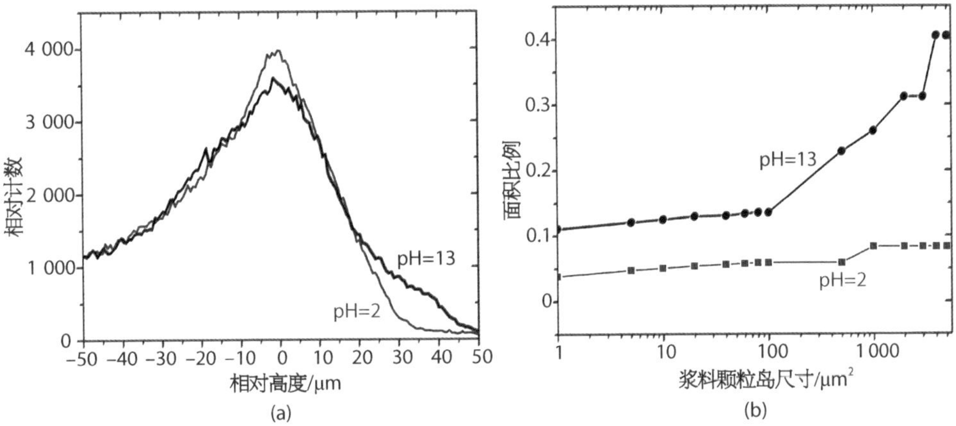

图 4－20　（a）相同抛光盘的抛光盘和浆料堆积的相对高度直方图；（b）相同抛光盘的累积浆料岛面积分布

（资料来源：Suratwala 等人，2017 年[37]。经 John Wiley & Sons 许可复制）

者更重要的是，浆料颗粒的局部堆积。与使用 pH = 2 浆料的抛光盘相比，使用 pH = 13 浆料的抛光盘具有更高的浆料岛(图 4 - 20a)、更大的浆料岛(图 4 - 20b)和更大的抛光盘浆料岛覆盖面积比例(图 4 - 20b)。

在高 pH 值下抛光磷酸盐玻璃时，浆料颗粒优先堆积在抛光盘上(抛光熔融石英时没有堆积)，这可以通过添加玻璃反应产物时浆料颗粒和抛光盘之间的静电相互作用来解释。本节剩余部分将更详细地描述这一现象。

4.5.2 浆料中颗粒的胶体稳定性

众所周知，在胶体化学中，溶液中胶体颗粒或表面的分散或聚集是由其表面电荷通过静电稳定作用决定的[39-40]。颗粒聚集或沉积到表面的倾向取决于许多因素，包括吸附质和表面化学(即表面电荷)、周围介质的 pH 值以及离子强度和外来物质(例如阳离子、阴离子)的浓度。Derjaguin - Landau - Verwey - Overbeek(DLVO)理论可用于描述各种溶液条件下的胶体稳定性，考虑静电斥力和范德华引力[41]。如图 4 - 21 所示，其中两个带负电的粒子被一团正离子所包围。由此产生的作用力如图 4 - 21 底部所示，两个球形胶体颗粒之间的相互作用能 (W_t) 可表示为

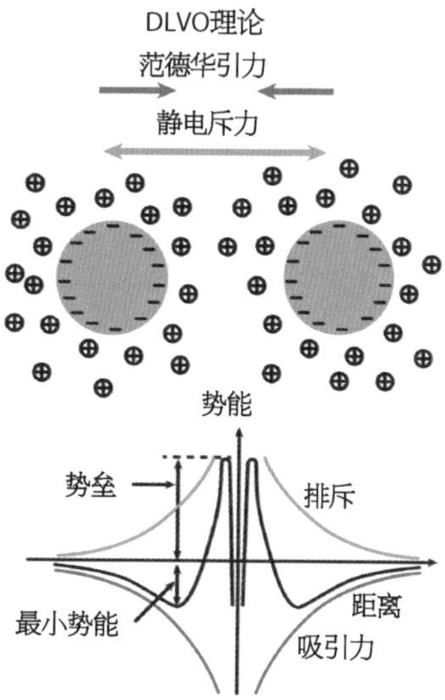

图 4 - 21 DLVO 理论描述两个球形胶体粒子之间排斥力和吸引力的示意图

(资料来源: http://soft-matter.seas.harvard.edu/index.php/DLVO_theory)

$$W_t = \frac{rZ}{2}e^{-\kappa z} + \frac{-A_H r}{12z} \tag{4-5}$$

式中，r 为粒子半径；κ 为德拜长度的倒数；A_H 为 Hamaker 常数；z 为粒子之间的距离；Z 为相互作用常数。第一项表示双电层相互作用，第二项表示范德华相互作用。德拜长度的倒数由下式给出：

$$\kappa = \left(\frac{2n_o z_c^2 e_{el}^2}{\varepsilon_4 \varepsilon_o k_b T}\right)^{1/2} \tag{4-6}$$

式中，n_o 为反离子浓度；z_c 为反离子的价态；e_{el} 为电子电荷(-1.602×10^{-19} C)；ε_4 为液体介质的介电常数；ε_o 为真空中的介电常数(8.854×10^{-12} F · m^{-1})；k_b 为玻尔兹曼常数(1.38×10^{-23} J · K^{-1})；T 为温度。相互作用常数 (Z) 由下式给出：

$$Z = 64\pi\varepsilon_3\varepsilon_o\left(\frac{k_bT}{ze_{el}}\right)^2\tanh^2\left(\frac{z_ce_{el}\Psi}{4k_bT}\right) \tag{4-7}$$

式中，ε_3 为胶粒的介电常数；Ψ 为斯特恩电位，通常近似于测量的 zeta 电位。Hamaker 常数由下式给出：

$$A_H = \frac{3}{4}k_bT\left(\frac{\varepsilon_3-\varepsilon_4}{\varepsilon_3+\varepsilon_4}\right)^2 + \frac{3hv_e}{16\sqrt{2}}\frac{(n_3^2-n_4^2)^2}{(n_3^2+n_4^2)^{2/3}} \tag{4-8}$$

式中，n_3 为胶体颗粒的折射率；n_4 为液体介质的折射率；v_e 为电子吸收频率（$3.1\times10^{15}\ s^{-1}$）；h 为普朗克常数（6.626×10^{-34} J·s）。

从 DLVO 模型的应用来看，一些可应用于抛光液胶体稳定性的一般趋势是显而易见的，包括：① 电位 Ψ（zeta 电位）的增加（通常由 pH 值相对于材料的 IEP 进行调整）会使胶体稳定性提高，防止团聚；② 反离子浓度（n_o）增加则导致更大的团聚倾向。图 4－22 说明了后者，显示了在不同盐浓度的 NaCl 供应反离子时，胶体二氧化硅浆料的相互作用能计算值。增加 NaCl 浓度会降低相互作用能。注意，负值表示吸引，正值表示排斥。

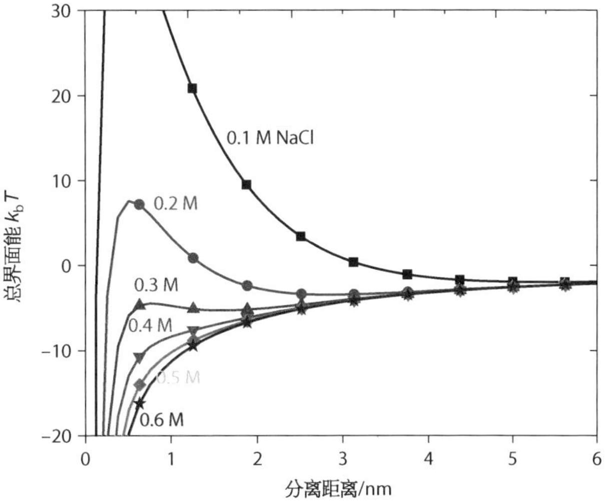

图 4－22　用 DLVO 模型计算了不同 NaCl 浓度下 pH 为 8 的 100 nm二氧化硅颗粒的相互作用能与分离距离

（资料来源：Dylla Spears 等人，2017 年[42]。经 Elsevier 许可复制）

在抛光过程中，不仅要考虑胶体颗粒之间的静电相互作用，还要考虑颗粒、工件表面和研磨表面之间的静电相互作用。Cumbo 等人[28]阐述了工件的 IEP 和浆料 pH 值之间的相对差异如何影响抛光过程中的最终工件粗糙度（图 4－23），两者都会影响表面电荷。

粒子或平面上的表面电荷可通过测量其 zeta 电位来确定[39]。对于相关的抛光系统，已测量了浆料颗粒、抛光盘和各种工件的 zeta 电位是 pH 值的函数，如图 4－24[4,28,37]所示。胶体二氧化硅（S27）和稳定 Hastilite 氧化铈浆料颗粒的 IEP 均较低（~2），而不稳定 Hastilite PO 氧化铈的 IEP 为 10（图 4－24a）。固体

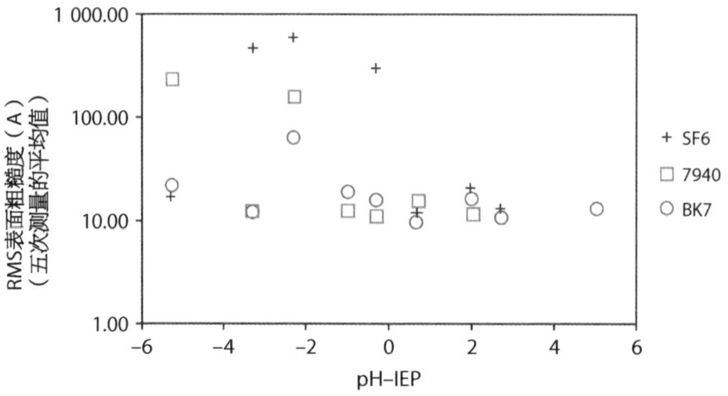

图 4-23 各种抛光玻璃粗糙度与抛光液 pH 值和 IEP 之间差异的关系

（资料来源：Cumbo 等人，1995 年[28]。经光学学会许可复制）

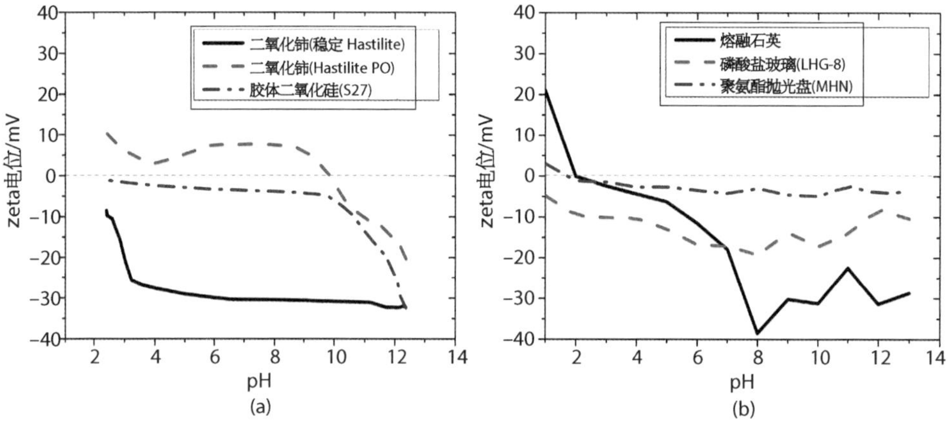

图 4-24 各种浆料(a)和衬垫(b)与工件 zeta 电位的测量值，作为 pH 值的函数

（资料来源：Suratwala 等人，2017 年[37]。经 John Wiley & Sons 许可复制）

表面如熔融石英玻璃、磷酸盐玻璃和聚氨酯 MHN 垫的 IEP 较低，在较高 pH 值下具有不同程度的负电荷（图 4-24b）。

4.5.3 抛光界面处的玻璃抛光生成物堆积

对于熔融石英和磷酸盐玻璃，观察到的 μ-粗糙度表现出与抛光 pH 值之间的巨大差异表明工件成分会影响 μ-粗糙度（图 4-17）。有研究者提出，在抛光界面添加玻璃抛光生成物会改变浆料颗粒的静电特性，从而影响浆料颗粒在抛光盘上的空间分布[37]。先前的研究表明，抛光过程中的玻璃去除可以发生在 10^{-10} m 量级（如 Cook[4] 通过缩合和水解反应提出的化学齿机制）或纳米量级

(通过纳米塑性变形)[3,14]。图 1-8 阐明了这些机制。对于熔融石英玻璃,预期的抛光副产品是 $Si(OH)_4$(硅酸),对于典型的偏磷酸盐玻璃,主要副产品是来自 K_3PO_4 的溶解磷酸盐离子[43]。

在典型的抛光系统中,与去除的玻璃量相比,浆料的体积较大;因此,浆料中玻璃副产物的总体浓度相对较低。然而,在抛光界面处,当界面间隙较小且伴随的界面浆料体积较小时,可能会出现更高浓度的玻璃抛光生成物或玻璃抛光生成物堆积。通过简单分析可以得到玻璃抛光生成物浓度的估计值,其中玻璃抛光生成物引入固定界面抛光体积的速率是在单次通过工件的过程中计算出来的[37]。从工件上去除的玻璃抛光生成物的摩尔通量(J_{gp})由下式给出:

$$J_{gp} = \frac{dh}{dt}\frac{\rho_1}{MW_{gp}} \tag{4-9}$$

式中,dh/dt 为厚度抛光去除率;ρ_1 为工件玻璃密度;MW_{gp}为玻璃抛光生成物的分子量。熔融石英玻璃抛光产物的估计产量(使用 $dh/dt \sim 1\ \mu m \cdot h^{-1}$, $\rho_1 = 2.2\ gm \cdot cm^{-3}$, $MW_{gp} = 96\ gm \cdot mol^{-1}$)是 $6.4 \times 10^{-6}\ mol \cdot m^{-2} \cdot s^{-1}$;对于磷酸盐玻璃产物(使用 $dh/dt \sim 5\ \mu m \cdot h^{-1}$, $\rho_1 = 2.6\ gm \cdot cm^{-3}$, $MW_{gp} = 212\ gm \cdot mol^{-1}$),为 $17 \times 10^{-6}\ mol \cdot m^{-2} \cdot s^{-1}$。假设玻璃副产物在抛光盘凹槽之间堆积,孔隙中几乎没有混合,如图 7-16 中抛光盘表面所示,则界面处的玻璃产物摩尔浓度(M_{gp})为

$$M_{gp} = J_{gp}\frac{d_g}{g_p v_r} \tag{4-10}$$

式中,d_g 为凹槽之间的间距;g_p 为界面间隙;v_r 为工件和抛光盘之间的相对速度。使用先前计算的 g_p 界面间隙值(抛光盘粗糙度压缩后)~10 μm[14,37],$d_g = 1\ cm$, $v_r = 0.16\ m/s$,界面处的估计摩尔浓度对于 $Si(OH)_4$ 玻璃抛光生成物为 0.04 M,对于 K_3PO_4 玻璃抛光生成物为 0.11 M。

为了模拟抛光界面的化学环境,添加/暴露了由磷酸玻璃的替代物 K_3PO_4 和熔融石英的 $Si(OH)_4$ 组成的玻璃产物,其浓度接近上述浆料、抛光盘和工件组合的计算浓度[37]。然后,确定它们对 zeta 电位的影响,如图 4-25a~d 所示。将 K_3PO_4 添加到稳定 Hastilite 氧化铈颗粒中显著增加了 zeta 电位(即使其变为正),对所有测量 pH 值下的 pH 值几乎没有影响(图 4-25a)。然而,添加 $Si(OH)_4$ 后,zeta 电位基本没有变化,pH 值略有变化(图 4-25b)。在磷酸盐玻璃和聚氨酯衬垫表面添加 K_3PO_4 导致 zeta 电位的变化相对较小(图 4-25c、d)。

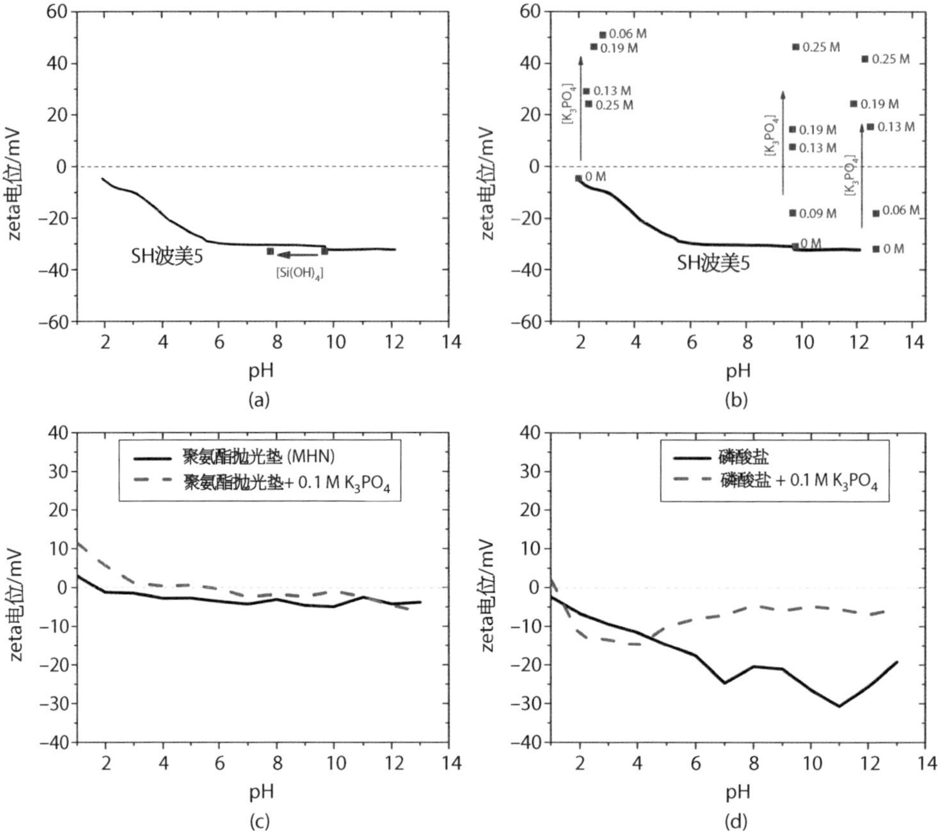

图 4-25　(a) 稳定 Hastilite 浆料的 zeta 电位与 pH 值和添加磷酸盐玻璃的玻璃产物替代物 K_3PO_4 的函数关系；(b) 稳定 Hastilite 浆料的 zeta 电位随 pH 值和玻璃产物替代物 $Si(OH)_4$ 的添加而变化。磷酸盐玻璃 (c) 和聚氨酯垫 (d) 的 zeta 电位与 pH 值和添加磷酸盐玻璃的玻璃产物替代物 K_3PO_4 的函数关系

(资料来源：Suratwala 等人,2017 年[37]。经 John Wiley & Sons 许可复制)

4.5.4　抛光界面处的三种力

在抛光界面上,三个主要物质(浆料颗粒、工件表面和抛光盘表面)之间存在静电相互作用。三个物质的表面电荷和它们之间产生的力取决于物质的组成和水介质的化学性质。基于成熟的 DLVO 理论[41,44]描述了粒子和平面的双电层,可以计算物质之间的相互作用力[37,41]。两个物质之间的力 (F_{ij}),例如不同半径的球体或球体与平面之间的力 (F_{ij}),可以使用德加金近似[45-46]进行近似,该近似具有以下分析形式：

$$F_{ij} \approx 4\pi\varepsilon_r\varepsilon_o\kappa\left(\frac{r_i r_j}{r_i + r_j}\right)\Psi_i\Psi_i e^{-\kappa z} \tag{4-11}$$

式中，下标 i 和 j 表示两个评估实体；ε_r 为浆料溶液的介电常数；ε_o 为真空中的介电常数（8.854×10^{-12} F·m^{-1}）；r 为目标物体的表面半径；z 为两个表面之间的平均分离距离；κ 为德拜-休克尔参数；Ψ 为相关表面的表面电势。

使用测量的表面电位 Ψ 的 zeta 电位（图 4－25），ε_r = 78（水），z = 10 nm，$\kappa\sim30$ nm^{-1}，图 4－26 给出了各种物体之间力的估计值，即粒子-粒子、粒子-工件和粒子-抛光盘[37]。对于玻璃抛光生成物（实线）和无玻璃抛光生成物（虚线），以及使用稳定 Hastilite 氧化铈浆料抛光磷酸盐玻璃的特定情况，作用力显示为 pH 值的函数。如果没有玻璃抛光生成物，高 pH 值时，所有三个物质都会相互排斥，每个物质都带有很大的负电荷。在低 pH 值下，三个物质基本上都是中性的，其可能导致靠近 IEP 的吸引力较弱。然而，随着玻璃抛光生成物（K_3PO_4）的添加，颗粒的 zeta 电位从很强的负电变为很强的正电，导致高 pH 值下颗粒-抛光盘和颗粒-工件的吸引力较强，而低 pH 值下的吸引力较弱（图 4－26 的实线）。添加玻璃产物后，这些计算结果与在高 pH 值下使用磷酸盐玻璃在抛光盘上观察到的浆料大量增加是一致的，如图 4－19 所示。

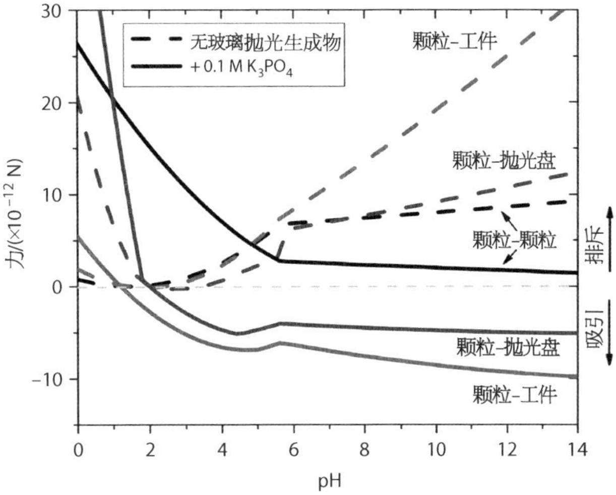

图 4－26　使用方程（4－12）计算了使用和不使用抛光磷酸盐玻璃（含稳定 Hastilite）时的颗粒-颗粒、颗粒-抛光盘、颗粒-工件力

（资料来源：Suratwala 等人，2017 年[37]。经 John Wiley & Sons 许可复制）

总之，作为 pH 值的函数，大空间尺度（微米至毫米）下的浆料界面相互作用已被证明会影响 μ-粗糙度。抛光磷酸盐玻璃时 μ-粗糙度大的变化以及熔融石英玻璃中 μ-粗糙度的这种微变化证明了这一点，尽管 AFM 粗糙度变化不大。同一系列结果还显示，磷酸盐玻璃抛光时附着在抛光盘表面的浆料分布也发生相应较大的变化，而硅玻璃抛光时则没有。加入玻璃抛光生成物后，浆料颗粒和抛光盘表面之间的静电相互作用的变化可以解释磷酸盐玻璃和熔融石英的这种变化。第 4.7.2 节中的岛分布间隙（IDG）模型将描述因浆料空间分布变化引起的粗糙度变化的定量模拟。

4.6 浆料再沉积

除了影响研磨垫上存在的岛状结构和影响工件表面粗糙度的浆料界面相互作用外,浆料颗粒可直接重新沉积在工件表面,影响其表面粗糙度。如第 3.2 节所述,这种再沉积影响也可归类为表面质量指标。受上述类似静电相互作用的影响,工件和抛光颗粒上的表面电荷可能决定沉积程度。一般规则是,为了获得表面之间的强排斥,pH 条件应远离所涉及两种物质的 IEP。即使颗粒和工件具有相似的电荷,浆料颗粒沉积的倾向仍然存在。在 Dylla Spears 等人[42]的详细研究中,检查了二氧化硅浆料颗粒在各种工件表面上的沉积情况。在没有表面活性剂或有机改性剂的情况下,使用具有耗散监测功能的石英晶体微天平(QCM)在不同悬浮条件下原位监测吸附。表面覆盖率随颗粒浓度、颗粒大小、pH 值、离子强度和离子组成的变化进行了测量。图 4-27 和图 4-28 中给出了一个示例,其中显示了二氧化硅-浆液颗粒浓度对二氧化硅表面沉积速率的影响,即石英晶体随时间的频率响应,以及通过 AFM 测量的颗粒沉积平衡后的相应表面单层覆盖率。

已经开发了一个简单的蒙特卡罗模型来描述粒子沉积动力学[42]。在该模

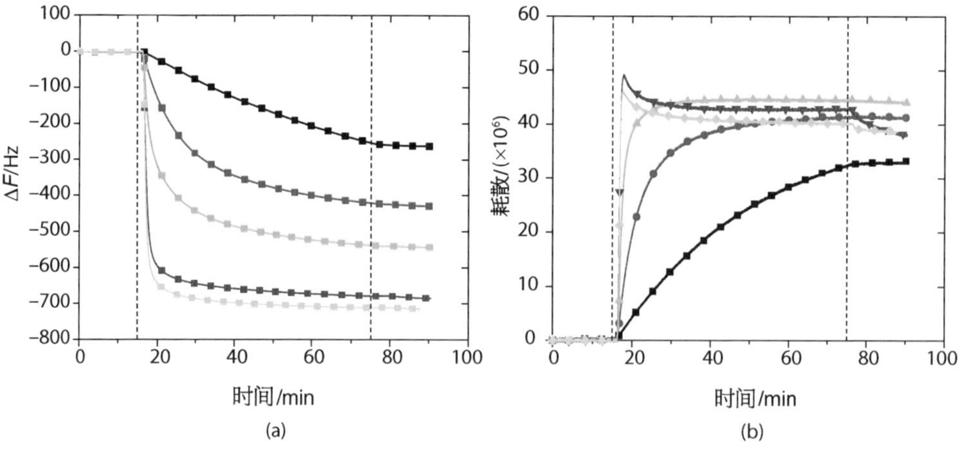

图 4-27 沉积在二氧化硅涂层 QCM 传感器上的含有 0.5 M NaCl 和不同浓度 100 nm 二氧化硅颗粒(pH8)的水悬浮液的代表性 QCM 频率响应(三次谐波)(a)和相应的 QCM 耗散响应(三次谐波)(b)。正方形代表 0.053 nM;圆形,0.53 nM;向上三角形,2.65 nM;向下三角形,5.3 nM;金刚石,13.25 nM。两个图中的垂直虚线表示引入颗粒悬浮液和重新引入 0.5 M NaCl 背景溶液的时间

(资料来源:Dylla Spears 等人,2017 年[42]。经 Elsevier 许可复制)

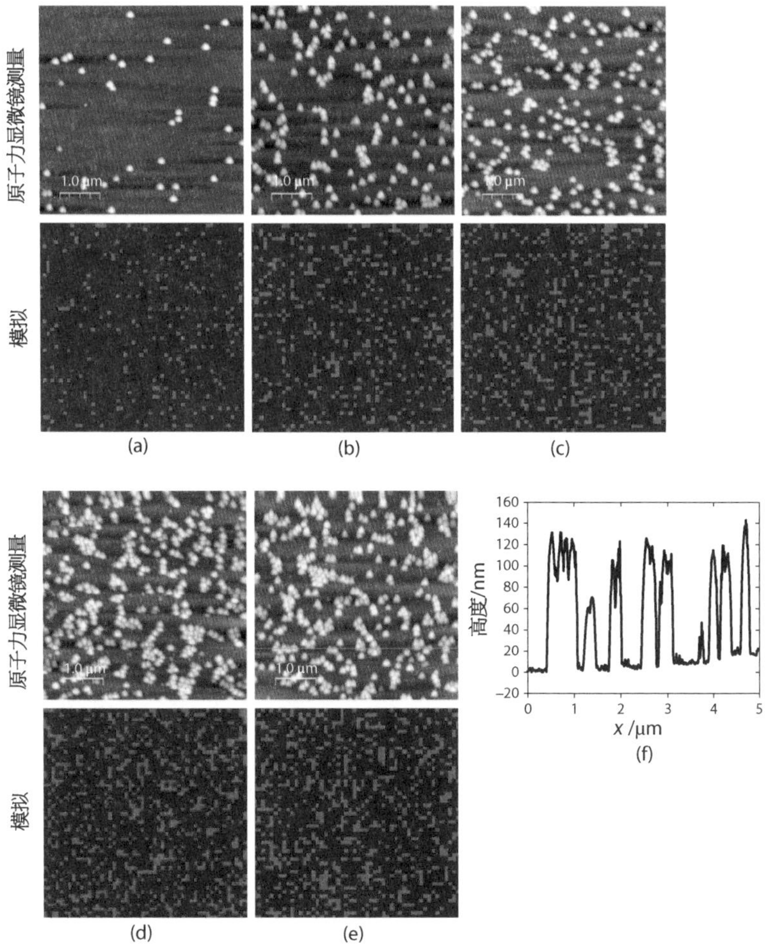

图 4-28　从含有 0.053 nM(a)、0.53 nM(b)、2.65 nM(c)、5.3 nM(d)和13.25 nM(e)二氧化硅颗粒的悬浮液中吸附 100 nm 二氧化硅颗粒后，二氧化硅涂层 QCM 传感器表面的典型 5 μm×5 μm AFM 图像(顶行)。底行：每个实验的蒙特卡罗模拟结果。(f) AFM 图像(e)中显示的横线高度剖面

(资料来源：Dylla Spears 等人，2017 年[42]。经 Elsevier 许可复制)

型中，悬浮液中到达表面的颗粒具有一定的吸附概率，并且已经吸附在表面上的颗粒可以固定速率解吸。该模型假设，一旦表面位置被填充，它就不再能用于进一步吸附(仅单层吸附)。填充比例(f)是表面上吸附颗粒数量与表面上可能位置总数的比率。填充比例的变化速率为

$$\frac{\mathrm{d}f}{\mathrm{d}t} = p_{\mathrm{ad}}J_{z}A_{s}(1 - f) - vf \tag{4-12}$$

式中，J_z 为粒子在表面上的流量(粒子/面积-时间)；p_{ad} 为入射粒子吸附到表面的概率；v 为被吸附粒子的解吸速率；以及 A_s 为单个表面位置的面积；J_zA_s 为每

单位时间内入射到表面上的粒子数。在平衡状态下，表面填充比例不再随时间变化，可用以下表达式描述：

$$f_{\infty} = \frac{1}{1 + \frac{v}{p_{\mathrm{ad}} J_z A_s}} \tag{4-13}$$

在模拟中，通过对时间增量 Δt 的反复积分方程(4－12)，以及流量给出的入射粒子数和解吸率给出的去除粒子数，确定表面填充比例作为时间的函数。当填充分数较低时，初始沉积速率由沉积流量(即净吸附入射流量 $p_{\mathrm{ad}} J_z A_s$)决定。平衡时的最终填充分数取决于解吸速率与沉积流量之比。两个参数独立调整，以便更好拟合实验数据。图4－28中该简单动力学模型与实验数据进行了很好的比较[42]。

此外，通过使用抛光方法有意使QCM传感器表面粗糙化，在不同的空间尺度上研究了熔融石英工件表面粗糙度对颗粒吸附趋势的影响[42]。发现AFM尺度下工件表面均方根粗糙度从1.3 nm变化到2.7 nm，导致50 nm直径的二氧化硅颗粒吸附量增加3倍，100 nm直径的二氧化硅颗粒吸附量增加1.3倍，远超过仅通过改变悬浮条件观察到的吸附量，该实验的结果如图4－29所示。假设较粗糙的表面含有较高的能量区域，导致更大的颗粒吸附趋势。这种现象与已知粗糙度的表面上晶体的优先异相成核或液体优先凝聚现象相同[47-48]。这些结果还表明，在抛光过程中改善工件的表面粗糙度有助于降低颗粒沉积到表面的趋势，从而降低表面粗糙度并改善表面质量。

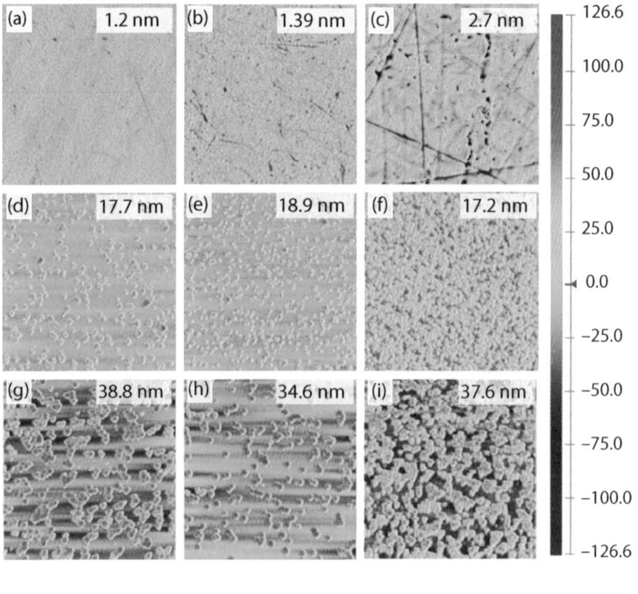

图4－29 典型的5 μm×5 μm AFM扫描图像，显示二氧化硅涂层QCM传感器表面的高度图。从左至右各列：接收时，30T粗砂粗磨，氧化铈浆料抛光。每列不代表相同区域的重复扫描。传感器表面在QCM吸附实验之前(a～c)，在pH值为8的0.5 M NaCl中悬浮的21.1 nM 50 nm二氧化硅颗粒吸附之后(d～f)，在pH值为8的0.5 M NaCl中悬浮的5.3 nM 100 nm二氧化硅颗粒吸附之后(g～i)。相应的均方根粗糙度显示在每张图像中。彩色刻度从－125 nm至＋125 nm

(资料来源：Dylla Spears等人，2017年[42]。经Elsevier许可复制)

4.7　预测粗糙度

在微观层面上，决定工件表面粗糙度的材料去除量和形貌变化通常基于赫兹接触力学来描述浆料颗粒与工件之间的相互作用[4,14-15,29-30,49]。利用这种形式，每个滑动抛光颗粒和工件表面之间的机械载荷和接触区决定了去除量及其形状。因此，观察到的整体宏观材料去除率和表面粗糙度是与工件表面相互作用的每个粒子的去除率和形貌变化的总和。本章中的讨论实质上是从微观角度推导方程(1－3)和方程(2－2)中给出的普雷斯顿整体材料去除率方程。由于相同的赫兹力学不仅影响表面粗糙度，而且影响材料去除率，因此本章为第 5 章中材料去除率的讨论提供了基础。

有许多微观力学模型描述抛光过程中的材料去除[2,29-30,37,50-56]。Luo 和 Dornfeld[29-30]引入了活性和非活性粒子的概念，其中只有较大的活性粒子对工件加载并导致材料去除。该模型后来通过考虑黏附力和塑性变形扩展了赫兹接触模型[54]。这些方法还考虑了抛光盘粗糙度(通常称为抛光盘微凸体)和硬度，以及浆料的 PSD。大多数方法的重点主要是理解和预测平均材料去除率，而不是表面粗糙度[55-56]。

在下面的讨论中，在两个空间尺度上描述了一对基于接触力学的模型，这些模型同时提供了工件表面粗糙度和材料去除率的基本见解和可预测性[2,14,37]。在粒径尺度(<10 μm)下，集成赫兹多间隙模型预测 AFM 粗糙度[2]。在浆料岛尺度(>10 μm)下，IDG 预测 μ-粗糙度[37]。这对模型的输入包括浆料粒度分布、岛粒度分布、颗粒或岛的去除函数、抛光盘形貌以及工件、抛光盘和浆料颗粒的机械特性。

4.7.1　集成赫兹多间隙(EHMG)模型

EHMG 抛光盘抛光模型的示意图如图 4－30 所示。模量为 E_2 和泊松比为 ν_2 的抛光盘，具有被模量 E_1 和泊松比 ν_1 的工件压缩的一系列高度分布 $f_{pad}(h)$ 的微凸体，在施加载荷 P 或压力下 σ_o，其中，存在模量 E_3，泊松比 ν_3 和粒度分布 $f(r)$ 的浆料颗粒。使用多赫兹粒子接触概念，确定界面处每个粒子的接触特性-载荷、接触区和弹性穿透。工件相对于最高凸起穿透距离 h_f，如图 4－30 顶

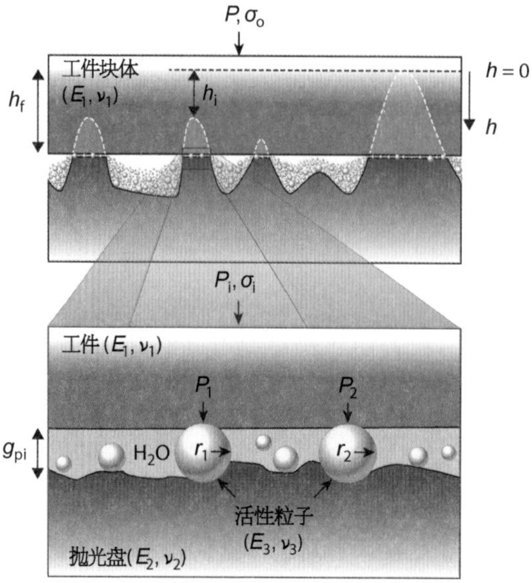

图 4-30 EHMG 抛光盘抛光模型示意图

（资料来源：Suratwala 等人，2016 年[2]。经 John Wiley & Sons 许可复制）

部所示。同时，每个抛光盘凸起 i 被压缩 $h_f - h_i$ 的距离，从而为每个抛光盘凸起产生唯独特一的界面间隙 g_{pi}（图 4-30 底部）。考虑到浆料 PSD $f(r)$ 和抛光盘形貌 $f_{pad}(h)$，使用两个系列的机械负载平衡来确定每个凸起的整体抛光盘压缩 h_f 和界面间隙 g_{pi}。求解 h_f 可以确定每个抛光盘凸起上的载荷，求解 g_{pi} 可以确定界面处每个粒子上的载荷。在其他一些模型中，间隙称为工件-抛光盘界面处的膜厚度[10]。施加的载荷仅由界面粒子总数的一小部分承担，称为活性粒子，由界面处的平衡间隙 g_{pi} 确定。换言之，小于间隙的颗粒或非活性颗粒不会受到机械加载，也不会参与工件的去除。

与任何模型一样，为了简化分析，需要做出一些关键假设。首先，假设所有粒子都是球形的。其次，此处认为流体流动在很大程度上可以忽略不计，即在接触模式下运行(图 2-5)。最后，颗粒作为单层分布在工件-抛光盘界面上。实际上，粒子很可能是堆叠的，这意味着一些较小的粒子堆叠被加载，从而减少较大粒子上的负载。下一节的 IDG 模型，将会在更大的空间尺度上考虑堆叠。

随后的 EHMG 模型描述分为以下步骤：

(1) 第 4.7.1.1 节：确定抛光盘偏差 h_f 和产生接触的抛光盘面积比例 f_A。

(2) 第 4.7.1.2 节：凸起应力分布 σ_i、界面间隙分布 g_{pi}、每粒子负载分布 $P(r, g)$ 和活性粒子比例 f_r 的确定。

(3) 第 4.7.1.3 节：单颗粒去除函数和每颗粒载荷分布的相关性。

(4) 第 4.7.1.4 节：使用蒙特卡罗抛光模拟确定工件表面粗糙度。

4.7.1.1 抛光盘偏差和接触抛光盘面积的比例

使用简单的负载平衡[2]，工件上施加的压力 σ_o 通过以下公式给出的抛光盘弹性响应进行平衡：

$$\sigma_o = E_2\int_0^{h_f} f_{pad}(h)\frac{(h_f - h)}{t_2}dh \tag{4-14}$$

式中，t_2 为初始空载抛光盘厚度。方程(4－14)可通过数值求解来确定 h_f，从而确定抛光盘接触比例 f_A，

$$f_A = F_{pad}(h_f) = \int_0^{h_f} f_{pad}(h)\,dh \tag{4-15}$$

式中，$F_{pad}(h_f)$ 为 h_f 处抛光盘形貌的累积高度分布。

4.7.1.2　凸起应力、界面间隙、载荷/颗粒分布和活性颗粒比例

平衡衬垫压缩 h_f 时，每个衬垫凸起高度 h_i 上的应力为

$$\sigma_i = \frac{h_f - h_i}{t_2}E_2 \tag{4-16}$$

浆料颗粒携带的每个抛光盘凸起高度 h_i 上的应力确定为

$$\sigma_i = N_T\int_{g_{pi}/2}^{\infty} 2f(r)P(r,\ g_{pi})\,dr \tag{4-17}$$

式中，N_T 为颗粒的面密度；$P(r,\ g_{pi})$ 为给定颗粒在给定粗糙度间隙 g_{pi} 和半径 r 上的载荷，确定为

$$P(r,\ g_{pi}) = \frac{4}{3}E_{eff}\sqrt{r\,(2r - g_{pi})^3} \tag{4-18}$$

式中，E_{eff} 为该三体系统的有效模量，描述为[19]

$$E_{eff} = \frac{E_{13}E_{23}}{(E_{13}^{2/3} + E_{23}^{2/3})^{3/2}} \tag{4-19}$$

$$E_{13} = \left(\frac{(1-\nu_1)^2}{E_1} + \frac{(1-\nu_3)^2}{E_3}\right)^{-1} \tag{4-20}$$

$$E_{23} = \left(\frac{(1-\nu_2)^2}{E_2} + \frac{(1-\nu_3)^2}{E_3}\right)^{-1} \tag{4-21}$$

式中，E_{13} 为工件-浆料颗粒界面处的复合模量；E_{23} 为抛光盘-浆料颗粒界面处的复合模量[2,14]。

在使用方程(4－16)和(4－17)计算每个凸起 g_{pi} 处的间隙后，可以使用方程(4－18)确定每个活性粒子上的载荷。利用赫兹接触力学，每个浆料颗粒进入工件和抛光盘的穿透深度和接触区可确定为

$$d_t(r,\ g_{pi}) = \left(\frac{3P(r,\ g_{pi})}{4E_{eff}\sqrt{r}}\right)^{2/3} \tag{4-22}$$

$$d_{13}(r,\ g_{pi}) = d_t(r,\ g_{pi})\left(\frac{E_{eff}}{E_{13}}\right)^{2/3} \tag{4-23}$$

$$d_{23}(r,\ g_{pi}) = d_t(r,\ g_{pi})\left(\frac{E_{eff}}{E_{23}}\right)^{2/3} \tag{4-24}$$

$$a_{13}(r,\ g_{pi}) = \sqrt{rd_{13}(r,\ g_{pi})} \tag{4-25}$$

$$a_{23}(r,\ g_{pi}) = \sqrt{rd_{23}(r,\ g_{pi})} \tag{4-26}$$

式中，d_t 为颗粒进入工件和抛光盘的总穿透深度；d_{13} 和 a_{13} 为进入工件的穿透深度和接触半径；d_{23} 和 a_{23} 为进入抛光盘的穿透深度和接触半径[14]。

由图 4-30 及等式(4-17)可得，不同初始高度的抛光盘凸起受到不同程度的压缩，从而产生不同的凸起载荷。界面间隙由颗粒所承载的载荷决定，参见式(4-18)，随着载荷的增加，间隙变小。从方程(4-17)中可以明显看出，当颗粒完全嵌入抛光盘时(即当间隙接近零时)，颗粒可以承载其最大载荷。如果凸起上的总载荷大于该最大值，则剩余载荷由抛光盘直接承载且不会导致材料去除。这是在高载荷下宏观普雷斯顿方程[方程(1-3)]表现的偏差来源。

4.7.1.3 单颗粒去除函数和每颗粒负荷分布

如第 4.1 节所述，图 4-8 显示了使用氧化铈在熔融石英、硼硅酸盐和磷酸盐玻璃上抛光的单颗粒去除函数，图中显示的是去除深度与每颗粒负荷的对数曲线图。在低于 10^{-8} N 的极低载荷下，预计颗粒不会与工件表面相互作用，也不会发生去除。10^{-8} ~ 10^{-6} N 的中间负荷下，根据玻璃类型，材料通过化学反应发生去除，平均去除深度为 10^{-10} m 量级。最后，当载荷大于 10^{-6} N 时，在纳米范围内通过纳米塑性变形进行去除，去除深度随载荷和玻璃类型而变化。如果颗粒在纳米塑性区域移除材料，这将导致比在化学区域移除材料更高的粗糙度。注意，在塑性状态下，各种玻璃的去除深度存在相当显著的差异：熔融石英为 0.55 nm，硼硅酸盐玻璃为 0.85 nm，磷酸盐玻璃为 3.0 nm[3]。

在图 4-8 中，使用 EHMG 模型计算的具有不同 PSD 的三种浆料的单颗粒负荷分布与去除函数重叠[2]。如图 4-10 所示，PSD 尾端的变化导致单粒子负载分布的巨大差异。窄分布的 PSD 浆料(NanoArc 6450；d_{PSD} = 0.15 μm) 比宽分布浆料(不稳定的 Hastilite；d_{PSD} = 0.92 μm) 的单粒子负载分布更低。也发现抛光盘形貌、玻璃类型和浆料浓度对单粒子负载分布的影响较弱[2]。

4.7.1.4　蒙特卡罗工件粗糙度模拟

通过确定抛光界面处每个浆料颗粒的接触特性和材料去除量的既定公式，可以执行下一步的模拟抛光工件表面。使用蒙特卡罗方法，从浆料 PSD $f(r)$ 中选择浆料颗粒，对应从垫高分布 $f_{pad}(h)$ 中选择的垫高，并在定义的微观窗口内随机放置在初始平坦工件的表面上[2]。浆料颗粒的线密度由 $N_t^{1/2}$ 表示，其中 N_t 是界面处颗粒的面密度。

每个放置的粒子在工件表面上以随机选择的方向创建一个沟槽。滑动颗粒形成的沟槽宽度由接触区 $2a_{13}$ 给出，参见式(4－25)。去除深度由去除函数和方程(4－18)中的每粒子载荷 $P(r, g_{pi})$ 给出，如图 4－8 所示。对大量粒子重复该过程，直到工件表面粗糙度稳定。在已经粗糙的表面上形成新的抛光沟槽是通过承认大颗粒无法到达狭窄沟槽底部这一事实来处理的；换言之，在该位置的材料去除会减少。

将 AFM 粗糙度空间尺度为 5 μm×5 μm 的一些模拟抛光表面与图 4－31~图 4－33 所示不同抛光参数组的实验数据进行比较。其中，图的顶部显示测量的粗糙度，底部显示相应的模拟表面[2]。

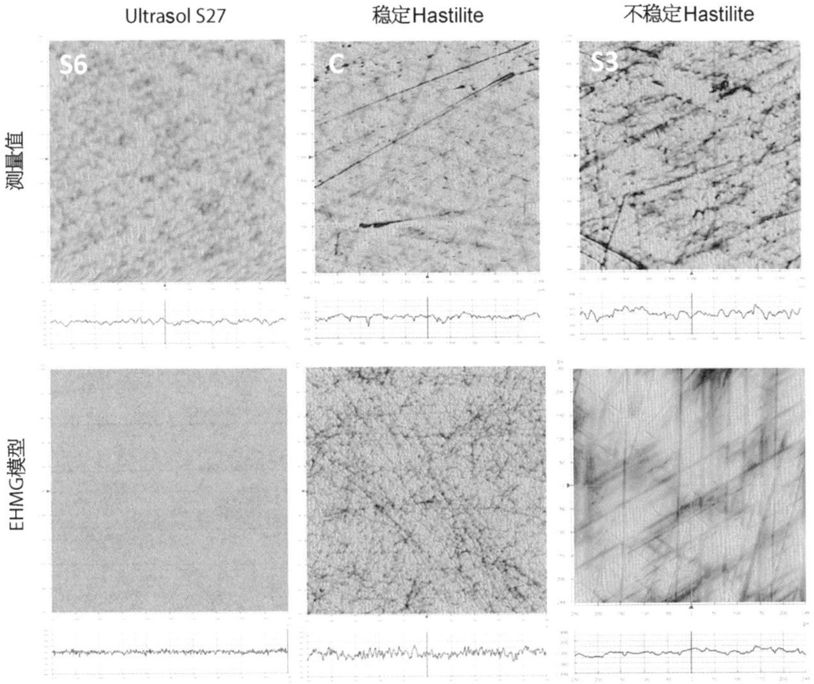

图 4－31　浆料 PSD 系列中选定样品的测量 AFM 粗糙度(5 μm×5 μm)与 EHMG 模型模拟的比较

(资料来源：Suratwala 等人，2016 年[2]。经 John Wiley & Sons 许可复制)

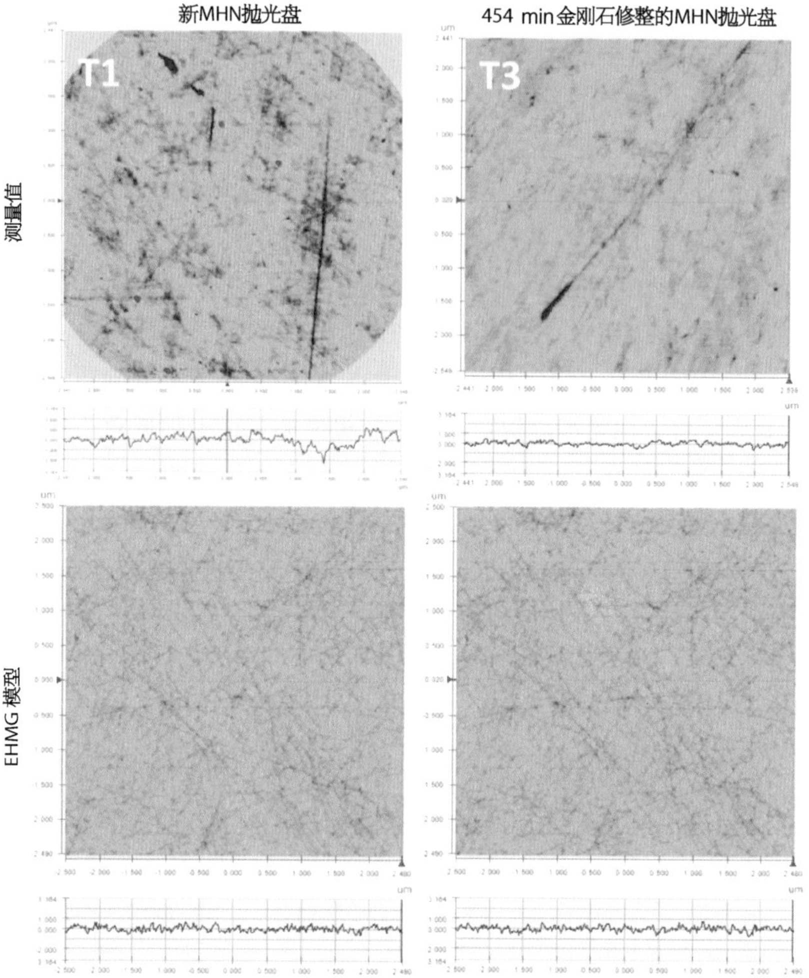

图 4-32 测量的 AFM 粗糙度(5 μm×5 μm)与抛光盘形貌系列中选定样品的 EHMG 模型模拟的比较

(资料来源：Suratwala 等人,2016 年[2]。经 John Wiley & Sons 许可复制)

图 4-31 比较了浆料 PSD 的影响,从实验结果可以明显看出,PSD 加宽会导致工件表面粗糙度增加。相应的蒙特卡罗模拟显示出类似的趋势。粗糙度的增加源于浆料 PSD 的变化影响每颗粒分布的载荷(图 4-8)。与化学反应相反,PSD 较宽的浆料通过纳米塑性机制导致颗粒去除材料的比例增加。由于 $d_p > d_m$,因此抛光 AFM 表面粗糙度增加[2]。

图 4-32 比较了抛光盘形貌的影响。从实验上看,工件表面粗糙度随着抛光盘调节时间的延长而降低,即抛光盘的表面形貌越平坦工件表面粗糙度越低。随着抛光盘平整度的增加,模拟表面的粗糙度也有所降低,尽管不如实验

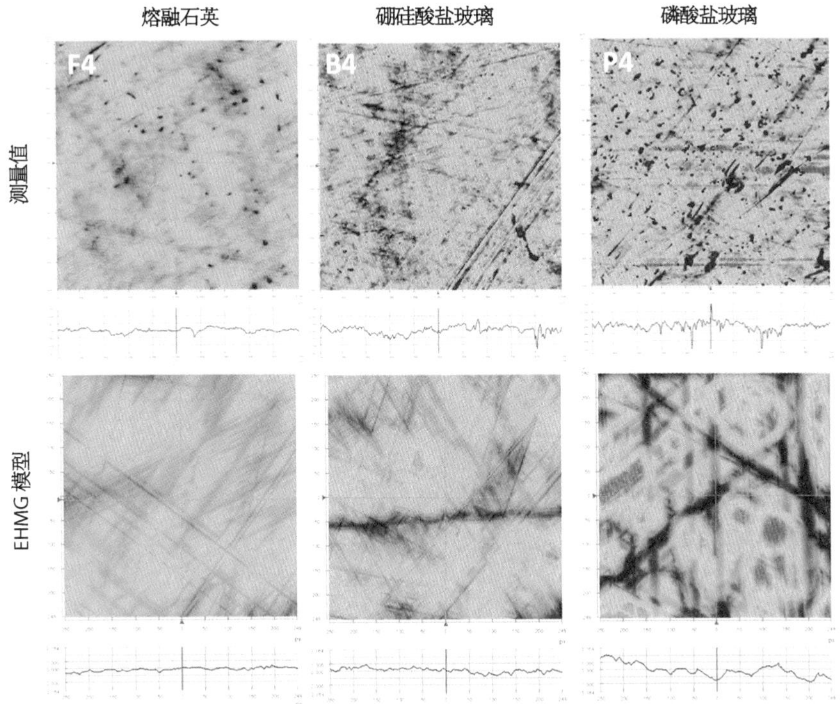

图 4-33　玻璃类型系列中选定样品的 AFM 粗糙度(5 μm×5 μm)测量结果与 EHMG 模型模拟的比较
(资料来源：Suratwala 等人,2016 年[2]。经 John Wiley & Sons 许可复制)

数据中的显著。如式(4-15)所述,较平坦的抛光盘增加了抛光盘面积中形成接触的比例 f_A,这导致形成接触的颗粒数量增加,每个颗粒的平均载荷降低。由于接触的颗粒数量增加,以及表面粗糙度随着每个颗粒平均载荷的降低而降低,因此预计材料去除率会增加。EHMG 模型的这些预期趋势与图 4-15 所示实验数据一致[2]。

最后,图 4-33 比较了玻璃类型的效果。实验中,粗糙度随着如下玻璃类型排序而增加,例如,二氧化硅<硼硅酸盐<磷酸盐,与模拟结果中的趋势相匹配。本系列中使用的浆料是不稳定 Hastilite,其 PSD 较宽,因此每颗粒的负载分布较大,导致纳米塑性区域内的显著去除(图 4-8)。粗糙度增加的原因是玻璃类型的纳米塑性去除深度 d_p 增加(熔融石英为 0.55 nm,硼硅酸盐玻璃为 0.85 nm,磷酸盐玻璃为 3.0 nm)。

图 4-34 显示了总结为 RMS 粗糙度的相同数据,用于模拟和实验之间的定量比较,模拟了捕捉每个抛光参数的趋势。然而,与实验相比,该模拟系统地低估了粗糙度。

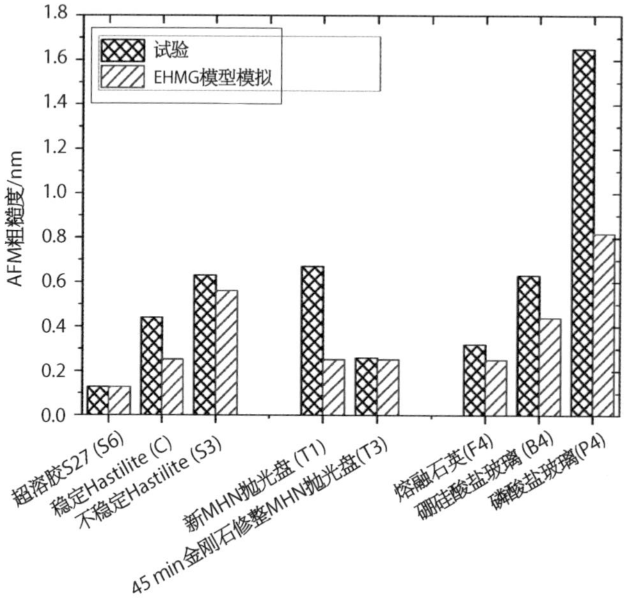

图 4-34 在浆料 PSD、抛光盘形貌和玻璃类型系列中,将测量的均方根 AFM 粗糙度(5 μm×5 μm)与选定样品的 EHMG 模型模拟进行比较

(资料来源: Suratwala 等人,2016 年[2]。经 John Wiley & Sons 许可复制)

4.7.2 岛分布间隙(IDG)模型

为了模拟工件表面较大尺度下的 μ -粗糙度(10~120 μm),已经开发了 IDG 模型,使用了与 EHMG 模型类似的概念[37],IDG 模型如图 4-35 所示。此处,采用与上述类似的负载平衡,使用浆料岛高度和空间分布来确定被加载浆料岛的

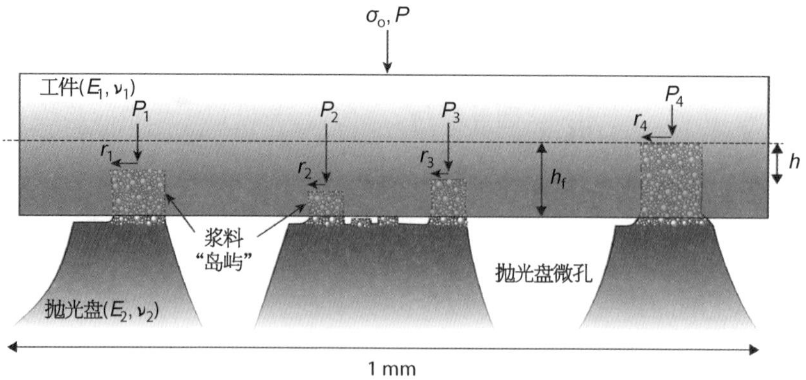

图 4-35 浆料岛分布间隙(IDG)模型

(资料来源: Suratwala 等人,2017 年[37]。经 John Wiley & Sons 许可复制)

比例和每个岛上的负载，而不是直接确定每个粒子的负载。给定浆料岛上的负载决定了去除量及其对工件整体表面粗糙度的贡献。

使用简单的负载平衡，工件上施加的压力 σ_o 通过抛光盘的弹性响应加上浆料岛高度分布 $f_{island}(h)$ 平衡：

$$\sigma_o = E_2\int_0^{h_f} f_{island}(h)\ \frac{(h_f - h)}{t_2}\mathrm{d}h \tag{4-27}$$

式中，E_2 为抛光盘和浆料岛组合的有效弹性模量；h 为岛高度；h_f 为平衡高度，代表组合浆料岛和抛光盘挠度；t_2 为初始卸载抛光盘厚度。为了方便起见，浆料高度在最高的岛上定义为零，并朝着抛光盘增加（图 4－35）。与工件的接触面积比例 f_A 为

$$f_A = \int_0^{h_f} f_{island}(h)\,\mathrm{d}h \tag{4-28}$$

每个浆料岛（i）上的负载为

$$P_i = \frac{h_f - h_i}{t_2}E_2A_i \tag{4-29}$$

式中，h_i 为岛的初始高度；A_i 为岛面积；下标 i 为每个岛的描述符。这种公式的方便之处在于，一旦计算出单一的 h_f 值，就可以使用方程（4－29）轻松确定每个浆料岛 i 上的负载。为了与实验数据一致，浆料高度分布与浆料面积分布相关（图 4－20），因此较高的浆料岛也将具有较大的岛面积[37]。

为了使用该模型确定表面粗糙度，需要将每个浆料岛（d_{rem}）的去除量作为载荷的函数（即其去除函数）。之前，去除函数是针对单个浆料颗粒确定的，如图 4－36a 中的虚线所示[3]。注意，在 2×10^{-7} N 的负载下，存在从分子去除到纳米塑性去除的突然转变。然而，在浆料岛的情况下，会与许多颗粒接触，每个颗粒的负载根据颗粒的堆积而变化。因此，建议移除函数深度随浆料岛载荷线性增加，如图 4－36a 中的实线所示。换言之，给定岛上的粒子具有通过化学和纳米塑性机制去除负载的分布。随着岛上负载的增加，通过纳米塑性机制去除材料的颗粒比例增加。为简单起见，IDG 模型假设每个单独浆料岛内的清除量为常数。也就是说，对于给定的浆料岛，仅使用单个移除深度值即可，而非多个值。

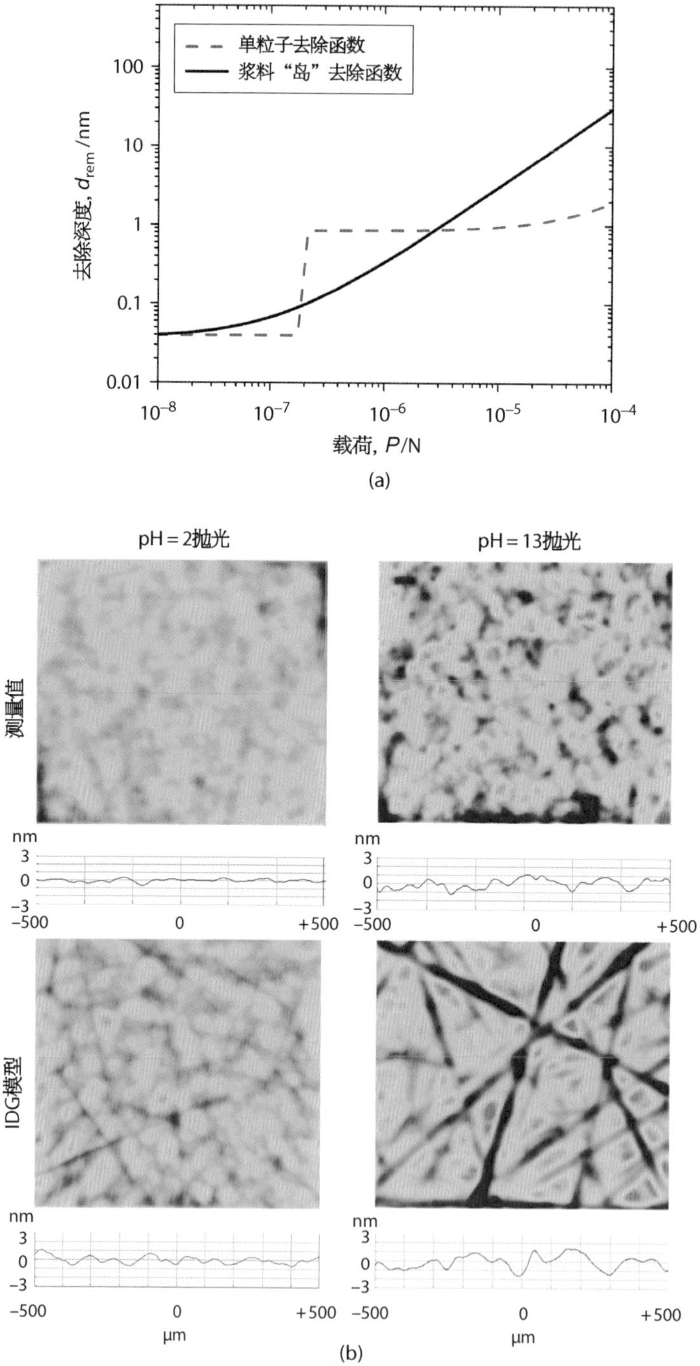

图 4－36 (a) 针对磷酸盐玻璃上的单个浆料颗粒使用 EHMG 模型确定的去除函数，与 IDG 模型中浆料岛假设的去除函数进行比较。(b) 磷酸盐玻璃上，应用 IDG 模型模拟工件表面粗糙度，使用测量到的黏附在抛光盘上的浆料的空间分布，将测量到的粗糙度与 pH = 2 和 pH = 13 浆料抛光的粗糙度进行比较。所有数据均在 μ-粗糙度带(0.008 3～0.01 μm^{-1} 或 120～10 μm)内进行带通滤波。所有图像的高度比例都相同，−3～3 nm

(资料来源：Suratwala 等人，2017 年[37]。经 John Wiley & Sons 许可复制)

接下来，使用 IDG 模型通过蒙特卡罗模拟计算工件表面粗糙度。首先，从测得的岛屿高度分布 $f_{island}(h)$ 中选择半径 r_i 和相应高度 h_i 的浆料岛。如果其计算载荷非零，则根据图 4－36a 中的去除函数，浆料岛沿随机选择的线性轨迹以深度 d_{rem} 从工件表面去除材料。重复该过程，直到工件表面的粗糙度和纹理稳定为止，通常在～150 000 次之后稳定。

将磷酸盐玻璃在低 pH 值和高 pH 值下抛光后的表面粗糙度模拟结果与图 4－36b 中的测量数据进行比较。使用 pH13 浆料的模拟表明，与使用 pH2 浆料相比，粗糙度有所增加；这与测量数据一致（图 4－18）。对图 4－36b 中的线条进行仔细比较后发现，与测量数据相比，模拟具有相似的工件形貌振幅和空间尺度。

然而，测量结果和模拟结果之间的整体表面纹理略有不同。与测量数据的更随机纹理相比，模拟具有更线性的轨迹纹理。造成这种差异的原因可能是，IDG 模型假设单个岛的单一移除深度值，并且所有岛屿都是圆形的（与不规则的相反）。为了进行补偿，需要一个更全面的多尺度模型来再现抛光后的实验表面纹理，可能需要结合 EHMG 和 IDG 模型的概念，并对浆料岛的面积形状分布进行额外输入。尽管纹理略有不同，但 IDG 模型在模拟 μ－粗糙度区域的工件形貌方面做得不错，这支持了浆料的空间和高度分布可能影响最终抛光工件粗糙度的基本概念[37]。

4.8　降低粗糙度的策略

工件的表面粗糙度在很大程度上取决于每颗粒载荷分布与工件去除函数的共同作用（图 4－8）。因此，降低工件表面粗糙度的两种常规策略如下：

（1）减少或缩小每个颗粒的负载分布，即将分布向左移动（图 4－8），这可能会减少平均单颗粒去除深度并降低粗糙度。

（2）调整给定浆料颗粒的去除函数，在给定载荷下较低的去除深度会导致较低的粗糙度。

4.8.1　策略 1：减少或缩小每粒子负载的分布

1）减少每粒子负载的方式

（1）降低整体施加负载。

（2）减小浆料的平均粒径。这将导致单位面积内的粒子数增加，因此要负载的粒子数也随之增加。

（3）如第 4.7.2 节所述，通过化学方法增加工件-抛光盘界面处浆料岛的填充比例。

（4）增加抛光盘接触面积的比例-例如，通过金刚石修整增加抛光盘平整度，从而产生更多活性粒子（见第 4.4 节）。

（5）增加浆料浓度（达到临界浓度）。

（6）通过增加速度或浆料黏度或减少施加载荷，从接触模式过渡到混合或流体动力模式。这会增加流体动力反作用力，减少每个粒子的负载。

2）缩窄颗粒的负载分布的方式

（1）选择在 PSD 尾端具有陡坡结构的浆料（图 4－10 和图 4－11）。

（2）通过化学方法防止浆料结块（见第 7.1.6 节）。

（3）防止外部异常杂质颗粒进入。

（4）使用更柔顺的或黏弹性/黏塑性抛光盘，例如更软的抛光盘、沥青抛光盘或磁流变抛光（MRF）浆料。这允许缩小浆料中所有颗粒上的载荷分布。

4.8.2 策略 2：修改给定浆料的去除函数

假设工件材料固定，可通过改变浆料成分以适应工件材料来修改给定浆料的去除功能。为了降低表面粗糙度，选择一种浆料颗粒成分，使每个颗粒的去除深度较小。与通过纳米塑性机制（见图 1－9 和第 4.1 节）去除相比，通过化学反应去除每个颗粒的去除深度往往要小得多，从而降低粗糙度。对于许多玻璃，之所以选择氧化铈，是因为去除深度小，且主要由化学反应决定。第 5.2.3.2 节将详细讨论氧化铈的性能和浆料颗粒组成的选择策略。

然而，抛光的目的不仅是降低表面粗糙度，而且是以高材料去除率获得所需的表面形状和表面质量（图 1－6）。然而，上述许多策略虽然降低了表面粗糙度，但牺牲了材料去除率。例如，减小颗粒尺寸和减小施加压力可以降低表面粗糙度，但也会显著降低材料去除率。下面列出一些既能降低表面粗糙度又能提高材料去除率的具体策略：

（1）增加施加的压力 σ_o 直到每个颗粒的负载分布刚好达到化学-纳米塑性去除过渡区域。对于许多浆料颗粒-工件材料，从化学状态到纳米塑性的去除函数深度有一个急剧的转变（图 4－8）。

（2）在保持接触模式的同时，使用运动学增加相对速度 V_r。相对速度可以增加，例如，通过增加抛光盘和光学旋转速率。根据 EHMG 模型中的概念，这将导致更高的材料去除率，而不会极大地降低表面粗糙度。然而，相对速度只能增加到系统仍处于接触模式的速度（图 2－5）。较高的相对速度将会过渡到混合和流体动力模式，从而使得浆料流体承载更多的外加载荷，而不是浆料颗粒，从而导致材料去除率显著下降。图 4－37 使用了图 4－15 中的相同数据，显示了利用较高施加压力和相对速度策略的示例。该图显示了在各种条件下抛光的各种熔融石英工件的表面粗糙度和材料去除率的综合图。在样品 T3 和 S6 进行重复试验，分别施加的高出 3 倍压力和相对速度加倍，验证了这两种低粗糙度抛光条件。EHMG 模型计算证实，此类条件导致每颗粒负荷分布在化学去除区域内。如第 2.3 节所述，优良指数（FOM）仍处于接触模式。由此产生的表面粗糙度保持较低，材料去除率增加（图 4－37）。在一个案例中，证明了熔融石英玻璃可以在>10 μm · h^{-1}下抛光，而且 AFM 粗糙度仍然只有（2~3）$\times 10^{-10}$。

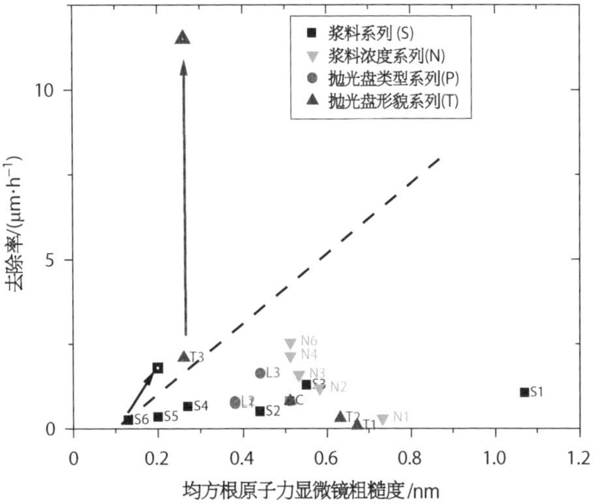

图 4－37　在不同条件下抛光的熔融石英玻璃工件的测量去除率和 AFM 粗糙度的综合图。加工条件的主要变化包括浆料粒度分布、浆料浓度、抛光盘类型和抛光盘形貌。另外两个样品在施加 3 倍压力和 2 倍相对速度的条件下的抛光结果用箭头表示

（3）获得或修改浆料 PSD，使其在分布尾部具有更大的坡度，而不改变平均粒径。如第 4.3 节和第 4.7.1 节所述，浆料 PSD 尾端的坡度显著影响每颗粒的载荷分布和由此产生的表面粗糙度。坡度越大，表面粗糙度越低（图 4－10、图 4－11）。第 7.1.6 节将讨论使用化学稳定改变尾端坡度的技术。

（4）改变浆料化学性质，使浆料岛在工件－抛光盘界面具有更大的填充比例。第 4.5 节讨论了浆料－化学界面相互作用如何影响界面处浆料颗粒的岛状分布。如果可以在不增加岛高度分布的情况下增加浆料填充面积比例，则可以显著提高材料去除率，而不会降低每颗粒分布的负载和表面粗糙度。

（5）增加形成接触的抛光盘面积比例 f_A。降低表面粗糙度和提高材料去

除率的另一种方法是增加形成界面接触的抛光盘面积比例。对于使用 MHN 的抛光盘,确定该比例非常小,为 10^{-4}[14]。增加接触抛光盘面积的比例会导致更多的浆料颗粒承重并有助于材料去除。一个很好的例子如图 4-15 所示。一系列熔融石英工件在具有不同抛光盘形貌(T 系列样品)的聚氨酯抛光盘上抛光。增加抛光盘平整度会增加抛光盘接触面积的比例。随着抛光盘平整度的增加,材料去除率增加,表面粗糙度降低。

参考文献

[1] Bennett, J.M. and Mattsson, L. (1999). *Introduction to Surface Roughness and Scattering*, 2e, viii, 130. Washington, DC: Optical Society of America.

[2] Suratwala, T., Steele, W., Feit, M. et al. (2016). Mechanism and simulation of removal rate and surface roughness during optical polishing of glasses. *J. Am. Ceram. Soc.* 99 (6): 1974-1984.

[3] Shen, N., Suratwala, T., Steele, W. et al. (2016). Nanoscratching of optical glass surfaces near the elastic-plastic load boundary to mimic the mechanics of polishing particles. *J. Am. Ceram. Soc.* 99 (5): 1477-1484.

[4] Cook, L. (1990). Chemical processes in glass polishing. *J. Non-Cryst. Solids* 120 (1-3): 152-171.

[5] Partridge, P., Fookes, A., Nicholson, E. et al. (1996). Nanoscale ductile grinding of glass by diamond fibres. *J. Mater. Sci.* 31 (19): 5051-5057.

[6] Ong, N. and Venkatesh, V. (1998). Semi-ductile grinding and polishing of Pyrex glass. *J. Mater. Process. Technol.* 83 (1): 261-266.

[7] Zhong, Z. and Venkatesh, V. (1995). Semi-ductile grinding and polishing of ophthalmic aspherics and spherics. *CIRP Ann. Manuf. Technol.* 44 (1): 339-342.

[8] Fielden, J.H. and Rubenstein, C. (1969). Grinding of glass by a fixed abrasive. *Glass Technol.* 10 (3): 73-83.

[9] Mairlot, H. (1972). Texture of ground glass surfaces. *Ind. Diamond Rev.* FEB: 61.

[10] Moon, Y. (1999). Mechanical aspects of the material removal mechanism in chemical mechanical polishing (CMP).

[11] Puttick, K., Rudman, M., Smith, K. et al. ed. (1989). Single-point diamond machining of glasses. *Proc. R. Soc. London, Ser. A* 426: 19-30.

[12] Fu, G., Chandra, A., Guha, S., and Subhash, G. (2001). A plasticity-based model of material removal in chemical-mechanical polishing (CMP). *IEEE Trans. Semicond Manuf.* 14 (4): 406-417.

[13] Komanduri, R. (1996). On material removal mechanisms in finishing of advanced ceramics and glasses. *CIRP Ann. Manuf. Technol.* 45 (1): 509-514.

[14] Suratwala, T., Feit, M., Steele, W. et al. (2014). Microscopic removal function and the relationship between slurry particle size distribution and Workpiece roughness during pad polishing. *J. Am. Ceram. Soc.* 97 (1): 81-91.

[15] Brown, N. (1981). *A Short Course on Optical Fabrication Technology*. Lawrence Livermore National Laboratory.

[16] Shorey, A.B., Kwong, K.M., Johnson, K.M., and Jacobs, S.D. (2000). Nanoindentation hardness of particles used in magnetorheological finishing (MRF). *Appl. Opt.* 39 (28): 5194-5204.

[17] Yu, J., Yuan, W., Hu, H. et al. (2015). Nanoscale friction and wear of phosphate laser glass and BK7 glass against single CeO_2 particle by AFM. *J. Am. Ceram. Soc.* 98 (4): 1111–1120.

[18] Pergande, S.R., Polycarpou, A.A., and Conry, T. (2001). Use of Nano-Indentation and Nano-Scratch Techniques to Investigate Near Surface Material Properties Associated with Scuffing of Engineering Surfaces. Air Conditioning and Refrigeration Center. College of Engineering. University of Illinois at Urbana-Champaign.

[19] Johnson, K.L. and Johnson, K.L. (1987). *Contact Mechanics*. Cambridge University Press.

[20] Campbell, J.H., Suratwala, T.I., Thorsness, C.B. et al. (2000). Continuous melting of Nd-doped phosphate laser glasses. *J. Non-Cryst. Solids* 263&264: 342–357.

[21] Yoshida, S., Sangleboeuf, J.-C., and Rouxel, T. (2005). Quantitative evaluation of indentation-induced densification in glass. *J. Mater. Res.* 20 (12): 3404–3412.

[22] Gadelrab, K., Bonilla, F., and Chiesa, M. (2012). Densification modeling of fused silica under nanoindentation. *J. Non-Cryst. Solids* 358 (2): 392–398.

[23] Yang, J., Yi, K., Yang, M. ed. (2014). Surface structure of fused silica revealed by thermal annealing. *Pacific-Rim Laser Damage*. International Society for Optics and Photonics.

[24] Mittal, K.L. (1994). *Particles on Surfaces: Detection: Adhesion, and Removal*. CRC Press.

[25] Suratwala, T., Steele, R., Feit, M.D. et al. (2008). Effect of rogue particles on the sub-surface damage of fused silica during grinding/polishing. *J. Non-Cryst. Solids* 354 (18): 2023–2037.

[26] Basim, G., Adler, J., Mahajan, U. et al. (2000). Effect of particle size of chemical mechanical polishing slurries for enhanced polishing with minimal defects. *J. Electrochem. Soc.* 147 (9): 3523–3528.

[27] Kim, H., Yang, J.C., Kim, M. et al. (2011). Effects of ceria abrasive particle size distribution below wafer surface on in-wafer uniformity during chemical mechanical polishing processing. *J. Electrochem. Soc.* 158 (6): H635–H640.

[28] Cumbo, M., Fairhurst, D., Jacobs, S., and Puchebner, B. (1995). Slurry particle size evolution during the polishing of optical glass. *Appl. Opt.* 34 (19): 3743–3755.

[29] Luo, J. and Dornfeld, D.A. (2001). Material removal mechanism in chemical mechanical polishing: theory and modeling. *IEEE Trans. Semicond. Manuf.* 14 (2): 112–133.

[30] Luo, J. and Dornfeld, D. A. (2003). Effects of abrasive size distribution in chemical mechanical planarization: modeling and verification. *IEEE Trans. Semicond. Manuf.* 16 (3): 469–476.

[31] Li, W., Shin, D.W., Tomozawa, M., and Murarka, S.P. (1995). The effect of the polishing pad treatments on the chemical-mechanical polishing of SiO_2 films. *Thin Solid Films* 270 (1–2): 601–606.

[32] Elmufdi, C.L. and Muldowney, G.P. ed. (2007). The impact of diamond conditioning on surface contact in CMP pads. In: *MRS Proceedings*. Cambridge University Press.

[33] Berman, M.J. and Kalpathy-Cramer, J. (1999). Chemical mechanical polishing pad slurry distribution grooves. Google Patents.

[34] Wang, C., Paul, E., Kobayashi, T., and Li, Y. (2007). Pads for IC CMP. In: *Microelectronic Applications of Chemical Mechanical Planarization* (ed. Y. Li), 123. Wiley Interscience.

[35] Brown, N. (1977). *Optical Polishing Pitch*. Livermore, CA: Lawrence Livermore National Laboratory, University of California.

[36] Kumanin, K. (1967). *Generation of Optical Surfaces*. New York: Focal Library.

[37] Suratwala, T., Steele, R., Feit, M. et al. (2017). Relationship between surface μ-roughness & interface slurry particle spatial distribution during glass polishing. *J. Am. Ceram. Soc.* 100: 2790–2802.

[38] Abiade, J.T., Choi, W., and Singh, R.K. (2005). Effect of pH on ceria-silica interactions during chemical mechanical polishing. *J. Mater. Res.* 20 (05): 1139–1145.

[39] Hunter, R. J. (2013). *Zeta Potential in Colloid Science: Principles and Applications*. Academic Press.

[40] Hiemenz, P.C. and Hiemenz, P.C. (1986). *Principles of Colloid and Surface Chemistry*. New York: Marcel Dekker.

[41] Israelachvili, J. N. (2011). *Intermolecular and Surface Forces: Revised Third Edition*. Academic Press.

[42] Dylla-Spears, R., Wong, L., Shen, N. et al. (2017). Adsorption of silica colloids onto like-charged silica surfaces of different roughness. *Colloids Surf.*, *A* 520: 85 - 96.

[43] Tischendorf, B.C. (2005). *Interactions Between Water and Phosphate Glasses*. Rolla, MO: University of Missouri.

[44] Werway, E. and Overbeek, J.T.G. (1948). *Theory of Stability of Lyophobic Colloids*, 34. Amsterdam, New York: Elsevier.

[45] Carnie, S.L., Chan, D.Y., and Gunning, J.S. (1994). Electrical double layer interaction between dissimilar spherical colloidal particles and between a sphere and a plate: the linearized Poisson-Boltzmann theory. *Langmuir* 10 (9): 2993 - 3009.

[46] Hogg, R., Healy, T.W., and Fuerstenau, D. (1966). Mutual coagulation of colloidal dispersions. *Trans. Faraday Soc.* 62: 1638 - 1651.

[47] Koutsky, J., Walton, A., and Baer, E. (1965). Heterogeneous nucleation of water vapor on high and low energy surfaces. *Surf. Sci.* 3 (2): 165 - 174.

[48] Liu, Y.-X., Wang, X.-J., Lu, J., and Ching, C.-B. (2007). Influence of the roughness, topography, and physicochemical properties of chemically modified surfaces on the heterogeneous nucleation of protein crystals. *J. Phys. Chem. B* 111 (50): 13971 - 13978.

[49] Preston, F.W. (1922). The structure of abraded glass surfaces. *Trans. Opt. Soc.* 23 (3): 141.

[50] Zhao, Y. and Chang, L. (2002). A micro-contact and wear model for chemical-mechanical polishing of silicon wafers. *Wear* 252 (3): 220 - 226.

[51] Nanz, G. and Camilletti, L.E. (1995). Modeling of chemical-mechanical polishing: a review. *IEEE Trans. Semicond. Manuf.* 8 (4): 382 - 389.

[52] McGrath, J. and Davis, C. (2004). Polishing pad surface characterisation in chemical mechanical planarisation. *J. Mater. Process. Technol.* 153: 666 - 673.

[53] Oh, S. and Seok, J. (2008). Modeling of chemical-mechanical polishing considering thermal coupling effects. *Microelectron. Eng.* 85 (11): 2191 - 2201.

[54] Bastaninejad, M. and Ahmadi, G. (2005). Modeling the effects of abrasive size distribution, adhesion, and surface plastic deformation on chemical-mechanical polishing. *J. Electrochem. Soc.* 152 (9): G720 - G730.

[55] Sampurno, Y.A., Borucki, L., Zhuang, Y. et al. (2005). Method for direct measurement of substrate temperature during copper CMP. *J. Electrochem. Soc.* 152 (7): G537 - G541.

[56] Wang, C., Sherman, P., Chandra, A., and Dornfeld, D. (2005). Pad surface roughness and slurry particle size distribution effects on material removal rate in chemical mechanical planarization. *CIRP Ann. Manuf. Technol.* 54 (1): 309 - 312.

第 5 章　材料去除率

本章将介绍光学制造四个主要特征中的最后一个，即材料去除率（图 1-6）。如第 1 章所述，宏观材料去除率由普雷斯顿方程[方程（1-3）]决定，其中去除率在很大程度上与施加的压力和相对速度呈线性关系，所有过程和材料参数都集中在普雷斯顿系数 k_p 中。普雷斯顿方程可应用于磨削（第 5.1 节）和抛光（第 5.2 节）。控制材料去除率的参数和导致表面粗糙度的参数密切相关。因此，在讨论抛光材料去除率时，如第 4 章所讨论的集成赫兹多间隙（EHMG）模型和岛分布间隙（IDG）模型的原理可以广泛应用。

5.1　磨削材料去除率

脆性材料的磨削在微观上可描述为通过脆性断裂方式从块体中去除工件颗粒，这是由正常加载的硬压头或磨料在工件表面滑动或滚动造成的。对于由普雷斯顿方程[方程（1-3）]控制的磨削材料去除率，普雷斯顿系数包含许多与磨削颗粒[材料特性、粒度分布（PSD）和形状]、研磨盘或刀具（材料特性）、运动学（切削深度、进给率、刀具旋转）相关的工艺参数、接触条件（润滑剂、温度、摩擦）和工件（材料特性）。

已提出的各种统计磨削模型，需要通过实验确定经验参数，以预测材料去除率。例如，一个基于泊松统计的断裂函数模型为预测各种磨削条件下的材料去除率奠定了基础，但需要通过测量并根据实验数据来确定断裂分布参数[1-2]。

在另一种方法中，基于改进的普雷斯顿方程方法，用裂纹的空间和时间分布特性确定材料去除率[3]。

由于所有这些相互作用的复杂性，因此迄今为止，还没有从基本断裂力学出发建立一个单一的综合模型来预测作为组合工艺参数函数的材料去除率。然而，已经建立了一些重要过程变量的有用关联。

从历史上看，工件机械性能对磨削速度的影响一直是由几家玻璃公司确定的，这些公司通过比较在标准化、固定磨削工艺下加工的许多玻璃的磨削速度，来确定材料去除优良指数(FOM)。之后，Aleinikov[4]、Izumitani[5-6]、Lambropoulos[7]、Buijs 和 Korpel van Houten[8]将这些研磨 FOM 与基本压痕裂纹扩展行为关联起来，最终产生术语研磨硬度(LH)。研磨硬度源自以下原理：去除的材料体积主要由从工件上去除的切屑决定，切屑是由机械加载磨料在工件上滑动产生的横向裂纹产生的(图 5-1)[7]。相比之下，亚表面机械损伤(SSD)主要由滑动压痕裂纹决定(见第 3.1 节)。因此，工件材料特性对磨削普雷斯顿系数的贡献应与 LH 成比例，如下所示：

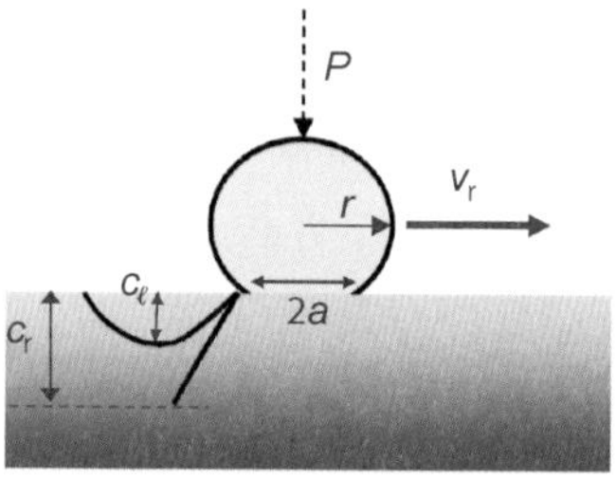

图 5-1 滑动磨粒产生尾滑动凹痕和横向断裂的示意图

$$\mathrm{LH} = \frac{E_1^{7/6}}{K_{1c}H_k^{23/12}} \sim \frac{E_1}{K_{1c}H_k^2} \qquad (5-1)$$

式中，E_1 为工件弹性模量；K_{1c} 为工件断裂韧性；H_k 为工件努氏硬度。直观地说，研磨硬度 FOM 可以被认为是工件三个机械性能的组合：弹性模量，决定了材料中产生的应力；硬度，决定了吸收应力的塑性变形程度；以及断裂韧性，描述了断裂在材料中传播的能力。图 5-2 显示了研磨硬度与各种玻璃的研磨速率 FOM 的良好关联[7]。与磨削速度成比例的相关指标是横向裂纹扩展斜率 $s_\ell = \chi_\ell\ (E_1/H_1)^{2/5}/H_1^{1/2}$，如式(3-6)和图 3-3c 所示。对于各种光学材料，包括玻璃、单晶和玻璃陶瓷，已证明了几种工艺的研磨速率与横向裂纹斜率成线性比例(图 5-3)[9]。研磨硬度和横向裂纹扩展斜率作为有用的指标，使用工件的已知材料特性，可预测给定工件材料的相对磨削去除率。

从图 5-3 中的数据可以看出，在这一大范围的工件材料中，材料去除率随磨料尺寸大致呈线性增加。在对多晶氧化铝工件进行的更具体研究中，材料去除率与磨料均方根粒径 $d^{1/2}$ 进行比较(图 5-4)[10]。

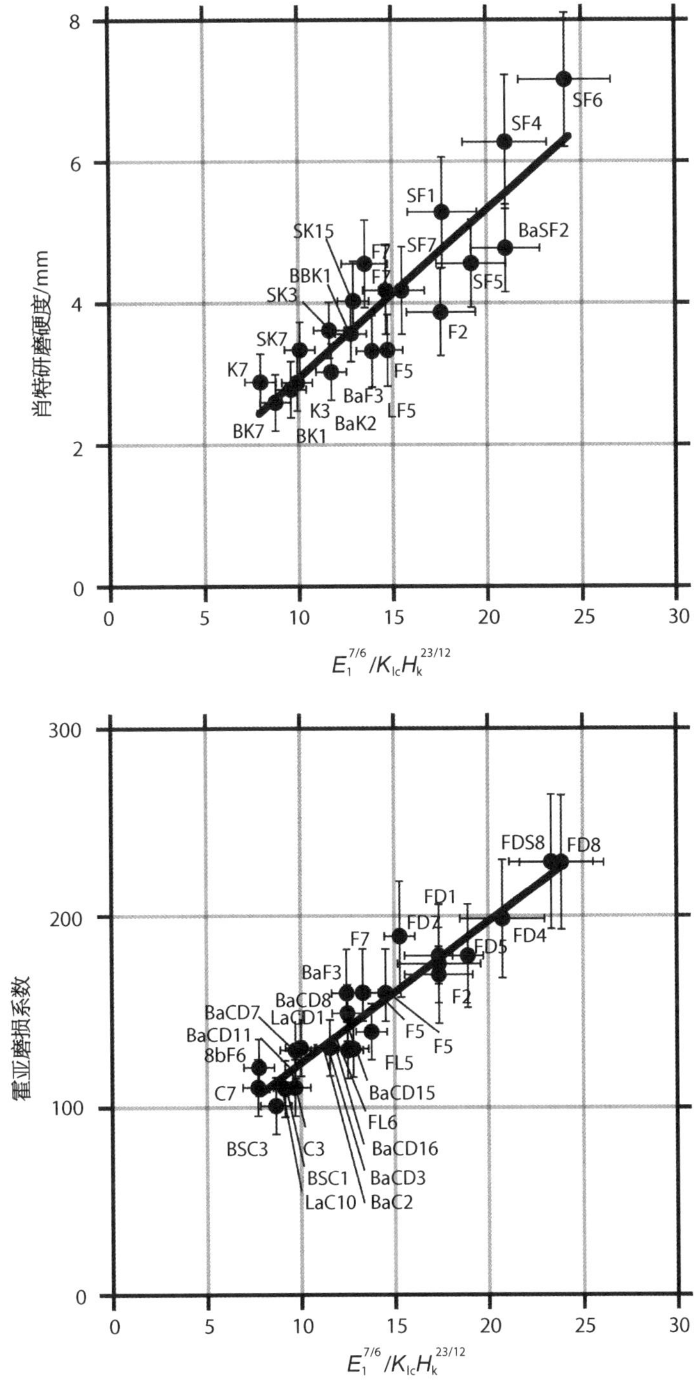

图 5-2　由肖特和霍亚表示的研磨速率和研磨硬度两个 FOM 的相关性

（资料来源：Lambropoulos 等人,1997 年[7]。经光学学会许可复制）

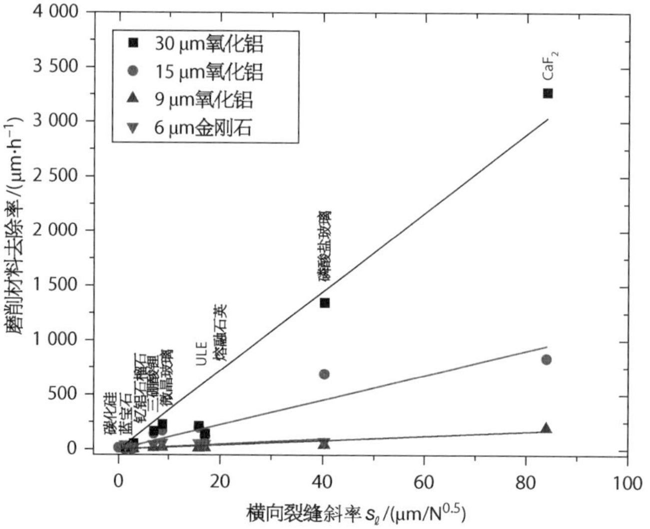

图 5-3 分别使用各种磨料(30T 氧化铝微粒、15T 氧化铝微粒和 6 μm 金刚石微粒)进行松散磨料研磨(1 psi 施加压力、50 mm 样品、20 r/min 工件和研磨旋转以及花岗岩研磨)的几种光学材料,所测得的材料去除率与横向裂纹斜率函数 s_ℓ 之间的关系

(资料来源: Suratwala 等人,2018 年[9]之后)

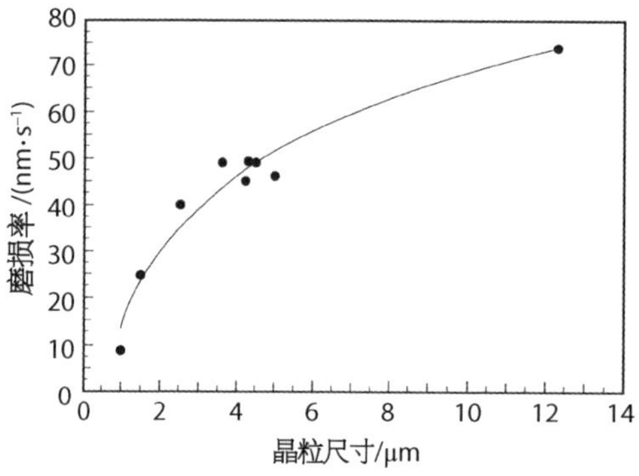

图 5-4 测量多晶氧化铝的研磨材料去除率与平均磨料粒度的函数关系

(资料来源: Davidge 和 Riley,1995 年[10]。经 Elsevier 许可复制)

在某些材料和适当的条件下,磨削去除也可能发生在延性区域。利用裂纹扩展所需能量与塑性屈服所需能量之间的平衡,Bifano 等人[11]确定了不同材料从塑性去除到脆性去除的转变,定义为临界切割深度 d_c:

$$d_c = 0.15\left(\frac{E_1}{H_1}\right)\left(\frac{K_{1c}}{H_1}\right)^2 \quad (5-2)$$

式中,E_1、H_1 和 K_{1c} 为工件的弹性模量、硬度和断裂韧性。各种材料的临界切割深度是通过测量表面微裂缝(相对于塑性痕迹)的数量来确定的,该数量是固定磨料磨床进给率的函数,即材料去除率。例如,图 5-5 显示了熔融石英玻璃从塑性断裂到脆性断裂的转变,因为进料速率从 2 nm/转增加到 37.5 nm/转。对于熔融石英玻璃,从塑性断裂到脆性断裂的转变也可以描述为压痕载荷,如图 4-2 所示。由图 5-6 可知,方程(5-2)适用于各种材料,将测量的切割深度与计算的切割深度进行比较。

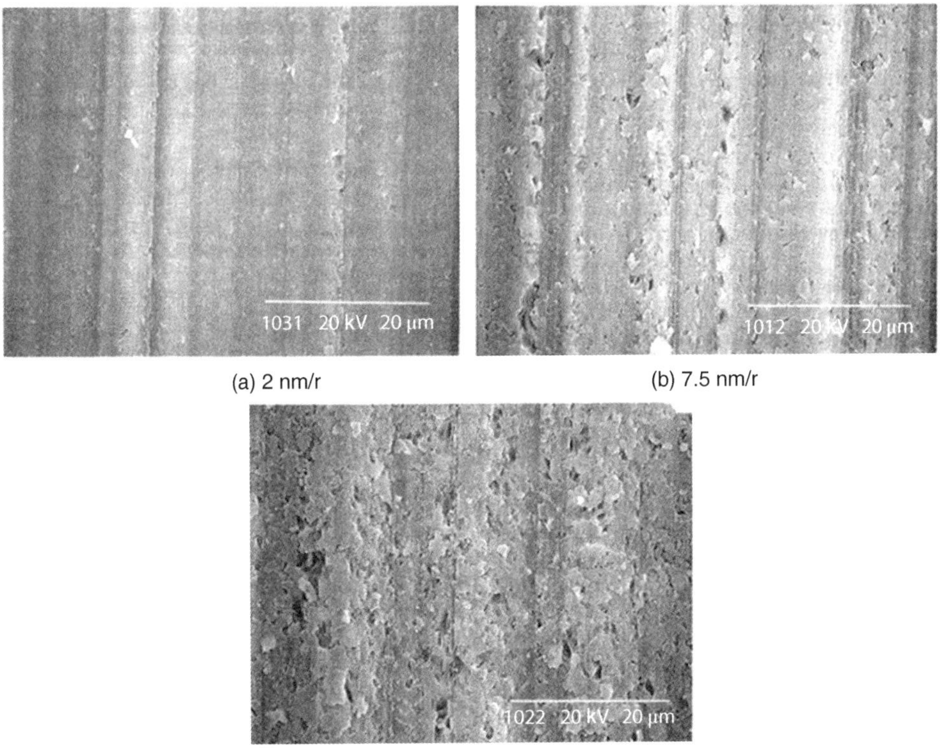

(a) 2 nm/r　　(b) 7.5 nm/r

(c) 27.5 nm/r

图 5－5　在不同进料速率下固定磨料研磨后熔融石英玻璃的扫描电子显微镜(SEM)图像，说明了从延性到断裂去除的转变

（资料来源：Bifano 等人，1991 年[11]。经美国机械工程师学会许可复制）

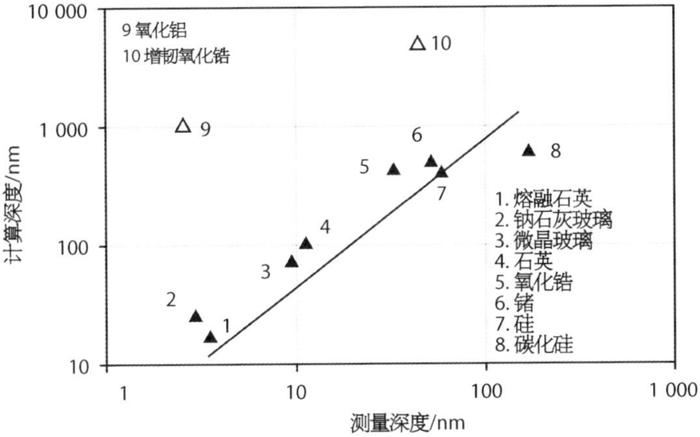

图 5－6　各种工件材料的计算切削深度[方程(5－2)]与测量切削深度的比较

（资料来源：Bifano 等人，1991 年[11]。经美国机械工程师学会许可复制）

当临界深度较小时,与大多数玻璃一样,在同等磨削条件下,材料更容易通过断裂去除。直观地说,临界切割深度在很大程度上可以被认为是断裂韧性与硬度之比,其中断裂韧性描述了扩展裂纹所需的能量,硬度描述了导致塑性变形所需的能量。断裂和塑性变形之间的竞争也由给出的材料脆性指数 B_i 来描述[12]:

$$B_i = \frac{H_1 E_1}{K_{1c}} \tag{5-3}$$

将基本横向裂纹扩展与整体磨削材料去除率联系起来的一个重要挑战是理解相邻裂纹之间的相互作用。Demirci 等人[13]在不同的分离距离上同时进行了三次颗粒划痕试验,以了解相邻裂纹的影响。图 5-7A 显示了有和无裂纹交叉的划痕图像。在磨料颗粒之间的最佳间距下,材料的体积去除率大约增加了 4 倍。相距太远的颗粒没有交叉裂纹,距离太近的颗粒无法从单个颗粒获得横向裂纹扩展的全部范围(图 5-7B)。

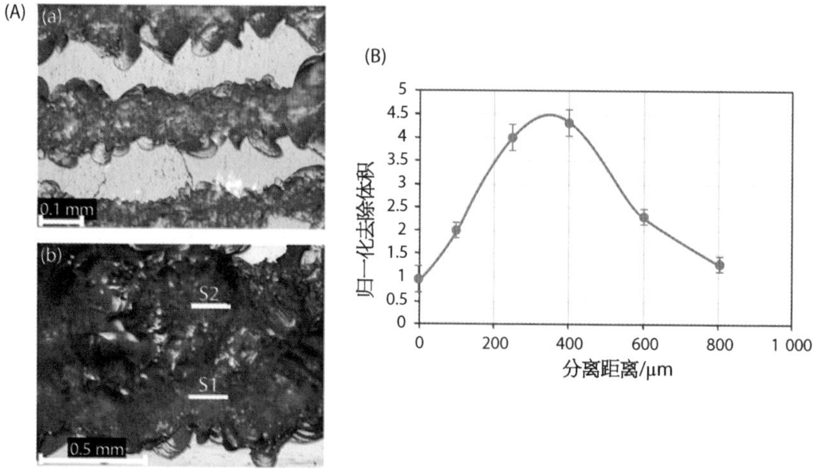

图 5-7 (A) 以 25 m · min⁻¹的速度从左到右产生的非相交裂纹(a)和相交裂纹(b)的玻璃划痕光学显微照片;(B) 三次同时划痕试验的相对去除体积与磨粒之间分离距离的函数关系

(资料来源: Demirci 等人,2014 年[13]。经 Elsevier 许可复制)

5.2 抛光材料去除率

5.2.1 与宏观普雷斯顿方程的偏差

有很多文献用实验描述了抛光材料去除率与磨料尺寸、PSD、负载、速度、浆料浓度和抛光垫形貌的关系[14-19]。在许多此类研究中，宏观普雷斯顿方程[方程(1－3)]中的预期线性压力和相对速度依赖性存在偏差。Pal 等人[20]采用多种假设修正普雷斯顿方程，重新审视和总结了这些变量。以下显示了 Tseng 等人[17]影响材料去除的参数的一个例子(图 5－8)：

$$\frac{\mathrm{d}h}{\mathrm{d}t} = k_p \sigma_o^{5/6} V_r^{1/2} \tag{5-4}$$

人们相信，施加压力和相对速度的这种非线性影响源于界面处不同的微观相互作用。与压力和速度范围以及抛光参数有关的抛光方式的变化决定了特定压力和速度的依赖性。如第 5.2.2 节所述，为了理解这些变量，需要采用微观方法探究整体材料的去除。

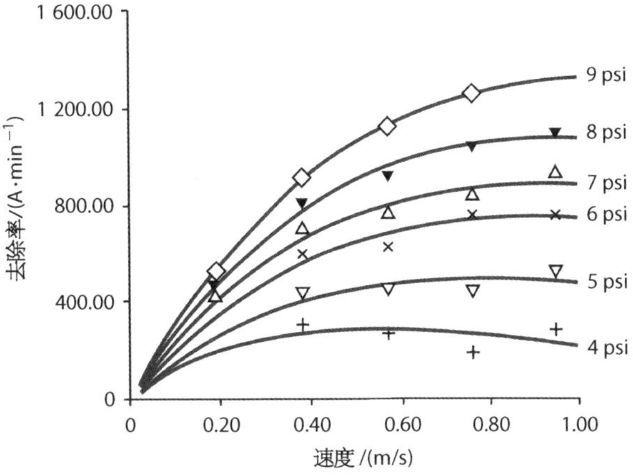

图 5－8　CMP 抛光过程中速度和压力对材料去除率的影响。实线是使用修正的普雷斯顿方程[方程(5－4)]进行的预测

(资料来源：Tseng 等人，1999 年[17]。经电化学学会许可复制)

另一个偏离普雷斯顿方程的例子与时间相关。原始普雷斯顿方程提供了时间平均或与时间无关的材料去除率。然而，材料去除率随时间而变化。例如，Cumbo 等人[21]表明，在 BK7 玻璃的氧化铈抛光过程中，由于浆料 PSD 的变化，因此工件材料去除率随着抛光时间的延长而降低。此外，如第 2 章所述，在没有补充的情况下，浆料颗粒反应活性在工件-研磨盘界面上随距离和时间而降低(图 2－2)。

摩擦加热引起的温升也会改变浆料的反应性，从而提高材料去除率(图 2－31)。最后，随着抛光时间的延长，工件反应产物在研磨盘上的局部沉积也会导致材料去除率随时间和空间而变化(图 2－39)。摩擦加热引起的温升也会改变泥浆的反应性，从而提高材料去除率(图 2－31)。最后，随着抛光时间的延长，工件反应产物在抛光盘上的局部沉积也会导致材料去除率随时间和空间发生变化(图 2－39)。

5.2.2　宏观材料去除的微观/分子描述

如第 2 章所述，使用普雷斯顿方程的修正版方程(2－1)可能足以描述宏观材料去除率的空间甚至时间变化。然而,为了理解许多其他工艺参数对宏观材料去除率的影响,研究微观相互作用,即每个活性界面粒子的去除量之和,是有益的。使用第 4.7.1 节[22]中讨论的 EHMG 模型的概念,可以使用平均微观参数估计宏观材料去除率。

在该公式中,材料厚度去除率是界面中所有颗粒去除率的总和,可描述如下:

$$\frac{\mathrm{d}h}{\mathrm{d}t} = \frac{v_r}{A_{pad}} \sum_{j=1}^{N_t A_{pad}} d_j 2a_j \tag{5-5}$$

式中,v_r 为粒子的相对速度;A_{pad} 为工件和抛光垫之间的接触面积;d_j 为给定粒子 j 的去除深度;a_j 为给定粒子 j 的接触半径[22]。根据每个颗粒的负载,去除 d_j 可以是 0(无接触),d_m(化学或分子去除),d_p(纳米塑性去除)(图 4-8)。每个颗粒尺寸和界面间隙的接触半径由下式给出:

$$a(r, g_p) = \sqrt{r}\left(\frac{3}{4}\frac{P(r, g_p)}{E_{13}\sqrt{r}}\right)^{1/3} \tag{5-6}$$

式中,g_p 为界面间隙;r 为颗粒半径;E_{13} 为方程(4-20)中的复合颗粒-工件模量;P 为每个颗粒的载荷[22]。根据第 4.7.1 节中使用 EHMG 模型描述的一系列负载平衡确定接口界面间隙。

重写上述方程(5-5),可使用平均微观材料去除参数估算材料去除率,其形式为[23]

$$\frac{\mathrm{d}h}{\mathrm{d}t} \approx N_t f_r f_A f_L V_r (f_p \bar{d}_p 2\bar{a}_p + f_m \bar{d}_m 2\bar{a}_m) \tag{5-7}$$

式中,N_t 为工件-抛光垫界面处颗粒的面数密度;f_r 为 PSD 中有助于去除的活性颗粒的比例;f_A 为与工件接触的抛光垫面积的比例;f_L 为颗粒(而不是直接由抛光垫)承载的施加载荷的比例;f_p 为有助于塑性去除的活性颗粒的比例;$\bar{d}_p$ 为有助于塑性去除的颗粒的平均深度;$\bar{a}_p$ 为有助于塑性去除的颗粒的平均接触区半径;f_m 为有助于化学去除的活性颗粒的比例;$\bar{d}_m$ 为有助于化学去除的颗粒的平均深度;$\bar{a}_m$ 为有助于化学去除的颗粒的平均接触区半径。方程(5-7)中括号内的项表示从工件表面移除的材料的横截面积;括号前的前四个变量表示单位面积内有助于移除的已加载粒子数。

与宏观普雷斯顿方程不同,微观材料去除率方程即方程(5-7),没有具体

确定施加压力 σ_o。相反，它被嵌入微观参数中。为了验证这一点，使用 EHMG 模型计算材料去除率与施加压力的函数关系，并将结果与给定抛光条件下的测量材料去除率进行比较（图 5-9）。测量和计算的材料去除率均显示出与原始普雷斯顿方程［方程（1-3）］基本一致的线性相关性[23]。

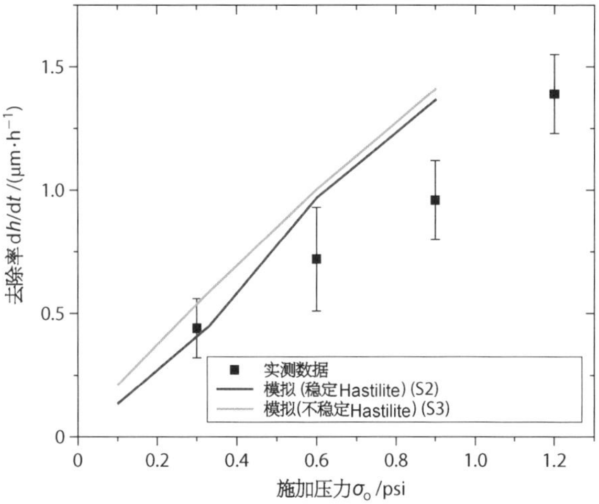

图 5-9　使用 EHMG 模型测量和计算了两种 Hastilite 浆料［非稳定（S2）和稳定（S3）］的宏观材料去除率与施加压力的函数关系

（资料来源：Suratwala 等人，2014 年[23]。经 John Wiley & Sons 许可复制）

方程（5-7）为微观材料去除率方程，也提供了有关可能影响抛光过程中材料去除率的微观相互作用类型的重要见解。因此，该表达式可用作优化抛光条件的通用工具，以补充普雷斯顿方程［方程（1-3）］建议的简单调整负载和速度的标准尝试。为了验证这一点，使用 EHMG 模型来计算方程（5-7）中一组具有代表性的抛光实验[24]的临界参数，结果如图 5-10 所示。图 5-10 顶部显示了四个实验系列的材料去除率测量值，其中去除率随着不同的抛光变量而增加，即扩大 PSD、增加浆料浓度、平整抛光垫形貌和改变玻璃类型。对于每个系列，图 5-10 的底部一行显示了方程（5-7）中的微观参数（通过 EHMG 模型计算）随操纵变量的变化而明显变化［方程（5-7）中的其他计算参数变化相对缓慢，为简单起见而未绘制］。对于每个系列，该模型预测不同的微观参数主导观察到的趋势。因此，在微观尺度上，每个系列的去除率增加的原因明显不同。

从浆料 PSD 系列（图 5-10，第 1 列）开始，PSD 的变化对每种颗粒的负荷分布有很大影响，如图 4-8 的同种浆料所示。浆料 PSD 尾端的变化会影响装载的颗粒数量，即活性颗粒数量，以及在化学与塑性状态下去除材料的颗粒比例 f_m 和 f_p [23]。30 nm 二氧化铈浆料（NanoArc6450）基本上所有颗粒加载（$f_m \sim 1$ 和 $f_p \sim 0$）都在化学去除区中。200 nm 二氧化铈浆料（稳定 Hastilite）颗粒负载均在化学和纳米塑性去除机制中。最后，凝聚的 200 nm 二氧化铈浆料（不稳定 Hastilite）有较大比例的颗粒在纳米塑性去除区域。材料去除率的增加主

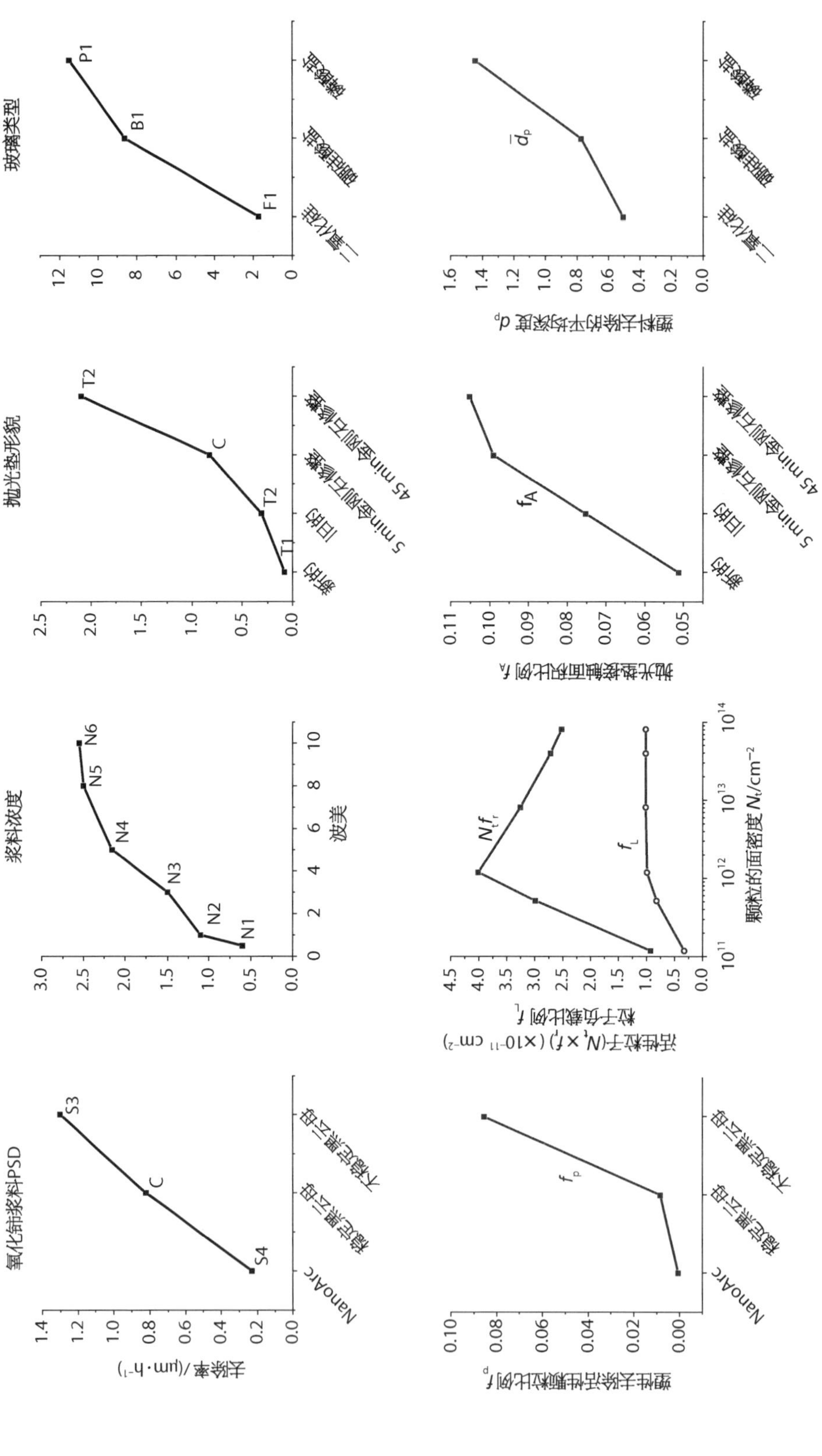

图 5-10　不同系列(PSD、浆料浓度、抛光垫形貌和玻璃类型)的关键抛光变量,以及相同相应抛光条件下(底部)的测量去除率(顶部)与计算或定义的关键 EHMG 模型参数的比较

（资料来源：Suratwala 等人,2016 年[24]。经 John Wiley & Sons 许可复制）

要取决于在塑性状态下去除材料的颗粒数量的增加，这是每个颗粒的去除深度更大[24]。

对于浆料浓度系列(图 5-10，第 2 列)，材料去除率最初增加，然后在高浆料浓度下趋于平稳。预测这一点的 EHMG 模型主要由两个因素决定：活性粒子的数量 $N_t \times f_r$，以及抛光垫承载的载荷比例 f_L。在低浓度下，$N_t \times f_r$ 和 f_L 都会增加，从而提高材料去除率。然而，在较高浓度下，活性颗粒的数量开始减少，这是由于在分布中更多、更大颗粒的负载略有增加。此外，颗粒所承载的负载部分接近并在一个平台处稳定(即界面处有如此多的颗粒，以致所有负载都由颗粒承载，而抛光垫则没有接触作用)。实验和计算数据都显示了类似的平台效应[24]。

对于抛光垫形貌系列(图 5-10，第 3 列)，金刚石修整处理后，导致抛光垫变平，材料去除率增加，主要是因为抛光垫与工件接触面积比例 f_A 的增加(参见图 4-14 中的抛光垫图像)。使用图 4-20a 中测得的高度直方图，用方程(4-15)计算的负载平衡确定 f_A。具有高粗糙度的抛光垫(新的 MHN 抛光垫)导致抛光垫和工件之间的整体接触减少，即 f_A 减小，因此，界面上有助于去除的颗粒更少。可见，较平坦的抛光垫形貌导致较大的 f_A 和较高的计算材料去除率，这与实验数据符合得很好[24]。

实验已确定形成接触的有效抛光垫面积比例非常低。图 5-11 显示了 f_A 作为不同研究中不同抛光垫施加压力的函数。在光学抛光的压力范围内，对于纤维垫 $f_A < 10^{-3}$，对于聚氨酯泡沫垫 $f_A < 0.1$ [23,25-26]。抛光垫形貌和有效抛光垫

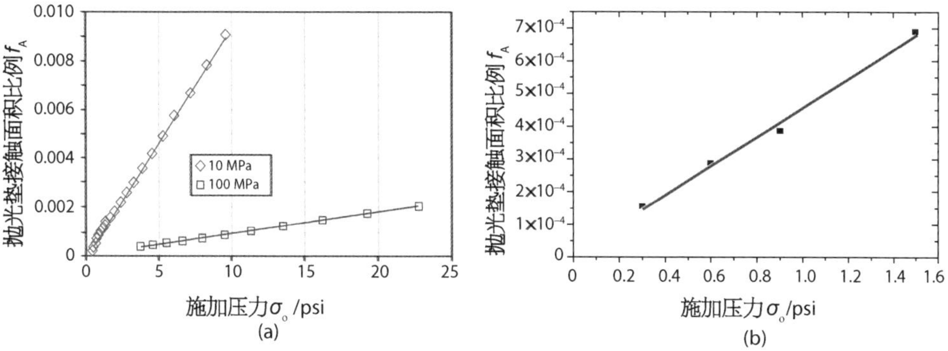

图 5-11　(a) 与硅片上两个不同抛光垫接触的有效抛光垫面积比例；(b) 与熔融石英工件上聚氨酯抛光垫接触的抛光垫有效面积比例

[资料来源：(a) Li，2007 年[25]。经 John Wiley & Sons 许可复制。
(b) Suratwala 等人，2014 年[23]。经 John Wiley & Sons 许可复制]

弹性模量强烈影响 f_A。例如，Moon[27] 表明，随着质量密度的降低和压缩性的增加，材料去除率增加；这两种趋势与 f_A 对材料去除率的影响一致。

最后，对于玻璃型系列（图 5－10，第 4 列），材料去除率的增加主要取决于单颗粒去除功能的变化，即纳米塑性去除深度（d_p）。由于使用了凝聚的 200 nm 二氧化铈浆料（不稳定 Hastilite），与化学去除相比，主要是大量颗粒在纳米塑性去除机制中去除材料。从二氧化硅到硼硅酸盐再到磷酸盐玻璃，测得的去除率和 d_p 增加量大致相同。注意，玻璃机械性能的变化只会导致每个粒子负载分布的轻微变化[24]。

在 Luo 和 Dornfeld[16] 基于赫兹力学（如 EHMG 模型）的微观模型方法中，相对材料去除率与浆料 PSD 的特征相关，如下：

$$\frac{\mathrm{d}h}{\mathrm{d}t} \propto \frac{(\bar{r} + 3\sigma_{\mathrm{part}})^2}{\bar{r}^3} \tag{5-8}$$

式中，$\bar{r}$ 为平均浆料粒径；且 σ_{part} 为 PSD 中的标准偏差。相对材料去除率是 $\bar{r}$ 和 σ_{part} 的函数，如图 5－12a 所示。在固定的平均粒径下，增加 σ_{part} 可使材料去除率降至最低。增加 σ_{part} 会导致：① 活性颗粒数量减少（降低材料去除率），② 每个颗粒的负载越大，每个颗粒的去除率越高（提高材料去除率）。

通常情况下，由于每种颗粒的载荷和去除函数深度的增加，因此材料去除率随颗粒尺寸的增加而增加（图 1－3）。图 5－12b 显示了一种独特的情况，即平均粒径增加（σ_{part} 变化不大）导致材料去除率降低，这是因为负载和有助于材料去除的颗粒较少。这种效应通常在硅溶胶浆液中观察到，其中 r 的变化导致

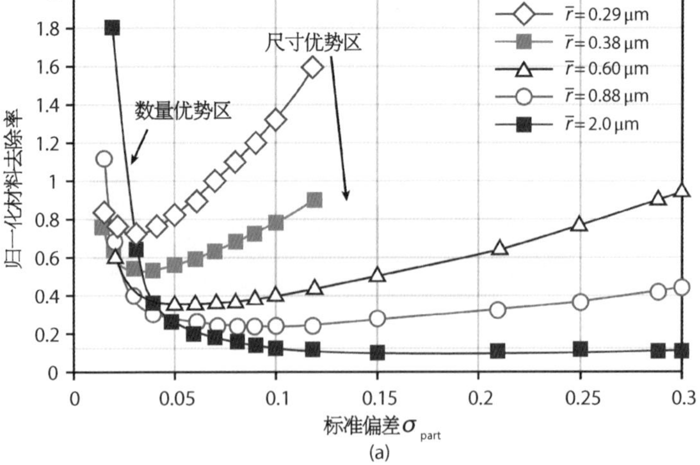

(a)

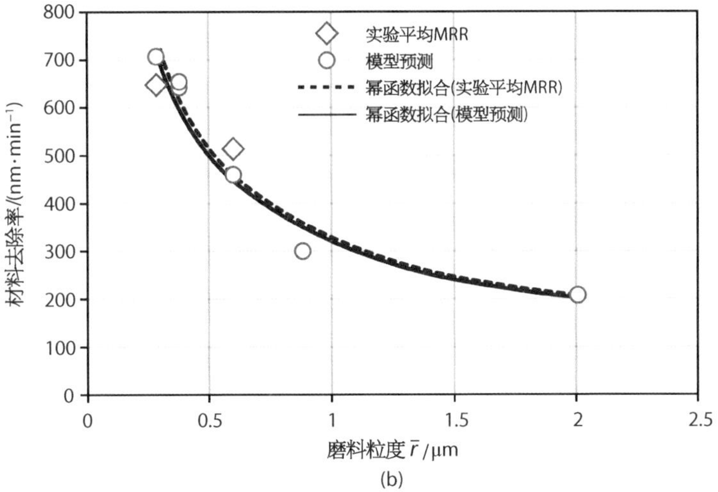

图 5-12　(a) 使用方程(5-8)将相对去除率作为平均粒径和标准偏差的函数;(b) 由方程(5-8)表示的模型与测量数据的比较,材料去除率是数量优势区内磨料粒度的函数

(资料来源: Luo 和 Dornfeld 2003 年[16]。经 IEEE 许可复制)

σ_{part} 的变化很小。对于大多数其他抛光和研磨浆料,平均粒度的增加伴随着 PSD 宽度的等效变化,通常会导致材料去除率的增加(图 1-3)。

5.2.3　影响单颗粒去除函数的因素

综上所述,抛光过程中的材料去除率由以下因素决定:

(1) 大规模相互作用,如压力分布(第 2 章)。

(2) 微观相互作用,如浆料颗粒相互作用(第 5.2.2 节)。

(3) 分子相互作用,即单个颗粒的去除(第 4.1 节)。

颗粒从工件表面去除的材料量取决于图 1-9 中概述的机制。对于抛光,去除机制为化学溶解、纳米塑性去除和化学反应。

由于化学溶解无法实现局部去除控制,因此通常不用于抛光,但认识到其潜在的影响是很重要的。本节将首先讨论纳米塑性作用,其主要取决于颗粒和工件的机械性能(第 5.2.3.1 节),然后讨论化学反应,其主要取决于控制颗粒和工件之间反应速率的因素(第 5.2.3.2 节)。

5.2.3.1　纳米塑性效应:工件硬度

如第 4.1 节中详细讨论的纳米划痕所证明的,抛光过程中,纳米塑性材料的材料去除过程是在粒子和工件之间发生较少甚至没有化学反应状态下,在抛光

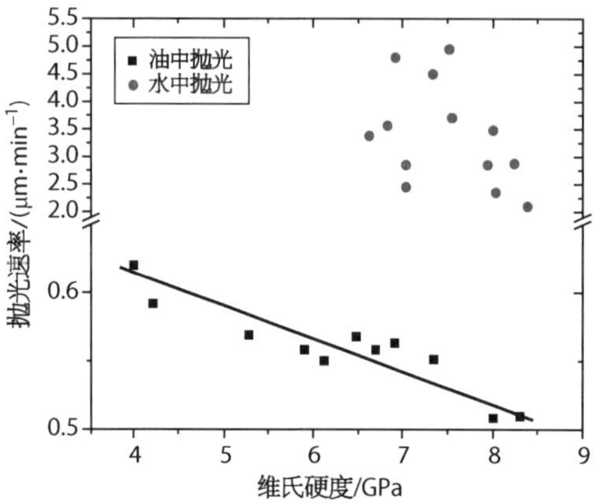

图 5-13 使用油基浆料和水性浆料的情况下各种玻璃的抛光速率与其维氏硬度函数关系

（资料来源：Izumitani 1986 年的数据[5]）

过程中以适当的粒子负载状态发生的(图 4-8)。对于以纳米塑性材料去除为主的抛光工艺,工件材料的显微硬度在此过程中将占主导地位。Izumitani 在一系列光学玻璃中观察到这种依赖性,其中当使用非水浆料时,由于抑制了化学去除作用的发生(图 5-13),因此整体抛光速率与维氏显微硬度成反比[5]。

最近的一项研究中,用测量纳米塑性去除函数的纳米划痕法对多种光学材料进行测量(图 5-14)[29]。当使用胶体二氧化硅浆料抛光光学材料时,发现有效材料去除深度 d_p 与抛光速率成线性比例(图 5-15)。这些结果表明,胶体二氧化硅在室温下的抛光主要是纳米塑性去除,化学反应最小。图 5-16a 还说明了胶体二氧化硅抛光过程中的机械性质,显示了各种光学材料的抛光率和研磨率之间的相关性,两者均由工件的机械性能决定[30]。机械性能对抛光和研磨速率也呈等比例关联,如图 5-16b 所示。

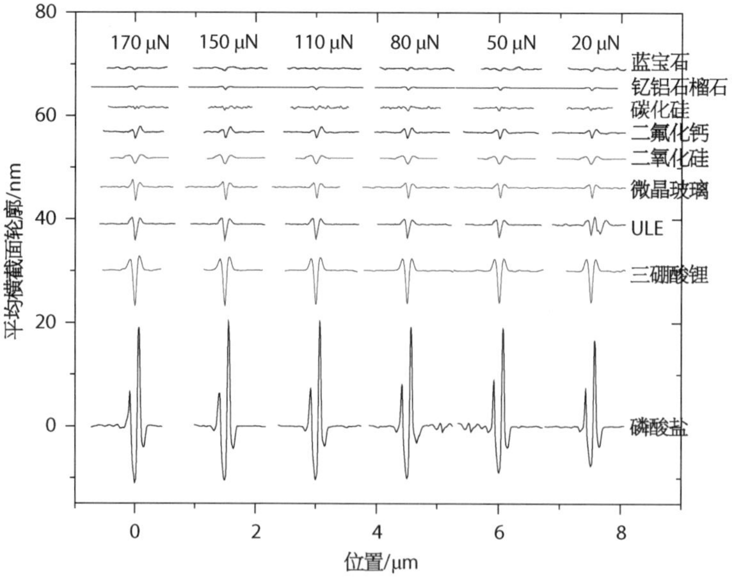

图 5-14 在水环境中,在各种施加载荷下进行的各种光学材料纳米划痕的横截面线

（资料来源：Shen 等人,2018 年[29]）

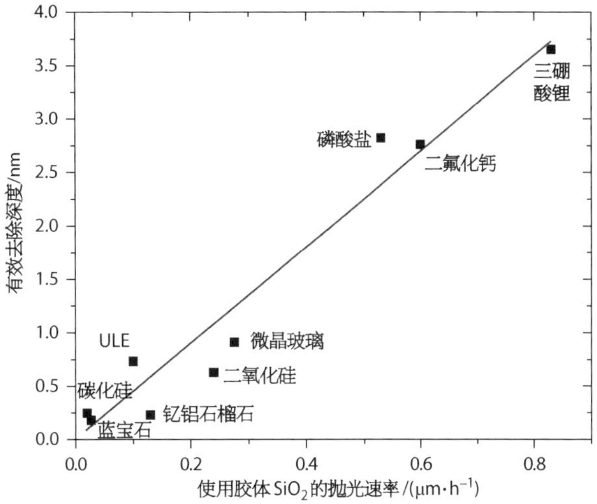

图 5-15　根据图 5-14 中的数据，各种光学材料的有效纳米裂纹深度 d_p 与其使用胶体二氧化硅浆料测量的抛光材料去除率之间的相关性

（资料来源：Shen 等人，2018 年[29]）

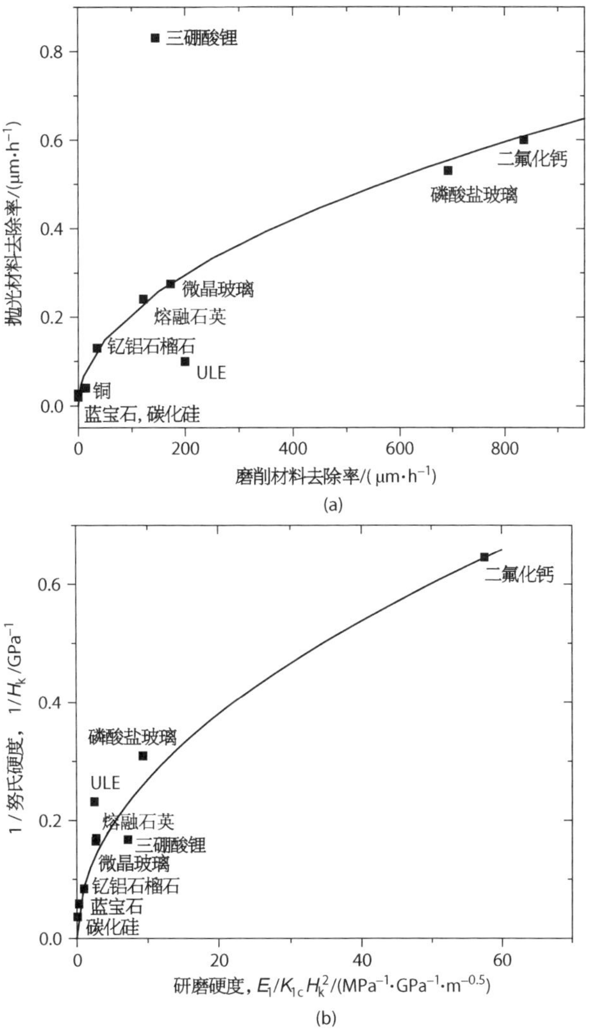

图 5-16　(a) 各种光学材料使用胶体二氧化硅浆料抛光去除率与使用 15 μm 氧化铝颗粒的研磨材料去除率之间的相关性；(b) 重新绘制 (a) 中的数据，将抛光去除率替换为预期的硬度标度，并将研磨去除率替换为预期的研磨硬度标度

（资料来源：Suratwala 等人，2018 年[9] 和 Suratwala 等人，2018 年[30]）

一些研究报道了采用胶体二氧化硅抛光蓝宝石(Al_2O_3)的材料去除机制。Namba 和 Tsuwa[31]提出材料去除机制属于机械去除,这与上述结果一致。然而,其他研究报道了导致化学反应在工件表面形成铝硅酸盐($A1_2Si_2O_7-H_2O$)[32-33]。这些研究显示了抛光过程中高温下的化学反应证据。与这两组数据一致的一个可能解释是,在室温下机械去除占主导地位,而在高温下化学反应占主导地位。

5.2.3.2 化学效应:缩合速率和电荷分数模型

如第 2.2 节、3.3.2 节和 4.1 节所述,工件和抛光颗粒之间可能发生化学反应,这是抛光过程中材料去除的一种机制。化学反应的性质,特别是氧化物玻璃的化学反应,已被提出由缩合和水解反应控制,如方程(3-61)~方程(3-63)中使用氧化铈抛光的二氧化硅玻璃所示[34]。化学形式的去除首先表现为有 H_2O 的存在。Izumitani 发现与油基浆料相比,在水性浆料中抛光的一系列玻璃的材料去除率显著提高。此差异如图 5-13 所示,注意 y 轴比例的变化[5,35]。在其他一些研究中,不同类型溶剂环境(如酒精和乙二醇-水混合物)中抛光后,材料去除率与浆料中的 OH 或 H_2O 含量密切相关[36-37]。

对于硅酸盐玻璃的具体情况,Cook 表明,不同化合物抛光液的相对材料去除率与抛光液颗粒的等电点(IEP)相关,如图 5-17[34]所示。最大抛光材料去除率出现在氧化铈(IEP=7)中,当浆料颗粒的 IEP 值较低或较高时,去除率显著降低。二氧化硅的材料去除率最低,符合第 5.2.3.1 节中提出的胶体二氧化硅的机械性质。使用相同的数据,Cook 证明抛光材料去除率与经验得出的反应速率因子成正比:

$$\frac{\mathrm{d}h}{\mathrm{d}t} \propto \frac{1}{\lg(E_{\mathrm{sbs}} \mid 7 - \mathrm{IEP_s} \mid)} \tag{5-9}$$

式中,E_{sbs} 为单键强度;IEP_s 为浆料颗粒的等电点(图 5-18)。

Cook 提出的在 SiO_2 工件(IEP=2)上的 CeO_2(IEP=7)浆料条件下材料去除率增加的原因是,当工件具有负表面,且粒子表面基本为中性时,有利于缩合反应[34,38]。因此,方程(3-62)给出的缩合反应最好写为

$$\equiv \mathrm{Si-O^-} + \mathrm{HO-M_p} \equiv \longrightarrow \equiv \mathrm{Si-O-M_p} \equiv \mathrm{OH^-} \tag{5-10}$$

然而,从胶体稳定性的角度来看,如第 4.5.2 节所述,将浆料保持在颗粒 IEP 附近可能会导致团聚。使用各种浆料添加剂或在略低于浆料颗粒 IEP 的 pH 值下操作,可防止结块。

当抛光液 pH 值高于抛光颗粒或工件的 IEP 时,表面电荷为负;当浆液 pH 值

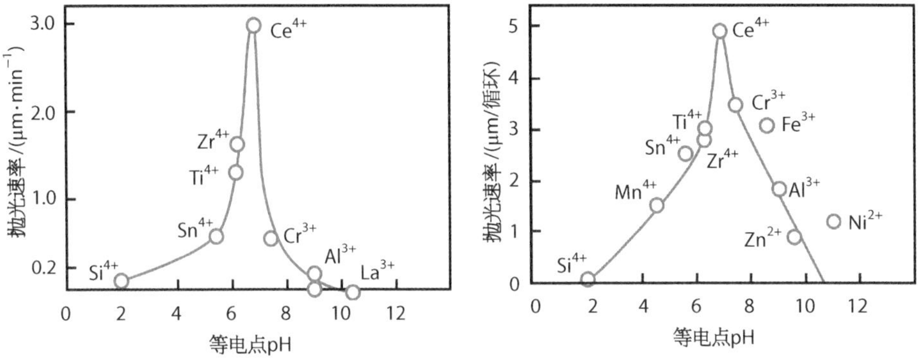

图 5-17　相对抛光材料去除率是两种不同硅基玻璃工件上不同浆料成分 IEP 的函数

（资料来源：Cook，1990 年[34]。经 Elsevier 许可复制）

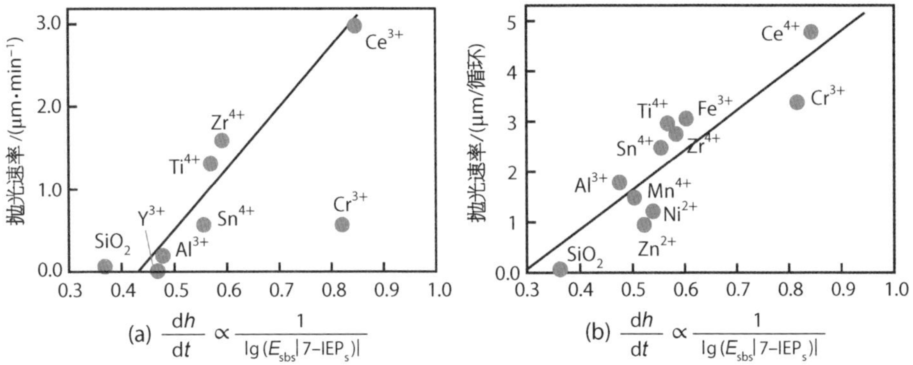

图 5-18　对于图 5-17 中的相同数据，抛光材料去除率作为反应速率系数方程(5-9)的函数

（资料来源：Cook，1990 年[34]。经 Elsevier 许可复制）

低于 IEP 时，表面电荷为正。抛光颗粒或工件上的表面羟基电荷可描述如下：

$$-M_s-OH_2^+ \rightleftharpoons -M_s-OH + H^+ K_{s1} \quad (5-11)$$

$$-M_s-OH \rightleftharpoons -M_s-O^- + H^+ K_{s2} \quad (5-12)$$

式中，K_{s1} 和 K_{s2} 为平衡常数；M_s 为抛光颗粒或工件表面的原子种类。零电荷点(PZC)，即表面电荷为中性的 pH 值，约等于 IEP[38]。这些与平衡常数定量相关，如下[39]

$$IEP \sim PZC = -\frac{1}{2}\lg(K_{s1}K_{s2}) = \frac{1}{2}(pK_{s1} + pK_{s2}) \quad (5-13)$$

式中，pK_{s1} 简化为 $-\lg(K_{s1})$；pK_{s1} 简化为 $-\lg(K_{s2})$。因此，材料的 IEP 与 pK_{s1} 或

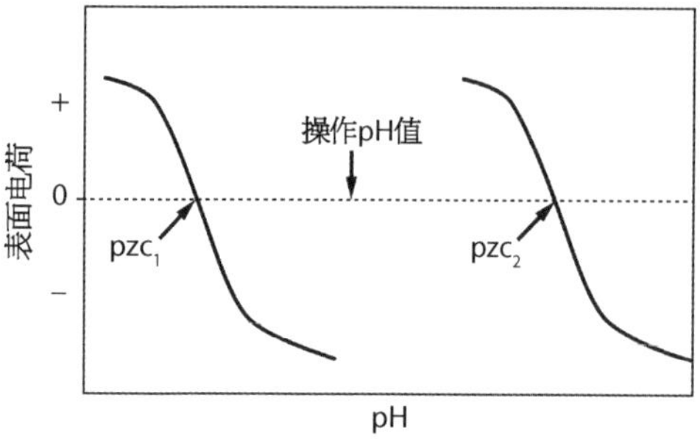

图 5-19　PZC 高于或低于浆液 pH 值的颗粒表面电荷的比较

（资料来源：Osseo Asare，2002 年[38]。经电化学学会许可复制）

pK_{s2}成线性比例。作为 pH 和 IEP 函数的表面电荷示意如图 5-19 所示。

上述研究主要局限于硅酸盐玻璃工件。为了更广泛地理解固态化学去除机理，需要一个综合模型，不仅考虑浆料颗粒成分和浆料 pH 值，还考虑工件的成分。Izumitani 证明抛光反应活性与工件材料的化学耐久性相关[5]。在最近的一项研究中，抛光材料去除率与抛光浆材料、抛光浆 pH 值和光学工件材料基质相关，同时在很大程度上保持其他微观相互作用恒定，如第 5.2.2 节所述[30]。利用该数据，开发了一个扩展的化学反应速率模型，该模型使用了电荷分数和 IEP，并考虑了浆料颗粒和工件成。

以化学齿模型为基础[34]，一般反应机理可通过以下反应步骤来描述[30]：

（1）在工件和抛光颗粒表面上形成可反应的表面部分，例如形成氢氧化物。

（2）粒子接近工件表面。

（3）界面结合的形成，例如通过缩合反应在工件表面氢氧化物和抛光颗粒之间发生。

（4）应变引起工件或颗粒的黏结断裂，如水解反应。

概述的特定反应途径可能适用于大多数氧化物玻璃，也可能适用于其他工件材料。按照本文概述的基本步骤，其他途径是也是可能的。例如，通过应力腐蚀、其他类型的直接键合或更复杂的反应方式；或形成界面反应层，然后进行化学反应或溶解（参见文献[32-33]）。

熔融石英玻璃上氧化铈颗粒的缩合和水解反应由方程（3-61）~方程（3-63）描述，通常可以在不考虑 pH 值和表面电荷的情况下写成：

$$\equiv M_{wp}-OH + HO-M_p\equiv \longrightarrow \equiv M_{wp}-O-M_p\equiv + H_2O \tag{5-14}$$

$$\begin{aligned}&\equiv M_{wp}-O-M_{wp}-O-M_p-O-M_p\equiv + H_2O \longrightarrow\\&\equiv M_{wp}-OH + HO-M_{wp}-O-M_p-O-M_p\equiv\end{aligned} \tag{5-15}$$

式中，M_{wp}为工件的金属原子（例如 SiO_2 中的 Si 和 Al_2O_3 中的 Al）；M_p 为抛光颗粒的金属原子（例如 CeO_2 的 Ce）。这些反应中最慢的反应将决定整体反应速率和抛光材料去除速率。对于大多数氧化物玻璃，氢氧化物的形成很快。然而，对于其他非氧化物光学材料（例如 CaF_2 和 SiC），表面氢氧化物形成的速率可能是速率瓶颈。正如 Cook[34] 所建议的那样，缩合速率通常会限制去除速率。

当速率受到步骤 4 的限制时，已证明给定抛光颗粒和工件材料的电荷分数和电荷分数差与缩合速率有关，因此与抛光材料去除速率有关[30]。区分一个物种的净电荷（化合物的总表面电荷）和电荷分数（描述感兴趣物体周围的电荷分布）是很重要的。净电荷由化合物中所有离子的电子平衡、材料的 IEP 和浆料环境的 pH 值决定。相比之下，物体的电荷分数在很大程度上取决于金属原子及其周围部分的电负性。在非抛光相关研究中，Livage 等人使用电荷分数模型来描述溶胶-凝胶化学中各种金属醇氧化物的相对缩合速率[40]。后来，Reynolds 定量地将各种硅酸盐物质的缩合速率与两种反应物质之间的电荷分数差关联起来[41]。两者都表明，反应物之间的电荷分数和电荷分数差越大，缩合反应速率越大。

当两个成键原子之间发生电荷转移时，每个原子将获得电荷分数 δ_i，主要由中性原子的电负性 χ_i° 决定。当所有原子的电负性等于由下式给定的化合物的平均电负性 $\bar{\chi}$ 时，电子转移停止：

$$\bar{\chi} = \frac{\sum_i p_{si}\sqrt{\chi_i^{\circ}} + 1.36z}{\sum_i \frac{p_{si}}{\sqrt{\chi_i^{\circ}}}} \tag{5-16}$$

式中，p_{si} 为原子 i 的化学计量比；z 为化合物的价[40]。化合物中特定原子的电荷分数 δ_i，定义如下：

$$\delta_i = \frac{\bar{\chi} - \chi_i^{\circ}}{1.36\sqrt{\chi_i^{\circ}}} \tag{5-17}$$

图 5-20 显示了不同氧化状态金属阳离子的各种氢氧化物表面的计算电荷分数。$Ce(OH)_4$ 或 Ce^{4+} 具有最大的电荷分数，预计具有最高的反应速率。注意，Ce^{4+} 比 Ce^{3+} 具有更高的电荷分数。电荷分数值由金属原子的电负性决定，电负性越小，电荷分数越高。Ce 的电负性为 1.12。元素周期表上的某些元素具有较低的电负性，但大多数是 I 组碱金属（如 Li、Na、K 和 Rb）或 II 组碱土金属（如 Ca、Sr 和 Ba），它们大多是水溶性的。La 具有较低的电负性，但处于 4^+ 状态的 Ce 比只能处于 3^+ 氧化状态的 La 具有优势。这一部分电荷分析似乎解释了氧化铈一直是氧化物玻璃抛光浆料的选择[30]的原因。

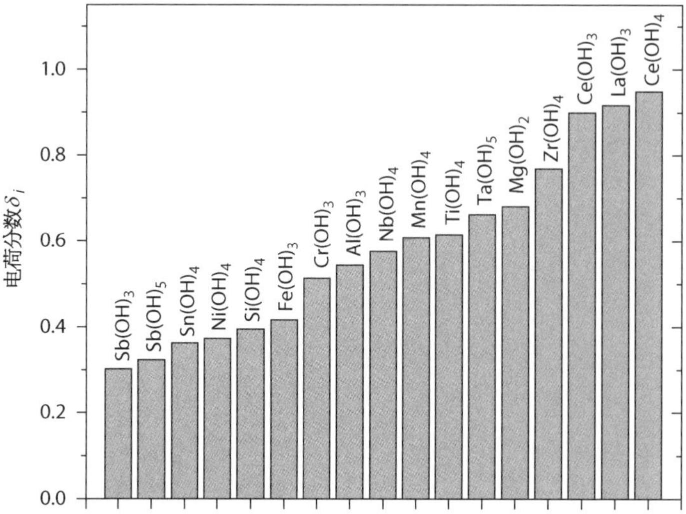

图 5-20　使用方程(5-16)和方程(5-17)计算各种氢氧化物的电荷分数,来描述抛光颗粒

(资料来源：Suratwala 等人,2018 年[30])

图 5-20 中其他金属氢氧化物的电荷分数通常也遵循 Cook 所示各种抛光颗粒抛光速率的趋势(图 5-17)[34]。如各种醇氧化物所示,电荷分数的微小变化对缩合速率有很大影响。例如,电荷分数为 0.32 的硅醇盐 $Si(OC_2H_5)_4$ 的水解缩合速率为 10^{-4} $mol^{-1}\cdot s^{-1}$,而电荷分数为 0.63 的钛醇盐的速率为 30 $mol^{-1}\cdot s^{-1}$,变化幅度为五个数量级[40,42]。由于硅具有较低的电荷分数,因此预计在材料去除率中不会有强的化学去除成分。事实上,胶体二氧化硅抛光液的室温抛光去除率数据与工件的机械性能有关,即与纳米塑性去除有关,如图 5-15、图 5-16 所示。

将电荷分数概念扩展到包括浆料颗粒和工件材料,其缩合率及抛光材料去除率,应与工件和泥浆之间的电荷分数差 δ_{wp-s} 成比例,如下：

$$\delta_{wp-s} = \delta_{wp} - \delta_s \tag{5-18}$$

式中,δ_{wp} 为工件表面的电荷分数；δ_s 为浆料颗粒的电荷分数[30]。图 5-21 显示了抛光材料去除率测量值与抛光八种工件材料的电荷分数差的函数：熔融石英(SiO_2)、激光磷酸盐玻璃-LHG8([56-60]P_2O_5-[8-12]Al_2O_3-[13-17]K_2O-[10-15]BaO-[0-2]Nd_2O_3)、蓝宝石(Al_2O_3)、碳化硅(SiC)、ULE(SiO_2: TiO_2 玻璃),氟化钙(CaF_2)、YAG($Y_3Al_4O_{12}$)、Zerodur(SiO_2 基微晶玻璃)和 LBO(LiB_3O_5)。使用四种抛光液,其 PSD 和粒度大致相同,为 30~50 nm(Sb_2O_5、MgO、ZrO_2 和 CeO_2)[30]。选择浆料材料时,应考虑具有较宽范围的电荷分数(图

5 - 20)、狭窄的 PSD 和较小的平均粒径，以使每个粒子的负载分布仅与固态化学状态下工件的去除功能重叠(即纳米塑性材料的去除可忽略不计)。大多数数据的抛光速率通常遵循电荷分数差，具有以下经验指数依赖性[30]：

$$\frac{\mathrm{d}h}{\mathrm{d}t} \approx 0.35\ \mu\mathrm{m} \cdot \mathrm{h}^{-1} \exp\left(\frac{\delta_{\mathrm{wp-s}}}{0.18}\right) \tag{5-19}$$

表明缩合速率是这些特定浆料-工件组合的主要控制因素。然而，从图 5 - 21 中也可以清楚地看出，存在两组异常值，其中材料去除率与电荷分数差不相关。第一种是使用 Sb_2O_5 浆料抛光的 CaF_2 和 LBO 工件(见虚线圆圈)，其中材料去除率测量值明显高于预期的电荷分数差关系。可能的解释是，一种不同的材料去除机制占主导地位，即溶解，这可以通过两种工件材料仅浸泡在浆料中就会溶解来证明。

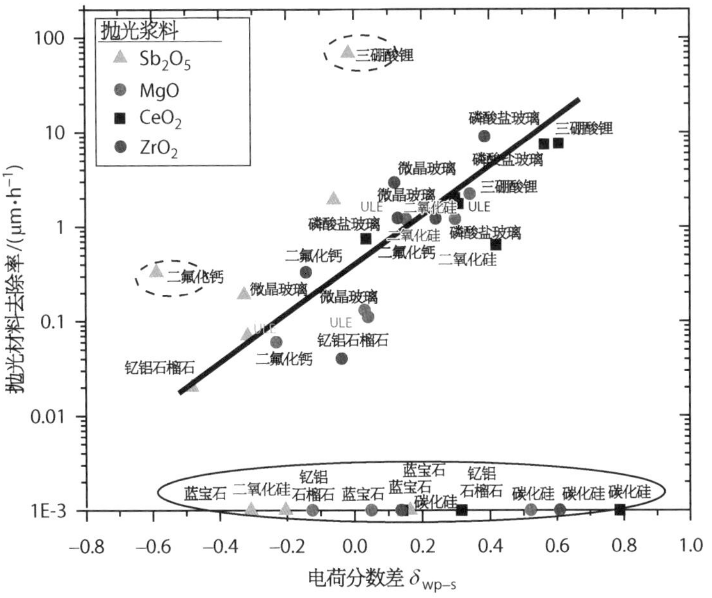

图 5 - 21　使用各种胶体浆料抛光的各种光学材料工件的材料去除率，作为电荷分数差的函数，由方程(5 - 16) ~ 方程(5 - 18)给出。样品显示材料去除率为 0.001 μm · h^{-1}时为不可测量的速率，并分配该值以在对数刻度上识别它们

(资料来源：Suratwala 等人，2018 年[30])

第二组异常值主要与蓝宝石、YAG 和 SiC 工件有关，如图 5 - 21 中的实心圆点所示。无论使用何种浆料，材料去除率基本为零。这三种材料的 IEP 介于 4.5 ~ 6.5，如图 5 - 22 所示。当 IEP 小于 4.5 或大于 6.5 时，工件材料去除率显著增加。只有胶体硅浆料能抛光这些材料，因为它们受纳米塑性去除机制的作用(参考图 5 - 15)[30]，尽管速度较慢。

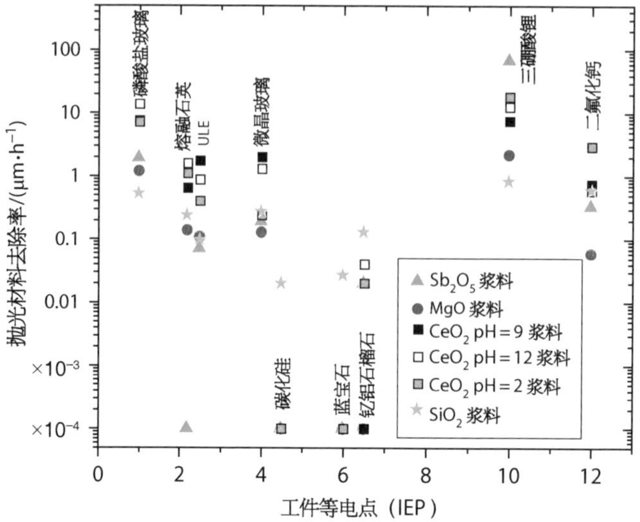

图 5-22 图 5-21 中数据的材料去除率与工件 IEP 的函数关系。去除率为 0.000 1 μm·h⁻¹ 时不可测量的速率的样品数据,在对数标尺上标注识别它们

（资料来源：来自 Suratwala 等人,2018 年[30]）

其解释是,IEP 在 4.5~6.5 范围内的工件材料固有地具有抵抗缩合反应。正如溶胶-凝胶研究人员提出的[42],金属醇盐的缩合反应速率也可能受到表面电荷(不要与电荷分数混淆)的影响,这是由 pH 值控制的。图 5-23 说明了硅醇盐的这一特点,其中缩合速率(作为凝胶时间的倒数)在 SiO_2 的 IEP=2 以上和以下显著增加。因为蓝宝石、YAG 和 SiC 的 IEP 是中性的,所以它们在中性 pH 环境下容易产生更中性的表面电荷。因此,有人提出,这些工件材料本质上

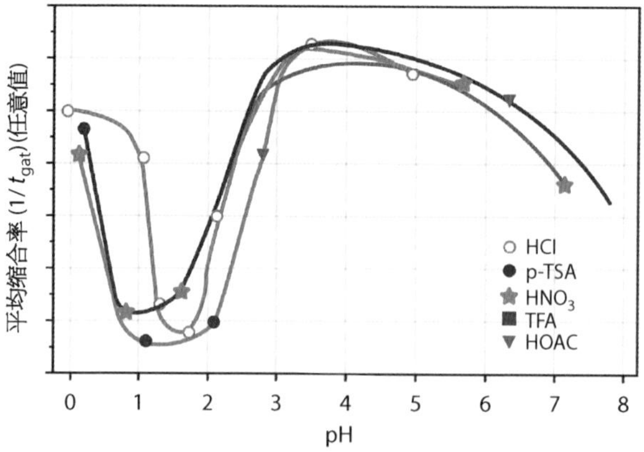

图 5-23 硅醇盐的缩合速率与 pH 值

（资料来源：Brinker 和 Scherer 1990 年[42]。经学术出版社许可转载）

不太容易发生缩合反应,因此很少或根本不会产生固态化学材料去除。另一种可能性是表面氢氧化物的形成会限制整个反应(步骤1),如碳化硅材料。

颗粒和工件上可能存在各种表面电荷组合,这取决于颗粒和工件的IEP以及浆液pH值。表面电荷的变化不仅影响缩合速率,而且还影响界面浆液颗粒分布,如第4.5节所述。这两个结果都可能影响整体抛光材料去除率,主要可能是因为竞争效应。抛光条件下浆料pH值变化对基质材料去除率的影响如图5-22所示。

总之,当受到缩合率的限制时,抛光材料的去除率可以与工件和抛光颗粒之间的电荷分数差以及工件的IEP相关。这些概念扩展了Cook[34]提出的原始化学齿模型,为开发各种工件材料的新抛光工艺提供了实用工具。

参考文献

[1] Austin, L.G. (1971). Introduction to the mathematical description of grinding as a rate process. *Powder Technol.* 5 (1): 1-17.

[2] Klimpel, R. and Austin, L. (1977). The back-calculation of specific rates of breakage and non-normalized breakage distribution parameters from batch grinding data. *Int. J. Miner. Process.* 4 (1): 7-32.

[3] Wiese, G. and Wagner, R. (1974). Physical model for predicting grinding rates. *Appl. Opt.* 13 (11): 2719-2722.

[4] Aleinikov, F. (1957). The effect of certain physical and mechanical properties on the grinding of brittle materials. *Sov. Phys. Tech. Phys.* 2 (12): 2529-2538.

[5] Izumitani, T. (1986). *Optical Glass*, x, 197. New York: American Institute of Physics.

[6] Izumitani, T. and Suzuki, I. (1973). Indentation hardness and lapping hardness of optical glass. *Glass Technol.* 14 (2): 35-41.

[7] Lambropoulos, J.C., Xu, S., and Fang, T. (1997). Loose abrasive lapping hardness of optical glasses and its interpretation. *Appl. Opt.* 36 (7): 1501-1516.

[8] Buijs, M. and Korpel-van Houten, K. (1993). A model for lapping of glass. *J. Mater. Sci.* 28 (11): 3014-3020.

[9] Suratwala, T., Steele, R., Wong, L. et al. (2018). Grinding and SSD correlations in various optical materials. *J. Am. Ceram. Soc.* (*in preparation for*)

[10] Davidge, R. and Riley, F. (1995). Grain-size dependence of the wear of alumina. *Wear* 186: 45-49.

[11] Bifano, T.G., Dow, T., and Scattergood, R. (1991). Ductile-regime grinding: a new technology for machining brittle materials. *J. Eng. Ind.* 113 (2): 184-189.

[12] Lawn, B. and Marshall, D. (1979). Hardness, toughness, and brittleness: an indentation analysis. *J. Am. Ceram. Soc.* 62 (7-8): 347-350.

[13] Demirci, I., Mkaddem, A., and El Khoukhi, D. (2014). A multigrains' approach to model the micromechanical contact in glass finishing. *Wear* 321: 46-52.

[14] Forsberg, M. (2005). Effect of process parameters on material removal rate in chemical mechanical polishing of Si(100). *Microelectron. Eng.* 77 (3): 319-326.

[15] Park, K., Kim, H., Chang, O., and Jeong, H. (2007). Effects of pad properties on material removal in chemical mechanical polishing. *J. Mater. Process. Technol.* 187: 73-736.

[16] Luo, J. and Dornfeld, D.A. (2003). Effects of abrasive size distribution in chemical

mechanical planarization: modeling and verification. *IEEE Trans. Semicond. Manuf.* 16 (3): 469 - 476.
[17] Tseng, W.T., Chin, J.H., and Kang, L.C. (1999). A comparative study on the roles of velocity in the material removal rate during chemical mechanical polishing. *J. Electrochem. Soc.* 146 (5): 1952 - 1959.
[18] Tseng, W.T. and Wang, Y.L. (1997). Re-examination of pressure and speed dependences of removal rate during chemical-mechanical polishing processes. *J. Electrochem. Soc.* 144 (2): L15 - L17.
[19] Zhang, Z., Yan, W., Zhang, L. et al. (2011). Effect of mechanical process parameters on friction behavior and material removal during sapphire chemical mechanical polishing. *Microelectron. Eng.* 88 (9): 3020 - 3023.
[20] Pal, R.K., Garg, H., and Karar, V. (2016). Full aperture optical polishing process: overview and challenges. In: *CAD/CAM, Robotics and Factories of the Future*, 461 - 470. Springer.
[21] Cumbo, M., Fairhurst, D., Jacobs, S., and Puchebner, B. (1995). Slurry particle size evolution during the polishing of optical glass. *Appl. Opt.* 34 (19): 3743 - 3755.
[22] Suratwala, T., Steele, R., Feit, M. et al. (2017). Relationship between surface μ-roughness and interface slurry particle spatial distribution during glass polishing. *J. Am. Ceram. Soc.* 100: 2790 - 2802.
[23] Suratwala, T., Feit, M., Steele, W. et al. (2014). Microscopic removal function and the relationship between slurry particle size distribution and workpiece roughness during pad polishing. *J. Am. Ceram. Soc.* 97 (1): 81 - 91.
[24] Suratwala, T., Steele, W., Feit, M. et al. (2016). Mechanism and simulation of removal rate and surface roughness during optical polishing of glasses. *J. Am. Ceram. Soc.* 99 (6): 1974 - 1984.
[25] Li, Y. (2007). *Microelectronic Applications of Chemical Mechanical Planarization*. Wiley.
[26] Yu, T-K., Yu, C., and Orlowski, M. ed. (1993). A statistical polishing pad model for chemical-mechanical polishing. Electron Devices Meeting, 1993 IEDM'93 Technical Digest, International. IEEE.
[27] Moon, Y. (1999). Mechanical aspects of the material removal mechanism in chemical mechanical polishing (CMP). PhD thesis, University of California Berkeley, 193 pages.
[28] Warnock, J. (1991). A two-dimensional process model for chemimechanical polish planarization. *J. Electrochem. Soc.* 138 (8): 2398 - 2402.
[29] Shen, N., Feigenbaum, E., Suratwala, T. et al. (2018). *Single Particle Nanoplastic Removal Function of Optical Materials*. J. Am. Cer. Soc.; Submitted.
[30] Suratwala, T., Steele, R., Wong, L. et al. (2018). Influence of partial charge on the material removal rate during chemical polishing. *J. Am. Ceram. Soc.*; Submitted.
[31] Namba, Y. and Tsuwa, H. (1977). Ultra-fine finishing of sapphire single crystal. *Ann. CIRP* 26 (1): 325.
[32] Gutsche, H.W. and Moody, J.W. (1978). Polishing of sapphire with colloidal silica. *J. Electrochem. Soc.* 125 (1): 136 - 138.
[33] Vovk, E., Budnikov, A., Dobrotvorskaya, M. et al. (2012). Mechanism of the interaction between Al_2O_3 and SiO_2 during the chemical-mechanical polishing of sapphire with silicon dioxide. *J. Surf. Invest.* 6 (1): 115 - 121.
[34] Cook, L. (1990). Chemical processes in glass polishing. *J. Non-Cryst. Solids* 120 (1 - 3): 152 - 171.
[35] Steigerwald, J.M., Murarka, S.P., and Gutmann, R.J. (2008). *Chemical Mechanical Planarization of Microelectronic Materials*. Wiley.
[36] Cornish, D. (1961). The Mechanism of Glass Polishing. *Res. Rep.* 267. Chislehurst, Kent: British Scientific Instrument Research.
[37] Silvernail, W. and Goetzinger, N. (1971). The mechanics of glass polishing: part one. *The*

Glass Ind. 52: 130 – 133.
[38] Osseo-Asare, K. (2002). Surface chemical processes in chemical mechanical polishing relationship between silica material removal rate and the point of zero charge of the abrasive material. *J. Electrochem. Soc.* 149 (12): G651 – G655.
[39] Stumm, W. (1992). *Chemistry of the Solid-Water Interface: Processes at the Mineral-Water and Particle-Water Interface in Natural Systems.* Wiley.
[40] Livage, J., Henry, M., and Sanchez, C. (1988). Sol-gel chemistry of transition metal oxides. *Prog. Solid State Chem.* 18 (4): 259 – 341.
[41] Reynolds, J.G. (2007). Thermodynamic evaluation of a partial charge model assumption for the dissolved silica system. *Silicon Chem.* 3 (5): 267 – 269.
[42] Brinker, C.J. and Scherer, G.W. (1990). *Sol-Gel Science: The Physics and Chemistry of Sol-Gel Processing*, 638 – 672. San Diego, CA: Academic Press.

第Ⅱ部分

应用——材料技术

第 6 章　提高产量：划痕鉴定和断口分析

6.1　断口分析 101

如果工件坠落并发生灾难性断裂，则故障原因显而易见。但工件可能由于许多原因发生灾难性(或非灾难性)断裂，这些原因更难诊断，因此也更难预防或缓解。为此，断口分析领域，也即通过检查断裂模式和表面来表征断裂部件的方法和手段的科学，可能非常有用。Frechette[1]、Varner 和 Frechette[2]、Quinn[3]、Freiman 和 Mecholsky[4] 以及 Bradt 和 Tressler[5] 对断口分析的理论和实践进行了详细描述。本章将首先介绍断裂学，描述在断裂面上观察到的主要特征以及它们提供的有关失效的信息。然后，利用一种称为“划痕鉴定”的技术，将断口分析扩展到诊断因划伤工件而导致的损失，并深入了解由缓慢裂纹扩展引起的时间相关断裂失效。最后，通过断口分析和划痕鉴定来对光学制造过程中的断裂工件进行相关案例研究。

脆性工件(如玻璃、单晶和多晶陶瓷)的强度几乎总是受到工件上缺陷分布的限制，而不是材料固有的结合强度[6-7]。因此，工件材料的加工方式，尤其是表面加工，如光学制造中使用的加工方式，决定了其缺陷分布和极限强度。失效的临界应力 σ_f 由格里菲斯定律给出：

$$\sigma_f = \sqrt{\frac{2\gamma_f E_1}{\pi a_c}} = \frac{K_{Ic}}{\sqrt{\pi a_c}} \qquad (6-1)$$

式中，E_1 为工件弹性模量；K_{Ic} 为工件断裂韧度；γ_f 为断裂表面能；a_c 为缺陷尺寸[8]。这些缺陷通常是微观断裂，与被称为亚表面机械损伤（SSD）的微断裂相同（见第 3 章）。缺陷通常出现在工件的边缘，是失效的起始点。为了制造更坚固的工件，在制造和最终使用过程中出现的缺陷尺寸必须最小化。

施加在给定工件材料上的应力会导致工件中的应力分布具有空间、方向和时间上的相关性。换言之，工件中不同位置的应力在不同方向上是不同的，并且可以随时间变化（特别是对于扩展裂纹）。脆性材料中的断裂将垂直于最大 I 型张力传播；因此，如果应力分布已知，则可以确定裂纹路径。图 3－9 中显示了滑动压痕裂纹的示例。表 6－1 定义了在断裂面上可观察到的一些主要纹路，通常可以在具有适当照明的立体显微镜下或在较小特征时的扫描电子显微镜下观察到。表 6－2 概述了可使用断口分析法收集的信息。

表 6－1　玻璃上观察到的各种类型的断裂面裂痕及其定义

纹　路	定　　义
（1）镜面裂痕	光滑区域，具有近似镜面的表面，通常靠近断裂原点
（2）雾状裂痕	破裂发展终端导致的表面模糊或雾状斑纹
（3）梳齿状裂痕	从奇点延伸的脊线由裂纹前缘通过预先存在的夹杂物/缺陷扩展引起
（4）扭曲线	与裂纹扩展方向平行的剑状纹路由主张力局部轴的扭曲引起
（5）中止线	断裂面上显示断裂停止和重新开始的尖锐曲线
（6）沃纳线	弹性脉冲与扩展裂纹相交引起的断口波状线
（7）空化劈裂	由充满液体的裂纹加速并变干而引起的镜面裂痕和极细雾状裂纹区之间的界面线
（8）塞拉陡坎	被液态水覆盖的减速裂纹形成的弧形纹理
（9）应力波纹	工件内由外部振动引起的正弦状表面纹理

表 6－2　断裂工件上可能显示的主要断口分析数据

获得的信息	获　得　方　法
（1）裂纹成因	• 定位镜面裂痕/雾斑/梳状纹路 • 跟踪裂纹扩展
（2）断裂方向、事件顺序	• 判读特定的断裂纹路，尤其是沃纳线和扭曲线

续 表

获得的信息	获　得　方　法
(3) 应力分布	• 观察镜面/雾斑/梳状纹路的对称性或不对称性以及沃纳线的形状
(4) 失效应力、能量	• 测量镜面裂痕半径、缺陷尺寸、分支距离 • 寻找断裂区域
(5) 裂纹速度	• 测量沃纳线的交点,从其他断裂纹路中洞察
(6) 应力类型(热应力、压痕/冲击应力、机械应力、化学应力)	• 观察整体断裂模式、压痕损伤迹象
(7) 断裂过程中的环境(湿或干)	• 在断裂面上发现陡坎纹路

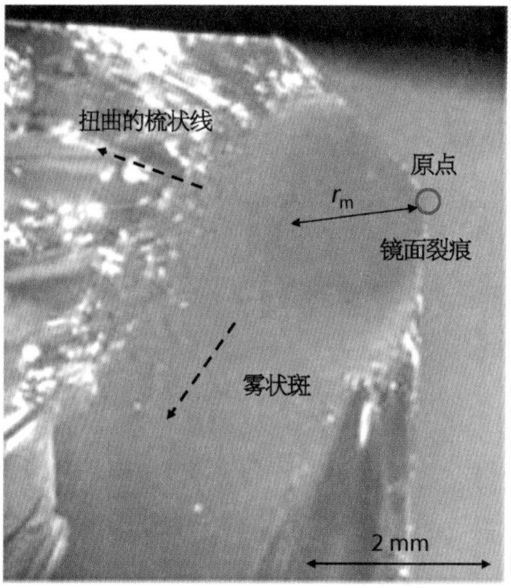

图 6-1　硼硅酸盐玻璃的断裂面,说明了断裂的起源和镜面、雾斑和扭曲的梳状裂痕纹路。虚线箭头表示裂纹扩展方向

图 6-1 显示了破碎硼硅酸盐玻璃工件原点附近的断裂面示例,显示了镜面裂痕、雾斑痕迹和扭曲的梳状线痕迹。圆圈区域表示原点,虚线勾勒出裂纹扩展的方向。通过识别断裂面上的痕迹(如镜面区和雾区)和/或追溯裂纹扩展方向(基于断裂面或裂纹模式上的特征)来确定起源。在原点处,镜面半径 r_m 特别有用,因为它可用于确定失效时的应力 σ_f 如下:

$$\sigma_f = \frac{A_m}{\sqrt{r_m}} \tag{6-2}$$

式中,A_m 为给定材质的镜面常数;r_m 为镜面半径。对于图 6-1 中的示例,硼硅酸盐玻璃的 r_m = 1 820 μm 和 A_m = 2.0 MPa · $m^{1/2}$ [3],导致失效的应力为 47 MPa。

其他裂痕纹路,包括沃纳线,有助于确定传播方向,有时还有速度(图 6-2);悬臂卷曲,表明应力分布和传播方向发生较大变化(图 6-2);塞拉陡坎和空化劈裂,识别液态水存在下的裂纹扩展(图 6-3);应力波纹路,表明在存在一些周期性循环载荷的情况下发生断裂(图 6-4)。所有这些都提供了断裂事件的重要特征。

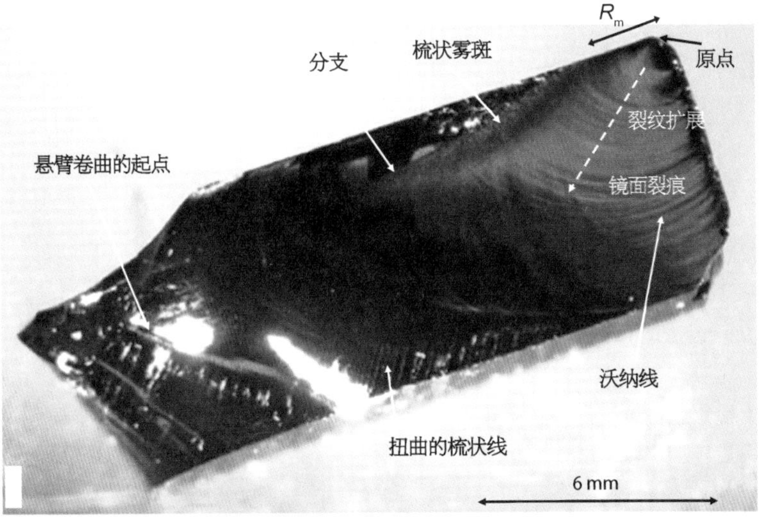

图 6-2　标有各种断裂裂痕纹路吸收玻璃的断裂面

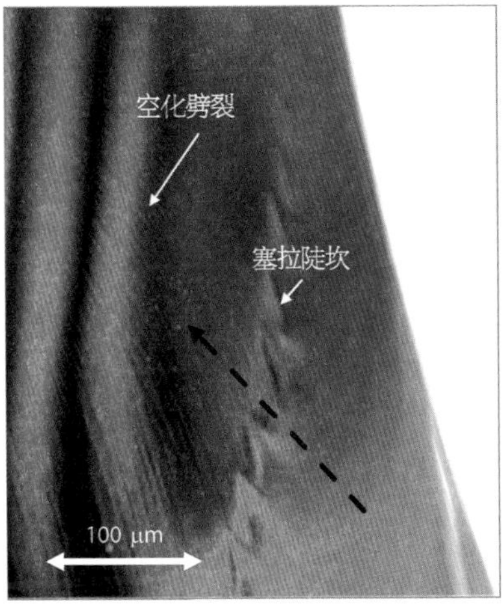

图 6-3　断裂的激光磷酸盐玻璃的断裂面，显示了在存在液态水的情况下发生的塞拉陡坎和空化劈裂。裂纹扩展从右下角到左上角

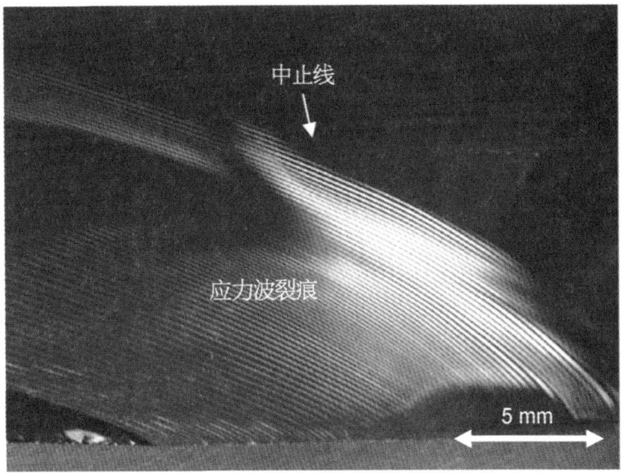

图 6-4　断裂的激光磷酸盐玻璃的断裂面显示了断裂过程中指示工件循环加载的中止线和应力波裂痕。裂纹扩展从左下角到右上角

裂纹模式也是确定故障特征的有用取证方法。这些措施可能包括：

（1）用于估算主应力比率的裂纹分支角度（图 6-5a）。

（2）与储存能量成比例的总断裂面积可以估算工件暴露的总应力（图 6-5b）。

（3）断裂扩展中的波纹可用于识别工件上的热应力（与机械应力相反）（图 6-5c）[1,9]。

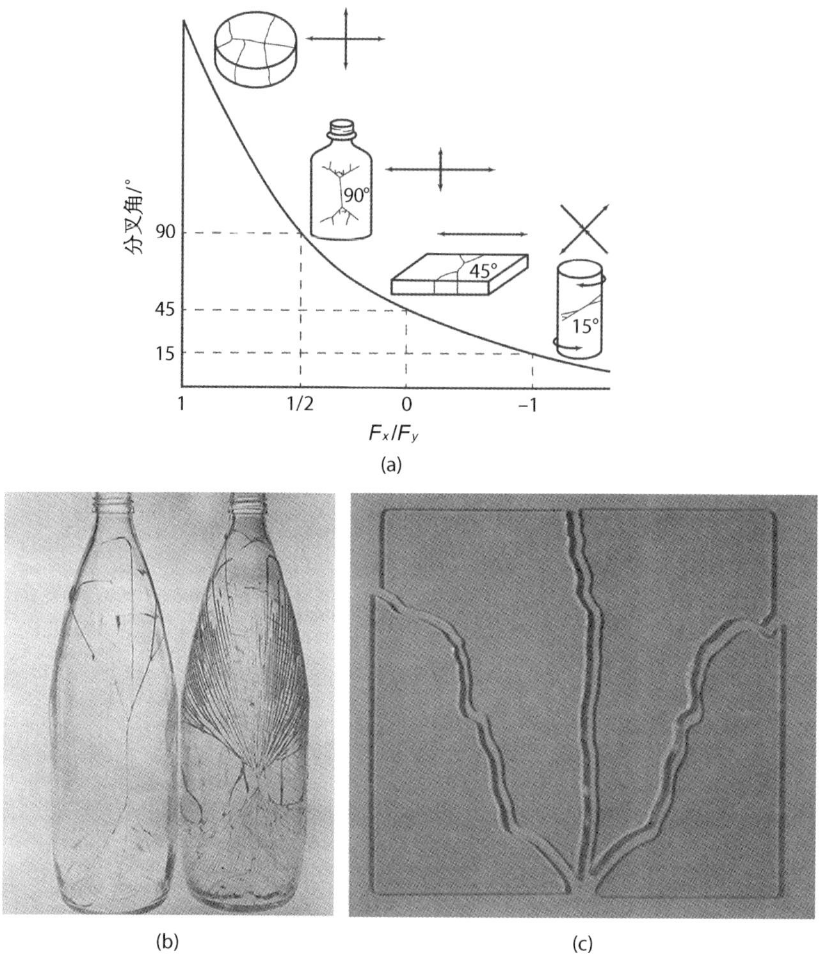

图 6－5　断裂模式示例

（资料来源：Fréchette，1990 年[29]）

6.2　划痕辨识

如第 3 章所述，划痕是一种 SSD 形式，由杂质颗粒引起，其承受的载荷高到足以导致表面永久变形或产生微裂纹。划痕可能发生在制造过程的任何步骤（研磨、抛光、清洁、搬运、运输、检查和蚀刻等）以及最终使用过程中。抛光步骤中和抛光步骤之间产生的划痕可能特别有害，因为抛光过程中的材料去除率相对于典型划痕的深度来说通常很小。因此，为了消除划痕，工件通常会返回磨削。了解划痕的成因。例如，主要由杂质颗粒和涉及的制造步骤导致的，对确定防止类似缺陷再次产生的缓解措施有极大的帮助，从而提高制造产量，显著提高生产能力和节约成本。

对划痕特征的评估和解释，包括尺寸、类型、位置、形状和方向，可以成为确定划痕产生原因的有力技术。随着断裂力学和摩擦学的发展，出现了新的经验法则，允许对以下方面进行评估：

（1）造成划痕的粗糙度或杂质颗粒的大小和形状。

（2）杂质颗粒上的负载。

（3）压痕断裂的深度。

（4）材料的机械性能，以及对杂质颗粒施加的载荷。

这些新技术的使用被称为“划痕辨识”[10]。在接下来的讨论中，将描述划痕的各种特征以及它们可以揭示的划痕事件。本文给出的关联关系主要是针对熔融石英玻璃工件推导的，但在大多数情况下，也可以扩展应用到其他脆性材料。

6.2.1　划痕宽度

划痕的宽度提供了有关杂质颗粒大小的信息（图 3－10b）。对于给定载荷下的球形杂质粒子，赫兹断裂力学可用于预测接触区的大小[11]。在实践中，杂质粒子通常不是球形的，施加的载荷未知；因此，粒子大小的预测变得不那么确定。然而，在使用故意添加到浆料中的已知尺寸的杂质颗粒进行的受控抛光和研磨实验中，发现特征裂纹长度 $\bar{L}_t$（即划痕宽度）与颗粒平均直径 $\bar{d}$ 相关[12]，如：

$$\text{对于抛光，} 0.30\bar{d} \leqslant \bar{L}_t \leqslant 0.50\bar{d} \tag{6-3}$$

$$\text{对于磨削，} 0.15\bar{d} \leqslant \bar{L}_t \leqslant 0.30\bar{d} \tag{6-4}$$

换句话说，对于抛光，划痕的宽度为杂质颗粒表观尺寸的 30%～50%，对于研磨，划痕的宽度为杂质颗粒表观尺寸的 15%～30%。表 6－3 显示了熔融石英工件在不同磨削工艺后确定的特征裂纹长度示例集，该示例集使用了与图 3－19 相同的数据。这是一个有价值的参照表，用于确定哪些工艺步骤导致了可观察的划痕或表面断裂[10,13]。

表 6-3 各种磨削工艺与产生的表面裂纹长度之间的测量关系

样　　品	$\bar{L}_t$ /μm
A：喷砂	27.1
B：120 砂砾发生器研磨	28.3
C：320 砂砾发生器研磨	14.9
D：15 μm 松散磨料	4.6
E：15 μm 固定磨料	4.5
F：9 μm 松散磨料	1.9
G：7 μm 固定磨料	8.4

资料来源：Suratwala 等人，2006 年[13]。经 Elsevier 许可复制。

划痕的宽度与深度有关。裂纹深度最终由杂质颗粒上的载荷决定，如方程(3-4)~方程(3-6)所示。然而，由于知道杂质颗粒的载荷范围有限，因此根据实验测量的裂纹深度分布(见第 3.1.2.4 节)，建立了以下概率预测深度的经验法则：[10]

$$c_{90} \approx 0.9L_t \tag{6-5}$$

$$c_{\max} \approx 2.8L_t \tag{6-6}$$

为了说明这些表达式的实用性，例如，在抛光工件上观察到的 30 μm 宽的划痕，根据方程(6-5)(也称为 90 法则)，如果将表面研磨或抛光掉 0.9×30 (27 μm)，则从工件上清除划痕的概率为 90%。使用方程(6-6)，如果从表面去除 280 μm，则划痕去除的概率为 100%。已知要去除多少材料就可以做出经济的决策，例如是否继续抛光或将工件返回到早期步骤，并减少去除所需划痕的验证和迭代次数。注意：这些方程中的比例常数是按熔融石英材料特性确定的。使用基于断裂力学的磨削模型，可以估计不同材料的比例常数，参见方程(3-24)~方程(3-25)。

6.2.2 划痕长度

如第 3.1.3 节所述，划痕长度与研磨盘特性、杂质颗粒尺寸和施加载荷有关。根据式(3-35)，划痕 L_s 的平均长度近似为

$$\bar{L}_s \approx 2.2 \frac{V_r \eta_2 d^2}{P} \tag{6-7}$$

式中，V_r 为杂质粒子相对于工件表面的平均相对速度；η_2 为黏弹性研磨盘的有效黏度；d 为杂质颗粒的粒径；P 为对杂质颗粒施加的载荷。这种关系源自这样一个事实，即抛光过程中划痕的长度取决于杂质颗粒穿透研磨盘所需的时间（图 3－35）。当杂质颗粒完全穿透时，其载荷会降低到无法引发断裂的程度（即 $P < P_{ct}$），划痕结束。

方程（6－7）可在许多方面用于划痕分析取证，具体取决于可用信息。例如，如果已知研磨盘的黏度，并且在抛光过程中使用了杂质颗粒的典型负载（1~5 N），则可以使用观察到的划痕长度来估计导致划痕的颗粒大小。如果该值与方程（6－3）中估算的粒度一致，则可以确信划痕发生在抛光过程中，而不是在其他步骤或处理过程中。当抛光步骤之间和抛光步骤内使用非常不同的运动学（即相对速度）时，这种关系也很有用。划痕的长度可通过确定引起划痕的相对速度来确定抛光步骤或顺序。

6.2.3　划痕类型

各种类型的划痕如图 3－11[10]所示。划痕可能是由钝或锐的杂质颗粒或粗糙体造成的。一般而言，钝颗粒产生的划痕是滑动压痕断裂，而尖锐颗粒可能会产生塑性变形材料和滑动压痕断裂的组合。

划痕上出现的断裂类型在很大程度上取决于划痕处杂质颗粒施加在工件上的载荷：

（1）低负荷（$P < 0.05$ N）。特别是在存在尖锐颗粒的情况下，形成了无裂缝的塑性沟槽。

（2）中等负荷（$0.1\ \text{N} < P < 5\ \text{N}$）。可观察到清晰的径向（或滑动凹痕）断裂以及横向裂纹。

（3）高负荷（$P > 5$ N）。塑性变形痕迹断裂为碎石状外观，横向和滑动凹痕裂纹不太明显[14-15]。

以上划痕分析溯源工具中的这些划痕特征可以确定划痕形成过程中的形状和近似载荷。

如果观察到的断裂为孤立断裂，则可能是以下几种情况：① 已部分磨光的划痕，仅留下较深的滑动凹痕；② 未抛光的深 SSD 断裂（参见第 3.1.2 节）；

③ 静态压痕(通常也称为凹痕)。如果是第三种,静态压痕断裂力学可用于根据观察到的裂纹深度确定压头形状(或其接触曲率半径)和压痕载荷,参见第3.1.1.1节中的讨论。

6.2.4 划痕密度

划痕密度可能指示存在的杂质颗粒的大小和数量。如图3-32所示,在熔融石英抛光期间,将杂质金刚石颗粒添加到氧化铈浆料中,在固定浓度下,划痕数密度随杂质颗粒尺寸呈指数增加。相比之下,杂质颗粒浓度的增加通常不会增加划痕数密度。这意味着较大的杂质颗粒会导致更具破坏性的划痕,并产生更多的划痕。

6.2.5 划痕方向和滑动压痕曲率

划痕传播的方向可以通过使用滑动压痕断裂的方向来识别。杂质颗粒沿滑动凹痕断裂的凹面方向移动(或划痕传播)。例如,在图3-10b中,划痕从图像顶部开始向下传播。

划痕传播方向的确定有助于确定杂质粒子的来源。如果大多数划痕是从工件边缘传播进来的,则表明颗粒来源于工件边缘,例如工件边缘上的微小碎屑或从研磨边缘脱落的干燥浆料。划痕方向也可能与抛光、清洁或擦拭过程中的标准相对运动方向一致。考虑到这样的情况,如果划痕被诊断为沿着与工件的边缘平行的同一方向行进,该方向可能与操作员在最终清洁或检查工件时使用的擦拭方向一致,表明擦拭布被杂质颗粒污染。

6.2.6 划痕模式和曲率

众所周知,从划痕模式和曲率中获得的辨识信息在光学制造领域是非常有价值的。方向发生大幅度急剧变化的划痕通常属于搬运划痕,例如将工件放置在带有杂质颗粒或凹凸体的平面上(参见图6-6中的划痕示例)。当两个表面相遇时,工件和杂质粒子之间的微观随机相对运动驱动了方向的变化。另一个示例是划痕沿着具有清晰的半径曲线传播,如果曲率与研磨盘或刀具相对于工件的相对运动的运动路径相匹配,则它显然是划痕源于加工步骤的指示器。

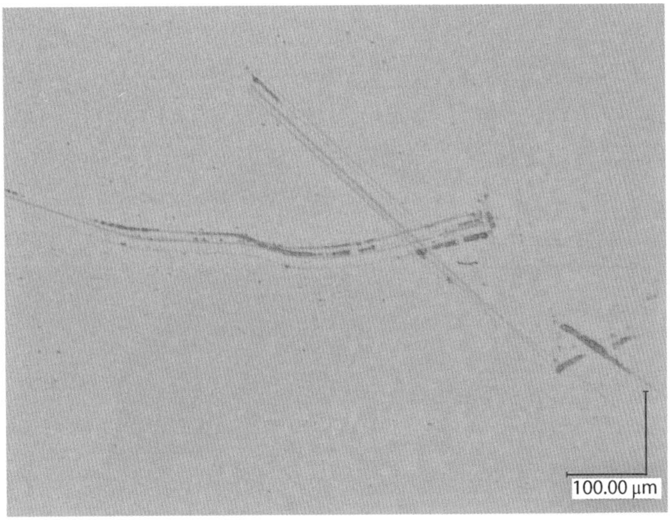

图 6－6　熔融石英工件上的搬运划痕示例

6.2.7　工件上的位置

有时工件上划痕的位置可以识别划痕事件的重要特征。例如，对于沿工件边缘方向随机或在工件中心随机方向的划痕或断裂结构，很可能是研磨产生的 SSD 没有经过抛光处理而留下的。这是因为相对于抛光垫的形状，研磨后工件表面的凸或凹的划痕结构（SSD），在抛光过程中被不均匀地从表面去除，导致中心或边缘有“问题”的表面结构最后被移除，参见第 2.5.6.1 节中工件形状导致的工件-研磨盘不匹配。在这种情况下，断裂的特征长度应与前一研磨步骤的长度相匹配，见表 6－3。

6.2.8　划痕辨识示例

考虑使用聚氨酯垫和 0.5 μm 氧化铈抛光浆料抛光熔融石英工件后发现的光学划痕（图 6－7）[10]。划痕宽 1.9 μm，长 130 μm。滑动压痕断裂的方向表明杂质颗粒相对于工件表面从左向右移动（或划痕传播）。同样明显的是，杂质颗粒既有钝性又有尖锐性，这是由滑动压痕断裂和塑性变形（即光滑划痕）推断的。根据这些特征，造成划痕的载荷为 0.1～1 N。沿划痕的滑动压痕断裂宽度不同，表明颗粒形状复杂，可能旋转或扭曲，在颗粒沿工件传播时与颗粒上的各种微凸体接触。划痕的最大宽度为 1.9 μm；因此，根据方程(6－3)，杂质粒子大小为 3.8～5.7 μm。最后，利用方程(6－7)，以及测量的划痕长度(130 μm)、已知的相对速度(15.7 cm/s)和已知的研磨盘黏度(9.7×10^7 泊)，可将杂质颗粒尺寸计算为 4.5 μm[12]。该计算尺寸与使用方程(6－3)计算的尺寸相匹配，确认划痕最有可能发生在抛光步骤中。

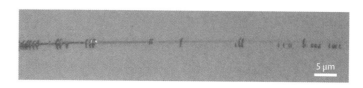

图 6－7　熔融石英玻璃工件上划痕的光学显微镜图像

6.3　缓慢裂纹扩展和寿命预测

在第 3.1.1 节中，裂纹扩展是由工件的应力分布和固有机械性能引起的。对于氧化物玻璃和其他一些材料，还存在一种化学分量，通过工件与水的反应，在应力强度水平 K_I 低于工件断裂韧性 K_{Ic} 的情况下，裂纹可能会扩展。这种缓慢的裂纹扩展或应力腐蚀开裂[16]可能会产生严重的后果，例如，当 SSD 的扩展深度超过预期，或工件在潮湿环境中存储时出现延迟失效。

正如 Wiederhorn[16]首次证明的那样，在潮湿环境中，H_2O 可以迁移到裂纹尖端，并通过以下公式给出的应力增强水解反应与氧化物工件反应：

$$H_2O + M_{wp} - O - M_{wp} \longrightarrow 2(M_{wp} - OH) \tag{6-8}$$

式中，M_{wp}为形成玻璃金属原子的网络。对于石英玻璃，M_{wp}为 Si，对于磷酸盐，M_{wp}为 P。裂纹扩展速率或速度取决于许多因素，包括环境中 H_2O 的浓度、H_2O 向裂纹尖端的传输速率、方程(6－8)的固有反应速率、裂纹尖端的残余应力(即应力强度)和裂纹尖端几何形状。

已经有许多研究工作测量并模拟了各种玻璃和氧化物中的慢裂纹行为[17-21]。通常，测量数据显示为裂纹速度 v_c 作为应力强度 K_I 的对数函数，描述了裂纹尖端的应力增强，同时考虑了施加应力和残余应力以及裂纹的几何形状[6]。图 6－8 显示了磷酸盐玻璃的此类数据示例[17]。裂纹速度可能会发生多个数量级的变化，并且随着应力强度、水蒸气气压和温度的增加而显著增加。

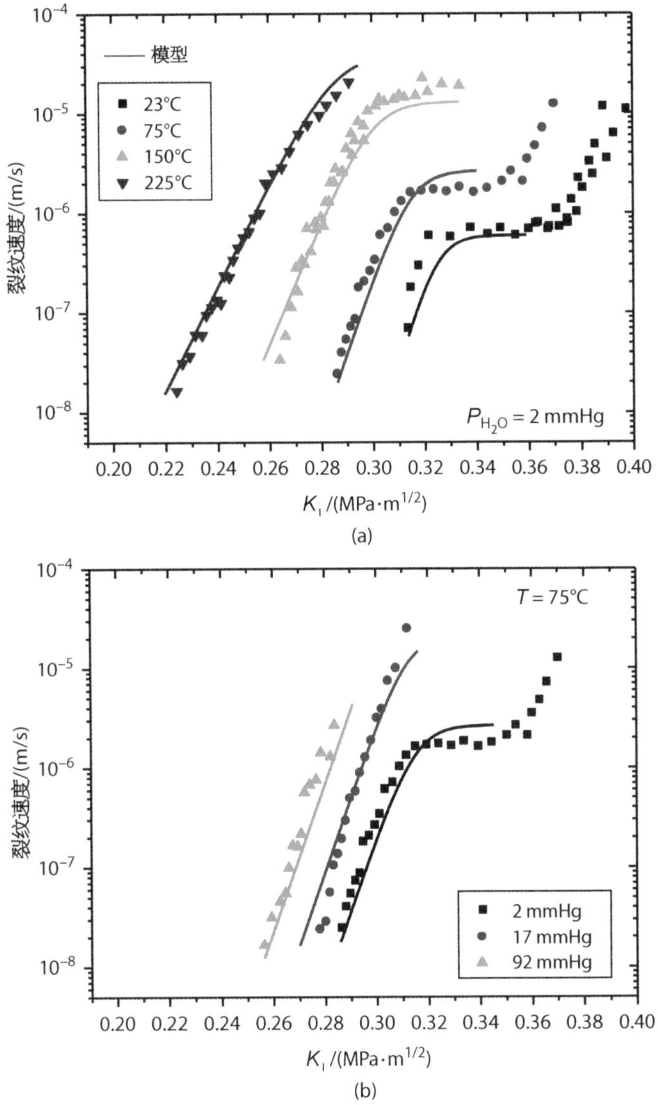

图 6－8　在恒定水蒸气压力 2 mmHg(a)和 17 mmHg(b)以及不同温度下测量的裂纹扩展速率。使用反应速率模型为方程(6－10)～方程(6－12)获得了数据的拟合线

（资料来源：Crichton 等人，1999 年[17]。经 John Wiley & Sons 许可复制）

在裂纹扩展速率受不同过程限制的图中，通常观察到以下三种不同的区域：

（1）在区域Ⅰ中，裂纹扩展受反应速率限制，且 $\lg v_c$ 和 K_I 之间呈线性关系。换句话说，H_2O 向裂纹尖端的传输很快，因此 H_2O 与工件之间的反应速率控制着裂纹扩展速率[反应式(6－8)]。

（2）在区域Ⅱ中，裂纹速度受到质量传输的限制，即受 H_2O 传输至裂纹尖端的速率的限制。因此,区域Ⅱ行为通常在较小的 H_2O 蒸汽压和较低的温度下观察到,此时质量传输速率较慢。随着 K_I 的增加,区域 II 中测得的裂纹速度几乎保持不变。

(3) 在区域Ⅲ中,裂纹速度与化学环境无关,并受到玻璃固有断裂韧性的限制[22]。在图 6-8 中,磷酸盐玻璃的断裂韧性为 0.43 MPa · $m^{1/2}$。

慢裂纹扩展行为通常采用经验幂律或化学反应速率模型进行建模。经验幂律的形式为

$$v_c = A_o K_I^{N_c} \tag{6-9}$$

式中, v_c 为裂纹速度; A_o 为指数前常数; N_c 为幂常数。应力增强化学质量传输或反应速率模型的形式为[16-17]

$$v_c = \frac{v_I v_{II}}{v_I + v_{II}} \tag{6-10}$$

$$v_I = A_o \exp\left[\left(-Q_I + \frac{2V_a K_I}{3\sqrt{\pi\rho_c}}\right) \Big/ RT\right] \tag{6-11}$$

$$v_{II} = C_o \frac{p}{p_o} \exp\left(-\frac{Q_{II}}{RT}\right) \tag{6-12}$$

式中, A_o 为指数前常数(m/s); V_a 为活化体积($m^3 \cdot mol^{-1}$); ρ_c 为裂纹尖端半径(m); C_o 为指数前常数(m/s); Q_I 为水解反应的活化能($kJ \cdot mol^{-1}$); Q_{II} 为传输的活化能($kJ \cdot mol^{-1}$); p 为局部水蒸气压; p_o 为饱和水蒸气压。反应速率模型有一个基本的基础,允许考虑水汽,温度,和不同的区域和材料,并已扩大到特别的现象,如裂纹尖端钝化、毛细管冷凝和玻璃中水含量的变化,以及反常的温度依赖性[17-18, 21]。

随着缓慢裂纹的增长,会出现更长的裂纹。根据几何形状,应力强度可能随着裂纹长度而增加并接近 K_{Ic}, 从而导致工件的灾难性失效。尚未报道使用反应速率模型预测工件寿命的简单解析表达式;Ritter 和 Meisel[23]使用裂纹扩展关系的幂律来估计工件在施加应力或残余应力为 σ_o 的情况下,因裂纹缓慢扩展而导致的失效时间 t_f 如下:

$$t_f = \frac{2\sigma_o^{-N_c}\left(\dfrac{K_{Ic}}{\sigma_f}\right)^2}{A_o Y^2 (N_c - 2)} \tag{6-13}$$

式中, σ_f 为工件在惰性环境中的失效强度(无缓慢裂纹扩展); Y 为缺陷的几何

常数，对于表面缺陷 $Y=\pi/2$。如果已知给定工件的应力和裂纹扩展常数，则可使用方程(6－13)确定工件是否存在灾难性故障的危险。

6.4　断裂案例研究

在本节中，使用断口分析和其他方法分析光学制造或最终使用过程中出现的一些异常断裂。虽然这些案例主要涉及劳伦斯·利弗莫尔国家实验室为 NIF 激光器制造的光学工件，但辨识方法和经验教训可应用于各种光学工件。

6.4.1　温度诱发断裂

光学制造通常涉及工件温度波动，例如，在高温溶剂清洗、热退火、靠近或附着在工件上的黏合剂的热固化过程中，或在吸收光时。暴露在热梯度下会导致工件产生热应力；如果应力超过失效的临界应力，如方程(6－1)所述，则工件可能断裂。

需要通过有限元分析(FEA)以精确确定涉及多种材料的复杂几何形状和复杂热暴露情况的温度和应力分布。尽管如此，一些简单的分析表达式可以提供定量估计，以用于做出过程决策。考虑一种常见的、简单的情况，工件被认为是半无限板(厚度≪长度和宽度)，并进行热处理。在加热过程中，表面处于压缩状态，在冷却过程中，表面处于拉伸状态。因为最大的缺陷通常出现在脆性材料的表面上，所以冷却过程中表面的张力使工件面临最大的断裂风险。无限板的热应力大小 σ_t 可估算如下：

$$\sigma_t \approx \alpha_{t1} E_1 (T_{ave} - T_{surf}) \tag{6-14}$$

式中，α_{t1} 为工件热膨胀系数；E_1 为工件弹性模量；T_{ave} 为整体平均温度；T_{surf} 为工件上某个位置的表面温度[24]。

图 6－9 定性地显示了整个工件厚度以及压缩和拉伸应力区域的热轮廓。在该图中，两个工件，一个厚度较大(图 6－9a)，另一个厚度较小(图 6－9b)，从某个初始温度 T_i 冷却。厚工件中的平均温度将高于薄工件中的平均温度，导致厚工件中相同冷却速率下的拉伸应力高得多。注意，玻璃中的热应力与 ΔT 成正比(即 $T_{ave}-T_{surf}$)。固体中具有平均温度值的点约为材料中的零应力点。高

于 T_{ave} 的温度将处于压缩状态，低于 T_{ave} 的温度将处于拉伸状态。相应的应力分布，如方程(6-14)所近似，将在很大程度上近似于温度的分布。

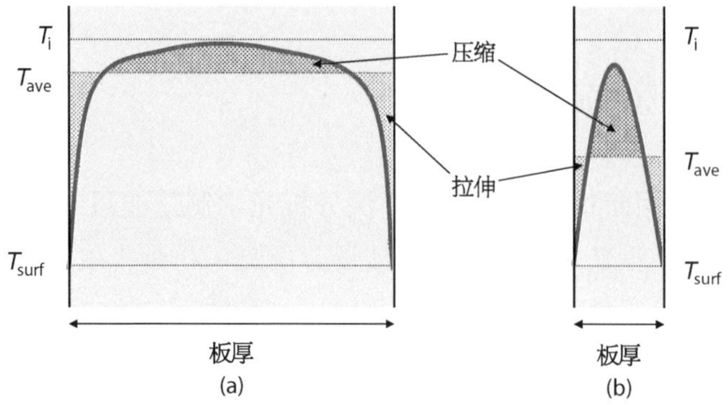

图 6-9 厚工件(a)和薄工件(b)从温度 T_i 冷却的半无限大工件的温度分布示意图

给定工件在灾难性失效前承受给定热循环的能力将取决于其如下性能：

(1) 热膨胀系数，它决定了工件在给定温度变化下将经历的应变。

(2) 弹性模量，确定材料中给定应变引起的应力。

(3) 断裂韧性，它决定了工件抵抗断裂的能力。

(4) 工件中的缺陷尺寸。

给定工件材料的热冲击优良指数(FOM) R_{ts} 可定义如下：

$$R_{ts} = \frac{1-\nu_1}{E_1\alpha_{t1}}\frac{K_{Ic}}{\sqrt{\pi a_c}} \tag{6-15}$$

式中，ν_1 为工件的泊松比。热冲击 FOM 是断裂准则的有用经验法则；换句话说，在任何热循环过程中，工件应始终具有 $\Delta T < R_{ts}$，以防止灾难性断裂。表 6-4 列举了所选光学材料的热冲击 FOM。注意较大的差异，例如，熔融石英玻璃的

表 6-4 所选光学材料的热冲击 FOM 比较

特 性	单位	KDP	磷酸盐玻璃	派热克斯玻璃	熔融石英
断裂韧性 (K_{Ic})	$MPa \cdot m^{1/2}$	0.10	0.50	0.70	0.75
热膨胀 (α_{t1})	$\times 10^7\ K^{-1}$	440	130	33	5
弹性模量 (E_1)	GPa	63	47	64	70
100 μm 缺陷的热冲击 FOM (R_{ts})	K	1.8	34	150	1 000

R_{ts} = 1 000 K 值非常大，而激光磷酸盐玻璃的 R_{ts} = 34 K 值非常低，磷酸二氢钾（KDP）晶体的 R_{ts} = 1.8 K 值更小。因此，对于相同尺寸的工件，KDP 的热循环需要明显慢于熔融石英的热循环，以防止断裂。

6.4.1.1　激光磷酸盐玻璃热断裂

考虑一个磷酸盐玻璃工件在处理过程中热循环断裂的例子（图 6－10）。工件在水溶液中加热至 88℃，然后放入 60℃ 的水溶液中、观察到断裂的地方。断口分析揭示了断裂事件的一些重要特征。首先，整体断裂模式包括从表面开始的大量断裂（图 6－10 和图 6－11a）。其次，所有原始断裂都与工件表面正交，表明 I 型拉伸应力垂直于表面，这是热应力的一个信号。第三，许多裂缝穿过主体的固定距离，然后弯曲，表明表面处于拉伸状态，主体处于压缩状态。第四，其中一个断裂源头附近的断裂面（图 6－11a）证实，由于存在塞纳陡坎特征，工件在水环境中断裂（见表 6－1 和图 6－3）。最后，因为工件有一个磨光的表面，所以它包含了很大的缺陷尺寸为 ~200 μm，可降低失效的临界应力，参见方程（6－1）和图 6－11b 所示。

图 6－10　清洗过程中因热循环而断裂的磨砂磷酸盐玻璃工件（14.1 cm×4.1 cm×1.4 cm）

工件中的三维温度分布作为时间的函数，可以使用以下的傅里叶方程进行更精确地计算：

$$\rho_1 C_{p1} \frac{\partial T(x, y, z, t)}{\partial t} = k_1 \left(\frac{\partial^2 T(x, y, z, t)}{\partial x^2} + \frac{\partial^2 T(x, y, z, t)}{\partial y^2} + \frac{\partial^2 T(x, y, z, t)}{\partial z^2} \right) \tag{6-16}$$

式中，x、y 和 z 为笛卡尔坐标；ρ_1 为工件密度；C_{p1} 为工件热容；k_1 为工件导热系数；t 为时间。在该分析中，仅考虑了对流热损失，边界条件变为

$$-k_1 \frac{\partial T(x_b, y, z, t)}{\partial x} = h_t(T(x_b, y, z, t) - T_{surf}) \tag{6-17}$$

$$-k_1 \frac{\partial T(x, y_b, z, t)}{\partial y} = h_t(T(x, y_b, z, t) - T_{surf}) \tag{6-18}$$

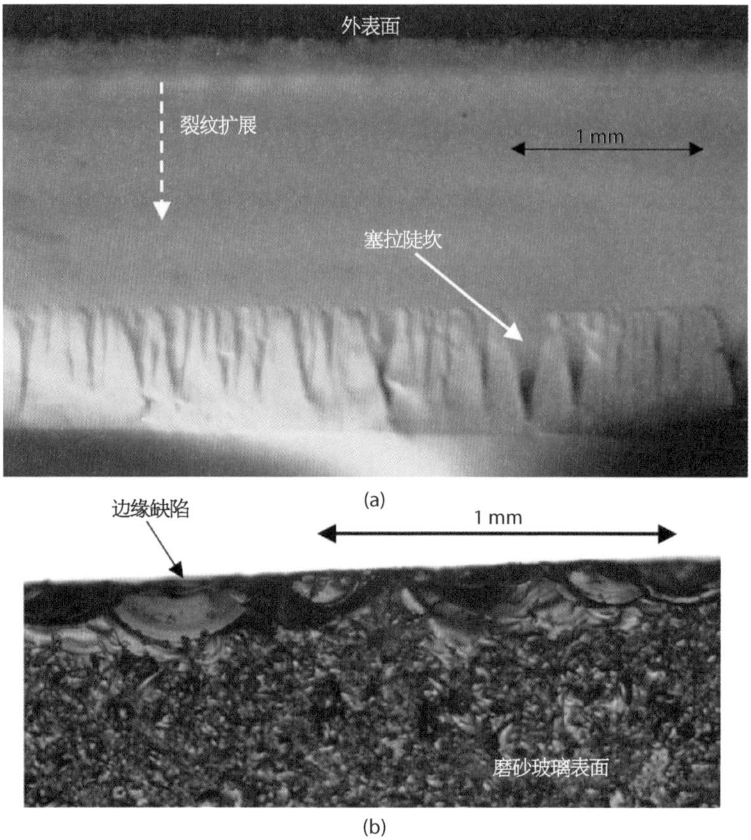

图 6-11 (a) 磷酸盐玻璃工件边缘的光学显微照片,显示了表面(即 SSD)上的大缺陷;
(b) 断裂表面的光学显微照片

$$-k_1\frac{\partial T(x,\ y,\ z_b,\ t)}{\partial z}=h_t(T(x,\ y,\ z_b,\ t)-T_{surf}) \tag{6-19}$$

式中,x_b、y_b 和 z_b 为工件的尺寸;h_t 为传热系数($W\cdot m^2\cdot K^{-1}$);T_{surf} 为表面温度。这些表达式可以使用 FEA 分析或具有对流的矩形平行六面体的可用解析解进行求解(如参见参考文献[25])。

根据上述断口分析,此类几何形状的热断裂倾向于源自工件的平面边缘,因为这些边缘具有工件内最大的缺陷和温差组合(ΔT)。根据方程(6-14),应力与 ΔT 或 $T_{ave}-T_{surf}$ 成正比。计算得出的 ΔT 在图 6-12 中绘制为热循环期间时间的函数。最大 ΔT 为 23℃发生在浸入水中 20 s 后,根据方程(6-14),应力为~20 MPa。根据方程(6-1),该应力对应的临界缺陷尺寸为~200 μm,与表面上存在的缺陷一致。

注意传热系数 h_t,它决定了工件表面的传热速率,这是一个关键参数,如式

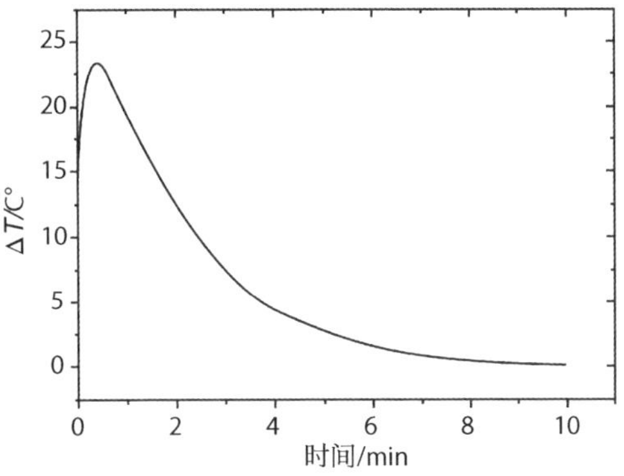

图 6-12　初始温度为 88℃，然后浸入 60℃ 水中，磷酸盐玻璃工件中心和长度方向上的二维表面边缘中心之间的计算温差与浸入时间的函数。磷酸盐玻璃的材料性能为 $k_1 = 0.58\ W \cdot m \cdot K^{-1}$，$C_{p1} = 0.77\ J \cdot gm^{-1} \cdot K$，$\rho_1 = 2.83\ gm \cdot cm^{-3}$，$\alpha_{t1} = 127 \times 10^{-7}\ K^{-1}$，$K_{Ic} = 0.51\ MPa \cdot m^{1/2}$，$E_1 = 50.1\ GPa$，$\nu_1 = 0.26$

(6-17)~式(6-19)所示。传热系数的值可能会因工件周围的环境而发生显著变化(表 6-5)。传热系数越大，工件中产生的 ΔT 越大，应力也越大。

6.4.1.2　KDP 晶体工件热断裂

另一个不常考虑的热传递来源是表面蒸发。当流体(如水)从工件上蒸发时，能量以及由此产生的热量被蒸发热从表面带走，从而在上述热方程中产生额外的降温项。本小节描述了一种断裂，其中蒸发被添加到导致 KDP 晶体断裂的热应力中。

表 6-5　暴露于不同环境中的工件表面的近似传热系数

环　　境	h_t /($W \cdot m^{-2} \cdot K^{-1}$)
(1) 仅空气(无流动)	10
(2) 水分蒸发	60
(3) 仅空气(强制流动)	100
(4) 矿物油	200
(5) 金属接触	20 000

资料来源：VanSant，1983 年[25]。

由表 6-4 可知，KDP 由于其高热膨胀系数和低断裂韧性而具有非常差的抗热震性。生长约为 0.5 m 尺度的大尺寸 KDP 晶体块在用作大型激光聚变系统中的非线性光学元件(如用于频率转换[26-28])，这些晶体以饱和盐溶液中(通常为~1 000 L)的小单晶为种子晶体，在高温溶液(通常为 80℃)中缓慢冷却生长，时间跨度从几个月到一年多。在这些晶体生长过程的最后阶段，一个完全生长的晶体，被 62℃ 盐溶液包围着，需要进一步冷却并从罐中取出。首先，将盐溶液从生长罐中泵出，并将加热干燥空气（60℃）以输入速率为~80 标准 L/min 注入生长罐。然后，以每天降 3℃ 的速率冷却空气温度，降至室温（23℃）。在这段时间内，观察到一个大的单一断裂在晶体中心扩展开（图 6－13）。

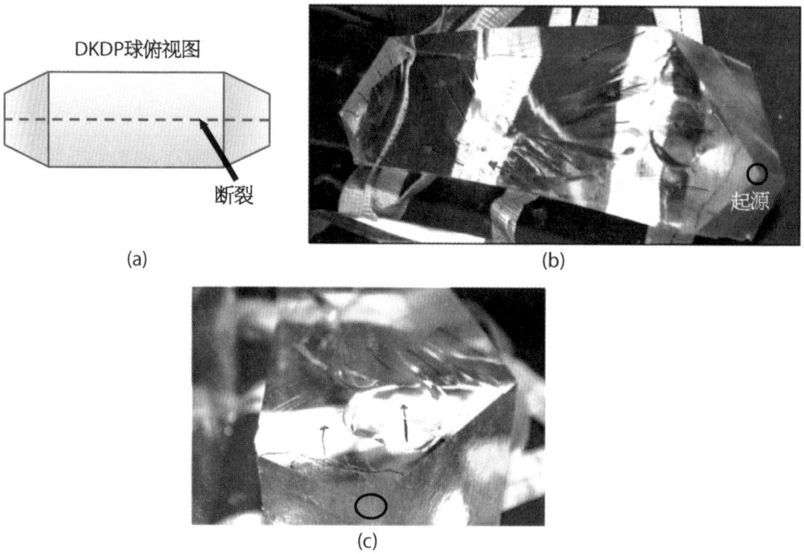

图 6－13 （a）断裂 DKDP 晶体块体（30.5 cm×19 cm×7.5 cm）的示意图；（b）同一块体的断裂面照片，说明断裂起源（圆圈）和扩展方向（箭头）；（c）断裂面视图，实线表示盐溶液穿透断裂并溶解表面的区域

晶体的断口分析如图 6－13b、c 所示。断裂源自沿棱锥平面底部边缘，类似于第 6.4.1.1 节中讨论的磷酸盐玻璃观察到的断裂，箭头表示根据标准断裂标记（如沃纳线和扭曲线）确定的断裂扩展方向（见表 6－1）。由于盐溶液穿透裂纹并部分溶解了晶体断裂面，因此原点附近的大部分断裂痕迹不可见。然而，根据原点附近存在的细微沃纳线，断裂被认为起源于圆圈区域。

根据方程（6－16）~方程（6－19），使用 FEA 进行三维瞬态热分析，以使用表 6－6 中总结的三种模拟条件计算冷却期间的 ΔT。基于 KDP 的热冲击 FOM，$\Delta T > 1.8$ K 是引发晶体断裂所必需的。模拟 1 和模拟 2 依赖于晶体冷却速率和干燥输入空气的初始温度降（无蒸发热损失），导致最大 ΔT 小于热冲击 FOM。因此，单凭这些贡献是不可能造成断裂的。模拟 3（包括蒸发热损失）导致 ΔT 显著升高，为 5.7℃、远高于 1.8℃ 的热震 FOM。因此，蒸发对温度分布的贡献可能导致热应力，从而导致断裂。一个相对简单的缓解措施是在去除盐溶液时，将温度匹配的水饱和空气（与干燥空气相反）加入生长罐，然后每天冷却 3℃。

表 6-6　使用 FEA 计算不同热损失条件下 KDP 晶体块冷却的最大 ΔT

案例	失效机制假说	模 拟 条 件	计算 ΔT	结 论
1	标称冷却速度过快	在空气中冷却晶体，3℃/天	0.18℃	不应该断裂
2	溶液去除后的空气温度冷却	• 在空气中冷却晶体，3℃/天 • 初始空气输入温度为 25℃	0.92℃	不太可能断裂
3	晶体表面蒸发	• 在空气中冷却晶体，3℃/天 • 初始空气输入温度为 25℃ • 晶体各面蒸发产生的热量损失	5.7℃	应该会断裂

计算使用 $k_1 = 1.9\ \mathrm{W \cdot m \cdot K^{-1}}$，$C_{p1} = 0.86\ \mathrm{J \cdot gm^{-1} \cdot K}$，$\rho_1 = 2.332\ \mathrm{gm \cdot cm^{-3}}$，$\alpha_1 = 9.48 \times 10^{-3}\ \mathrm{cm^2 \cdot s^{-1}}$，$K_{Ic} = 0.10\ \mathrm{MPa \cdot m^{1/2}}$，$E_1 = 63\ \mathrm{MPa}$，以及 $\nu_1 = 0.13$。

6.4.1.3　多层结构的热断裂

另一种可能发生的热致断裂形式是在具有不同热膨胀系数的材料的层压板或多层结构上。一个例子是在组装和运输安装在铝垫板上的吸收玻璃板时，这些光学元件战略性地放置在高功率激光系统（如 NIF）中以吸收杂散光。该部件由吸收玻璃（Pilkington SuperGrey）板（~6.4 mm 厚）、聚氨酯黏合剂和铝垫板组成多层结构。组装后，在阳光直射下，观察到玻璃在运输过程中发生断裂。从 21℃到 71℃再回到 21℃对组件进行热循环时，也观察到玻璃断裂现象。

图 6-14 显示了热循环时破裂的玻璃。原点位于铝垫板的平面边缘上。断裂垂直于玻璃正面和边缘表面传播，表明拉伸应力平行于玻璃的长度方向。当裂缝通过玻璃的中心扩展时，它分支了。裂纹分支通常是较长的断裂特有的，其分支距离是应力（即储能）的函数[1]。应力越大，裂纹分支数量和断裂面积越

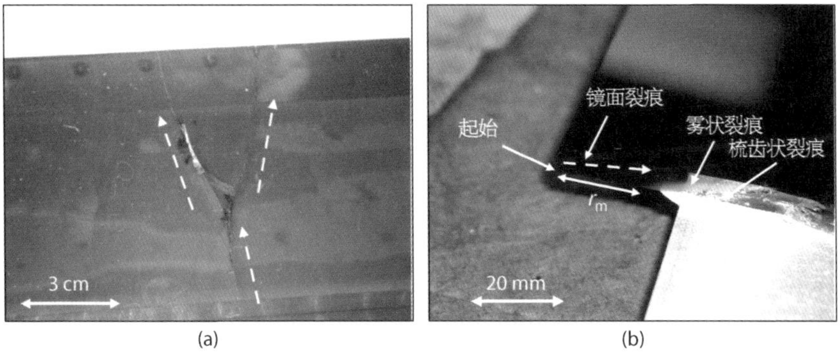

图 6-14　(a) 热循环期间破裂的玻璃挡板顶面视图(21~71℃)，玻璃下面是聚氨酯黏合剂和铝支架，虚线箭头表示裂纹扩展的方向；(b) 挡板断裂面照片，虚线箭头指示裂纹扩展方向，玻璃厚度为 6.4 mm

大,分支发生前与原点的距离越短。一个很好的示例如图 6－5b 所示。图 6－14a 显示了吸收裂缝的两个分支,相互之间形成一个～45°的角度,这表明主应力主要发生在部件的一个轴上(图 6－5a)。

图 6－14b 显示了玻璃的断裂面,标记了通过断口分析确定的其断裂起源和裂纹扩展方向[1-3,29]。断裂起源于底部玻璃的平面边缘。图 6－14b 中断裂面上镜面-雾状-梳齿状区域的不对称性也提供了有关应力类型和失效时施加的应力分布的信息。所示图例表明玻璃底面(即面向黏合剂和铝背板的一面)的张力较高,而顶面的张力较小或为压缩应力。图 6－15 显示了各种镜面-雾状-梳齿形状和相应应力分布的示例。

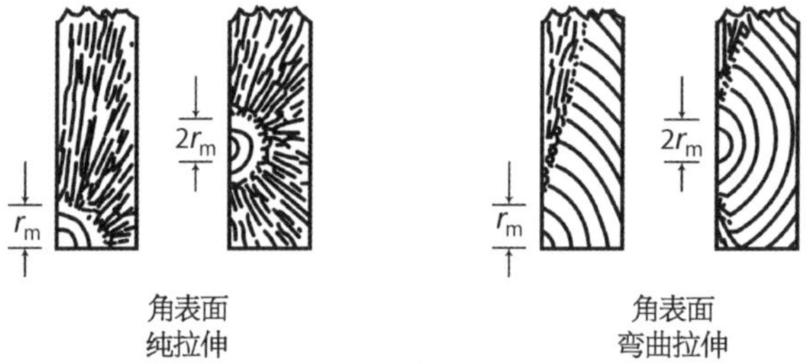

图 6－15　根据起始点和施加的应力类型(纯拉伸与弯曲)的不同断裂斑纹差异示意图

(资料来源:Fréchette,1990 年[1])

失效时的有效应力 σ_f 可以使用方程(6－2)从镜面区域的大小估算,其中 r_m 是镜面半径,A_m 是断裂镜面常数。对于与 SuperGrey 玻璃成分相似的典型窗口玻璃($Na_2O-CaO-SiO_2$),$A_m = 1.96\ \mathrm{MPa \cdot m^{1/2}}$[3]。使用图 6－14b,镜面尺寸测量为 19 mm;因此,失效时的应力计算为～15 MPa。

断口分析确定的应力分布与铝和玻璃之间热膨胀失配引起的热应力预期的应力分布一致。为简单起见,忽略聚氨酯层的影响,玻璃中拉伸应力的保守估计如下:

$$\sigma_t = E_1(\alpha_{A1} - \alpha_1)(T_f - T_i) \tag{6-20}$$

式中,E_1 为工件玻璃的弹性模量(73.1 GPa);α_1 为工件玻璃热膨胀系数(8.6×10^{-6}℃$^{-1}$);α_{A1} 为铝的热膨胀系数(23.6×10^{-6}℃$^{-1}$)以及 T_i 和 T_f 分别为初始和最终温度。

如上所述,在炎热的夏季,当暴露在阳光直射下时,观察到该多层组件在运输过程中断裂。T_f 通过在阳光直射下测量层压板温度的简单试验确定。最初在室温下，由于其大的吸收率，大约 15 min 玻璃加热到 60℃。使用方程（6－20），计算的最坏情况应力可能接近 40.6 MPa。

可以估计多层组件断裂前的容许温升。玻璃有磨边，可能有大的高达 1 000 μm 的表面缺陷。使用 1 000 μm 的缺陷尺寸和方程（6－1），临界应力为 ~17 MPa。将该应力值代入方程（6－20）表明，为了防止玻璃破裂，该部件不应暴露在高于环境温度 16℃ 的温度下，即 $T_f = 38℃$。可以使用多种其他方法来创建更大的抗断裂裕度，包括绝缘和阻挡层压板免受阳光直射，通过抛光边缘减小磨砂玻璃中的缺陷尺寸，以及增加低模量黏合层的厚度或柔度。

6.4.2　带摩擦的钝性载荷

另一个重要且鲜为人知的失效机制是钝性材料（通常相对较软）的机械载荷，该材料对工件具有显著的摩擦力（切向力），其会导致断裂萌生。将坚硬、高模量材料对脆性工件的点载荷降至最低是常见的做法，因为引发断裂的载荷随着曲率半径的减小和压头硬度的增加而减小[见方程（3－1）和方程（3－2）]。因此，人们普遍接受在各种光学制造步骤中尽量减少玻璃与金属的接触，尤其是用于搬运、运输、检查、阻挡、研磨或抛光工件的工具。使用大曲率半径的钝压头和较软的材料与工件接触通常是一种良好的做法。

然而，在本例中，即使使用钝软压头，也会发生断裂。在高峰值功率激光器中用作放大器的掺钕激光磷酸盐玻璃板工件被制造并装配在称为可在线更换单元（LRU）上，以便最终安装在激光器中（图 6－17）[26,30-32]。为了尽量降低光学透射波前畸变，工件仅在沿工件边缘的几个点上接触 LRU。采用具有相对较大的曲率半径（25 cm），并且较软的铝合金（铝 6061）凸台与激光玻璃工件的研磨边缘接触支撑（图 6－16）。使用式（3－1）和激光玻璃的奥尔巴赫常数值，$A = 29\ \mathrm{N \cdot mm^{-1}}$（表 3－1），断裂起始的临界载荷相当大，~7 200 N。凸台应承受仅相当于激光玻璃重量一半的载荷（~220 N）。事实上，由于铝凸台的柔软性，断裂起始负载应该更高；在纯法向载荷下的试验表明，直到 4 000 N，断裂才开始。

尽管载荷安全裕度较大，但这种安装结构在实践中仍会导致断裂发生，并导致后续压痕断裂扩展至~1 mm 深（图 6－17a）。该分析未考虑施加在凸台上的法向载荷产生的摩擦力或切向力，这会显著降低断裂的起始载荷。第 3.1.1.3 节在划痕产生的背景下讨论了切向载荷对加载期间应力分布的影响。图 3－9

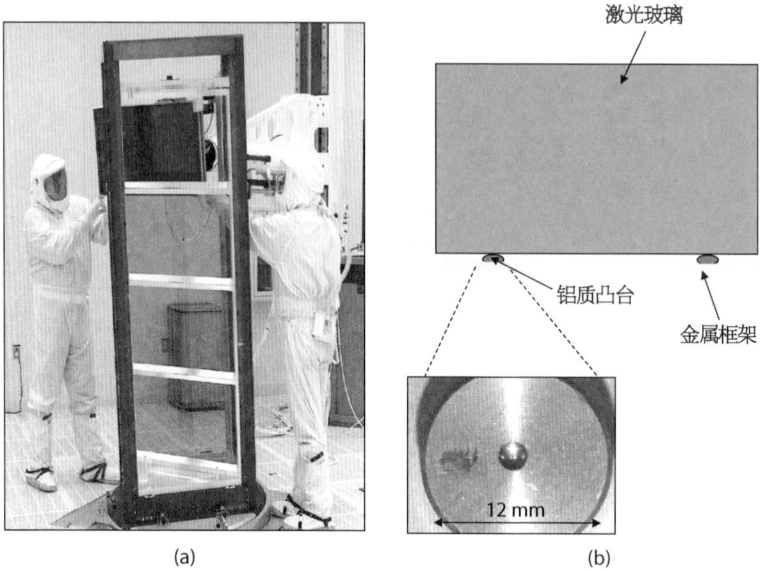

图 6-16 (a) 激光磷酸盐玻璃安装于机械结构中的照片;
(b) 激光玻璃放置在两个铝凸台上的示意图

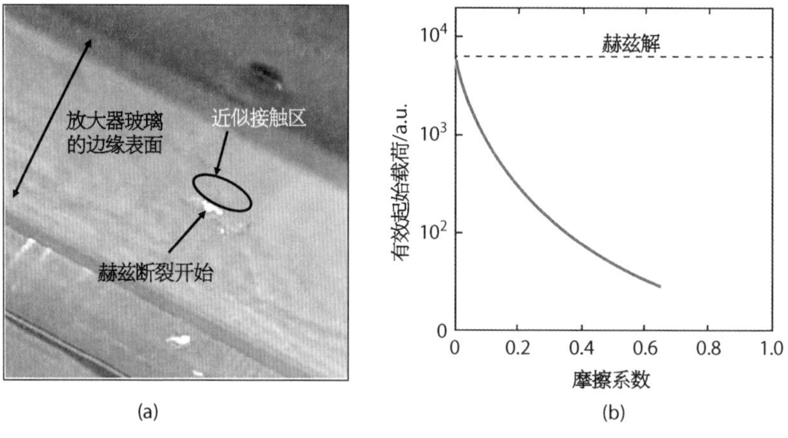

图 6-17 (a) 激光玻璃研磨边缘的照片,说明在凸台接触区观察到断裂;
(b) 摩擦对钝压头起始载荷的影响

(资料来源: Chiang 和 Evans, 1983 年[33]。经 John Wiley & Sons 许可复制)

比较了有切向载荷和无切向载荷时赫兹载荷的应力分布。注意,在切向载荷下,前缘的拉伸应力减小,后缘的拉伸应力增大。因此,断裂的起始载荷随着后缘切向力的增加而减小,从而导致后缘压痕断裂。

起始载荷的下降幅度可能相当大(图 6-17b)。Ghering 和 Turnbull[34] 对不同硬度的金属在玻璃表面滑动的效果进行了实验研究,他们发现滑动金属可能在比纯法向载荷情况下低得多的载荷下引发断裂。对于铁,起始载荷从 35 kgf

（无切向载荷）下降到 0.23 kgf（有切向载荷），这减少了约 100 倍。

断裂板的失效分析显示了摩擦力或切向力的有力证据。首先，与理想赫兹锥断裂相反，断裂具有滑动压痕的特征（图 6－17a）。其次，铝沉积在接触玻璃板工件的磨砂面上，表明有摩擦引起的磨损（图 6－18A）。最后，离线测试时故意移除了离轴载荷时，未在试样上观察到铝沉积，图 6－18B。

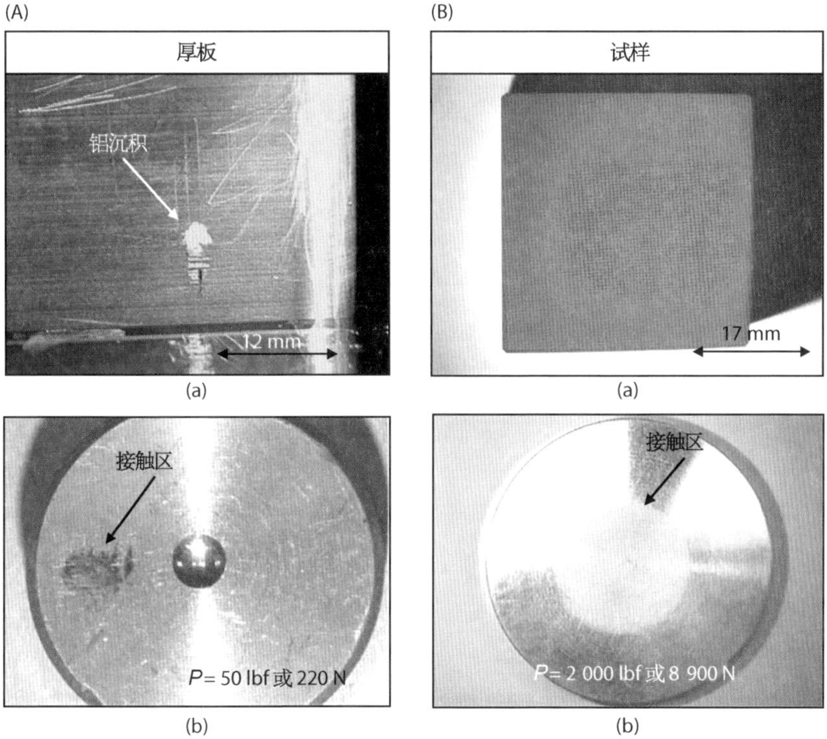

图 6－18　（A）研磨磷酸盐激光玻璃板由铝凸台加载（a）和显示滑动摩擦（b）的证据；（B）研磨磷酸盐激光玻璃样品通过一个铝凸台（a）法向加载到机械测试装置中（b）

6.4.3　玻璃与金属接触和边缘剥落

在光学制造和最终使用的所有阶段中，尽量减少玻璃-金属接触以降低工件断裂的风险并不是一种新的做法。然而，在下面的示例中，由于工件边缘附近意外的玻璃-金属接触，因此玻璃工件在安装时发生断裂。

方形熔融石英玻璃窗（430 mm×430 mm×40 mm）用作高能高功率激光器（如 NIF）中的真空屏障[26,35]，在 LRU 中安装此窗口时，将铝盖拧到固定真空窗口的支架上。在铝框和窗表面之间放置一个柔性垫片，以避免玻璃与金属接触。在该故障中，当框架拧入支座时，框架弯曲，如图 6-19a 中的界面间隙变化所示。弯曲严重到足以使框架与窗表面接触，并导致较大的边缘碎裂(图 6-19b)。

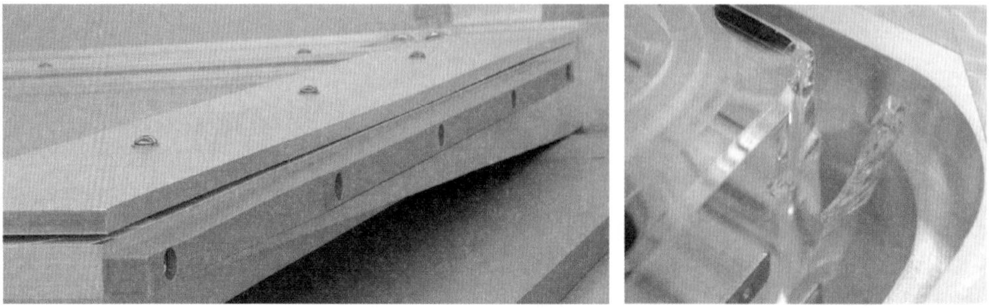

(a) (b)

图 6-19 (a) 一张铝框边缘的照片，上面装有一个熔融石英真空窗。这些图像显示了拧紧螺钉时铝盖框架的弯曲(参见顶部框架和支架之间的间隙变化)。(b) 在熔融石英玻璃窗口上产生的源自工件窗口的表面的角边碎裂

边缘碎裂原点附近的熔融石英玻璃窗表面上存在铝沉积物，这证实与铝框发生了接触(图 6-20a)。发生边缘断裂的沉积物宽度为~300 μm，位置距斜面~500 μm，或距窗口边缘 1 680 μm。通过断裂面上的裂痕，如镜面区、沃纳线和扭曲线，确认了传播方向，并且断裂源自玻璃与金属接触点处的窗面(图 6-20b)。将镜面区域视为径向裂纹，确定失效时的载荷估计值为~240 lbf 或~1 100 N，使用方程(3-5)，其中 c_r = 1 000 μm、χ_r = 0.022(表 3-1)，K_{Ic} =

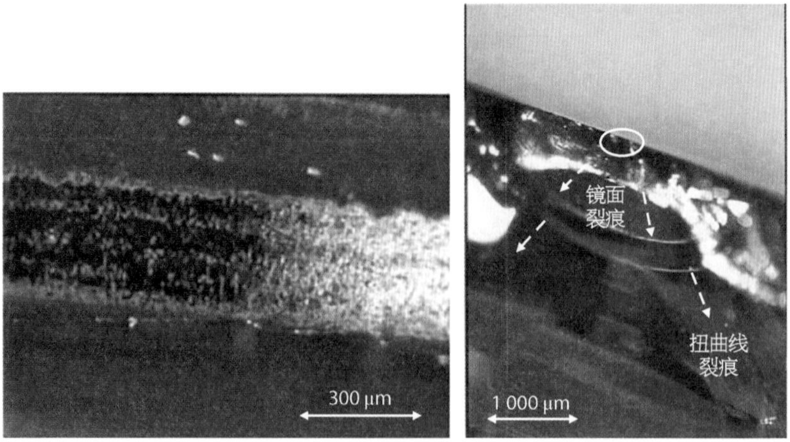

(a) (b)

图 6-20 (a) 熔融石英玻璃窗上边缘碎裂顶面的光学显微照片，显示表面有铝沉积。铝沉积层的宽度为~300 μm。(b) 边缘碎裂表面的光学显微照片；上边缘代表熔融石英玻璃窗的表面，玻璃与金属接触发生在该表面

0.75 MPa · $m^{1/2}$。利用边缘-韧性关系，导致边缘碎裂失效所需的临界载荷通过方程(3－7)确定为 P_{ce} ＝ 183 N，其中 d_e ＝ 1 680 μm、T_e ＝ 109 N · mm^{-1}(表 3－1)。因此，导致边缘碎裂的施加负载为产生碎裂所需的值的 7 倍。可以采用一些简单的缓解措施来防止失效：① 通过在框架螺钉上定义适当的扭矩来避免玻璃与金属的接触；② 通过使用不同的材料加固框架或增加其厚度来最小化弯曲。

6.4.4　胶合导致碎片断裂

在第 3.1.1 节中，讨论了压痕形成的各种类型的表面裂纹——钝性裂纹与尖锐裂纹、静态裂纹与动态裂纹、表面裂纹与近边缘裂纹。在这些情况下，法向载荷为主要载荷。本节将描述一种鲜为人知的表面断裂类型：胶合碎裂，其中切向载荷是主要载荷。“胶合碎裂”来自一种工艺方法，通过在工件表面上以涂抹黏合剂来将玻璃表面固定[36-38]。由于所用的胶水在干燥和固化过程中收缩，因此在与表面相切的方向上施加了较大的局部拉伸应力，从而形成贝壳状碎屑。断裂基本上平行于玻璃表面，最终导致玻璃表面片状剥离。胶合碎裂的起始类似于滑动压痕过程中的滑动压痕断裂(参见第 3.1.1.3 节)。

在光学制造过程中，可能会发生胶合碎裂破坏，尤其是当某些类型的涂层或阻挡层附着在工件表面时。当工件和涂层之间发生差异收缩且黏附在空间上不均匀时，工件表面上的局部点可能会在表面上承受较大的局部集中切向载荷，从而导致胶合碎裂。

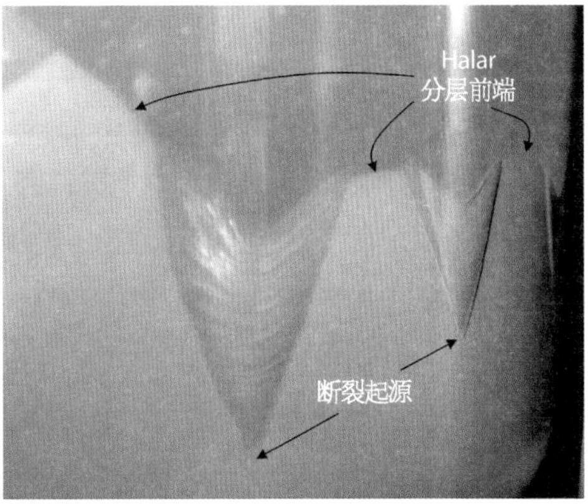

图 6－21　从外部观察的玻璃罐照片，说明了氟聚合物衬里从玻璃内表面分层时胶合碎裂的形成。氟聚合物衬里的分层前端从底部向顶部移动

图 6－21 显示了含氟聚合物衬里的玻璃罐中的胶合碎裂。该圆柱形 1 000 L 玻璃罐用于生长用在大口径、高通量激光器中非线性光学元件的大型 KDP 晶体[26-28]。衬里用于最大限度地减少玻璃表面缺陷的二次成核，并减少 ppb 级杂质从玻璃中渗出，从而影响最终结晶特性，即最终形状[28]。最初的衬里并非故意黏附在玻璃罐上，然而，当材料相对于玻璃罐收缩时，其局部黏附，并形成一系列胶合碎

裂断裂(图 6－21)。缓解措施之一是在衬里和玻璃罐之间的界面使用脱模剂,以消除不均匀黏附。

这种特殊断裂的一个独特特征是重复的涟漪,断裂面上相距~200 μm(参见图 6－22 中的断裂面图像)。这些特征是应力波标记,表示某种振荡力或振动,在裂纹扩展过程中改变了应力场(另见表 6－1 和图 6－4)。这种振动的来源被认为是晶体生长过程中旋转晶体的重复加速和减速。

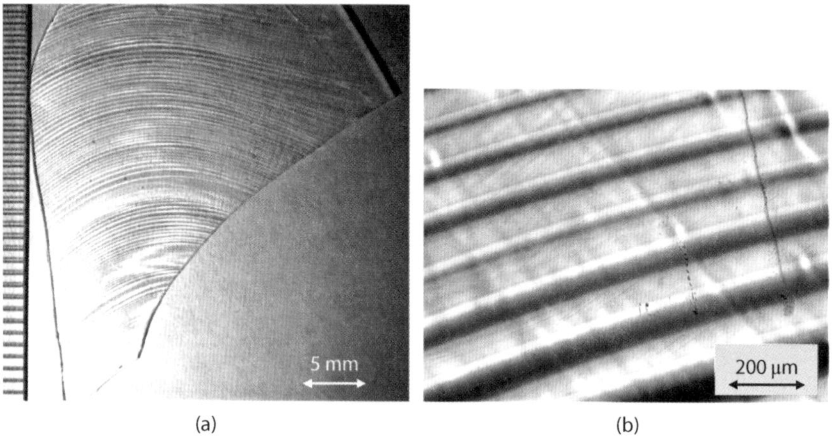

图 6－22 (a) KDP 晶体生长玻璃罐上胶合碎裂面的光学显微照片,左边的线相距 5 mm;(b) 显示应力波裂痕的同一断裂面的高倍放大图

6.4.5 压差引起的工件失效

另一种可能的工件失效是在真空或气压载荷下断裂。示例包括光学制造步骤工件安装期间的真空加载或在最终用作压差屏障窗口期间。这种类型的工件失效可能存在很大的影响,例如真空室的内爆或加压飞机窗口的破裂。

在这种条件下,工件所承受的应力是窗口几何形状、压差和工件材料机械性能的函数。失效应力由格里菲斯失效准则方程(6－1)给出;因此,控制缺陷尺寸或防止产生缺陷可防止此类失效。然而,在某些应用中,使用过程中可能会在表面上产生缺陷,例如,在高功率激光器中用作真空空间滤波器屏障的熔融石英透镜,激光可能会损坏透镜[9,39]。尽管采用了降低激光损伤风险的方法,但仍然存在产生表面缺陷的极小可能性,从而产生内爆和激光系统损坏的重大风险。破裂真空屏障透镜的两个示例如图 6－23 所示。

通过设计窗户或透镜,使其断裂时最多可分为两块(一个全直径断裂),允

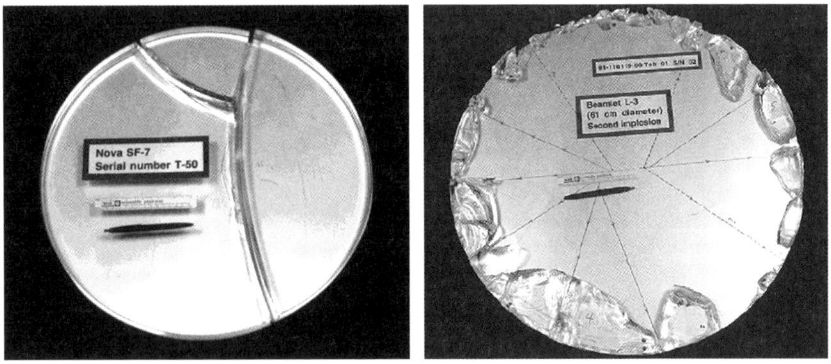

(a) (b)

图 6－23 直径 52 cm(a)和直径 61 cm(b)的熔融石英透镜在用作高功率激光器光学空间滤波器的真空屏障时发生的断裂

（资料来源：Campbell 等人，1996 年[39]。经国际光学工程学会许可复制）

许泄漏，但不允许内爆和灾难性损坏，这样可以减轻破坏风险。图 6－23a 中的透镜仅出现真空泄漏；图 6－23b 中的透镜是一个内爆成许多碎片的例子。决定这两种失效模式的关键因素是窗口中储存的能量，即压差产生的总应力。储存的能量或应力越大，破裂面积和内爆概率越大。

窗口中的峰值拉伸应力与其储存的能量成比例，位于真空侧的面中心。该位置附近的缺陷通常是断裂的根源，离线真空负荷试验中断裂玻璃板的断口分析证实了这一点[9,39]。可以使用 FEA 分析或简单几何图形的分析关系来确定窗口峰值应力的大小。例如，简单支撑的方形板的峰值应力如下：

$$\sigma_p = \frac{\beta\sigma_o \ell_o^2}{t_1^2} \tag{6-21}$$

式中，σ_o 为施加的压差；t_1 为工件厚度；β 为几何常数（方形板为 0.434 5），且 ℓ_o 为工件的特征尺寸（直径或边长）[40]。注意，峰值应力随厚度的平方而减小，随工件尺寸的平方而增大。因此，较小、较厚（或低纵横比）的工件具有较低的峰值应力，且不易发生多重断裂、内爆失效。

使用储能平衡模型，断裂表面积 A_{sf} 与透镜 V_L 的体积和窗口峰值应力 σ_p 有如下关系：

$$A_{sf} = Z_{sf}\sigma_p^2 V_L \tag{6-22}$$

式中，Z_{sf} 为通过实验确定的常数，即通过真空加载使一系列不同厚度的圆形和方形玻璃板断裂，并测量由此产生的表面断裂面积（图 6－24）。对于熔融

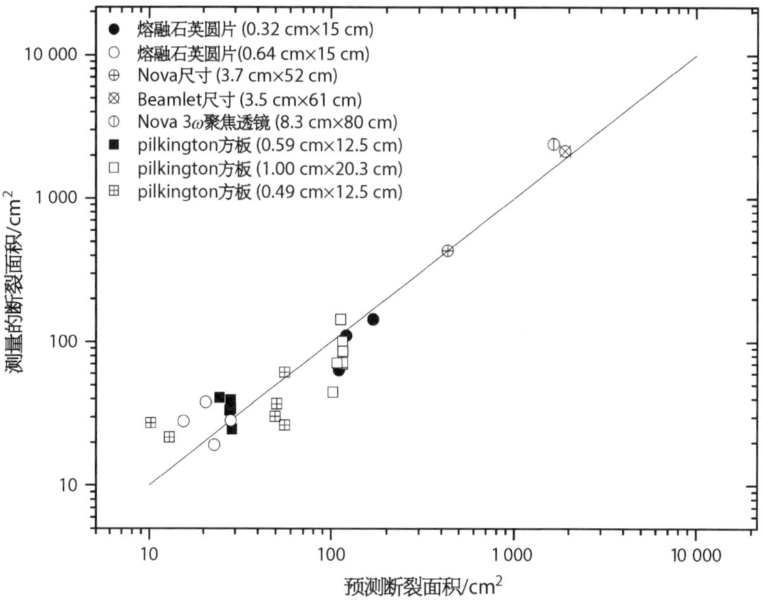

图 6-24 通过真空加载各种玻璃圆窗和方窗测量的断裂面积与使用方程(6-22)计算的断裂面积进行比较

(资料来源：Suratwala 等人,1998 年[9]。经国际光学工程学会许可复制)

石英玻璃和普通窗玻璃，Z_{sf} 测定为 $8.4\times10^{-5}\cdot cm^2\cdot psi^{-2}\,L^{-1}$[9,39]。

使用上述信息,可确定不允许出现一个以上全直径断裂的故障保护设计标准(例如对于圆板 $A_{sf}\leqslant 2t_1\ell_o$) 可推导如下：

$$\sigma_p \leqslant \frac{K_f}{\sqrt{\ell_o}} \tag{6-23}$$

式中，K_f 为一个根据经验确定的常数：圆形光学元件为 3.79 $MPa\cdot m^{1/2}$,方形光学元件为 3.32 $MPa\cdot m^{1/2}$[9,39]。从格里菲斯定律的观点来看,该设计标准可视为大于工件厚度的临界缺陷尺寸,如方程(6-1)所述。圆形和方形光学元件的设计峰值应力作为特征尺寸的函数如图 6-25 所示。

为了说明该设计准则的实用性,以特征长度为 NIF 方形激光真空屏障窗口的设计为例 ℓ_o= 42.6 cm，临界峰值设计应力为 750 psi(图 6-25)。该真空屏障的设计厚度调整为~40 mm,使用方程(6-21)确保峰值应力(在本例中为 500 psi)小于峰值设计应力(750 psi)。遵循此设计约束有助于确保窗不能分裂为两个以上的碎片并发生内爆。

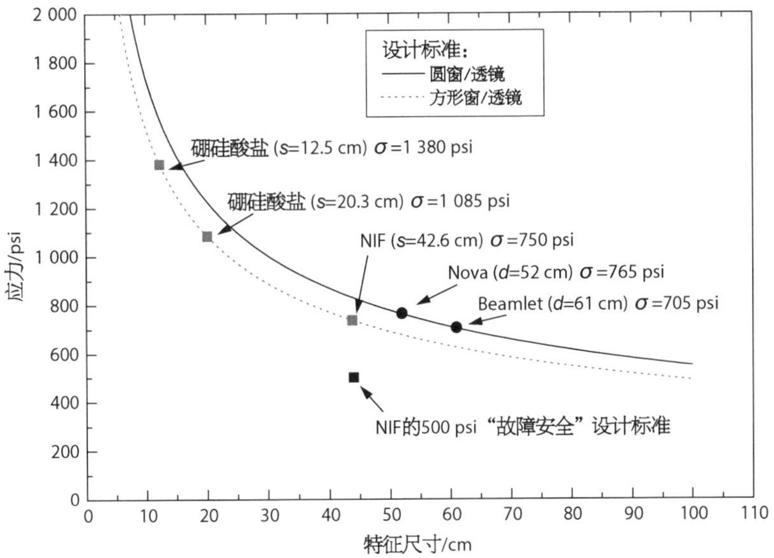

图 6-25　圆形(虚线)和方形(实线)窗玻璃工件的设计峰值应力与窗特征尺寸ℓ_c的关系

(资料来源：Suratwala 等人,1998 年[9]。经国际光学工程学会许可复制)

6.4.6　化学相互作用和表面裂纹

化学相互作用不仅可以增强如第 6.3 节所述的缓慢裂纹扩展,而且还可以改变某些材料,导致表面拉应力的产生,从而发生表面破裂。在某些方面,这种现象与通常用于智能手机玻璃面板的化学回火相反,在玻璃结构中,较大的碱原子被较小的阳离子取代,这一过程被称为离子交换,可导致玻璃中的较大局部表面压缩[7,41]。在接下来的讨论中,将以磷酸盐玻璃和 DKDP 晶体举例说明这种行为。

6.4.6.1　磷酸盐玻璃表面裂纹

掺钕离子的激光磷酸盐玻璃是一种新型光学材料,用于高通量激光系统的放大器[32]。这种材料是一种有吸引力的增益介质基质,但由于其独特的化学特性,因此使得制造具有挑战性,包括：① 熔化过程中的高度腐蚀性,需要使用铂坩埚;② 其吸湿性导致易于嵌入 OH,这对激光性能有害且难以去除;③ 对环境湿度敏感,导致表面化学风化和散射使得光学传输性能劣化;④ 退火期间的水扩散作用导致表面张力和表面破裂[31,42-44]。后者的示例如图 6-26 所示,其中磷酸盐玻璃试块在~500℃下退火,在环境湿度下冷却至室温(大多数玻璃都需要退火工艺来消除残余应力并改善光学均匀性)[45]。

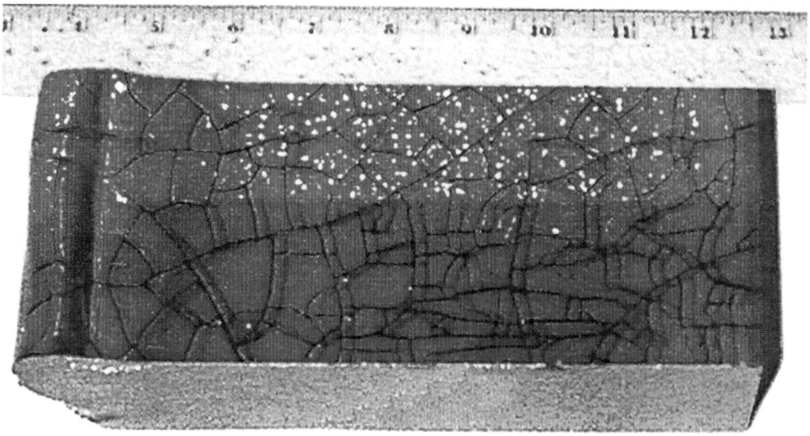

图 6-26 退火后在激光磷酸盐玻璃表面观察到的表面裂纹(黑色痕迹)

表面裂纹产生的机制源于退火期间 H_2O 从环境扩散到玻璃表面,从而改变了表面层的热膨胀特性,导致产生表面张力[43]。通过使用红外光谱(图 6-27)对 3.333 μm 处的 OH 吸收率进行深度分析,确认 H_2O/OH 掺入玻璃表面。扩散后,H_2O 可以通过与玻璃反应水解磷酸链 P-O-P,改变玻璃的性质,即转变温度。该水解反应类似于方程(5-15)中提出的抛光化学齿机理。玻璃的 OH 含量从约 80 ppm 增加到 5 000 ppm 会导致玻璃化转变温度从 468℃降低到 405℃,线性热膨胀系数从 12.9×10^{-6}℃$^{-1}$增加到 14.2×10^{-6}℃$^{-1}$。

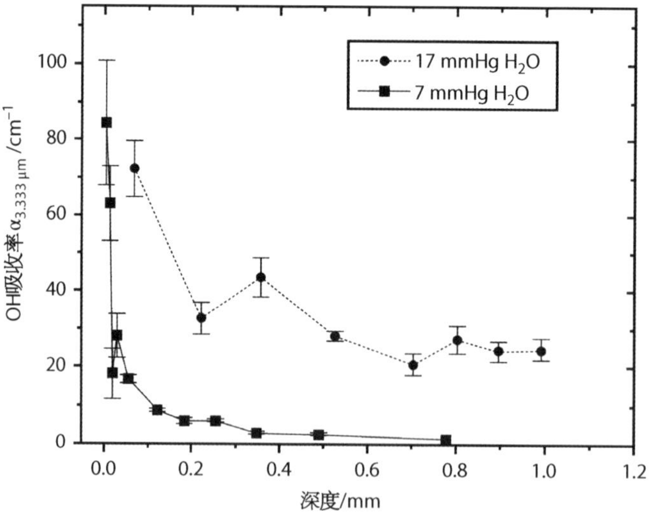

图 6-27 在两种水蒸气压力下两种激光磷酸盐玻璃(LG-770)在玻璃化转变温度附近退火后,测量的 OH 浓度与上表面深度的函数关系

(资料来源: Hayden 等人,2000 年[43]。经 Elsevier 许可复制)

Hayden 等人[43]通过实验模拟并量化了，两个成分相同但 OH 含量差异高达 50×的磷酸盐玻璃样品的双层结构，在 500℃下熔合键合产生的表面张力。利用测量的两种玻璃的热膨胀行为，计算了双层磷酸盐玻璃冷却过程中表面应变的产生(图 6－28)。表面应力可根据确定的弹性应变 δ_e 估算如下：

$$\sigma_s = \frac{\delta_e E_1}{1-\nu_1}\left(\frac{2t_1}{t_s}+\frac{E_1}{E_s}\right)^{-1} \tag{6-24}$$

式中，E_1 和 E_s 分别为芯材和表面材料的杨氏模量；ν_1 为复合泊松比；t_s 和 t_1 分别为表面和芯玻璃的厚度。使用 $E_s = E_1 = 47$ GPa 和 $\nu_1 = 0.26$，以及测得的应变 $\delta_e = 700$ ppm，计算的表面拉伸应力为~42 MPa。该值与使用应力双折射测得的测量值~20 MPa 相当一致[43]。

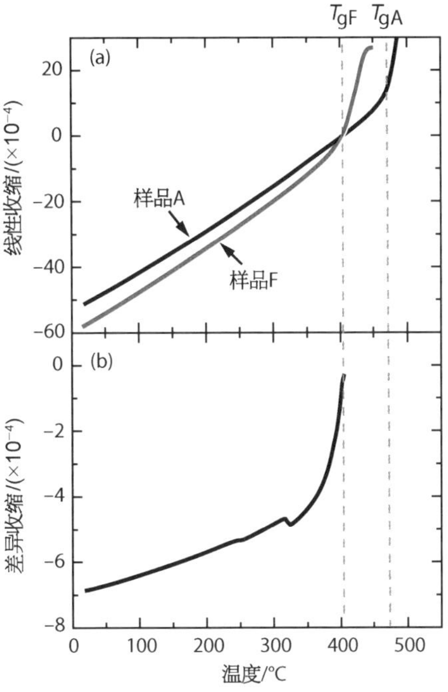

图 6－28　(a) 使用膨胀计测量的磷酸盐玻璃 A(低 OH)和磷酸盐玻璃 F(高 OH)的热膨胀，在高 OH 玻璃的玻璃化转变温度下移位相交。(b) 由玻璃 A 和 F 组成的层压板(熔合样品)在冷却过程中的差异收缩。根据(a)中两条曲线之间的差值计算差异收缩

(资料来源：Hayden 等人，2000 年[43]。经 Elsevier 许可复制)

6.4.6.2　DKDP 晶体的表面裂纹

氘化磷酸二氢钾单晶(KD_2PO_4 或 DKDP)是用于高通量激光器中频率转换和偏振旋转的非常重要的非线性光学材料[28]。这种材料也可能出现表面裂纹，观察到的高密度平行裂纹平行于晶体的 e 轴，称为龟裂纹或 e 型裂纹(图 6－29a)，表面裂缝通常只有 10~200 μm 深。e 型裂纹表面的断口分析表明，在与晶面正交的非常均匀的 I 型张力下，断裂均匀地从上表面开始，可能从表面边缘开始(图 6－29b)。正如平行于上表面的大致均匀分布的止裂线所证明的那样，断裂以 20~30 μm 的增量传播，就像应力被反复建立和释放一样。

Huser 等人[46]使用拉曼光谱对各种 DKDP 晶体的氘浓度进行表面分析(图 6－30)。他们表明，有裂纹 DKDP 晶体的氘消耗量明显高于未裂纹晶体。不同晶体的氘消耗率不同。

DKDP 晶体中氘的耗尽是晶体中氘-氢交换的结果，其中氢的来源是大气中的 H_2O。交换后，表面晶体层变成类似 KDP 或 KH_2PO_4。晶体成分的变化导致

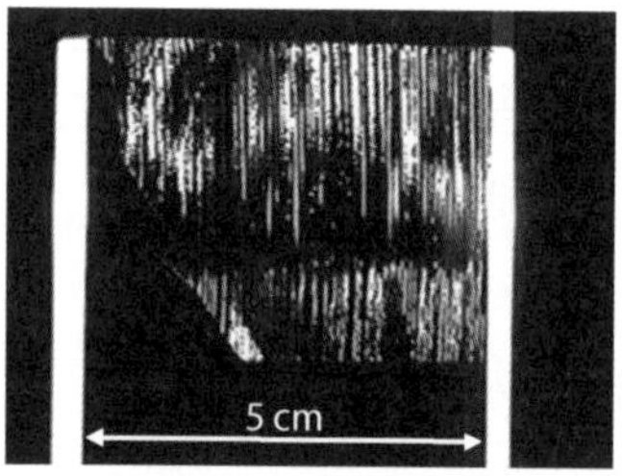

(a)

(b)

图 6-29 在空气中生长和储存数月后在 DKDP 晶体上观察到的 e 裂纹(a)和单个 e 裂纹的断裂面(b)照片

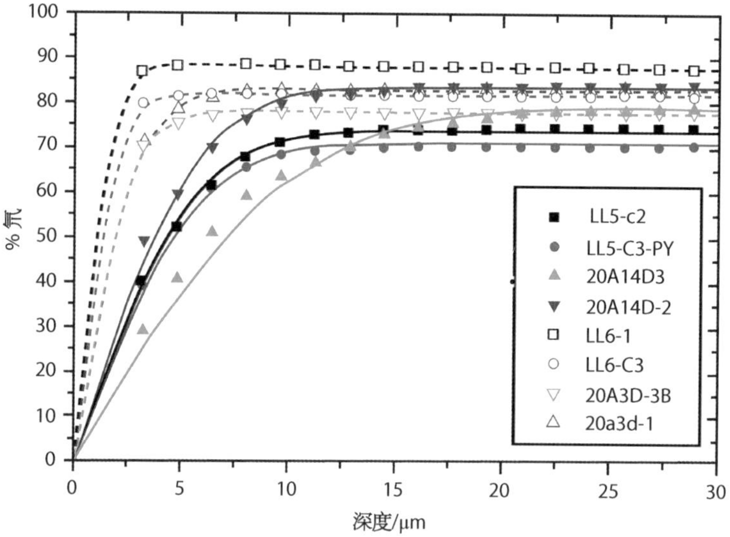

图 6-30 氘浓度与各种 DKDP 晶体表面深度的函数关系。虚线数据点是无裂纹的样本，实线数据是观察到有裂纹的样本。数据通过拉曼光谱进行测量

表面产生较大的拉伸应变(~0.2%)由于晶格间距的变化(a_{KDP} = 7.452 1 × 10^{-10} m 和 a_{DKDP} = 7.469 0 × 10^{-10} m)。化学变化和应力发展的机制被认为是一系列步骤,包括: ① H_2O、D_2O 或 HDO 在表面上和表面外的吸附/解吸;② H_2O 中的氢与晶体表面上的氘交换;③ 氘/氢在本体中的扩散。

速率限制步骤被确定为氘/氢在本体中的扩散。e 裂纹试样的有效扩散系

数大于 0.5×10^{-14} $cm^2\cdot s^{-1}$[通常为$(1\sim5)\times10^{-14}$ $cm^2\cdot s^{-1}$]。相比之下，没有裂纹的样品的扩散系数小于 0.1×10^{-14} $cm^2\cdot s^{-1}$。因此，具有高扩散系数的材料预计在数月内开裂，而具有低扩散系数的材料预计在数年内开裂。后来确定，通过将温度降低到 40℃以下来改变晶体最初生长的温度有助于降低 H 在晶体中的扩散系数，以及防止 e 开裂的发生。如果生长温度影响 D 或 H 空位浓度，从而影响其扩散率，那么改变生长温度可作为 e 开裂的主要缓解措施。另一种可能的缓解措施是在储存和激光安装运行期间在 DKDP 晶体周围创建 D_2O 环境，以防止 D/H 交换，然而，这种方法在实际中很难实现。

参考文献

[1] Frechette, V.D. (1990). *Failure Analysis of Brittle Materials*. Westerville, OH: American Ceramic Society.

[2] Varner, J.R. and Frechette, V.D. (2007). *Fractography of Glasses and Ceramics V*. Hoboken, NJ: Wiley.

[3] Quinn, G.D. (2007). *Fractography of Ceramics and Glasses*. Washington, DC: National Institute of Standards and Technology.

[4] Freiman, S. and Mecholsky, J.J. Jr., (2012). *The Fracture of Brittle Materials: Testing and Analysis*. Wiley.

[5] Bradt, R.C. and Tressler, R.E. (1994). *Fractography of Glass*. Springer.

[6] Anderson, T.L. (1995). *Fracture Mechanics: Fundamentals and Applications*, 2e, 688. New York: CRC Press.

[7] Varshneya, A.K. (2013). *Fundamentals of Inorganic Glasses*. Elsevier.

[8] Griffith, A.A. (1921). The phenomena of rupture and flow in solids. *Philos. Trans. R. Soc. London*, *Ser. A* 221: 163 – 198.

[9] Suratwala, T.I., Campbell, J.H., Steele, W.A., and Steele, R.A. (1998). Fail safe design for square vacuum-barrier windows. Proceedings of SPIE, Volume 3492, pp. 740 – 749.

[10] Suratwala, T., Miller, P., Feit, M., and Menapace, J. (2008). Scratch forensics. *Opt. Photonics News* 20 (9): 12 – 15.

[11] Lawn, B.R. (1998). Indentation of ceramics with spheres: a century after hertz. *J. Am. Ceram. Soc.* 81 (8): 1977 – 1994.

[12] Suratwala, T., Steele, R., Feit, M.D. et al. (2008). Effect of rogue particles on the sub-surface damage of fused silica during grinding/polishing. *J. Non-Cryst. Solids* 354 (18): 2023 – 2037.

[13] Suratwala, T., Wong, L., Miller, P. et al. (2006). Sub-surface mechanical damage distributions during grinding of fused silica. *J. Non-Cryst. Solids* 352 (52 – 54): 5601 – 5617.

[14] Swain, M.V. ed. (1979). Microfracture about scratches in brittle solids. *Proc. R. Soc. London*, *Ser. A* 366 (1727): 575 – 597.

[15] Lawn, B.R. (1993). *Fracture of Brittle Solids*, 2e, xix, 378. Cambridge, New York: Cambridge University Press.

[16] Wiederhorn, S. (1967). Influence of water vapor on crack propagation in soda-lime glass. *J. Am. Ceram. Soc.* 50 (8): 407 – 414.

[17] Crichton, S., Tomozawa, M., Hayden, J. et al. (1999). Sub-critical crack growth in a phosphate laser glass. *J. Am. Ceram. Soc.* 82 (11): 3097 - 3104.

[18] Suratwala, T.I., Steele, R.A., Wilke, G.D. et al. (2000). Effects of OH content, water vapor pressure, and temperature on slow crack growth behavior in phosphate laser glass. *J. Non-Cryst. Solids* 263&264: 213 - 227.

[19] Wiederhorn, S. (1978). Mechanisms of subcritical crack growth in glass. In: *Fracture Mechanics in Ceramics* (ed. R.C. Brandt, D.P.H. Hasselman and F.F. Lange), 549 - 580. New York: Plenum Press.

[20] Freiman, S. (1984). Effects of chemical environments on slow crack growth in glasses and ceramics. *J. Geophys. Res. Solid Earth* 89 (B6): 4072 - 4076.

[21] Suratwala, T. and Steele, R. (2003). Anomalous temperature dependence of sub-critical crack growth in silica glass. *J. Non-Cryst. Solids* 316 (1): 174 - 182.

[22] Wiederhorn, S. (1972). A chemical interpretation of static fatigue. *J. Am. Ceram. Soc.* 55 (2): 81 - 85.

[23] Ritter, J. and Meisel, J. (1976). Strength and failure predictions for glass and ceramics. *J. Am. Ceram. Soc.* 59 (11 - 12): 478 - 481.

[24] Kingery, W.D., Bowen, H.K., and Uhlmann, D.R. (1976). *Introduction to Ceramics*, 2e, 1032. New York: Wiley.

[25] VanSant, J. (1983). *Conduction Heat Transfer Solutions*. Lawrence Livermore National Laboratory. Contract No.: UCRL - 52863.

[26] Baisden, P.A., Atherton, L.J., Hawley, R.A. et al. (2016). Large optics for the National Ignition Facility. *Fusion Sci. Technol.* 69 (1): 295 - 351.

[27] Zaitseva, N.P., De Yoreo, J.J., DeHaven, M.R. et al. (1997). Rapid growth of large-scale (40 - 55 cm) KH_2PO_4 crystals. *J. Cryst. Growth* 180 (2): 255 - 262.

[28] Hawley-Fedder, R.A., Robey, H.F. III., Biesiada, T.A., et al. ed. (2000). Rapid growth of very large KDP and KD* P crystals in support of the National Ignition Facility. International Symposium on Optical Science and Technology. International Society for Optics and Photonics.

[29] Frechette, V.D. (1990). Examples of glass plate fracture without branching. In: *Failure Analysis of Brittle Materials*. Westerville, OH: American Ceramic Society/Advances in Ceramics, 44 - 97.

[30] Suratwala, T., Campbell, J., Miller, P. et al. ed. (2004). Phosphate laser glass for NIF: production status, slab selection, and recent technical advances. Proceedings of SPIE, Volume 5341.

[31] Campbell, J.H., Suratwala, T.I., Thorsness, C.B. et al. (2000). Continuous melting of Nd-doped phosphate laser glasses. *J. Non-Cryst. Solids* 263&264: 342 - 357.

[32] Campbell, J.H. and Suratwala, T.I. (2000). Nd-doped phosphate glasses for high-energy/high-peak-power lasers. *J. Non-Cryst. Solids* 263&264: 318 - 341.

[33] Chiang, S.S. and Evans, A.G. (1983). Influence of a tangential force on the fracture of two contacting elastic bodies. *J. Am. Ceram. Soc.* 66 (1): 4 - 10.

[34] Ghering, L. and Turnbull, J. (1940). Scratching of glass by metals. *Bull. Am. Ceram. Soc.* 19 (8): 290.

[35] Spaeth, M.L., Manes, K.R., Kalantar, D.H. et al. (2016). Description of the NIF laser. *Fusion Sci. Technol.* 69 (1): 25 - 145.

[36] Ridge, J. D. (2000). Insulated glass unit window assembly including decorative thermoplastic sheet and method for forming. Google Patents.

[37] Schrunk, T.R. (1982). Decorative glass chipping method. Google Patents.

[38] Messer, J.A. (1984). Glue chipped glass and method. Google Patents.

[39] Campbell, J., Hurst, P., Heggins, D. et al. (1996). Laser induced damage and fracture in fused silica vacuum windows. Proceedings of SPIE, Volume 2986, pp. 106 - 125.

[40] Roark, R. and Young, W. (1982). *Formulas for Stresses and Strain*, 386. New York:

McGraw-Hill.
[41] Barefoot, K.L., Dejneka, M.J., Gomez, S. et al. (2013). Crack and scratch resistant glass and enclosures made therefrom. Google Patents.
[42] Thorsness, C., Suratwala, T. I., Steele, R. A. et al. ed. (2000). Dehydroxylation of phosphate laser glass. International Symposium on Optical Science and Technology. International Society for Optics and Photonics.
[43] Hayden, J.S., Marker, A.J. III., Suratwala, T.I., and Campbell, J.H. (2000). Surface tensile layer generation during thermal annealing of phosphate glass. *J. Non-Cryst. Solids* 263&264: 228 - 239.
[44] Tischendorf, B.C. (2005). *Interactions Between Water and Phosphate Glasses*. Rolla, MO: University of Missouri.
[45] Doremus, R.H. (1973). *Glass Science*. Wiley.
[46] Huser, T., Hollars, C. W., Siekhaus, W. J. et al. (2004). Characterization of proton exchange layer profiles in KD_2PO_4 crystals by micro-Raman spectroscopy. *Appl. Spectrosc.* 58 (3): 349 - 351.

第 7 章　新工艺及表征技术

文献中记录了很多传统的光学制造工艺和表征技术[1-2]，这些技术包括：

（1）干涉测量法测试表面面形、楔角和平行度。

（2）探针式轮廓法、白光干涉法和原子力显微镜（AFM）测量表面粗糙度。

（3）光学、共焦、暗场显微镜和目视检查，可用于测量表面质量。

（4）波美密度测量、pH 传感器和粒度分析仪，用于表征抛光浆料。

（5）硬度测试仪，用于表征抛光盘材料，尤其是沥青抛光盘。

本章将描述一些新技术（可能是不常用的技术），这些技术为光学制造过程提供了更多的了解。第 2~5 章重点介绍了光学加工期间和之后影响工件如表面面形、表面质量、表面粗糙度和材料去除率等基本特性的现象。本章探索的新工艺和表征技术适用于光学制造工程师或光学仪器制造商。

本章包括三个主要部分：第 7.1 节讨论在制造过程中改进或隔离工艺变量的工艺技术；第 7.2 节提供工件表征技术，以增强对工件结构、化学和性能的理解；第 7.3 节描述抛光或研磨抛光系统表征技术，以更好地控制或理解给定抛光或研磨过程的子过程。

7.1　工艺技术

7.1.1　刚性与柔性固定块

正如刀具或研磨盘的刚度影响保形与非保形去除的程度（如图 2－20 所

示)，工件也是如此。根据工件的相对刚度和固定限位方式，可以控制保形去除的程度。胶合固定是一种接触并保持工件与施加的重量连接的方式。考虑两个极端的方法来阻止高 AR 工件的弯曲变形(见第 2.5.6.3 节)，如图 7－1 所示。所示独立式工件一侧为平面，待加工一侧为凹面。当使用刚性接口与刚性配重块胶合固定时，工件加固定块将表现为刚性元件，即具有高效复合弹性模量，并且工件在负载下的弯曲最小。因此，一开始工件与研磨盘的接触会造成工件边缘的高压和中心的低压，这将导致曲面图形的非保形去除和收敛到研磨盘形状。相反，当使用柔顺界面(如低模量泡沫或橡胶)固定同一工件时，加载时工件将符合研磨盘形状。如果研磨盘是平的，则会从工件上进行保形去除(即均匀去除)。经过抛光过程并与固定块分离后，工件将基本恢复为独立形状。

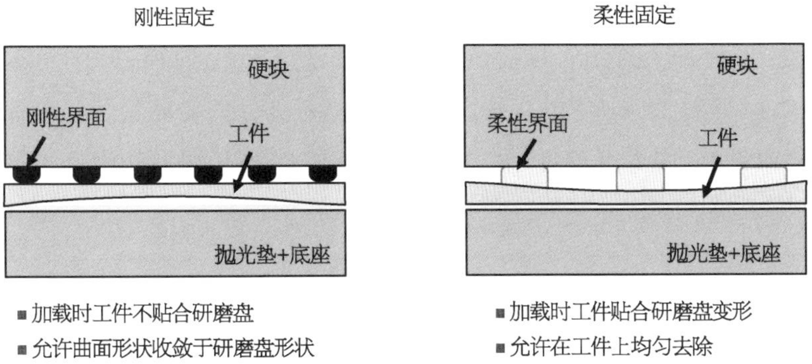

图 7－1　磨削或抛光工件的刚性固定和柔性固定之间的比较

对于高 AR(径厚比)工件，刚性固定可能具有挑战性。例如，在没有界面层的情况下，使工件与固定块体直接接触，要求工件背面和块体表面在表面面形上完全匹配，以便在固定期间不使工件变形。此外，直接接触要求界面表面没有可导致凹陷和划痕的杂质颗粒。由于达到这种清洁度可能很难可靠且重复地实现，因此通常使用界面层。用界面层固定要求固定期间工件变形程度最小，界面强度和附着力足以承受抛光剪切力而不分层，以及在抛光期间负载下蠕变或流动最小，从而最大限度地减少工件弯曲。

沥青不仅用作抛光介质(即研磨盘)，而且还用作固定剂，用于固定光学元件和其他工件的抛光。使用沥青作为固定介质的几种方法如下所述[1-2]。一种方法是在整个挡板上使用一层薄薄的沥青来固定单个或多个平行工件。由于沥青应用于整个后表面，因此冷却过程中工件和沥青之间的热膨胀差异将导致残余应力，最终导致工件变形。第二种方法是将一个或多个透镜锁定到弯曲的固定工具上，每个镜头的背面都有一个相对较厚的全孔径沥青凸台。第三种方法是沥青凸台固定(PBB)[3-4]，将多个沥青小尺寸凸台连接到单个工件上，以固定工件，避免通常发生在高 AR 工件上的过度变形。

PBB 工艺如图 7－2 所示，将控制体积的沥青液滴施加于块体，并在加热和冷却之前将其连接至工件[4]。沥青加热软化使沥青在无应力状态下与工件的形状贴合，并且在冷却时硬化，使工件变形最小。图 7－3 显示了两个 PBB 工艺的熔融石英工件。在增加块界面的黏合强度(与沥青凸台的面积比例 A_f 有关)和固定期间的变形(由工件和块之间的不均匀膨胀驱动)之间权衡。在使用各种凸台几何形状、沥青材料和工件材料的 PBB 工艺后，Feit 等人[4]显示了胶合期间工件变形[由 ΔPV 或胶合前后 PV(峰谷)表面图形的变化表示]与凸台间距和面积比例之间的相关性(图 7－4a,b)。当凸台之间的间距大于 10～15 mm 时，工件变形较小(图 7－4a)，且工件变形量随凸台的面积比例线性增加(图 7－4b)。如图 7－4b 中的实线所示，使用有效沥青热膨胀系数的热弹性模型来解释应力松弛，用于定量解释作为工件材料和 PBB 几何形状函数的观察到的挠度，该模型的细节将在其他部分进行描述[4]。

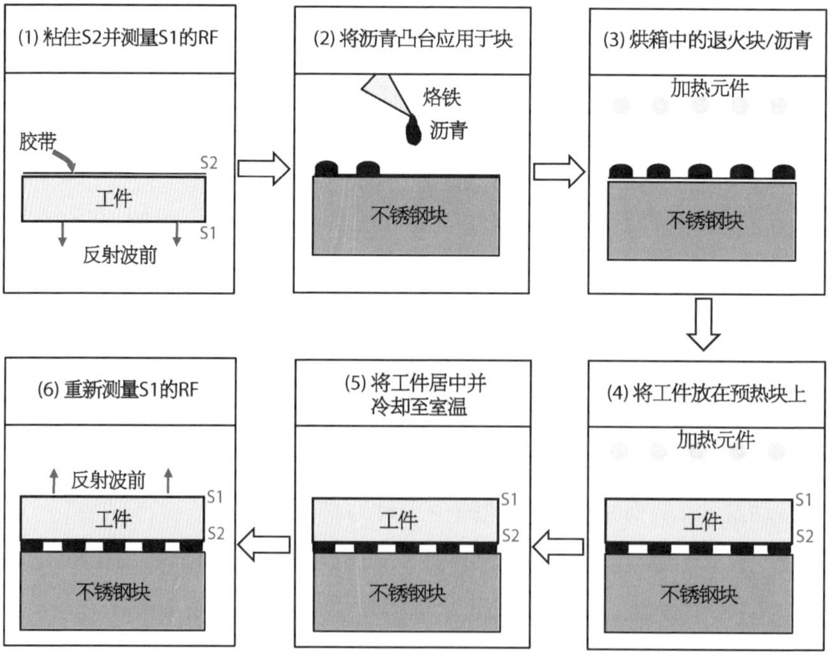

图 7－2　使用 PBB 工艺固定高 AR 工件的工艺步骤(S1＝第 1 面，S2＝第 2 面，RF＝反射波前)

(资料来源：Feit 等人，2012 年[4]。经光学学会许可复制)

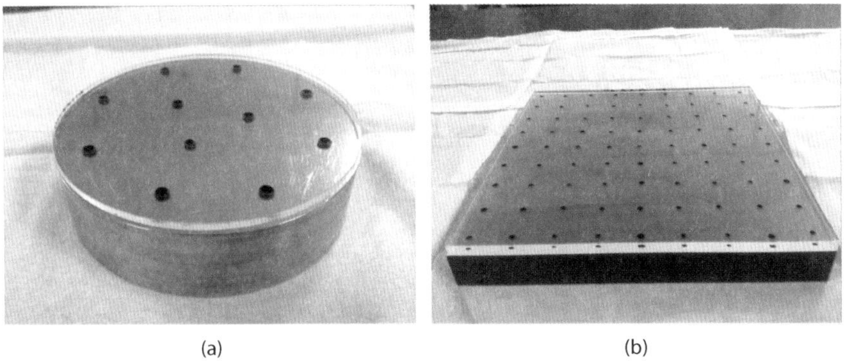

图 7-3　直径为 100 mm 的圆形熔融石英工件(a)和边长为 265 mm 的方形熔融石英工件(b)使用的优化 PBB 工艺的照片

(资料来源：Feit 等人，2012 年[4]。经光学学会许可复制)

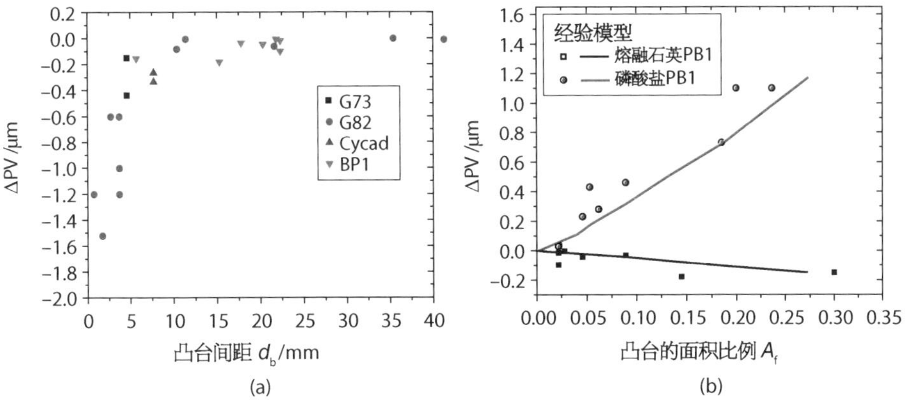

图 7-4　黏结固定前后表面面形(ΔPV)的变化，作为沥青凸台间距(a)和使用 PBB 的凸台面积比例(b)的函数。G73、G82、Cycad 和 BP1 是各种沥青材料

(资料来源：Feit 等人，2012 年[4]。经光学学会许可复制)

利用该模型和数据，为各种尺寸和材料的工件开发了一套 PBB 设计规则。这些规则使用以下关系，为给定的可接受胶合形变定义了凸台的大小、间距和数量[4]：

$$r_p = \frac{d_b}{\sqrt{\frac{\pi}{A_f}} - 2} \tag{7-1}$$

$$N_b = \frac{\pi r_o^2}{(2r_p + d_b)^2} \tag{7-2}$$

$$\Delta PV = A_f C_{pb} \tag{7-3}$$

式中，r_p 为沥青凸台的半径；r_o 为工件的半径；d_b 为凸台之间的间距；N_b 为工件上需要的凸台数量;ΔPV 为预期的工件偏转;A_f 为凸台的面积比例;C_{pb} 为偏转随面积比例的线性增加率。根据图 7－4b,磷酸盐玻璃的 C_{pb} = + 4.3 μm,熔融石英玻璃为 C_{pb} = － 0.56 μm。

为了说明设计规则的实用性,考虑 50 mm 半径工件,其中 A_f = 0.05 具有足够的界面强度以在抛光中维持正常。使用方程(7－3),若 d_b > 15 mm,胶合固定时熔融石英的 ΔPV 为-0.03 μm,磷酸盐玻璃为 0.22 μm。为了尽量减少沥青凸台之间的串扰,提高保险系数,d_b 设置为 20 mm。然后使用方程(7－1)和方程(7－2)来确定理想的凸台半径(r_p=3.3 mm)和数量(N_b=11)。

在最近的一项研究中,引入并演示了收敛抛光的概念(见第 8.4 节),其中工件无论其初始表面面形如何,都将在一次迭代中收敛到研磨盘形状[5-6]。该技术要求消除所有材料去除不均匀性的来源,但工件表面面形导致的工件-研磨盘不匹配除外。对于高 AR 工件,在抛光机上加载时弯曲可能会阻止这种技术的有效性。因此,PBB 是一种有吸引力的收敛抛光的胶结固定方法。

为了测试界面处的低面积比例沥青(A_f = 0.05)是否具有足够的强度来承受抛光运行,使用 PBB 设计在半径为 50 mm 的熔融石英工件上进行了收敛抛光演示,PBB 固定胶结的工件经过数十小时的抛光后仍然保持正常,从而证实了有足够的界面强度[4]。

图 2－26 比较了抛光前后优化 PBB 工艺工件表面面形与泡沫塑料胶合工艺[6]。注意,PBB 工件表面面形收敛为平面,而泡沫塑料胶合固定的工件在抛光后表面面形没有改变。这表明泡沫固定的工件在抛光过程中弯曲,导致均匀的空间材料去除(保形去除),而 PBB 工件坚硬,由于工件-研磨盘不匹配,因此导致不均匀的材料去除(非保形去除)[6]。

7.1.2　浅层蚀刻和深蚀刻

如第 3.1.4 节所述,因为折射率匹配的拜尔培层以及裂纹可能已经闭合,导致工件上的亚表面损伤(SSD)通常是隐藏不可视的。浅层蚀刻工艺用于对工件进行轻微的化学蚀刻,以露出 SDD。图 3－39 和图 7－5 显示了抛光熔融石英工件在腐蚀~1 μm 后这些微裂缝如何变得更加明显。在最终抛光后或抛光步骤之间,在工件上使用浅层蚀刻工艺可用于对工件表面质量进行测量,以确定隐藏的划痕和凹陷。将剥离后蚀刻检查与如第 6.2 节所述的划痕取证相结合,可以确定这些断裂的原因,同时了解去除情况。

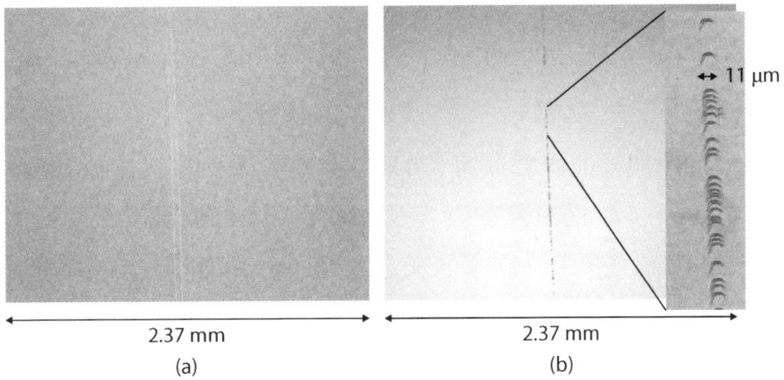

图 7-5　使用 BOE 进行 1 μm 条形蚀刻之前(a)和之后(b)熔融石英玻璃上垂直划痕的光学显微照片

深蚀刻是一个相对较长的蚀刻过程(通常去除 50~150 μm),在研磨后在工件上实行,并减少后续抛光步骤中要去除的净材料量。深蚀刻过程可能会揭示磨削过程中发生的非常深的断裂,从而决定工件是继续抛光还是继续磨削。深蚀刻工艺产生具有蚀刻尖端的表面(图 3-40),从而更容易评估工件上的所有 SSD 是否已抛光,因为蚀刻尖端比闭合微裂缝更容易在表面上检测。由于深蚀刻系统的成本通常低于抛光系统,因此它可能是介于研磨和抛光之间的一个有吸引力的工艺步骤。根据研磨表面上的蚀刻结果,深蚀刻可将抛光时间缩短 2~4 倍。第 3.1.4.1 节详细讨论了研磨表面如何随蚀刻时间和所需去除量变化。

7.1.3　使用隔膜或修整器进行抛光垫磨损管理

为了在抛光过程中获得所需的表面面形,控制研磨盘面形至关重要,因为它会影响工件-研磨盘匹配度(参见第 2.5.6 节)。在沥青抛光过程中,修整器(通常是大块玻璃)在负载或位置上进行改变,以修整黏塑性研磨盘的形状。如第 2.5.6.2 节所述,在抛光垫抛光过程中,工件接触可能造成不均匀的抛光垫磨损。一种解决方法是使用一种小型工具,由控制运动轨迹的金刚石修整器,在抛光垫上来回移动,以补偿不均匀磨损[7]。然而,所产生的高磨损率可显著缩短抛光垫的使用寿命,且难以得到优化的运动方式来实现抛光垫的均匀修整。

另一种方法是使用一种特殊形状的隔膜(一种也会在抛光垫上产生磨损的牺牲组件),以抵消工件造成的抛光垫空间不均匀磨损[5-6]。在设计隔膜时,目的是将工件和隔膜的径向抛光垫总磨损率结合起来保持恒定(图 2-23a),

如下：

$$\frac{dh_{lap}(r)}{dt} = C_L = f_o(r)k_{lap}\mu V_r\sigma_o + f_s(r)k_{lap}\mu V_{rs}\sigma_{sep} \tag{7-4}$$

式中，$f_o(r)$ 为工件加载的研磨盘周长的比例，作为距研磨盘中心径向距离 (r) 的函数；$f_s(r)$ 为隔膜加载的研磨盘周长的比例，作为距研磨盘中心径向距离 (r) 的函数；C_L 为抛光垫上去除率的选定常数；V_{rs} 为隔膜上的时间平均相对速度；由 $2\pi R_L r$ 给出，以及 σ_{sep} 为对隔膜施加的压力。对于匹配旋转 ($R_L = R_o$) 和匹配工件和隔膜压力 $\sigma_o = \sigma_{sep}$ 的条件，隔膜形状可通过以下公式确定：

$$f_s(r) = \frac{C_L}{2\pi k_{lap}\mu R_o r\sigma_o} - \arcsin\left(\frac{x_L(r)}{r}\right)\frac{s}{\pi r} \tag{7-5}$$

式中，$x_L(r)$ 为工件前缘上一点的 x 分量（图 2-22）。使用方程（7-5），计算出的隔膜宽度，即其圆周宽度，作为距搭接中心距离的函数，即 $2\pi r f_s(r)$ 适用于 r_o = 50 mm 和 s = 75 mm 的特定情况，如图 7-6a 所示。注意，如图 7-6a 中虚线所示，隔膜的设计存在两个限制。第一个限制是隔膜的最小径向宽度，这是结构完整性所需的，并允许抛光垫黏弹性松弛的最小距离（详情见参考文献 [8]）。第二个是靠近研磨盘中心的极限，在该极限处，抛光垫的周长必须足够大，以提供隔垫所需的反向磨损。后一个极限可以通过在隔膜上施加更高的载荷或通过增加研磨盘和工件中心之间的分离距离 s 来扩大[6]。

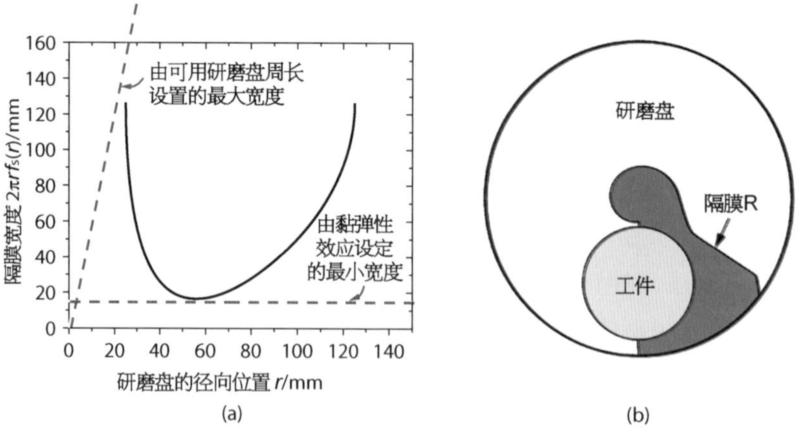

图 7-6 (a) 使用方程(7-5)计算出圆形工件的隔膜径向宽度 [μ = 0.7, σ_o = 2 068 Pa (0.3 psi), R_o = 20 r/min, s = 75 mm, r_o = 50 mm, r_{lap} = 150 mm]; (b) 如(a)所示圆形工件隔片 R 的计算形状

（资料来源：Suratwala 等人，2012 年[6]。经 John Wiley & Sons 许可复制）

图 7－6b 用方程(7－5)说明了隔膜(隔膜 R)的最终形状。图 7－7 中的照片显示了两种抛光装置(用于圆形和方形工件),它们成功地证明了使用隔膜设计补偿抛光垫磨损[6]。

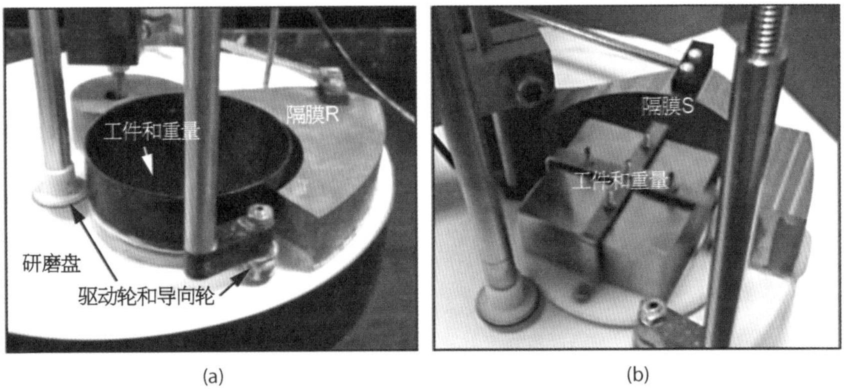

图 7－7 圆形(a)和方形(b)工件的收敛抛光装置的照片,以及随附的抛光垫磨损补偿隔膜
(资料来源:Suratwala 等人,2012 年[6]。经 John Wiley & Sons 许可复制)

通过测量工件上材料去除的空间不均匀程度,确定隔膜在减少抛光垫磨损方面的有效性。图 7－8 显示了使用隔膜 R 的 50 mm 圆形熔融石英工件在不同抛光时间的工件表面径向轮廓。比较图 2－24 中无隔膜情况下的等效数据,发现空间均匀性有显著改善,因为有隔膜的抛光垫磨损更均匀。使用隔膜,工件内不均匀性(WIWNU)显著降低至<1.2%(图 7－8)。换言之,从表面抛光 83 μm 材料后,观察到只有~1 μm 偏差。相比之下,无隔膜例子的 WIWNU 分别为 92%和 27%(图 2－24)[6]。

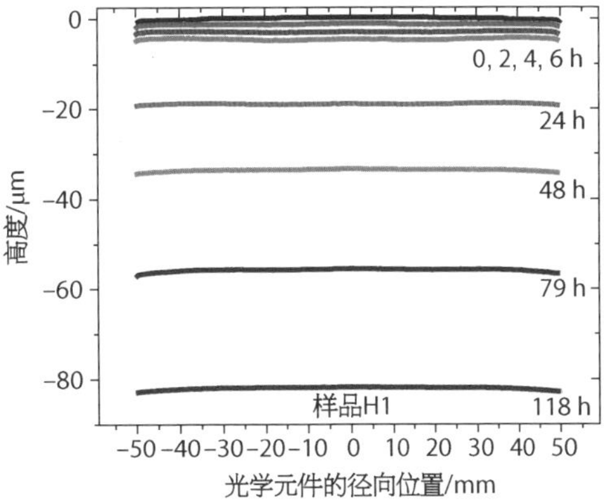

图 7－8 使用隔膜 R 抛光不同时间后熔融石英工件的径向表面轮廓
(资料来源:Suratwala 等人,2012 年[6]。经 John Wiley & Sons 许可复制)

抛光垫磨损补偿隔膜的其他优点包括:

(1) 更均匀的浆料分布。

(2) 工件前缘预压导致黏弹性垫应力不均匀性降低(参见第 2.5.5.1 节)。

(3) 减少摩擦引起的温度不均匀性(参见第 2.5.6.5 节)。

(4) 减少局部非线性材料沉积(见第 2.5.6.8 节)。

所有这些现象都有助于改善工件空间材料去除的均匀性。

7.1.4　密封、高湿度抛光腔室

如第 3.1.3 节和第 4.3 节所述,杂质颗粒的管理和浆料粒度分布(PSD)的末端对于减少表面微裂缝和实现低表面粗糙度至关重要。杂质颗粒可能有许多来源,无论是在外部环境中(如工艺步骤之间的交叉污染或一般工作场所的污垢),还是在内部由磨损部件、干燥浆料或凝聚浆料颗粒产生。特别是在抛光运行之间,干燥的浆料颗粒可能会在系统中聚集,尤其是在裂缝、角落和难以到达的地方。例如,许多干燥的氧化铈浆料颗粒形成硬结块,导致工件划伤[9]并黏附在表面上,这使得清洁和恢复抛光系统非常困难。

管理许多杂质粒子源的一种新策略是在密封的高湿度室内进行抛光,以防止外部杂质粒子进入。如果在抛光运行和维护期间腔室打开时采用正确的做法是一种有效的防止杂质粒子的方法。通过在抛光室内安装加湿器,可以保持100%的湿度,从而极大地降低形成干燥、坚硬浆料团块的可能性。图 8 - 14 给出了带有密封高湿度室的抛光机示例。

除了杂质颗粒管理外,密封高湿度室还有以下优点:

(1) 密封系统可实现更高的温度稳定性和均匀性,有助于将热诱导材料去除不均匀性降至最低(参见第 2.5.6.5 节)。

(2) 聚氨酯衬垫容易随湿度变化和干燥而发生性能变化(参见第 2.5.6.6 节)。稳定的湿度允许对研磨盘形状进行更有效的控制,从而对表面面形进行更确定的控制。

(3) 浆液稳定性得到改善。由于系统中水分蒸发或干燥浆料损失,因此许多抛光系统需要频繁调整浆料浓度(即波美度)和 pH 值。密封外壳极大地减少了浆液蒸发,从而获得更稳定的浆液,且仅需要更少的维护。

(4) 密封抛光系统通过保持浆液的含水量,有助于设施的整体清洁度。

7.1.5　工程过滤系统

管理杂质颗粒和控制浆料 PSD 末端分布的另一个策略是通过颗粒过滤系统再循环浆液,持续滤除产生的任何杂质颗粒。虽然许多抛光系统使用过滤系

统,但很难达到可靠、经济、令人满意的性能水平。其中一些挑战包括:过滤器频繁堵塞和可能旁通,需要频繁更换过滤器;浆料在过滤系统管道的各种角落和缝隙中沉淀和干燥,产生杂质颗粒的二次来源;过滤系统所用材料的杂质、化学或颗粒污染;浆液泵产生的热量导致抛光系统的热变化;浆液调整和更换维护困难。

化学机械抛光(CMP)行业设计了许多浆料过滤系统,以克服这些挑战[10-12]。图 7-9 所示为专为光学抛光设计的过滤系统示例。该系统可向一个或多个抛光系统提供流量高达 5 加仑/min 的抛光液。这种系统的主要特点包括:

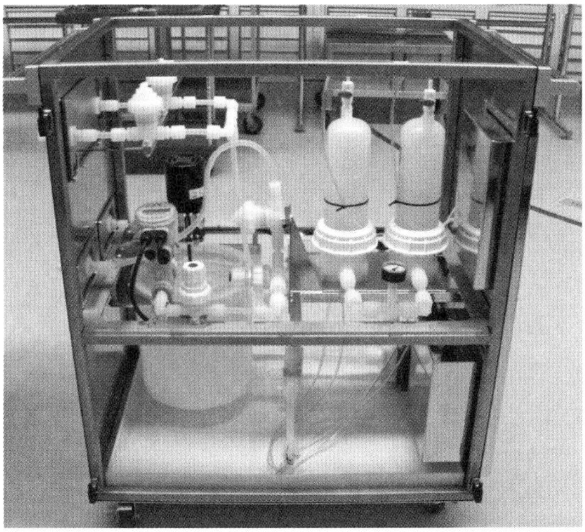

图 7-9　抛光浆液的工程过滤系统

(1) 使裂缝和流速死区(即零速度区域)最小化的流动模式。

(2) 通过过滤器更换、浆液排放和系统清洁设计,易于维护。

(3) 浆液管线由氟化塑料组成,使用 Furon flare 配件、全氟烷氧基(PFA)管和浆液泵,以最大限度地减少可能破坏浆液胶体稳定性并降低浆料颗粒与内表面的黏附性的金属阳离子污染。

(4) 倒置使用 CMP 型过滤器,便于维护和操作(图 7-9)。

(5) 高速浆液流,以减少沉降。

(6) 用于目视检查系统清洁度的半透明浆液管线。

(7) 泵安装在液位以下,允许泵通过重力加注充注。

(8) 测量压降、pH 值和流速的仪器。

(9) 便于使用的取样口,用于外部测量浆液特性,如波美度。

过滤系统不仅可以捕获大的杂质颗粒,还可以优化改变浆料 PSD 的尾端分布。如第 4.3 节所述,尾端的坡度可能会强烈影响粗糙度,增加坡度会产生较低的粗糙度(图 4-10 和图 4-11)。使用单粒子光学传感(SPOS)技术测量尾端分布,工程过滤可通过使用不同尺寸的过滤器进一步改善 PSD(图 7-10)。

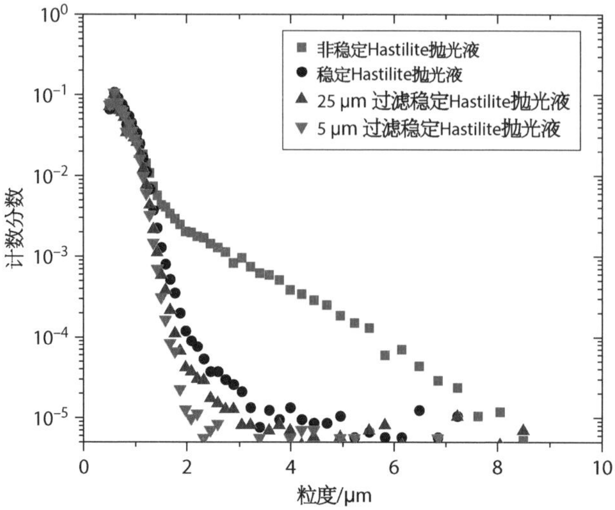

图 7-10 使用二氧化铈抛光浆料(Hastilite PO)上 SPO 测量的浆料 PSD,作为化学稳定和通过图 7-9 中过滤系统的不同过滤水平的函数

(资料来源:Dylla Spears 等人,2014 年[13]。经 Elsevier 许可复制)

7.1.6 浆液化学稳定性

另一种改善粗糙度和防止杂质颗粒划伤的方法是使用化学方法来改善和保持浆液的 PSD。这项技术的大部分都是商业化的,通常是专有的,用于开发窄 PSD 浆料,并在储存和使用期间对其进行维护。特别是要在使用过程中尽可能地减少沉淀和凝聚可能,这是一项相当艰巨的任务。

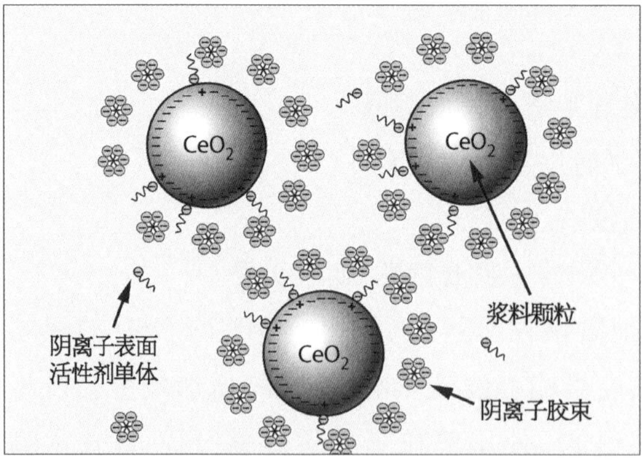

图 7-11 颗粒表面类似带电表面活性剂如何在抛光颗粒周围形成胶束云,从而提高稳定性的示意图

(资料来源:Dylla Spears 等人,2014 年[13]。经 Elsevier 许可复制)

已开发出一种新方法来处理的窄 PSD 浆料,以保持其在储存和使用中的稳定性[13-14]。这涉及使用一类表面活性剂,通过在浆料颗粒周围形成胶束团,防止颗粒团聚,并保持颗粒表面上的活性部位可用于化学抛光(图 7-11)。该方法称为

荷电胶束晕机理。

该方法已在平均粒径为~200 nm 的氧化铈基浆料上进行了验证(Hastilite PO)。尽管原始粒径为 200 nm,但浆料在储存时可能会大量结块,如测量浆料的沉降时间所示(图 7-10 和图 7-12a),未经处理的氧化铈浆料仅在几分钟内沉降。利用斯托克斯定律[16],有效凝聚粒径(d)的估计值可确定如下:

$$d^2 = \frac{18\eta_s}{tg(\rho_3 - \rho_f)d_{set}} \tag{7-6}$$

式中,t 为稳定时间;η_s 为流体(在本例中为水)的黏度;ρ_3 为氧化铈粒子密度;ρ_f 为水的密度;g 为重力常数($9.80\ m\ s^{-2}$);d_{set} 为沉降距离。该系统的计算沉降时间作为粒度的函数如图 7-12b 所示,使用 $\rho_3 = 7.1\ g \cdot cm^{-3}$,$\rho_3 = 1\ g \cdot cm^{-3}$,$\eta_s = 0.01\ P$,$d_{set} = 10\ cm$。沉降发生在短短几分钟内,对应于粒径为~11 μm,远大于平均粒径,证实存在大团聚体。这种简单的沉降技术有助于确定给定浆料的团聚程度或有效粒度。

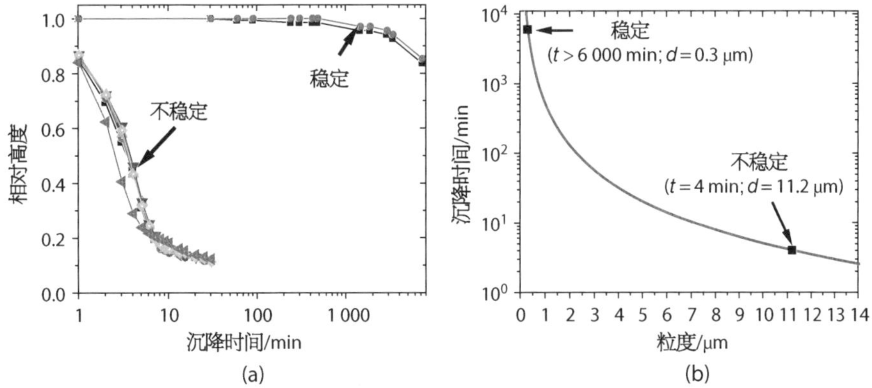

图 7-12　(a) 当浆液放置在独立烧杯中且未搅拌或混合时,相对沉降高度作为不稳定(未处理)和稳定(处理)氧化铈浆液时间的函数;(b) 使用方程(7-6)计算出浆料的沉降时间,作为平均颗粒或团块尺寸的函数

(资料来源:Dylla Spears 等人,2017 年[15]。经 Elsevier 许可复制)

在使用荷电胶束晕法进行化学稳定后,相同的浆料直到 4 天后才开始目测沉降,与未凝聚的粒径一致~200 nm(图 7-12)[13]。稳定后的团聚大幅减少也通过 SPOS 得到证实,这表明 PSD 尾端斜率大幅增加(图 7-10)。

用这些浆料抛光熔融石英工件显示出相同的去除率,表明胶束不会干扰氧化铈粒子与工件的反应性[13]。抛光后工件的 AFM 粗糙度显著改善,如图 7-13

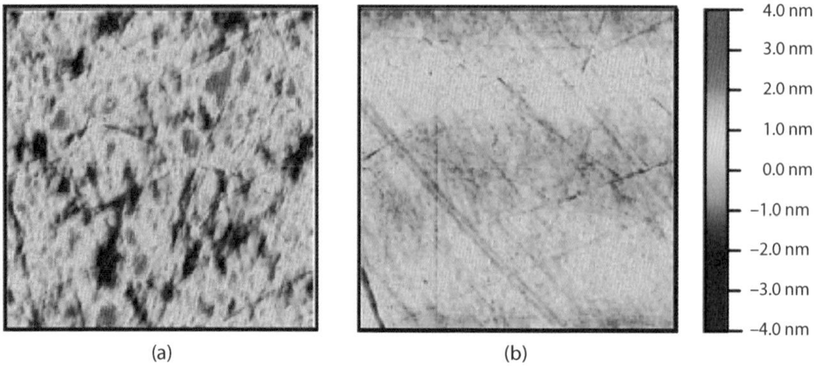

图 7-13　稳定前(a)和稳定后(b)，使用 4.4 wt% Hastilite PO 氧化铈浆料抛光后，熔融石英表面上的 AFM 图像(50 μm×50 μm)

（资料来源：根据文献[13]）

所示，与处理后浆料的浆料 PSD 尾部改善一致。有关这种相关性的详细信息，请参见第 4.3 节。

稳定还有另外两个显著的优点。第一个优点是稳定浆料可过滤，因此持续时间更长。不稳定浆料的大团块会很快堵塞过滤系统(通常只需几分钟)，这使得过滤不切实际且成本高昂。相比之下，稳定浆料无额外的玻璃副产物，可以轻松且无限期地过滤。图 7-14 比较了使用这些浆料的过滤器。图 7-14a 中，不稳定的氧化铈浆料在 50 μm CMP 过滤器入口产生大量堆积物；图 7-14b 中，一个更具挑战性的 5 μm CMP 过滤器与稳定的氧化铈浆料一起使用，在过滤器入口几乎没有堆积。

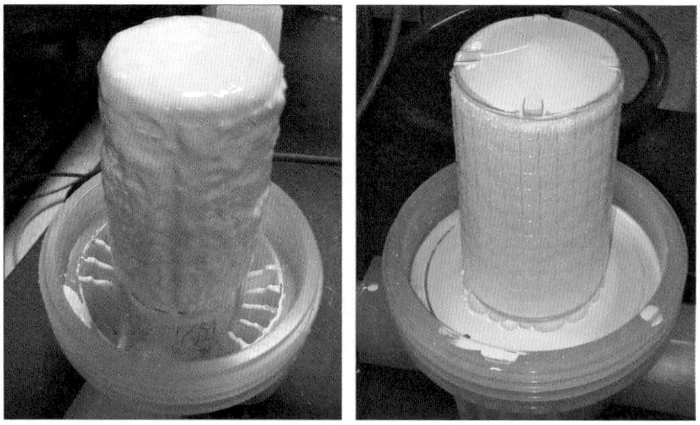

(a) 使用50 μm过滤器和未处理过的氧化铈浆料　(b) 使用50 μm过滤器和处理过的浆料

图 7-14　使用过的 CMP 抛光浆过滤器的照片

第二个优点是干燥后浆料的可逆性和清洁性。如第 7.1.4 节所述，干燥的二氧化铈浆料会形成牢固黏附在表面的硬团聚体，从而难以清洁和维护抛光系统。与不稳定浆料不同，稳定浆料在干燥时不会形成硬团块，当分散回水中时，基本上会恢复到原来的 PSD。这如图 7－15 所示，其中稳定和不稳定的浆料被干燥，用 SEM 观察，并重新悬浮到溶液中，在此基础上再次测量其 PSD。在图 7－15 所示 SEM 显微照片中，与稳定浆料相比，干燥的不稳定浆料的团聚是明显的。

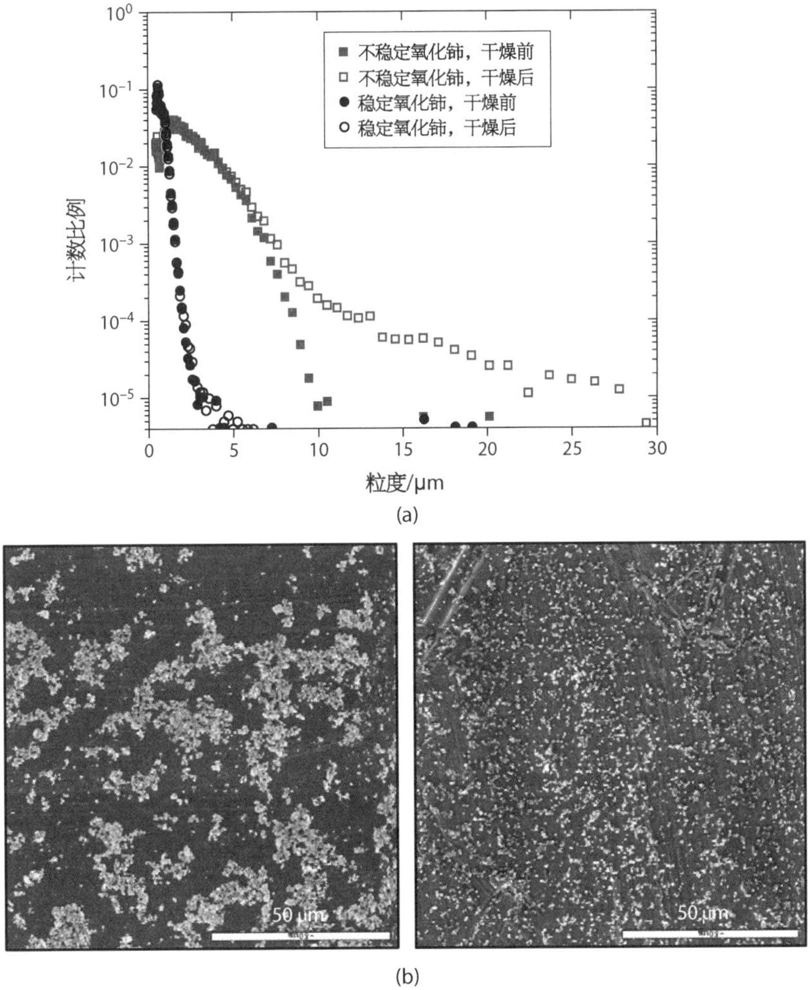

图 7－15　(a) 干燥和再悬浮前后未稳定和稳定氧化铈浆料的 PSD 分布；
(b) 干燥后不稳定(左)和稳定(右)氧化铈浆料的 SEM 图像
(资料来源：根据文献[13])

7.1.7 浆料寿命和浆料回收

抛光经济性的一个重要因素是抛光液等耗材的成本。这在使用氧化铈抛光液时是一直存在问题,因为过去十年的市场状况导致了浆料成本的飙升。目前已经开发了两种新方法来延长浆料寿命。

使用密封、高湿度室、工程过滤系统、浆料化学稳定、pH 值控制的常规浆料维护(见第 7.1.4 ~ 7.1.6 节)和最低要求浆料浓度(即波美)的组合技术(图 5 - 10),浆料配料和过滤器的使用寿命可显著延长,因此仅受玻璃副产物收集率的限制。抛光多个熔融石英工件后,对所用 CMP 过滤器的横截面进行的化学分析表明,在 Si : Ce 摩尔比为 2.9 时,相对于氧化铈浆料颗粒,玻璃产物(即二氧化硅)优先沉积。由于过滤器作为玻璃去除产物的吸附剂,因此工件的抛光量决定了过滤器的使用寿命。因此,浆料可在定期更换过滤器和少量添加浆料的情况下使用,以弥补过滤器中的消耗。

浆料的精确使用寿命取决于许多因素,包括浆料类型和体积、工件尺寸、材料去除率、过滤器孔径和过滤器表面积。采用上述技术,使用 3 加仑的 5 波美稳定氧化铈浆料,每天以 4 $\mu m \cdot h^{-1}$的抛光速率抛光 265 mm 方形熔融石英工件,证明单批浆料可持续数月,几乎每 2 周更换一次过滤器(25 μm CUNO CMP 过滤器,12″)。浆料批次的最终使用寿命取决于玻璃产物的缓慢堆积,在抛光过程中观察到玻璃产物的堆积,即抛光垫很快磨光,或玻璃产物在抛光垫表面堆积,即使在更换过滤器后也是如此。

另一种降低抛光耗材成本的方法是回收抛光液[17-18]。使用过的抛光液可进行化学处理,以去除玻璃产物或“切屑”。该工艺已被商业化用于氧化铈抛光液,并证明比新抛光液便宜 30%[17]。

7.1.8 超声波抛光垫清洗

第 2.5.6.8 节中所述的另一种现象是抛光垫磨光,即玻璃副产物在浆料中堆积并嵌入抛光垫中。抛光垫磨光可能会导致表面面形、中频空间频率分布劣化,材料整体去除率降低[19]。图 7 - 16 所示为使用过的聚氨酯垫,沿几个径向带磨光。当使用浆液再循环系统时,磨光更为常见,并且由于浆液中玻璃产物的堆积速率更大,因此在无过滤的情况下磨光过程发展得更快(见第 7.1.7 节中的讨论)。光学显微照片显示,光面区域由落在抛光垫表面的材料沉积物产生(图7-17)。对抛光垫表面的化学分析证实了玻璃产物相对于浆料颗粒的优先沉积。Si：Ce的摩尔比为2.4,这显著高于硅玻璃制品均匀分布在浆料中的预期比率,见表7-1。

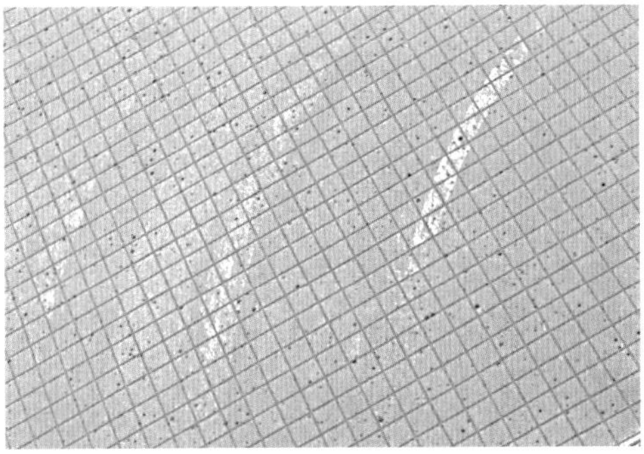

图7-16　长时间抛光熔融石英玻璃并冲洗剩余浆料后的聚氨酯泡沫垫(MHN)顶面。垫中心在照片的右侧;抛光垫上的凹槽相距1 cm

减少抛光垫磨光的最常用方法是使用金刚石修整器定期调节或修整抛光垫。这种处理的挑战在于,它会导

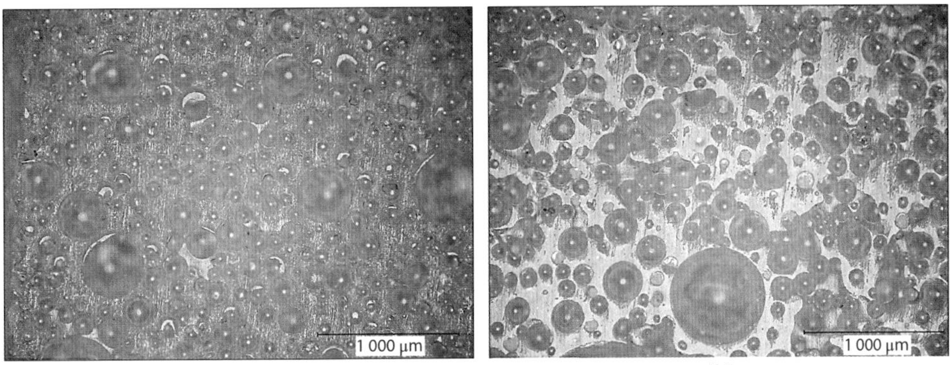

(a)　(b)

图7-17　用过的聚氨酯泡沫垫无磨光区域(a)和磨光区域(b)的光学显微照片

表7-1　新的聚氨酯泡沫抛光垫(MHN)表面、旧抛光垫的未磨光部分和旧抛光垫的磨光面区域的元素分析

元　素	摩　尔　比		
	新抛光垫	旧垫未磨光区域	旧垫磨光区域
C	81	84	84
N	12	6	5
O	8	9	10
Ce	ND	0.4	0.3
Si	ND	ND	0.7
Cl	ND	0.6	03

ND=未检测到。

致显著的抛光垫磨损，从而改变研磨盘形状（进而改变工件的表面面形），并显著缩短抛光垫寿命[20-21]。建议的替代方案是采用酸或碱来进行化学处理，以去除玻璃产物[22]，以及使用超声波水冲洗去除玻璃产物，这是一种与收敛抛光技术一起开发的方法[5,23]。

实时超声波水处理如图 7-18 所示。在抛光运行之间，通过将超声波换能器面朝下，在去离子（DI）水冲洗液存在的情况下，与抛光垫表面紧密接触来执行。这会将任何嵌入的浆料从抛光垫中移出，而对抛光垫本身几乎没有或根本没有任何修改，并且已经证明可以有效地去除磨光区域并延长抛光垫的使用寿命。例如，使用具有周期性超声波处理的聚氨酯泡沫垫，在单个垫上的抛光时间超过 2 000 h，磨损最小，工件表面面形稳定。

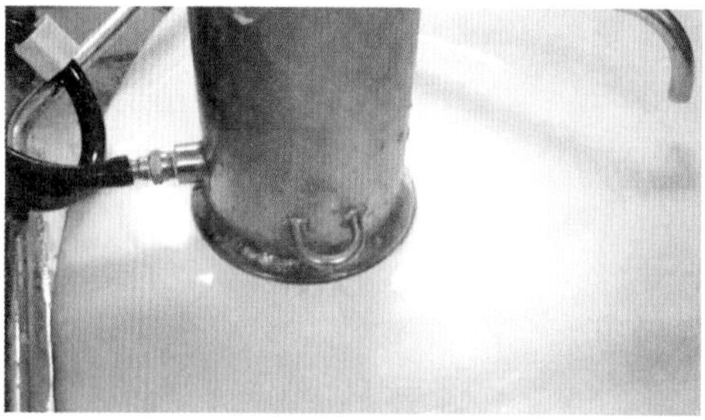

图 7-18 超声波垫处理系统（先进超声波处理系统，URC4 型）的照片

7.2 工件表征技术

7.2.1 使用纳米划痕技术表征单颗粒去除函数

抛光颗粒的去除功能即单个颗粒作为负载的函数从工件表面去除材料的多少，对确定最终的工件表面粗糙度和材料去除率非常重要（见第 4 章和第 5 章）。有关如何使用去除函数的示例，请参见图 4-8 中测量的去除函数。根据负载情况，确定去除深度会显著变化。例如，对于低负荷下的熔融石英，去除深度为 ~0.04 nm，在更高的负载下为 0.55 nm（10 倍以上）。现在考虑某些 PSD 的浆料导致每个颗粒分布的负荷，如图 4-8 所示。如果目标是低粗糙度，则最好使每个颗粒分布的载荷产生低的去除深度（以分子或化学模式）。然而，如果目标是获得较高的材料去除率，则每颗粒分布负载产生更高去除深度（纳米塑性状态）的浆液更好。这一目标也可以通过充分增加施加的压力来实现，从而将每颗粒的负载分布从一个去除深度转移到另一个去除深度。该概念的另一个应用是，如果每个颗粒的载荷分布在特定的去除深度范围内，则施加的压力可以增加，以增加材料去除率，且只需加载更多的颗粒，而不会增加表面粗糙度

（见第 4.8 节和图 4－37）。

纳米划痕法是一种很好的方法，可以量化给定工件在纳米塑性状态下的去除功能[24-25]。纳米划痕法的建立及其测量是使用配备有特殊硬质金刚石尖端的 AFM 进行的。在初始接近样品工件表面期间，AFM 以常规敲击模式开始。一旦针尖与表面接触以进行正常扫描，AFM 探针的悬臂振荡被关闭，针尖被压入表面，直到达到预定负载；然后横向移动尖端（具体而言，10 μm 以 0.3 m/s 的速率，尖端旋转 12°）。在恒定载荷下重复划伤同一位置可能会产生多道划痕。划痕产生后，可以在敲击模式下使用相同的 AFM 探针来确定纳米划痕的形貌（图 4－5a、b）。根据胡克定律，划痕的法向载荷 P 由所用 AFM 探针的弹簧常数 K_{sp} 和探针位移 Δz 确定：

$$P = K_{sp}\Delta z \tag{7-7}$$

在纳米塑性状态下，抛光过程中每个颗粒的典型载荷为 1～200 μN。在这种载荷下，迄今为止测量的光学工件材料的有效纳米划痕深度为 0.2～4 nm（图 4－5、图 5－14 和图 5－15）。工件材料的硬度是决定纳米塑性去除深度的关键因素。

7.2.2　使用锥形楔片测量亚表面损伤

统计确定给定磨削工艺和工件材料的 SSD 深度分布是一个非常有用的表征方法，有助于设计更经济或无 SSD 的制造工艺（图 1－2）。此外，SSD 深度分布的定期测量可以用作过程控制指标，或在产量低于预期或由于表面质量而需要诊断时。

第 3.1.2.1 节描述了一种确定 SSD 分布的方法，称为锥形楔技术，基本过程如图 3－17[26] 所示。首先，对样品工件材料进行相关研磨处理。接下来，使用磁流变抛光（MRF）将线性楔片抛光到工件上，轮廓如图 7－19 所示。由于已知 MRF 很少或不产生 SSD，因此只评估相关研磨过程中产生的断裂。为了便于通过光学显微镜对 SSD 进行表征，对工件进行化学蚀刻～1 μm。对于熔融石英玻璃，缓冲氧化物蚀刻（BOE）通常用作蚀刻剂。然后，使用光学显微镜在楔块的不同位置（相当于在工件的不同深度）对样品进行成像，以确定 SSD 的特征，包括裂纹区域密度、长度分布和最重要的深度分布。

图 3－20a 显示了在熔融石英玻璃上进行各种研磨过程时测量的裂纹深度分布的结果。裂纹面密度用遮蔽度（显微镜图像中观察到的裂纹的面积比例）

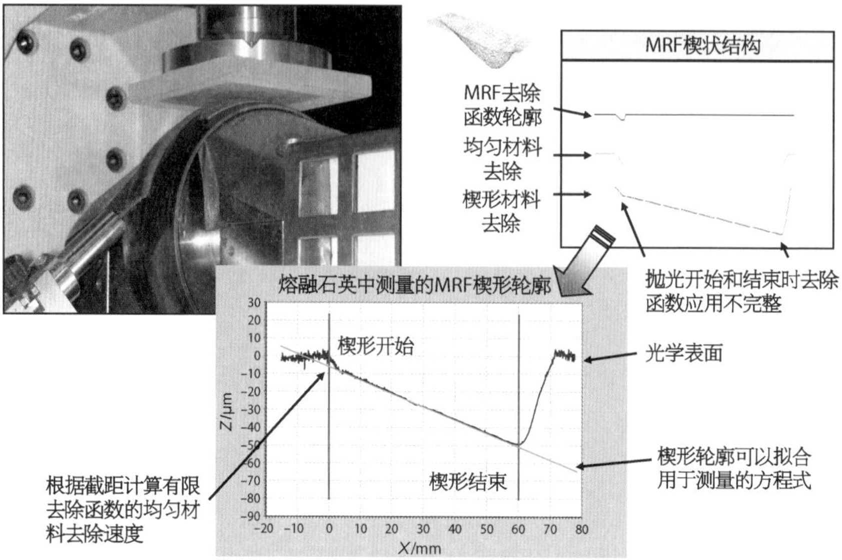

图 7-19　使用 MRF 在磨砂玻璃样品上施加的楔形抛光结构

（资料来源：经 Menapace 许可复制，2005 年[27]）

表示。y 轴使用对数坐标；裂纹密度呈指数下降，最大裂纹深度为 c_{max}。c_{max} 通常代表 10^6 个裂纹中的 1 个。必须楔入足够面积的工件样品（>9 cm^2），以达到此统计分辨率水平，并且需要精确测量楔形轮廓（深度与位置），以确保准确测定深度。探针轮廓术或光学坐标测量装置在这方面效果良好。

如第 3.1.2 节和第 6.2 节所述，从锥形楔技术获得的数据使许多有用的科学见解以及有关磨削过程特征的实践经验法则成为可能。在光学制造工艺设计方面，一旦确定 c_{max} 的值，就可以从 SSD 的角度确定给定工艺所需的理想去除量。例如，图 3-20 中的 15 μm 松散磨料研磨工艺测量的 SSD 深度或 c_{max} 为 ~25 μm。因此，下一步移除的最小量应至少为 25 μm，以确保移除所有 SSD。确定去除量的经验法则是去除前一工艺中所用颗粒粒度的 3 倍，这意味着去除了 45 μm。精确 SSD 深度的知识允许优化移除量，潜在地节省下游处理时间，提高产量，并降低制造成本。

此外，再举一个示例，在整个加工过程中，由于刮擦划痕导致产量显著下降。重新测量 15 μm 松散研磨工艺的 SSD 深度再次显示 c_{max} 为 50 μm，而不是 25 μm，这一巨大变化可能是产量问题的根源。缓解问题的一种方法是修改研磨过程，例如，通过确定可能导致更深 SSD 的杂质颗粒的来源。另一种方法是在下一个工艺步骤中将去除量增加 1 倍，但这通常是不可取的，因为成本较高。

7.2.3　使用特怀曼效应进行应力测量

如第 2.5.6.4 节所述，磨削导致工件表面产生明显的残余压应力。因此，工件可能会变形，特别是当其具有高径厚比（长度/厚度）时。这种变形降低了抛光过程中控制表面面形的能力，特别是对于仅在一侧抛光的工件，如反射镜。特怀曼（Twyman）测试有助于确定给定磨削过程的残余应力。在该过程中，先使用干涉测量法或其他方法在一侧测量在双侧抛光的薄样品工件材料最初的表面面形。然后对一侧表面进行研磨处理，再重新测量抛光表面的表面面形。工件的弯曲发生在施加的残余应力下，应力可通过方程（2－41）使用面形图中的 PV 变化进行定量测定。图 2－28 说明了使用 9 μm 松散磨料和 30 μm 松散磨料的磨削过程。磨削侧的压缩应力使工件弯曲，从而使相对表面更凹，而更剧烈的磨削会导致更大的残余应力和更大的表面面形变化。图 2－27 给出了各种磨削过程中测得的应力。

7.2.4　使用 SIMS 对拜尔培层进行表征

如第 3.3 节所详细讨论的，抛光过程中工件的表面层可以进行化学和结构上的变化。拜尔培层非常薄，通常只有几十纳米厚。以 OH 形式存在的水、抛光化合物和浆料中的杂质是拜尔培层中形成的常见物质。这些杂质可以改变表面性质，如折射率、化学反应性和润湿性。

确定工件上拜尔培层化学特性的一种有用方法是，使用二次离子质谱（SIMS）测量原子种类的浓度和深度的函数关系[28]。在真空中将聚焦离子束注入样品工件表面后，表面层被缓慢地溅射掉。使用质谱仪分析溅射离子的数量及其原子或分子质量。大多数光学制造车间没有适用于这种成熟技术的适当工具，但许多场所提供测量服务。测量需要使用经过相关抛光处理的小而干净的样品（尺寸为 10～20 mm）。图 3－57 显示了熔融石英玻璃中掺入 Ce（抛光浆）和 K（通常添加到抛光浆中的 pH 控制物质）的测量示例。

对于大多数最终用途应用，拜尔培层对性能几乎没有影响，但对于激光光学仪器，其化学杂质可能导致激光损伤；在化学传感器应用中，光学元件基底具有化学活性且表面化学杂质可能改变性能；精密反射镜应用中，即使表面上折射率变化很小，也可能改变反射率，这些特殊应用可能需要深入了解拜尔培层。

抛光过程,特别是材料去除率,已被证明会影响拜尔培层的变化程度(图3-60),化学蚀刻是一种经验证的去除抛光后拜尔培层的方法(见第9.3节)。

7.2.5 使用压痕和退火进行表面致密化分析

另一种表面改性是工件表面可能的局部致密化,尤其是在Beilby层中。与化学改性一样,局部致密化可能会改变表面的性质。如果超过屈服应力,则机械加载的颗粒可能会产生局部致密化。

在Yoshida等人[29]使用的一种新方法中,可以量化给定工件材料的可能致密化程度。工件样品首先通过抛光和随后的化学蚀刻来制备,以去除抛光过程中可能产生的致密化。然后,在相关载荷范围内,通过静态压痕法(如维氏压痕)或纳米划痕法(见第4.1节和第7.2.1节)对表面进行处理。接下来,通过AFM或白光干涉法测量改变的表面形貌。表面的变化可能是由于塑性变形或致密化。最后,对样品进行热处理,并重新测量表面形貌。对于玻璃,通常使用$0.9T_g$的温度,其中T_g是玻璃化转变温度。

图7-20说明了熔融石英玻璃上纳米划痕和静态压痕的表征方法[24]。在

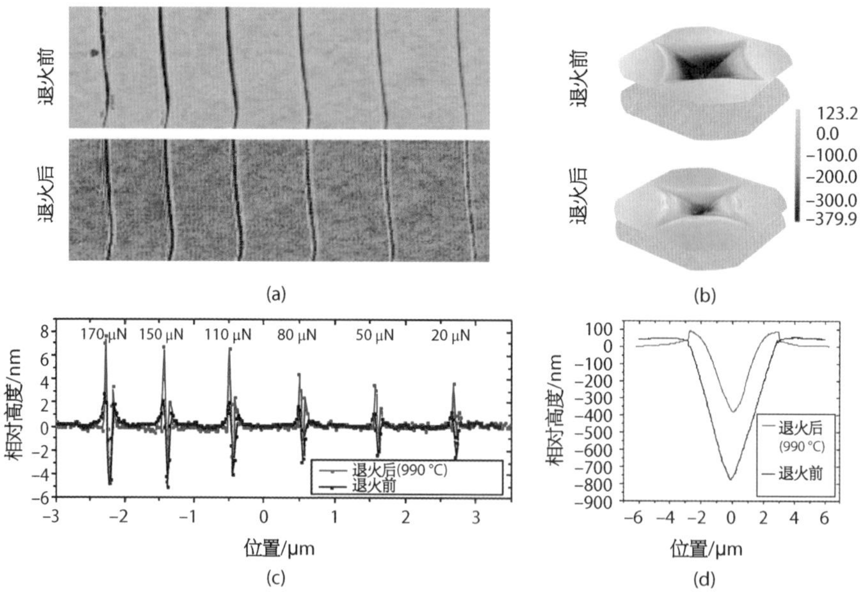

图7-20 (a) 熔融石英(S1)在$0.9T_g$退火前后的一系列纳米划痕的AFM图像;(b) $0.9T_g$退火前后0.5 N维氏压痕的AFM图像;(c、d)上述样品划痕的平均1D线

(资料来源:Shen等人,2016年[24]。经John Wiley & Sons许可复制)

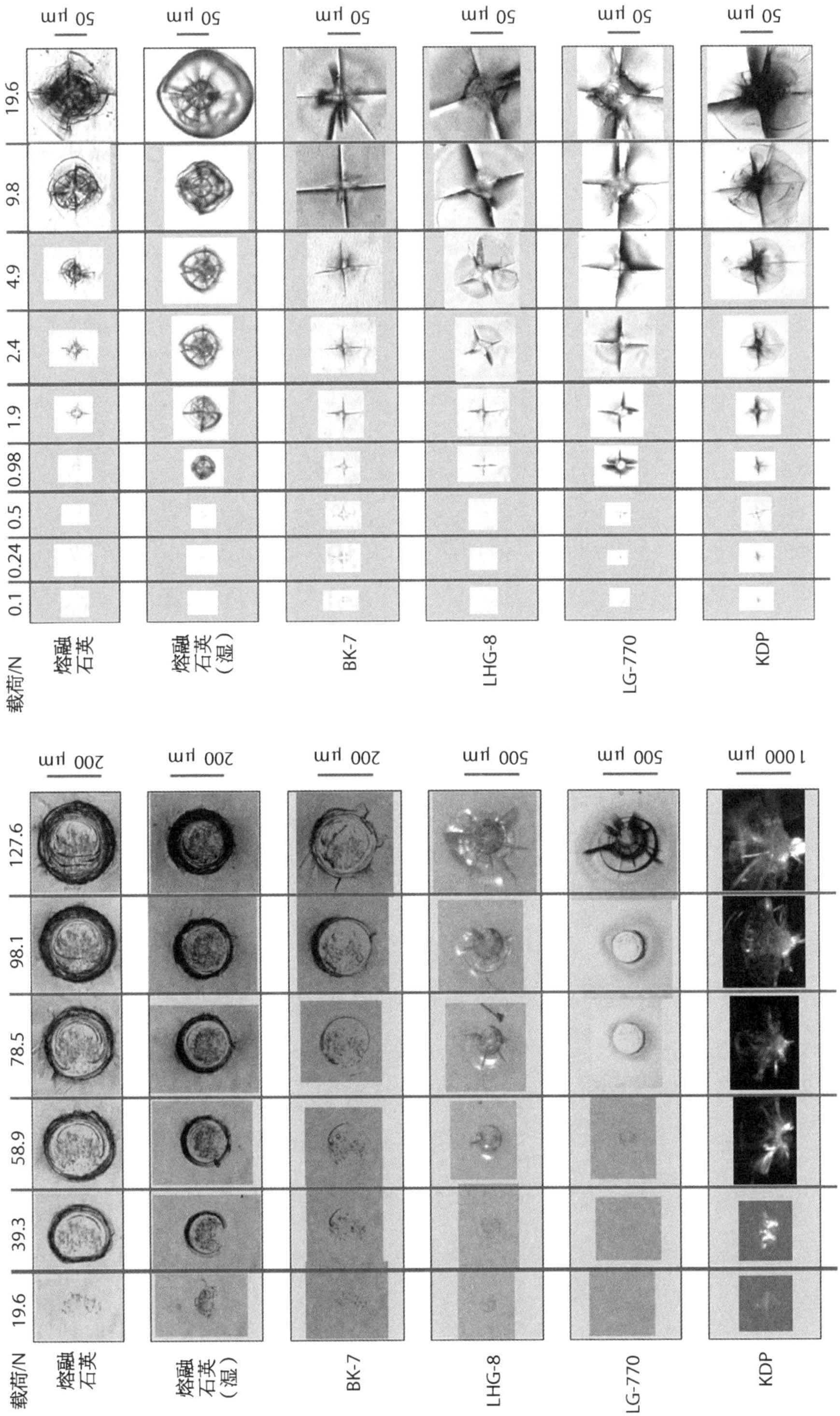

图 7－21　各种光学材料上一系列不同载荷作用下的钝赫兹压痕(a)，以及尖锐维氏压痕(b)的光学显微照片

顶部,在退火前后测量这些特征的表面形貌;底部显示了曲面的相应 1D 线图。对于退火后的熔融石英玻璃,表面结构松弛,去除致密体积。退火后表面改性体积相对于压痕或纳米裂纹后总表面改性体积的变化,用于量化发生的致密化量。在图 7－20 中,~50%的表面改性是由于致密化。

7.2.6 使用静态压痕法测量裂纹发生和扩展常数

第 3.1 节描述了研磨过程中产生的微裂缝(即 SSD),以及使用径向和尾部压痕起始和扩展关系预测 SSD 深度的一些一般规则,还能使用研磨硬度和横向裂纹扩展关系预测研磨速率的一般规则。这些关系源于了解给定工件材料裂纹扩展作为载荷函数的定量行为[见方程(3－1)~方程(3－6)]。虽然可以使用工件的宏观材料特性来定性估计裂纹萌生和扩展常数,但使用静态压痕直接测量它们更准确。图 7－21 提供了使用赫兹压痕和维氏压痕在各种光学材料上施加载荷后产生的裂纹的光学显微图。每种载荷和材料的初始载荷、长度和深度的测量裂纹特征可用于确定方程(3－1)~方程(3－6)中的裂纹常数。图 3－3 显示了所测得的裂纹尺寸作为比例载荷的函数。每个数据集的斜率用于确定表 3－1 中总结的裂纹常数。

7.3 抛光或研磨系统表征技术

7.3.1 使用 SPOS 分析的浆料 PSD 末端结构

如第 3.1.2.4 节和第 4.3 节所述,研磨和抛光过程中磨粒的 PSD 强烈影响工件的 SSD 分布和表面粗糙度。结果表明,PSD 的较大颗粒积极参与工件相互作用。因此,定量地理解和描述分布的末端可以定量地评估产生的工件特性。例如,图 4－10~图 4－12 显示了 PSD 分布尾端的斜率,该斜率与熔融石英玻璃工件上产生的表面粗糙度直接相关。

许多技术用于测量 PSD,包括沉降、光学计数、激光衍射和散射[30]。对于大多数技术,重点是获得整个粒度分布的一般形式。例如,静态光散射技术同时测量粒子系综的散射,并使用 Mie 散射理论确定最佳拟合 PSD。该技术适用于小于 40 nm 的小颗粒和大致形状。

另一种称为单粒子光学传感(SPOS)的技术可以大大稀释粒子,并一次测量一个粒子的散射。这种技术对分布末端的最大粒子具有更高的灵敏度,但不适用于较小的粒子。图 4-10 显示了使用静态光散射和 SPOS 测量的各种抛光浆料的 PSD 的比较。但与 SPOS 的分布非常不同,在静态光散射下,许多浆料的分布尾部无法区分。测量研磨和抛光浆料的 SPOS 方法显然是将 PSD 特性与工件上的研磨和抛光行为联系起来的首选方法。

7.3.2　使用共焦显微镜测量抛光垫形貌

如第 4.4 节和第 4.7.2 节所述,研磨盘表面的形貌和嵌入浆料的堆积影响材料去除率以及因此影响工件的精细和中等空间长度表面粗糙度。由于焦深较大,因此传统光学显微镜测量无法提供关于研磨盘表面足够的定量高度形貌信息。还有一种方法是共焦激光扫描显微镜,它在共焦平面上使用一个空间针孔,以消除未聚焦的光。这导致聚焦深度非常窄,可以通过在高分辨率下扫描不同高度的表面来重建 3D 表面[31]。图 4-14 和图 4-19 显示了使用共焦显微镜对抛光垫表面成像的图像。

7.3.3　使用 zeta 电位测量浆料稳定性

如第 4.5 节所述,抛光液的稳定性由其胶体化学决定,其中颗粒和周围表面的有效表面电荷影响颗粒是否排斥或吸引其他颗粒和周围表面。zeta 电位是有效表面电荷的量度;它是滑动面位置处的相对于远离界面的流体中的双层界面中的电势[32]。一般规则是 zeta 电位大于 30 mV 或小于-30 mV 的胶体颗粒是稳定的,通常不会聚集结块。当 zeta 电位的绝对值小于 30 mV 时,胶体颗粒容易聚集。

有许多参数可确定 zeta 电位的值,包括颗粒组成和浓度、pH 值和反离子浓度[32-33]。zeta 电位随 pH 值变化的一般行为示例如图 4-24 所示。通常,表面电荷随着 pH 值的增加而减少(即变得更负)。zeta 电位为零的 pH 值为等电点(IEP)或零电荷点(PZC)。通常,必须调整浆液的 pH 值,使其远离 IEP 点,以避免结块。

在抛光过程中,重要的是监测和随抛光时间调整 pH 值和浆料浓度或波美度,尤其是对于再循环浆料更重要,这通常可以保持胶体抛光浆的稳定性。如

第 4.5 节所述，抛光可从玻璃去除产物中引入反离子或故意调整 pH 值，从而改变 pH 值和 zeta 电位，如图 4－25 所示。

在抛光界面，相互作用更为复杂，因为不仅需要胶体颗粒之间的稳定性，而且还需要工件和研磨表面的稳定性。因此，还必须考虑工件和研磨表面的 zeta 电位。在使用聚氨酯研磨盘上的氧化铈浆料抛光熔融石英和磷酸盐玻璃工件的示例中，在三体模型中使用每个表面的测量 zeta 电位，包括额外玻璃去除产物的影响，以评估研磨表面上聚集浆料颗粒的条件（参见第 4.5.4 节和图 4－26）。

如第 4.6 节所述，浆料颗粒黏附在工件表面的趋势可能导致问题。由于颗粒的相对速度降低，抛光后难以清洁工件，且最终工件的表面粗糙度增加，因此，这种吸引力可能导致材料去除减少。在图 7－22 中，黏附在工件表面上的浆料颗粒示例，即表面形貌，通过 AFM 测量两个熔融石英工件，在 pH＝2 或 pH＝9 的条件下用胶体石英浆料抛光。由于熔融石英的 IEP 为 2，因此在该 pH 值下抛光会导致较低的 zeta 电位，胶体石英浆料颗粒与熔融石英工件之间的吸引力可能性较高。相反，pH＝9 时的抛光应导致工件和浆料颗粒产生较大的负 zeta 电位，从而导致两者之间产生排斥。与 pH＝9 抛光的样品相比，pH＝2 抛光的样品显示出明显的沉积物，这与该机理一致。

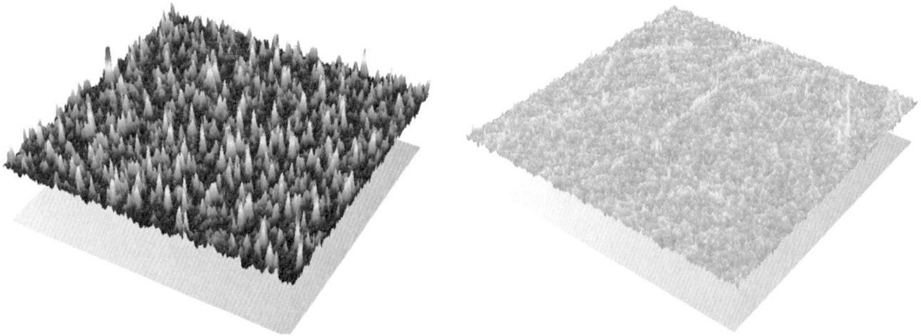

(a)　　(b)

图 7－22　使用调整至 pH＝2（a）和 pH＝9（b）的胶体硅浆料（S27）抛光后熔融石英工件的 AFM 图像。图像面积为 5 μm×5 μm，*z* 轴标度为－2.5～2.5 nm

基于上述情况，直接测量 zeta 电位作为浆料、工件和研磨层 pH 值的函数，可用于确定最佳 pH 值范围，以便最小化工件和研磨层的有害相互作用。有几种方法可以用来测量 zeta 电位。使用的基本原理是电泳，在电泳中，电场作用于分散的粒子，并测量带电粒子的速度。测量的速度可用已知模型计算有效 zeta 电位[32,34-35]；测量可以在低频外加电场下进行，这更适合于测量已经稀释的溶液，或者在高频动态外加电场下进行，这更适合于测量浓缩溶液；可以找到用于 zeta 电位测量的商业仪器和执行这些测量的服务。

7.3.4　红外成像测量抛光过程中的温度分布

表征抛光系统的一个有用诊断是测量温度分布,例如,使用红外(IR)热成像相机。红外成像在单个图像中提供详细的空间温度信息,不需要在移动部件上要安装离散热电偶和接线,然而,红外成像的缺点是只能测量表面温度,对于精确的绝对温度测量,必须确定材料表面的发射率。

如第 2.5.6.5 节所述,空间和时间温度变化可能会影响抛光系统,从而通过多种机制导致不均匀材料去除水平增加,包括:

(1) 在温度升高区域,浆料与工件的反应性增加。

(2) 工件-研磨盘不匹配变化,由于温升区域的热膨胀差异,导致工件和研磨盘变形。

(3) 工件-研磨盘不匹配变化,由于研磨盘特性(如弹性模量)随温度变化而导致的。

工件-研磨界面的摩擦加热和循环泵的浆料加热是导致抛光系统内温度升高的常见热源。抛光系统中测量温度变化的示例图像如图 2-31 所示。由于红外成像系统只能测量表面温度,因此测量工件-研磨界面温度分布的一个有用技巧是在抛光后快速安全地移除工件,并对工件的抛光面进行成像(图 2-31 底部)。这是因为工件内的热传输通常比浆料中的热传输慢得多。由于净摩擦加热随研磨盘半径的变化而变化,因此通常会观察到径向温度分布(见第 2.5.6.5 节)。

对于光学元件的精加工,通常需要严格的表面面形控制。因此,需要管控温度分布。经验法则要求是使整个抛光盘的温度分布<1℃,工件表面温度<0.3℃。减少温度变化的一些策略包括:

(1) 增加浆料流量。

(2) 减慢运动(如旋转速度),从而减少摩擦加热。

(3) 使用浆料再循环泵,使加热最小化。

(4) 使用可减少空间温度变化的补偿隔膜(图 2-32b 和第 7.1.3 节)。

7.3.5　使用非旋转工件抛光表征浆料空间分布和黏弹性研磨盘响应

如第 2.5.6.7 节和第 2.5.6.8 节所述,浆料的空间分布以及黏弹性研磨盘响应(第 2.5.5.1 节)可影响不同空间尺度下工件上材料去除的均匀性。一种测量和量化这些影响的新方法是测量抛光过程中工件表面面形的变化,而不旋转工件。对于使用非旋转工件(R_o = 0 r/min)的连续抛光机(CP)型运动(图 2-6),仅基于运动的材料去除率应在工件上形成线性楔块。较低的材料去除率将出现在离研磨盘中心最近的工件位置,而最高的材料去除率将出现在离中心最远的位置。材料去除与预期线性楔形的测量偏差可用于量化这些材料去除空间不均匀性。

图 2-36 和图 2-37 显示了使用非旋转工件抛光测量抛光垫上浆料分布的示例,其中在工件表面观察到波纹。波纹归因于标称间隔的浆料岛分布相隔~150 μm。波纹的大小通过 PV 粗糙度进行量化,发现波纹的大小随抛光垫类型和形貌发生显著变化(图 2-37b)。如图 2-40b 所示,还可以评估局部非线性沉积物的较大范围浆料分布。

图 2-18 显示了使用该技术测量的由于研磨盘黏弹性松弛引起的材料去除空间不均匀性的另一个示例。由于在黏弹性垫随着持续加载而松弛之前,因此界面处的高应力在工件的前缘处发生了增强的材料去除。对于旋转的工件,这种不均匀性随着工件表面面形变得凸出而被观察到(图 2-24b)。

7.3.6 使用不同盘面槽结构分析浆料反应性与距离

由于在抛光过程中,工件和研磨盘之间的小界面间隙中截留了一定量的抛光液,因此随着抛光液在界面中的移动距离越远,其反应性或材料去除效率可能会降低。这种效应对于大型工件更为明显。去除效率的降低可能是由于浆料中堆积工件去除产物,从而降低了方程(5-14)中的缩合反应速率。观测结果为空间相关的普雷斯顿系数(见第 2.2 节)。

诊断和量化这种影响的一种新方法,是通过改变研磨盘上的槽间距或使用无槽研磨盘来改变界面处的浆料补充程度。沟槽充当新鲜浆料的贮存器来补充界面浆料。通过在没有凹槽的研磨盘上抛光,可以确定浆料的固有反应性与距离的关系。该方法还要求使用收敛抛光方法,将距离对浆料反应性的影响与其他材料去除不均匀性隔离(见第 2 章和第 8.4 节)。界面中的浆料移动路径从工件的前缘开始,如图 2-16 中的点(x_L, y_L)所定义,这是由运动方式决定的。

在该方法中,可推断测量的表面面形变化率与浆料反应性随工件距离的变化有关。图 2-3 给出了该技术的一个示例。在没有凹槽的抛光垫上抛光的工件与在间距为 1 cm 凹槽的抛光垫上抛光的工件具有显著不同的表面面形演变。使用第 2.6 节中所述的 SurF 模型,这些结果可以用浆料反应性的降低来解释,在抛光垫无凹槽的情况下,穿过工件-研磨盘界面 8 cm 后降低为~50%。了解给定抛光系统的这种行为有助于优化研磨盘上的凹槽间距和图案。

参考文献

[1] Karow, H.H. (1992). *Fabrication Methods for Precision Optics* (ed. J.W. Goodman), 1-751. New York: Wiley.

[2] Twyman, F. (1952). *Prism and Lens Making; A Textbook for Optical Glassworkers*, 2e, viii, 629. London: Hilger & Watts.

[3] Scott, R. (1965). *Applied Optics and Optical Engineering*, vol. 3 (ed. R. Kingslake), 87. New York and London: Academic Press.

[4] Feit, M.D., DesJardin, R.P., Steele, W.A., and Suratwala, T.I. (2012). Optimized pitch button blocking for polishing high-aspect-ratio optics. *Appl. Opt.* 51 (35): 8350-8359.

[5] Suratwala, T., Steele, R., Feit, M. et al. (2012). Method and System for Convergent Polishing. WO 2012129244 A1.

[6] Suratwala, T., Steele, R., Feit, M. et al. (2012). Convergent pad polishing of amorphous silica. *Int. J. Appl. Glass Sci.* 3 (1): 14-28.

[7] Liang, H. and Craven, D.R. (2005). *Tribology in Chemical-Mechanical Planarization*, 185. Boca Raton, FL: Taylor & Francis.

[8] Suratwala, T.I., Feit, M.D., and Steele, W.A. (2010). Toward deterministic material removal and surface figure during fused silica pad polishing. *J. Am. Ceram. Soc.* 93 (5): 1326-1340.

[9] Suratwala, T., Steele, R., Feit, M.D. et al. (2008). Effect of rogue particles on the sub-surface damage of fused silica during grinding/polishing. *J. Non-Cryst. Solids* 354 (18): 2023-2037.

[10] Adams, J.A., Krulik, G.A., and Harwood, C.R. (1997). Slurry recycling in CMP apparatus. Google Patents.

[11] Yueh, W. (1998). Slurry recycling system for chemical-mechanical polishing apparatus. Google Patents.

[12] Obeng, Y.S. and Schultz, L.D. (2000). Apparatus and method for continuous delivery and conditioning of a polishing slurry. Google Patents.

[13] Dylla-Spears, R., Wong, L., Miller, P.E. et al. (2014). Charged micelle halo mechanism for agglomeration reduction in metal oxide particle based polishing slurries. *Colloids Surf., A* 447: 32-43.

[14] Dylla-Spears, R., Feit, M., Miller, P.E. et al. (2015). Method for preventing agglormeration of charged colloids without loss of surface activity. US Patent 20,150,275,048.

[15] Dylla-Spears, R., Wong, L., Shen, N. et al. (2017). Adsorption of silica colloids onto like-charged silica surfaces of different roughness. *Colloids Surf., A* 520: 85-96.

[16] Robinson, R. and Stokes, R. (1959). *Electrolyte Solutions*. London: Butterworths Scientific Publications.

[17] Naselaris, M. and Hobbs, Z. (2014). Improving slurry recycling makes green process greener. *Photonics Spectra* 48 (8): 69-73.

[18] Kim, J.-Y., Kim, U.-S., Byeon, M.-S. et al. (2011). Recovery of cerium from glass polishing slurry. *J. Rare Earths* 29 (11): 1075-1078.

[19] McGrath, J. and Davis, C. (2004). Polishing pad surface characterisation in chemical mechanical planarisation. *J. Mater. Process. Technol.* 153: 666 – 673.
[20] Hooper, B., Byrne, G., and Galligan, S. (2002). Pad conditioning in chemical mechanical polishing. *J. Mater. Process. Technol.* 123 (1): 107 – 113.
[21] Y-Y, Z. and Davis, E.C. (1999). Variation of polish pad shape during pad dressing. *Mater. Sci. Eng.*, *B* 68 (2): 91 – 98.
[22] Sun, L., Li, S., and Redeker, F.C. (2003). Elimination of pad glazing for Al CMP. Google Patents.
[23] Suratwala, T., Steele, R., Feit, M. et al. (2014). Convergent polishing: a simple, rapid, full aperture polishing process of high quality optical flats & spheres. *JoVe-J. Vis. Exp.* (94): doi: 10.3791/51965.
[24] Shen, N., Suratwala, T., Steele, W. et al. (2016). Nanoscratching of optical glass surfaces near the elastic-plastic load boundary to mimic the mechanics of polishing particles. *J. Am. Ceram. Soc.* 99 (5): 1477 – 1484.
[25] Shen, N., Feigenbaum, E., Suratwala, T. et al. (2018). Single Particle Nanoplastic Removal Function of Optical Materials. TBD.
[26] Suratwala, T., Wong, L., Miller, P. et al. (2006). Sub-surface mechanical damage distributions during grinding of fused silica. *J. Non-Cryst. Solids* 352 (52 – 54): 5601 – 5617.
[27] Menapace, J. A., Davis, P. J., Steele, W. A. et al. (2005). MRF applications: measurement of process-dependent subsurface damage in optical materials using the MRF wedge technique. Proceedings of SPIE, Volume 5991.
[28] Skoog, D.A. and Leary, J.J. (1992). *Principles of Instrumental Analysis*, 4e, 1 – 700. Orlando, FL: Saunders College Publishing.
[29] Yoshida, S., Sangleboeuf, J.-C., and Rouxel, T. (2005). Quantitative evaluation of indentation-induced densification in glass. *J. Mater. Res.* 20 (12): 3404 – 3412.
[30] Gee, G.W. and Bauder, J.W. (1986). Particle-size analysis. In: *Methods of Soil Analysis: Part 1-Physical and Mineralogical Methods* (*methodsofsoilan 1*) (ed. E. Klute), 383 – 411. Madison, WI: American Society of Agronomy/Soil Science Society of America.
[31] Pawley, J. B. (2006). Fundamental limits in confocal microscopy. In: *Handbook of Biological Confocal Microscopy*, 20 – 42. Springer-Verlag.
[32] Hunter, R. J. (2013). *Zeta Potential in Colloid Science: Principles and Applications.* Academic Press.
[33] Israelachvili, J.N. (2011). *Intermolecular and Surface Forces*, 3e. Academic Press.
[34] Lyklema, J. (2005). *Fundamentals of Interface and Colloid Science: Soft Colloids.* Academic Press.
[35] Russel, W. B., Saville, D. A., and Schowalter, W. R. (1989). *Colloidal Dispersions.* Cambridge University Press.

第 8 章　新型抛光方法

本章将简要讨论一些新的抛光方法，并与第 2~5 章中概述的原理和现象相关。这些抛光方法和手段的细节在大量文献中均有详细描述，因此在此不做介绍。

8.1　磁流变抛光

磁流变抛光（MRF）是一种用于确定表面面形校正的新型抛光工艺。它使用流动的、磁场强化的磁流变（MR）流体带（加载在工件表面）产生的子孔径研磨盘。MRF 工艺过程由 Kordonski 和 Jacobs 于 20 世纪 80 年代末设计[1-3]；Harris[4]很好地总结了它的历史演变。工件和研磨盘之间的 MRF 接触示意如图 8－1 所示。工件与子孔径工具（即磁场中移动的 MR 流体）保持固定距离，其宽度通常在毫米至厘米范围内，具体取决于磁轮尺寸。由于其相

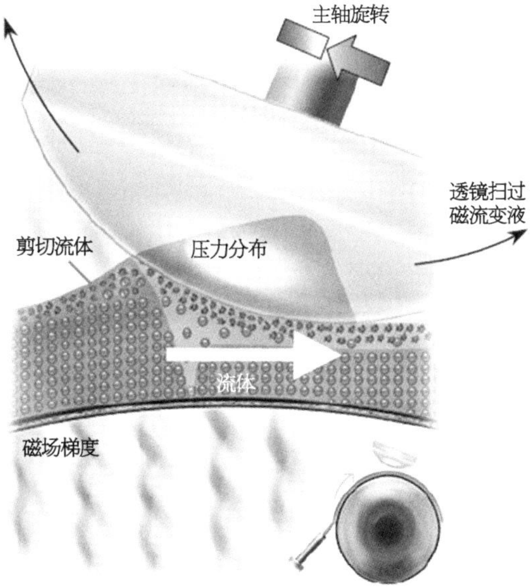

图 8－1　工件-研磨盘界面的磁流变抛光示意图，显示了磁化磁流变液带和工件之间的流体动力接触

（资料来源：Shorey 等人，2004 年[5]。经国际光学工程协会许可复制）

对较低的设定黏度,因此刀具自然符合工件的局部形状。带状接触的运动及其在工件上的停留时间决定了给定抛光运行的表面面形修改。为了获得所需的最终表面面形,测量工件的初始(即预抛光)表面面形,并将其记录到 MRF 抛光系统中,以确定每个表面位置的最佳运动和停留时间。

由于以下优势,MRF 技术对光学制造行业产生了巨大影响:提升工件表面面形;能够制造新颖的任意曲面光学元件;具有抛光传统抛光技术无法实现的复杂表面面形的工件;提高工件的抗激光损伤能力。

这些能力来源于 MRF 过程的以下几个基本特征:

(1) MRF 去除功能可重复性强,可以实现非常确定的材料去除,从而更好地控制工件的表面面形。由于磁流变液在磁场(分别为 50~1 000 Pa · s 或0.5~1.0 MPa)下的黏度或弹性模量低于传统沥青或抛光垫(109 Pa · s 或 50~100 MPa)[6-7],因此刀具接触处基本上没有工件-研磨盘不匹配。换言之,在工件和研磨盘之间的接触区内,去除不是由形状不匹配驱动的,而是由诸如流体带宽度、转轮转速、磁流变液成分和工件材料等因素驱动的。对于给定的 MR 浆料和工件材料,具有一个非常明确的去除函数,包括体积去除和形状(图 2-8)[5]。但是,总体去除率(0.5 m 工件上可达 1 μm/天)通常比传统的全孔径抛光(通常为每小时几微米)慢得多。因此,在许多光学制造工艺中,首先用常规抛光尽可能接近所需的表面面形。如果需要额外的表面面形改善,那么 MRF 就可以实现更严格的表面面形要求。

(2) 由于 MRF 是一种低法向载荷的子孔径工具,因此它可以:① 在具有大表面坡度的工件上定位(例如,大偏差的非球面光学元件[8]或热校正光学元件[9]);② 创建新颖、复杂的表面面形(例如,连续相位板型光学元件[10]);③ 改进薄型光学元件的表面面形[9,11]。其示例如图 8-2 所示。

(3) 磁流变液能够制造低表面粗糙度的无亚表面机械损伤(SSD)工件。即使在磁场下,由于磁流变液的黏度和弹性模量也较低,因此法向载荷较低,由于许多抛光颗粒的剪切,去除主要由高相对速度 (V_r) 控制。因此,MRF 工艺在流体动力模式下运行,就像浮法抛光和一些化学机械抛光(CMP)工艺一样(图 2-5)。使用流体动力模型计算法向载荷如下:MRF 为~0.1 μN[12-13],显著低于常规抛光的负载估计值(通常>50 μN)。此外,使用 MRF 的每个颗粒的法向载荷低于在大多数玻璃上引起纳米塑性变形所需的载荷(图 4-8),这有助于降低表面粗糙度。MRF 相对较低的弹性模量研磨盘导致了作为每个粒子载荷对粒径的依赖性降低。因此,正如方程(3-1)~方程(3-6)中所示,由于每个

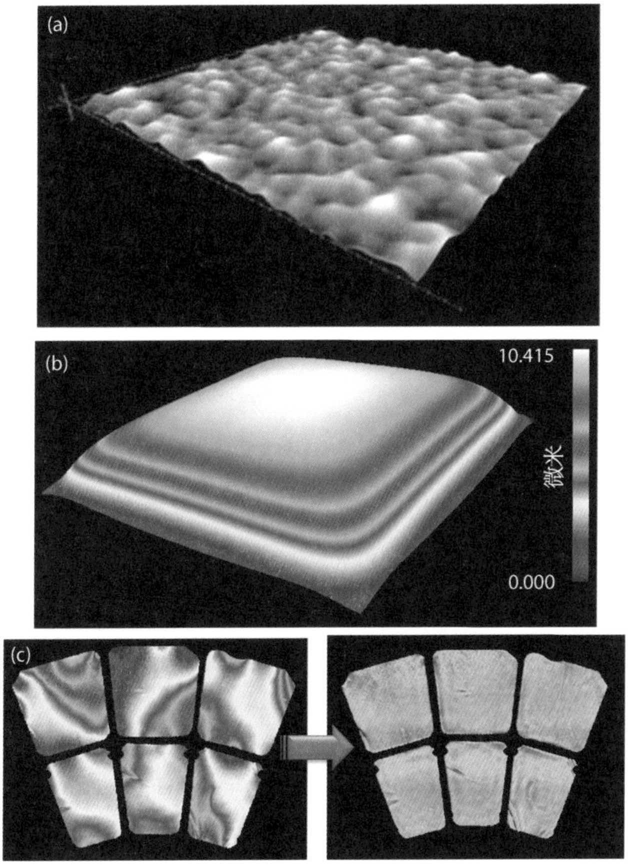

图 8-2　使用 MRF 制造的光学元件类型示例，具有复杂的表面面形和整体形状：(a) 430 mm×430 mm 熔融石英上的连续相位板光学元件，PV 为 8.6 μm；(b) PV 为 10.4 μm 的 HAPLS 激光器的热校正光学元件；(c) MOIRE 空间望远镜直径为 5 m 的主物镜膜的分段

(资料来源：Menapace 等，2016 年[9] 和 Menapace 等，2006 年[11]，许可复制)

粒子的法向载荷是裂纹萌生和扩展的主要驱动因素，因此低法向载荷使 MRF 对引起 SSD 的杂质粒子更具免疫力。该工艺可以用在无 SSD 或非常低的 SSD 工件抛光过程中，这对于制造高激光损伤阈值光学元件特别有吸引力[14]。

典型的 MR 流体包含抛光颗粒，如氧化铈、氧化铝或纳米金刚石(6%)、稳定剂，如碳酸钠或甘油(3%)、磁性羰基铁颗粒(36%)和水(55%)[15]。干燥 MR 流体的扫描电子显微镜(SEM)图像如图 8-3 所示，显示了较大的羰基铁颗粒(4.5 μm)和更小的 CeO_2 颗粒[13]。在磁场的作用下，大多数羰基铁颗粒会在旋转的转轮上形成一个坚硬的层。一层由水、纳米金刚石磨料和一些残留的羰基铁颗粒形成的薄膜在支撑层上方靠着零件移动来去除材料(图 8-1)[16]。正如

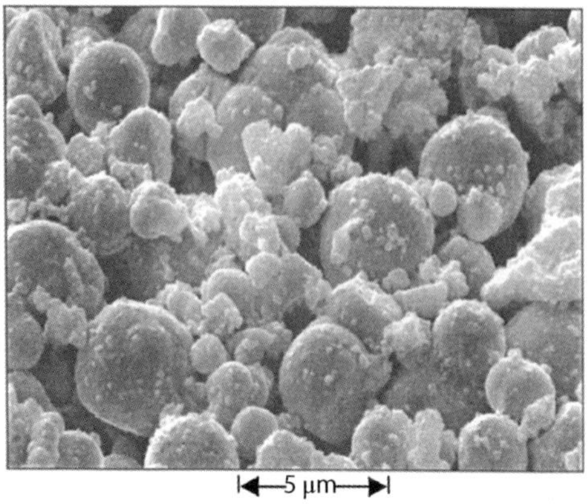

图 8-3 显示较大羰基铁颗粒和较小 CeO_2 颗粒的干燥 MR 流体的 SEM 图像

（资料来源：Shorey 等人，2001 年[13]。经光学学会许可复制）

Cook 所提出的，水通过化学作用实现材料的去除，界面层的水存在可能是关键[17]。水性流体需要稳定剂，因为它们有助于减少腐蚀和沉淀。

一些研究评估了 MRF 去除材料的机制[13,16,18-21]。DeGroote[16] 和 Miao 等人[19] 使用含纳米金刚石的 MR 流体对影响材料去除率的因素进行了系统的实验研究。这些因素包括浆料特性，如各种物质的粒度和浓度；抛光参数，如相对速度；以及工件特性，包括机械性能、黏结强度和化学耐久性。结果和各种相关性被合并到以下统一的材料去除率表达式中，根据本书的惯例重新制定如下：

$$\frac{\mathrm{d}h}{\mathrm{d}t} = \kappa_p \tau V_r \quad (8-1)$$

$$\kappa_p \propto D_r \frac{E_1}{K_{1c}H_1^2}(B_{nd}\varphi_{nd}^{-1/3}C_{nd}^{1/3} + B_{CI}\varphi_{CI}^{-4/3}C_{CI})D_s(\mathrm{pH}_{MRE})^{0.3}\mathrm{e}^{-E_{sbs}/bRT} \quad (8-2)$$

式中，τ 为剪切应力；V_r 为相对速度；κ_p 为普雷斯顿系数；D_r 为带状穿透深度；B_{nd} 和 B_{CI} 为常数（$\mu m^{4/3}$）；φ_{nd} 为纳米金刚石的粒度；φ_{CI} 为羰基铁粒径；C_{nd} 为纳米金刚石浓度；C_{CI} 为羰基铁颗粒浓度；$D_s(\mathrm{pH}_{MRE})$ 为 MR 流体上清液中玻璃的重量损失百分比，作为 MR 流体 pH 的函数；E_{sbs} 为玻璃网络形成物的单键强度；b 为经验确定为 1 000 的无单位系数。需要注意的是，相对速度小于转轮速度，这是因为在工件-流体带界面附近存在滑动区域。转轮速度越高，这种影响越大。此外，根据方程(1-3)，该材料去除率由剪切应力决定，而不是考虑常规浆料抛光过程中去除机理中使用的法向施加压力。注意，剪切应力是由法向施加的应力和界面摩擦间接驱动的。

方程(8-1)和方程(8-2)中嵌入了有用的比例关系，用于预测 MRF 材料去除率的趋势。首先，整体材料去除率随工件的相对速度、带穿透深度和工件研磨硬度（$E_1/K_{1c}H_1^2$）线性增加。如第 5.1 节所述，研磨硬度是对各种工件材料的机械去除(即横向裂纹)的测量[22]。在磁流变液的情况下，研磨硬度相关性可能只是纳米塑性去除的硬度相关性。DeGroote 发现,当在水环境中测量工件时,该机械优良指数(FOM)与使用纳米硬度值的材料去除率表现出最佳相关性,表明近表面软化,更容易发生剪切纳米塑性去除[16]。其次,材料去除率与方程(8－2)中括号内的项成线性比例,描述了纳米金刚石和羰基铁的浓度和粒径的影响。图 8－4a 显示了各种玻璃的这种相关性。最后,提出了工件的化学耐久性和黏结强度对材料去除率的影响,见等式(8－2)右端。图 8－4b 用 $D_s(pH_{MRE})^{0.3}$ 及测量材料去除率比例说明了这一点。由于方程(8－2)考虑了工件的机械和化学性能(即研磨硬度和化学耐久性),因此认为纳米塑性和化学反应去除机制都有助于材料去除(图 1－9)。

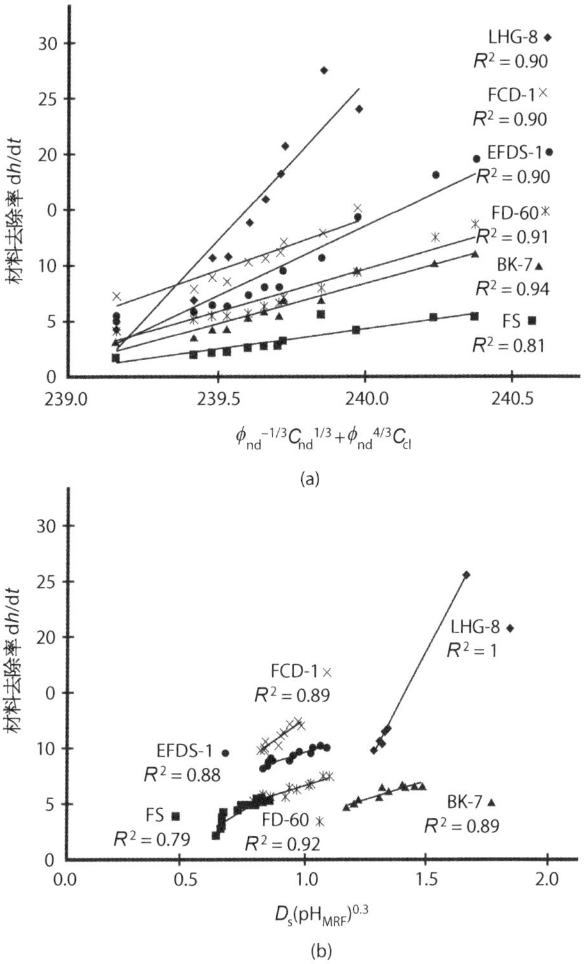

图 8－4　(a) 测得的 MRF 材料去除率是方程(8－2)中各种工件材料的粒径和浓度项的函数关系;(b) 测量的 MRF 材料去除率与各种工件材料的方程(8－2)中测量的化学耐久性项的函数关系

(资料来源:DeGroote 等人,2007 年[16]。经光学学会许可复制)

MRF 刀具接触和去除函数具有非常独特的形态,如图 2－8 所示。Kordonski 等人[7,23]对磁流变液与工件之间的接触进行了建模。磁场下的磁流变液可以描述为宾汉塑性材料,当施加的应力低于屈服点时,该材料会像固体一样变形,当应力超过屈服应力时,该材料会像牛顿流体一样变形。磁场中存在一个垂直于流体带的梯度,该梯度导致非磁性研磨颗粒积聚在流体带外部,距离转轮远并抵近工件,而羰基铁颗粒积聚在流体带的内部。流体带充当接触工件的移动壁,并在工件和砂轮之间的界面移动(图 8－1)。由此在顶部的接触区形成去除点(图 2－8)。当带的移动层与工件接触时,在层的顶部会经历高剪切应力或应变。当高剪切应力超过宾汉塑料的屈服应力时,流体带变得更易流动。通过计算流体力学模拟界面接触点流体流动的剪切应力,计算的颗粒剪切力与测量的去除函数密切相关(图 8－5)。Lambropoulos 及其同事[13,18,20-21]直接测量了 MRF 抛光时的阻力和法向力,从而确定了工件-刀具接触点的剪切应力和法向应力。正应力和剪应力的典型值在 5~10 N 之间(此处可能有误,应力单位应为 Pa)。在低磁场下,随着磁场的增加导致磁流变液变硬或磁流变液屈服应力增加,使得工件-带状界面处测得的剪切应力和法向应力随之增加。在较高磁场下,正常应力和剪切应力很可能由于 MR 流体的硬化趋稳而稳定。在磁场作用下,材料去除率也遵循这种表现[20]。

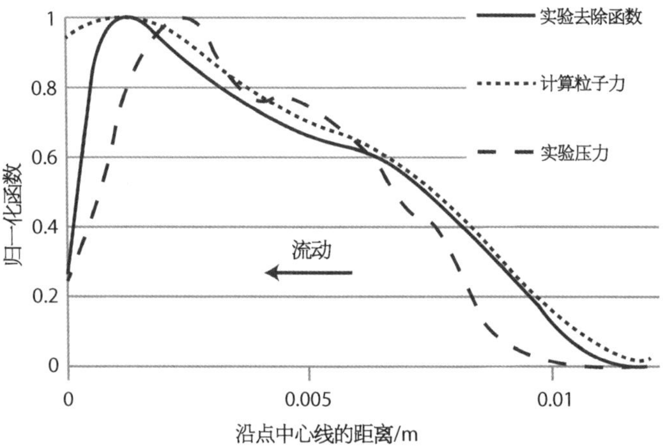

图 8－5 计算的材料去除率曲线与典型 MRF 条件下测量去除率和测量压力分布的比较

(资料来源:Kordonski 和 Gorodkin,2011 年[7]。经光学学会许可复制)

尽管法向载荷较低,但与传统光学抛光相比,磁流变抛光可获得较高的局部厚度材料去除率。例如,对于熔融石英玻璃,使用 MRF 峰值去除率为 ~5 μm · min^{-1} (或~300 μm · h^{-1}),而使用常规氧化铈抛光为~1 μm · h^{-1}。这在一定程度上是由于流体带的高速移动导致更多的颗粒作用接触表面。对于典型的 MRF 工艺,V_r~300 cm/s,对于典型的常规抛光,V_r~15 cm/s。

磁流变抛光的局部厚度材料的高去除率已被证明会影响工件的表面特性,即拜尔培层。对于第 3.3.2 节中所讨论的拜尔培层模型,Ce 渗透到工件中的量随着抛光材料去除率的增加而增加。图 8－6 比较了通过二次离子质谱(SIMS)测量的常规抛光和 MRF 抛光的熔融石英中的铈和铁渗透。用磁流变液抛光后，铈和铁的渗透性显著提高。具体而言，与传统抛光垫相比，使用磁流变抛光的 Ce 浓度高~10 倍。这些结果与方程（3－70）中描述的拜尔培层模型定性一致。

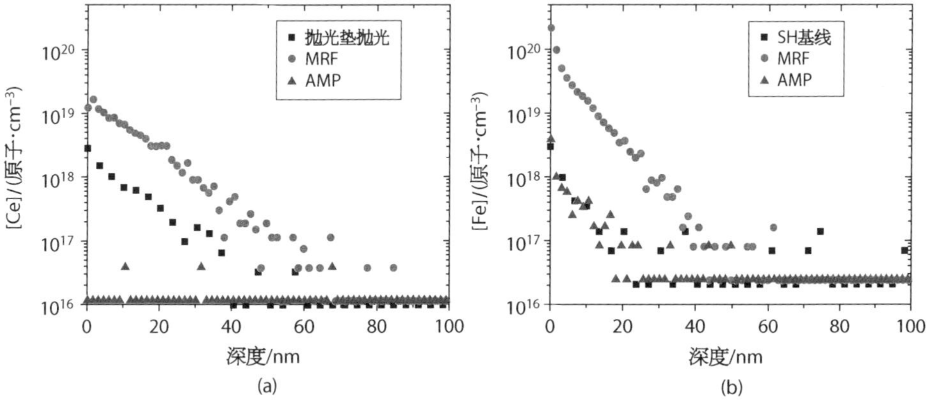

图 8－6　使用全孔径垫抛光（聚氨酯垫上的 CeO_2）、MRF（基于 CeO_2 的浆料）和 MRF，然后进行基于 HF 的处理，AMP（高级缓解工艺）抛光后，浆料组分 Ce（a）和 Fe（b）渗入熔融石英工件表面

8.2　浮法抛光

与 MRF 类似，浮法抛光是一种在流体动力模式下操作的精加工技术。与子孔径 MRF 抛光相比，浮法抛光是一种全孔径技术，在这种技术中，可以实现平面上的超低粗糙度表面，且表面损伤很小。20 世纪 70 年代后期开发的浮法抛光主要用于盒式录像机磁头（多晶铁氧体 Mn－Zn 和 Ni－Zn）的抛光[24-26]。该工艺提供了非常好的平整度，边缘塌陷也最小（$<100\times10^{-10}$ m），比当时的常规抛光性能更好。后来，浮法抛光在各种光学材料上得到了验证，包括蓝宝石、微晶玻璃、BK7 和 CaF_2[25-27]。采用合适的平面研磨盘，可实现表面面形接近 $\lambda/20$，表面粗糙度在（1～2）$\times10^{-10}$ m RMS 范围内。图 8－7 所示透射电子显微镜（TEM）横截面图像显示了该过程对 CaF_2 表面仅造成轻微损伤[27]。

典型浮法抛光装置的示意如图 8－8 所示。相对平坦的工件在高压力（通常为数十 psi）和高相对速度（80～300 cm/s），在存在 100 nm 大小的二氧化硅浆料的情况下加载。研磨盘是一种高精度的金属平面（通常为金刚石车削），包含独特的凹槽图案。典型的凹槽图案包含两组凹槽，一组间距为 100 μm，深度为

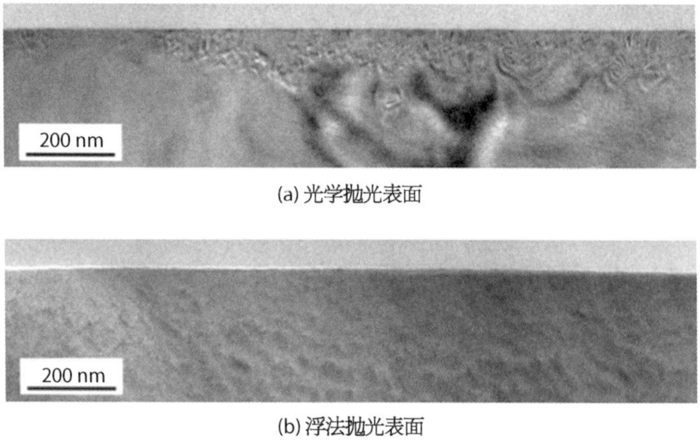

图 8－7　顶面常规抛光(a)和浮法抛光后(b)CaF_2 TEM 图像的横截面

(资料来源：Namba 等人,2004 年[27]。经 Elsevier 许可复制)

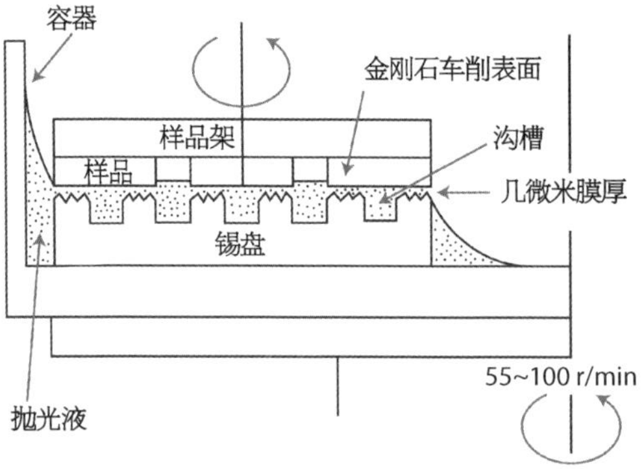

图 8－8　浮法抛光装置示意图

(资料来源：Namba 等人,1987 年[26]。经 Elsevier 许可复制)

100 μm,另一组间距为 500 μm,深度为 500 μm。在抛光过程中,通常会形成微米级的流体间隙。

高相对速度和抛光盘上的凹槽的组合有助于进入流体动力模式。参考图 2－5,流体动力状态通过增加 $\eta_s V_r/\sigma_o$ FOM,或通过相对速度(V_r)的增加而增强。然而,在平坦、无槽的研磨盘上,施加高压力 σ_o 有助于提高材料去除率,但降低了实现流体动力模式的驱动力。Soares 等人[28]的一项研究表明,研磨盘上的凹槽提供了界面压力梯度,有助于实现流体动力界面(即使工件浮动)。该研究表明,当处于层流状态时,界面压力 σ 在槽中的变化如下：

$$\sigma = \sigma_o - 1.2\eta_s \frac{v_r x}{\alpha_g^2} \qquad (8-3)$$

式中,σ_o 为施加的压力；η_s 为浆料黏度；v_r 为相对速度；x 为距离凹槽中心的距离；以及 α_g 为凹槽高度。浆料本质上是一种不可压缩流体,根据雷诺方程得出的通过界面间隙可以改变压力(见第 2.5.3 节)。图 8－9 比较了使用倾斜板与界面凹槽产生的压力变化。

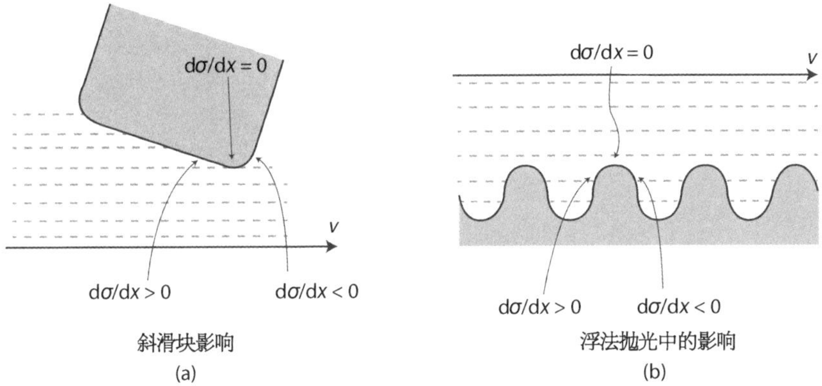

图 8-9　倾斜工件(a)和工件-研磨盘界面处(b)凹槽产生的流体动力所产生的压力梯度比较

(资料来源：Soares 等人,1994 年[28]。经光学学会许可复制)

8.3　离子束成形

离子束成形(IBF)是一种始于 20 世纪 80 年代中期的超精密子孔径表面精加工方法[29]。IBF 方法具有独特的去除机制,其中工件放置在真空室中,离子源加速离子流(通常为 Ar 离子,有时伴有其他活性物质,如 F 离子)通过原子轰击和溅射或化学反应将材料从工件上移除。这些方法也称为离子束溅射或离子束蚀刻。离子源大小不等,具有高斯形状的离子通量分布,从而在工件上形成形状相似的去除点。由于高斯去除函数的空间强度渐变特征,因此与其他子孔径方法(如 MRF)的具有更陡峭空间衰减去除函数相比,该方法通常会改进中频段空间面形。与其他子孔径方法一样,工件的面形校正是通过基于初始表面面形预先确定的运动(即每个位置的停留时间)来实现的。去除函数或离子源的大小决定了可以校正的空间尺度大小以及加工工件所需的时间。

与其他抛光技术相比,IBF 具有一些特性[30-33]：第一,由于去除发生在原子水平上,因此去除函数具有高度可预测性和确定性,可以更好地控制表面面形和粗糙度。然而,出于同样的原因,材料去除通常较慢：对于 IBF 为 0.1~1 $mm^3 \cdot h^{-1}$,MRF 为 10~60 $mm^3 \cdot h^{-1}$,而常规抛光为 ~1 000 $mm^3 \cdot h^{-1}$。图 8-10 显示了各种精加工方法的体积材料去除率的比较,这说明体积材料去除率较小的方法通常可以获得更高的表面面形精度[34]。第二,IBF 是一种非接触技术。这有助于避免复杂因素,如不均匀的空间材料去除(如研磨盘磨损、黏

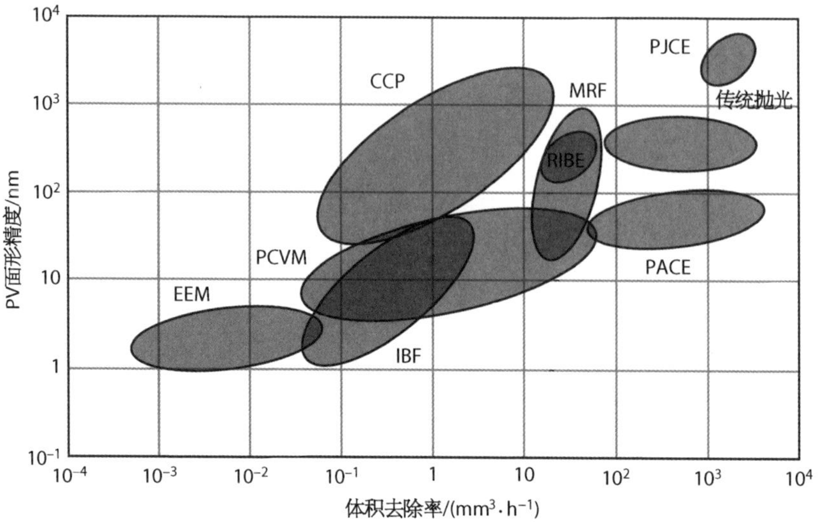

图 8-10 使用各种精加工方法获得的表面面形与相应体积去除率的比较。EEM：弹性发射加工；PCVM：等离子体化学气相加工；IBF：离子束成形；CCP：计算机控制抛光；RIBE：反应离子束蚀刻；PACE：等离子体辅助化学蚀刻；PJCE：等离子体喷射化学蚀刻；MRF：磁流变抛光

（资料来源：Mori 等人，2005 年[34]。经 Elsevier 许可复制）

弹性效应、工件弯曲），这有助于表面面形控制（见第 2.5 节），还能抑制导致 SSD 和表面质量下降的杂质颗粒的影响（见第 3.1 节）。

IBF 非常适合对具有极高表面面形、中等空间频率和高空间频率要求的工件进行最终精加工，如极紫外（EUV）光刻和软 X 射线光学元件[35]。然而，由于各种原因，它的用途仅限于小众光学类型、材料和规格。第一，高真空系统价格昂贵，尤其是对于大型工件，导致前期成本高。第二，由于材料去除率相对较慢，可能需要较长的处理时间。第三，工件的离子轰击会导致显著的能量沉积。部分能量用于去除工件上的材料，部分能量导致局部温度升高。Gailly 等人[33]在 IBF 过程中进行了红外热成像，在离子沉积区显示出 50~100℃ 的显著温升。由于工件热膨胀或表面反应性变化，因此工件加热可能会导致工件本身损坏或去除函数变形，从而使控制表面面形的能力变得复杂。第四，工件表面容易受到污染，既有来自工件的溅射材料，也有沉积在工件表面的周围材料，如格栅、筛网和腔室壁[32,36]。对于高激光损伤光学器件，再沉积材料是已知的吸收前体（见第 9 章），这种污染尤其有害。已经采用了一些方法来减少再沉积，例如使用离子收集器，其中采用磁铁可以将杂质离子驱离基板，或者通过对工件进行后化学蚀刻来去除任何再沉积[32,37]。

8.4　收敛抛光

为了在常规全孔径抛光过程中实现表面面形的确定性控制，理想情况下需要理解、量化和控制影响材料去除的每种现象（参见第 2 章中的讨论以及图 2－1 中的总结）。可以使用几种方法来获得所需的表面面形，最常用的方法是使用迭代法：测量表面面形，使用通常用于改善表面面形的工艺参数进行抛光，并重复多次，直到获得所需的表面面形。这种方法在很大程度上依赖于专家技师的技能来进行必要的调整，以获得所需的表面面形。另一种方法将图 2－1 中的所有现象定量合并到一个代码中，如 SurF 代码来控制抛光过程（图 2－43），并计算最佳抛光参数以获得所需的表面面形。然而，这种确定性精加工方法有时具有挑战性，因为大量的工艺变量导致难以计算出一组特定的工艺参数。实现确定性精加工的第三种方法是消除工件上材料去除不均匀性的所有来源（通过工程控制和抛光工艺参数控制），但工件形状引起的工件-研磨盘不匹配除外（见第 2.5.6 节）。工件和研磨盘之间的界面处的表面不匹配会导致空间压力差（从而导致去除差异），空间压力差随着去除量（即抛光时间）的增加而减小，从而允许工件收敛到研磨盘的形状[38]。这种技术称为收敛抛光[39-41]，即允许使用一组抛光参数在一次迭代中抛光工件（平面或球体），而不管工件的初始形状如何，也不需要初始和过程中的表面面形计量。

图 8－11 说明了在收敛抛光过程中，基于工件-研磨盘不匹配的概念使初始工件表面面形如何收敛到研磨盘表面面形的[41]。考虑平面抛光盘和左上角显示的复杂形状的假想工件，抛光过程中，工件中心的局部压力最高（图 8－11 左下角），因此，该位置将在抛光过程中观察到最高的初始材料去除率。随着材料的去除，由于工件-研磨盘不匹配的减少，工件上的压差将减小，并且工件将收敛到研磨盘的形状。收敛时，工件压力分布以及由此产生的材料去除将均匀分布在工件上（图 8－11 的右侧）。此示例适用于平面研磨盘，但相同的概念也适用于凹球面研磨盘或凸球面研磨盘。同样，只有当影响空间材料不均匀性的所有其他现象都已消除时，收敛过程才起作用。换言之，如果这些不均匀性中的任何一个不受控制，那么曲面图形将不会收敛到所需的值[41]。

收敛抛光系统和方法是一系列已开发技术的汇总，这些技术不仅可以实现表面面形的收敛，而且还可以实现更高的材料去除率、更高表面质量（即低

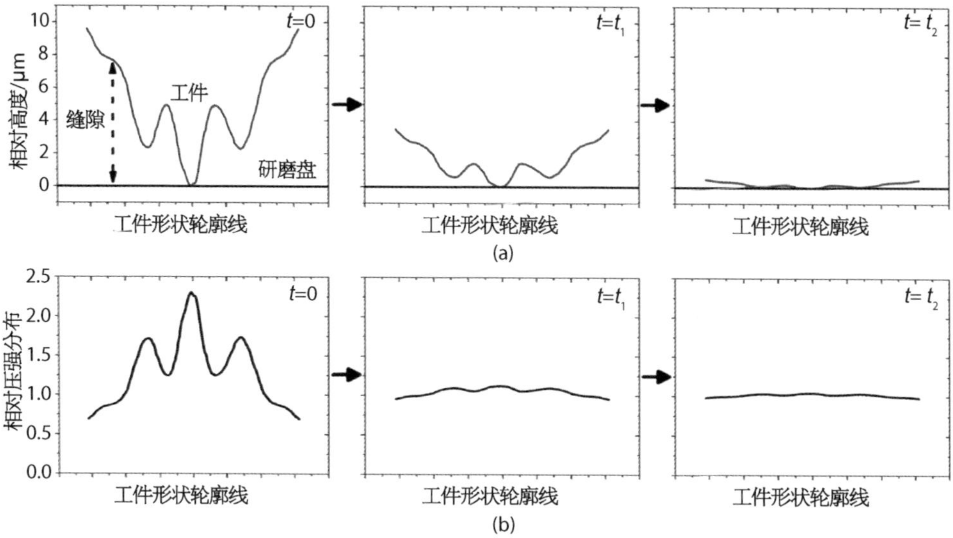

图 8-11 收敛抛光过程中工件形状(a)和界面压力分布(b)随抛光时间 t 的示意图,从左到右显示

(资料来源: Suratwala 等人,2014 年[41]。经《可视化实验杂志》许可复制)

SSD)和低的表面粗糙度。关键的实现技术包括:

(1) 一种新型的隔膜,用于补偿不均匀的抛光垫磨损,改善温度均匀性,改善浆料分布,并减少黏弹性抛光垫边缘效应(见第 7.1.3 节)[39-42]。

(2) 深度酸蚀刻,可以更快地去除 SSD,并减少抛光过程中需要从工件上去除的材料量。它还可消除导致高纵横比工件变形或弯曲的磨削应力(见第 7.1.2 节)[43-45]。

(3) 沥青凸台胶结固定,可以固定或安装高径厚比工件,防止其在黏结固定和抛光过程中弯曲变形,同时降低对工件表面划伤的风险(见第 7.1.1 节)[46]。

(4) 径向摆动,可改善抛光过程中局部材料去除的空间-时间平均值,并防止工件表面出现高频波纹(见第 2.5.6.7 节)[47]。

(5) 平衡工件、隔板和研磨的三者之间的磨损,提供理想、稳定的研磨盘形状,并随抛光时间提高工件收敛点的稳定性。

(6) 密封的高湿度抛光腔室,防止外部杂质颗粒、避免干燥的浆料团块的形成,控制工件划伤的常见来源。同时也降低了抛光垫干燥导致研磨盘形状永久变形的风险(见第 7.1.4 节)[39,41,48]。

(7) 采用工程化的过滤系统,改善并保持理想的浆料粒度分布(PSD),从而降低光学元件的整体表面粗糙度并降低划痕形成的可能性。这包括使用氟化管道,最小化流动盲区,控制流速,防止浆料沉降、结块和污染(见第 7.1.5 节)[39,41]。

（8）浆料的化学稳定，采用具有新型带电胶束“晕”化学稳定机制的特殊表面活性剂，在不牺牲材料去除率的情况下减少浆体中团聚体的数量和大小（见第 7.1.6 节）[42,49]。

（9）抛光垫的原位超声处理，可以实现从抛光盘表面去除浆料和玻璃抛光沉积物，有助于保持较高的材料去除率，并将易沉积材料导致的工件面形中频空间误差降至最低（见第 7.1.8 节）[39,47]。

（10）新颖的金刚石抛光垫修整，可减少聚氨酯抛光垫上的粗糙度，避免造成抛光垫整体磨损，这可以显著提高材料去除率，降低工件的平均粗糙度[50]。

此外，收敛抛光利用光学制造领域内已知的技术来消除材料去除中的空间不均匀性并改善表面质量。这些技术包括：① 使用匹配旋转的恒定时间平均速度进行运动（$R_o = R_L$）；② 边缘驱动工件，防止力矩导致工件弯曲[38]（见第 2.5.4 节）。均匀施加压力；③ 调整施加压力和相对速度，使抛光在接触模式下运行（见第 2.3 节）[38]；④ 采用刚性研磨盘底座，防止在负载下弯曲；⑤ 仔细选择具有相对高模量和低磨损率的抛光垫，以提供快速稳定的收敛；⑥ 适当的抛光垫凹槽模式，以提供良好的浆料输运和补充；⑦ 维持抛光浆料适当的波美度（浆料浓度）和 pH 值；⑧ 工件抛光后的漂水清洗工艺，以防止抛光浆料的沉积污染。

图 8－12 说明了逐渐消除导致空间材料去除不均匀性的现象是如何减少初始平坦的熔融石英工件表面面形随抛光时间的偏差量[38,40]。对于初始基线抛光条件（E1），如抛光 1 h 内 5.3 μm 的大 PV 所示，使用主轴驱动器和新的纤维聚氨酯垫（Suba 550），存在很大程度的去除不均匀性。将抛光盘底座平整度从 PV 为 25 μm 降至 2 μm（D5），不均匀度略有降低。通过将主轴驱动工件改为侧轮驱动工件，进一步降低了去除不均匀性（减少了对不均匀性去除的力矩

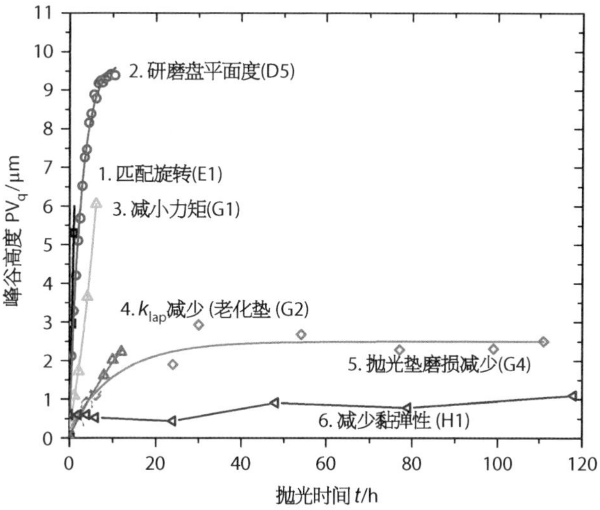

图 8－12　在各种抛光条件下，随着空间材料去除不均匀性的逐渐去除，熔融石英工件抛光表面高度随抛光时间的变化。所有样品开始时表面平坦（PV<0.5 μm）

（资料来源：Suratwala 等人，2012 年[40]。经 John Wiley & Sons 许可复制）

贡献)(G1)。通过使用老化的 Suba 550 研磨盘进一步改善了去除均匀性,这可能是由于研磨垫磨损率的降低,该研磨盘已用于>100 h 的抛光(G2)。使用抛光垫磨损补偿隔膜(G4)可实现更高水平的均匀材料去除。最后,当隔板放置在工件的前缘时,达到了最佳的去除均匀性,减少了抛光垫黏弹性对去除均匀性的影响(H1)。图 7-8 显示了在这些优化条件下经过长时间抛光(>100 h)后的表面轮廓线,说明一旦去除了所有空间材料去除不均匀性,收敛表面轮廓将不会随着继续抛光而改变。

图 8-13 显示了使用收敛抛光方法对具有不同初始表面面形的圆形和方形 100 mm 尺寸熔融石英工件进行抛光时,三维表面面形随抛光时间的变化。注意,对于给定的抛光运行,所有表面面形均以单一比例绘制。收敛抛光也已在 430 mm 以下的较大工件上进行了演示。此类抛光机的照片如图 8-14[41]所示。

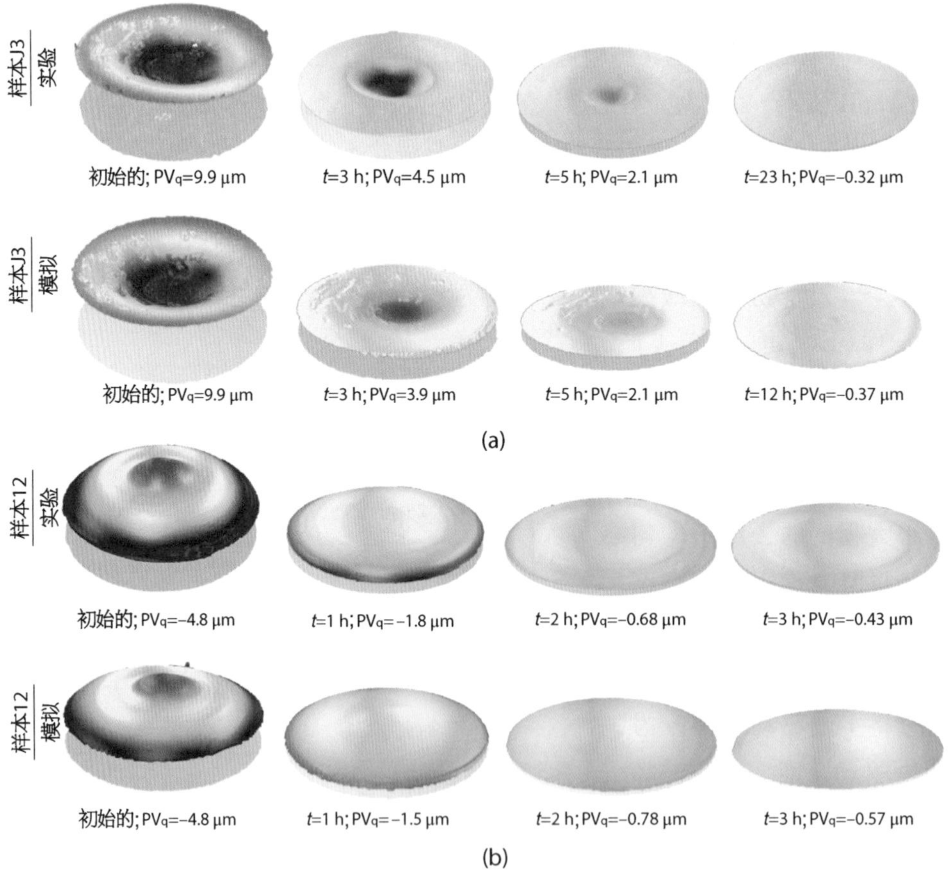

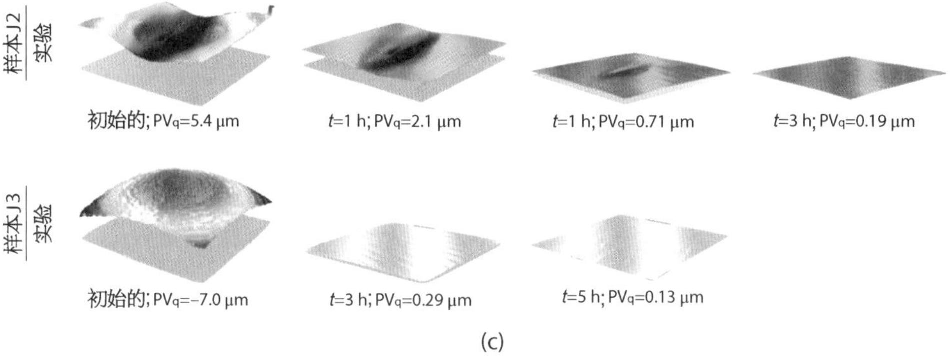

图 8－13　在各种熔融石英工件类型和抛光垫上使用 SurF 代码进行收敛抛光演示和相应模拟：(a) 初始凹面圆形工件(100 mm×10 mm)；(b) 初始凸圆工件(100 mm×10 mm)；(c) IC1000 上的凹和凸方形工件(对角线 100 mm×10 mm)

(资料来源：Suratwala 等人，2012 年[40]。经 John Wiley & Sons 许可复制)

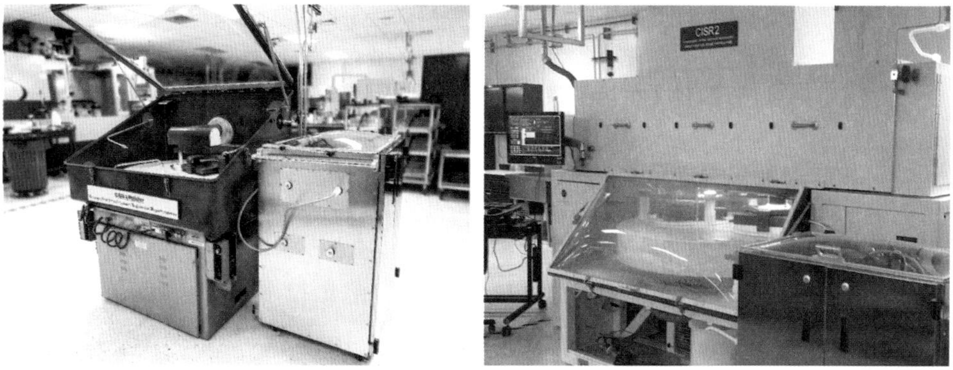

(a) ~0.26 m光学元件(称为CISR1)　　(b) ~0.5 m光学元件(称为CISR2)

图 8－14　能够精加工的大型收敛抛光系统的照片

[CISR＝收敛(convergent)，初始表面独立(initial-surface independent)，无杂质粒子(rogue-particle free)]

8.5　滚磨抛光

另一种独特的抛光方法称为滚磨抛光，用于更复杂形状工件表面的平滑或局部平面化。一直以来，滚磨抛光主要用于岩石、陶瓷、玻璃和金属的粗糙表面的光滑化，方法是在有研磨料浆的情况下，有时也用承载介质，在圆柱体中旋转它们[51-52]。对于岩石，这种方法通常被爱好者称为岩石翻滚。介质和工件之间的小而随机的接触导致工件整个表面的抛光，通常表面面形变化很小。滚磨抛

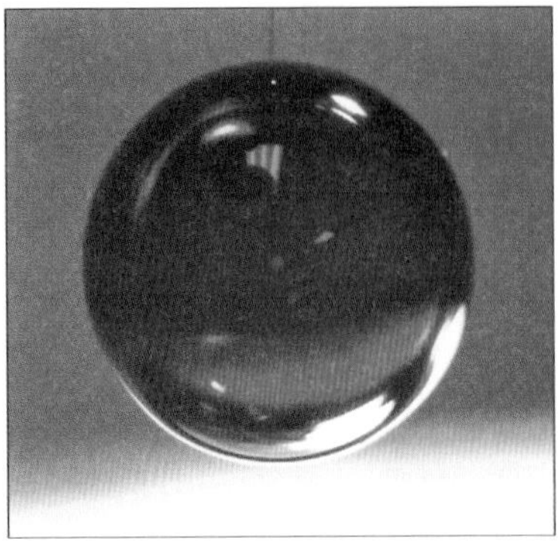

图 8－15　聚变能研究用高峰值功率激光靶中用作烧蚀材料的空心塑料球(直径 2 mm)照片

(资料来源：Suratwala 等人,2012 年[54]。经 Elsevier 许可复制)

光的原理和用于制备陶瓷浆料[53]球磨中的原理相同。

近年来,滚磨抛光方法已被扩展用于中空塑料球(用于烧蚀结构材料)的光学抛光,这种塑料球用于高峰值功率激光系统的打靶过程(图 8－15)[54-57]。这些烧蚀材料工件的直径通常为 2 mm,厚～190 μm,充满氢同位素,在内表面冻结成一层冰冻层,用于激光惯性约束压缩[58]。烧蚀材料使用等离子体辅助化学气相沉积(PA－CVD)制造,其中氢和反式-2－丁烯被分解,在通过微胶囊化产生的预制球形聚 α－甲基苯乙烯为基底("芯轴"),在上面形成无定形聚合物涂层[59-61]。随后,通过热分解移除芯轴。

塑料球具有严格的表面粗糙度和表面缺陷要求,因为这些会造成流体动力不稳定性,从而导致不希望的非均匀内爆[62-63]。尽管整体粗糙度良好(<10 nm RMS),但塑料球可能有许多孤立的表面缺陷,或高数百纳米、宽数十微米的圆顶凸起(图 8－16a)[64]。这些凸起是由于在 PA－CVD 过程中,芯轴上出现的小颗粒或凹凸不平的生长成而成的。以前,传统的抛光技术用于去除凸起,通常是以刮伤表面和增加整体粗糙度为代价的(图 8－16b)[65-66]。由于塑料球体积小且易碎,因此其他现有的球体抛光技术难以满足要求[67-69]。

这些塑料球的典型滚磨抛光工艺是首先将水性胶体二氧化硅浆料(直径

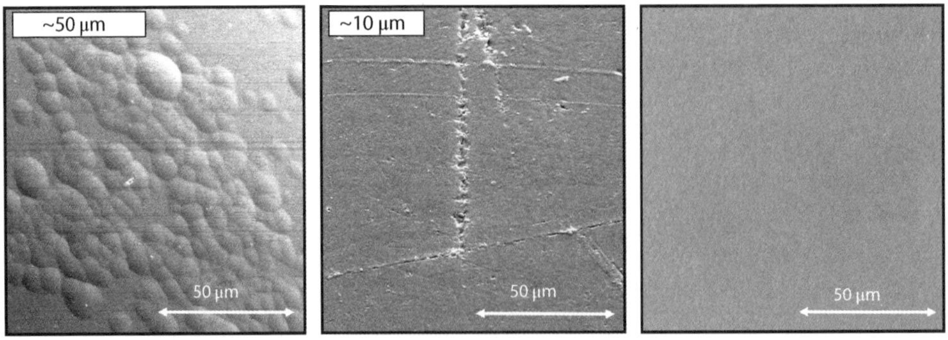

(a) 沉积完后　(b) 常规抛光后　(c) 滚磨后

图 8－16　烧蚀材料表面的 SEM 显微照片

(资料来源：Suratwala 等人,2012 年[54]。经 Elsevier 许可复制)

50 nm)、球形硼硅酸盐玻璃珠介质(直径 2.4 mm)和单个烧蚀小球(直径 2 mm)放入密封的圆柱形丙烯酸小瓶(直径 25 mm×60 mm 长)中,如图 8-17 所示。小瓶以 100 r/min 的转速绕其圆柱轴(平行于其长度)旋转 96 h[54,57]。在旋转过程中,玻璃珠通过与界面处的胶体二氧化硅浆料的球对球接触随机加载烧蚀器工件的外表面,从而形成一个小的接触区。因此,该过程类似于子孔径工具精加工。经过优化的滚磨抛光工艺以缓慢的速度(每天~35 nm)去除塑料球表面,可有效地局部平面化存在的圆顶状凸起缺陷(图 8-16c)。

图 8-17　含有胶体二氧化硅浆料、玻璃介质和单个胶囊的丙烯酸圆筒(60 mm 长)的照片

(资料来源: Suratwala 等人,2012 年[54]。经 Elsevier 许可复制)

滚磨抛光工艺在局部平坦化方面比传统抛光技术具有许多优势。首先,由于抛光系统是密封的,只要所用材料没有杂质颗粒且表面质量较好,塑料球就不容易被刮伤。其次,与传统抛光不同,塑料球不需要特定安装,从而最大限度地减少球体变形和安装界面引起的划痕。最后,该工艺相对简单、成本低。

塑料球的滚磨抛光是一个示例,说明了第 2~5 章中概述的抛光原理如何应用于开发新的、新颖的抛光工艺,以实现独特的应用。塑料球滚磨抛光的主要原理是: ① 管理杂质颗粒和凹凸体,以防止划伤和凹陷(见第 3.1.3 节);② 由于工件形状,使用工件-研磨盘不匹配概念(见第 2.5.6.1 节);③ 使用保形与非保形移除概念(见第 7.1.1 节)。这些概念被扩展到使用子孔径接触点的随机运动。随机运动允许局部改变粗糙度或平滑度,而不改变工件的整体形状或长程表面面形。一开始塑料球的整体表面面形就非常接近球形(不圆度<200 nm)因此它非常适合滚磨抛光。其他常规技术可以修改整体形状,并提高工件的球形度,而不是从球形开始[67-69]。

开发一种有效的滚磨抛光工艺的一个挑战是,平滑孤立的表面缺陷(即圆顶)而不会引入不良的表面特征,如外部污染、介质和容器腐蚀产物产生的杂质颗粒或凹凸体产生的凹坑和划痕,以及介质和小瓶表面的粗糙度导致的抛光缺陷[48,54]。因此,可以通过对介质、浆液和滚磨容器采取严格的清洁或过滤过程、选择耐腐蚀的介质材料(如玻璃或陶瓷)以及将介质和容器表面预抛光至低表面粗糙度来改善表面质量。这些控制措施可以得到高表面质量的抛光表面(图8-16c)[54]。

在滚磨加工过程中,玻璃介质和塑料球之间会出现一系列随机的球形-球形接触,从而形成一个定义明确的接触点,该接触点可以被看作是抛光工具尺寸。考虑到玻璃介质和塑料球的模量和半径以及基于冲击力学的接触载荷,赫兹接触区被确定为~39 μm,与要移除的圆顶的宽度阶数相同[54]。塑料球表面的圆顶移除是由工件-研磨盘不匹配引起的,这是工件局部形状作用于接触区而导致的。回顾可知,当刀具或研磨盘接触工件时,界面处的物理不匹配将形成压差,从而导致空间去除率差异。由于刀具的磨损速度通常比工件慢得多,因此工件表面将收敛到刀具形状,因为在工件-研磨盘界面上材料去除速度更快的,界面失配将变小。随着材料的去除,界面处的失配减少使得压力和去除率将在空间分布上变得更均匀。图8-18中显示了收敛的孤立圆顶的示例,其中使用相移衍射干涉术(PSDI)测量了滚磨抛光前后圆顶的表面形貌[54]。

收敛速度在很大程度上取决于刀具和工件的刚度。对于高刚度接触,收敛速度快(非正规去除)。对于柔顺接触,不会发生收敛,只会发生均匀材料去除(保形去除)。圆顶凸起的收敛速度可以使用以下形式的普雷斯顿方程来描述,该方程解释了由于工件-研磨盘不匹配导致的瞬时空间相关去除率:

$$\frac{\partial h_{\mathrm{i}}}{\partial t}(x,\ y,\ t) \approx (-1 + L\,\nabla^2 h_{\mathrm{i}}(x,\ y,\ t))\,\frac{\mathrm{d}h}{\mathrm{d}t} \tag{8-4}$$

式中,$\mathrm{d}h/\mathrm{d}t$ 为空间和时间平均厚度去除率;$h_{\mathrm{i}}(x,\ y,\ t)$ 为表面上给定点的表面高度;L 为特征长度。括号中的第二项描述了工件-研磨盘不匹配对材料去除的影响,即工件表面的局部曲率。换言之,曲面上的负曲率特征(即峰值)将观察到增强的去除,曲面上的正曲率特征(即谷)将观察到降低的去除。L 值综合了接触点尺寸和刀具相对刚度的影响[54]。

图8-19显示了各种孤立缺陷(一个窄圆顶、一个宽圆顶、两个相交圆顶和一个窄凹坑)的数值解方程(8-4)的结果。窄圆顶比宽圆顶收敛更快(图

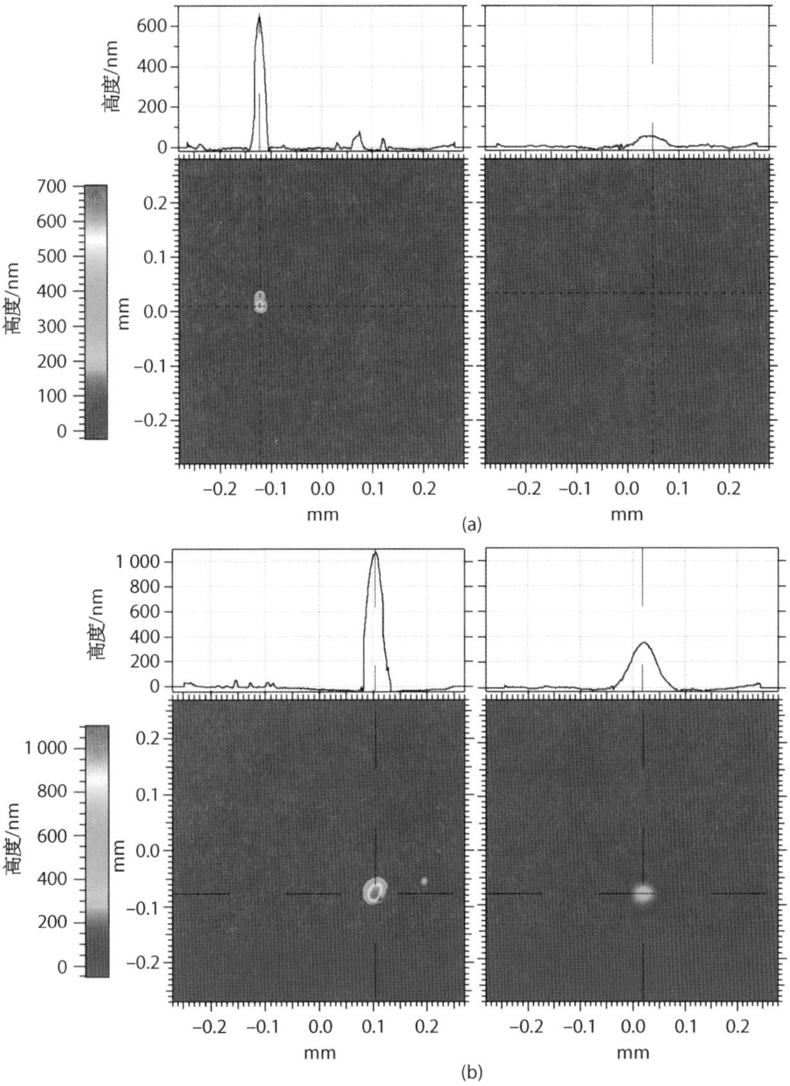

图 8-18　膜盒上孤立的窄(a)和宽圆顶(b)滚磨前(左)和滚磨后(右)膜盒表面的 PSDI 图像。十字准线在滚磨前和滚磨后识别相同的位置

(资料来源：Suratwala 等人,2012 年[54]。经 Elsevier 许可复制)

8-19a、b),与实验观察结果一致[54]。交叉圆顶的行为更为复杂;移除后,圆顶合并,产生的圆顶的有效宽度大于任一初始圆顶的有效宽度,从而减慢收敛速度(图 8-19c)。最后,凹坑(即山谷)也将通过加宽和减小相对深度而收敛(图 8-19d)。注意,圆顶和山谷不会完全消失,尤其是较宽的圆顶,这表明移除并非完全不保形的。这是因为塑料球是一个空心球体,具有相对较低的刚度(即有效模量)。

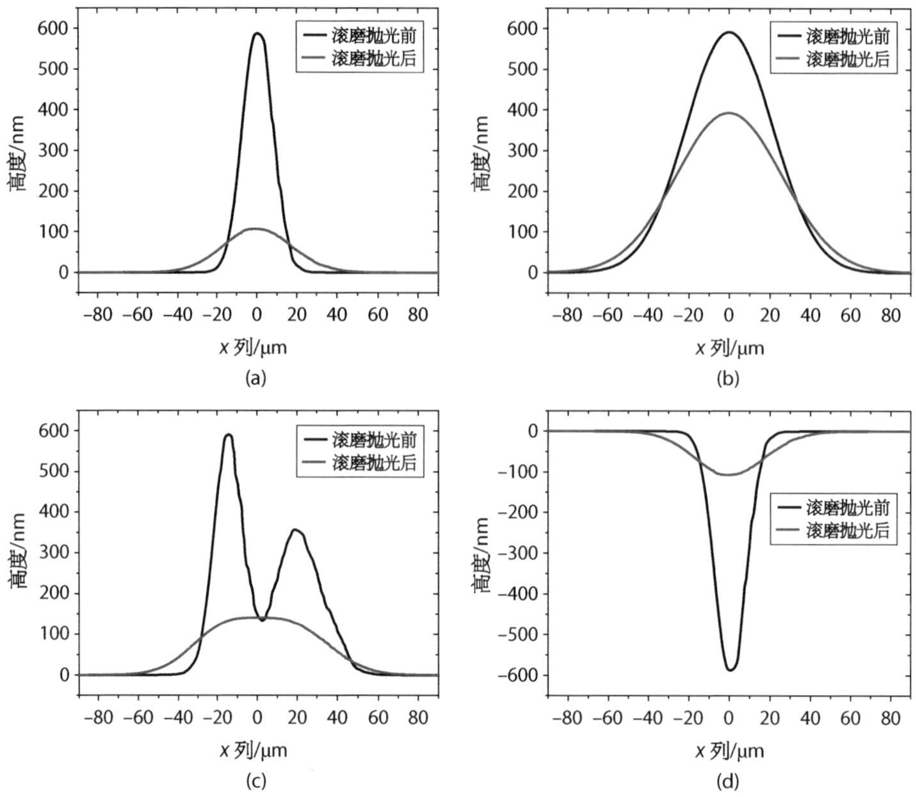

图 8－19 滚轧加工过程中各种圆顶和凹坑缺陷表面演变的 3D 模拟线条图[使用等式(8－4)], $L=820$ μm; $dh/dt=35$ nm/每天; $t=96$ h: (a) 窄高斯圆顶(600 nm 高;16.5 μm 宽); (b) 宽高斯圆顶(600 nm 高;50 μm 宽); (c) 多圆顶; (d) 窄凹坑(600 nm 深;16.5 μm 宽)

(资料来源: Suratwala 等人,2012 年[54]。经 Elsevier 许可复制)

方程(8－4)也可以通过将圆顶形状近似为高斯圆顶来解析求解,初始高度为 h_0, 全宽为最大半宽(FWHM)宽度 w_0 [54]。在时间 t 和距离圆顶中心 r 处,相对于基线表面的高度 (h_i) 的解为:

$$h_i(r,\ t) = h_m(t)\,e^{-\ln 2\left[\frac{2r}{w(t)}\right]^2} \tag{8-5}$$

其中

$$w(t) = w_0\sqrt{1 + \frac{16\ln 2L\,\dfrac{dh}{dt}t}{w_0^2}} \tag{8-6}$$

式中, $h_m(t)$ 为最大圆顶高度,作为时间的函数,由下式给出

$$h_m(t) = \frac{h_0}{1 + \frac{16\ln 2L \frac{dh}{dt} t}{w_0^2}} \quad (8-7)$$

方程(8－7)还表明,收敛速度将随着圆顶宽度的增加而降低。图 8－20 比较了使用单一特征长度值($L = 820\ \mu m$)预测抛光后单独圆顶最终高度的解析解与收敛模型的有效性。抛光后测量的圆顶最终高度与抛光后预测的圆顶最终高度交叉绘制。虚线表示测量高度和计算高度之间的一一对应关系。该模型在大范围的单独圆顶高度,甚至一些凹陷上与实验结果相当吻合。

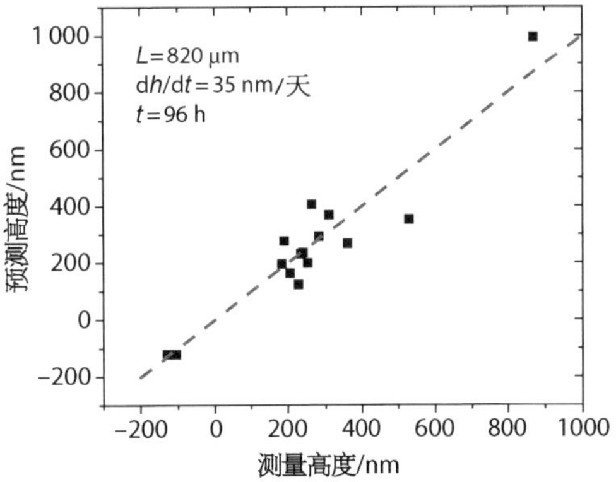

图 8－20　使用方程(8－5)～方程(8－7)和初始测量高度(h_o)、宽度(w_o)计算出各种测量圆顶、凹陷的滚磨抛光后高度,并与相同对应圆顶、凹陷的测量最终高度交叉绘制。虚线对应于计算值和测量值之间的一对一相关性

(资料来源:Suratwala 等人,2012 年[54]。经 Elsevier 许可复制)

8.6　其他子孔径抛光方法

子孔径抛光方法极大地扩展了加工非对称光学元件(如非球面)和其他复杂形状光学元件(称为自由曲面光学元件)的能力。除 MRF 和 IBF 外,还有许多方法,如计算机控制光学堆焊(CCOS)、计算机控制抛光(CCP)、应力研磨抛光、流体喷射抛光、气囊抛光;弹性发射加工(EEM)和等离子体化学气相加工(PCVM)。所有这些方法都有一个具有定义或可控去除函数的刀具,其中运动和停留时间用于改变工件的整体表面面形。这些方法之间的差异源于刀具的形状和尺寸、研磨盘特性、接触状态和去除机制。

一种独特的子孔径抛光方法是应力研磨抛光,其中工件-研磨不匹配(第 2.5.6 节)由机械主动工具直接控制,该工具可使用一组机电执行器实时调整其形状[70-72]。这将导致在接触点进行更保形的移除。应力研磨工具在抛光抛物面和非球面上相对较大的接触面积时尤其有利。这项技术已用于许多大型(1.8～8.4 m)望远镜光学系统[70-72]。在旋转和平移过程中调整刀具形状的复杂控制系统“对光学元件制造者来说是透明的，因此出于实际目的，光学元件制造者可以像抛光球体一样抛光高度非球面。”[70]

在复杂形状工件上使用子孔径工具实现更保形去除的另一种方法是使用更柔顺的研磨工具。气囊抛光就是一个例子，其中弯曲形状的柔顺材料相对于工件表面旋转(图 8－21)。该抛光方法已用于制造表面粗糙度要求<0.3 nm RMS 且与所需非球面形状偏差<50 nm PV 的 X 射线光学元件，模具尺寸为 15 cm，镍表面[73]。一组工艺条件的示例使用 0.2 μm 氧化铝浆料和直径为 41 mm、施加压力为 0.05 MPa、进给速度为 250～1 000 mm・min^{-1}的绒布气囊抛光工具。由于采用了柔顺工具，界面处每个粒子的载荷显著降低，并且，如整体赫兹多间隙(EHMG)模型(见第 4.7.1 节)中所述，导致表面粗糙度相对较低。这也导致相对较低的材料去除率。因此，该技术主要用于平滑。在一项研究中，针对 X 射线光学应用证明了金刚石车削、用于表面面形的流体喷射抛光和用于平滑的气囊抛光的组合方法[73]。使用氧化铈泥浆对 50×100 mm 圆柱硼硅酸盐玻璃进行气囊抛光，也证明了一定程度的表面面形控制[73]。根据气囊的运动和方向，可以创建各种拆卸点形状；一些过程研究试图理解这一点[74-77]。边缘的平滑度尤其重要，因为它会影响工件上留下的工具空间频率的大小。

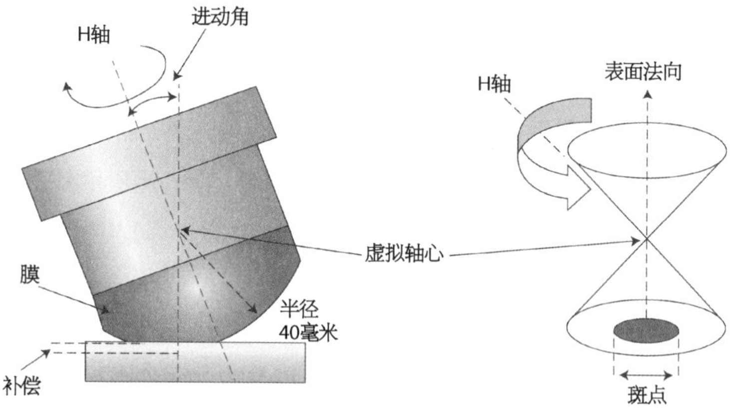

图 8－21 气囊抛光示意图，说明了刀具与工件的局部运动

(资料来源：Beaucamp 和 Namba，2013 年[73]。经 Elsevier 许可复制)

流体喷射抛光是一种子孔径方法，它使用来自喷嘴的浆料流(水加抛光颗粒)，喷嘴以规定的角度和距离接触工件[78]。颗粒通常为研磨性颗粒，如 SiC 或 Al_2O_3，尺寸为 5～15 μm。典型的浆料速度为 20 m/s，局部去除率约为 1 μm・min^{-1}。该技术

类似于喷砂，但在流体环境中。然而，与喷砂相反，每个颗粒产生的载荷低于断裂起始，因此，去除主要是纳米塑性去除。体积材料去除率为工件的 $Es^{0.5}/Hs^{1.8}$ 的比，并与流体压力呈线性关系[79]。使用流体喷射抛光改善表面面形的试验已在硼硅酸盐玻璃平板（BK7）样品（直径 20 mm）上进行了证明，可以将面形 ~1.5λ 抛光到 ~0.3λ（PV）。

EEM 是一种在流体动力模式下运行的子孔径方法，导致每个粒子的负载非常低，因此粗糙度非常低以及精细图形控制[80]。典型的 EEM 系统使用一个聚氨酯球体，该球体在浆料存在的情况下在工件上承受负载旋转，通常含有直径为 2 μm 的二氧化硅颗粒（图 8 - 22a）。流体速度和黏度使得接触界面处于流体动力模式（见第 2.3 节）。界面间隙通常为 1 μm，泥浆剪切速率非常高，为 $1.0\ m \cdot s^{-1} \cdot \mu m^{-1}$，典型接触区尺寸范围为 100 ~ 5 mm[83]。EEM 主要用于金属和半导体抛光，但也已在光学元件上得到证明。例如，在 Zerodur 和 ULE 上使用 EEM 会导致 0.1 nm RMS 粗糙度[84]。在此过程中，体积材料去除率非常低（$0.001 \sim 0.05\ mm^3 \cdot h^{-1}$），因此，它主要用于光滑工艺或预制光学元件，以降低粗糙度。该技术特别用于 X 射线光学元件[80]。

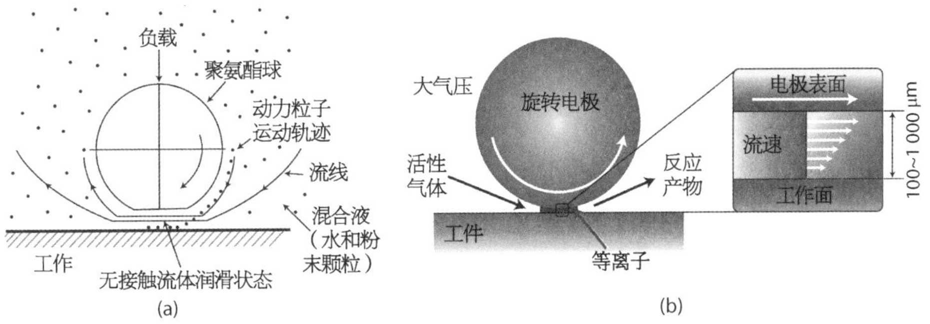

图 8 - 22　EEM 过程（a）和 PCVM 过程（b）的示意图

（资料来源：改编自 Yamamura 等人，2002 年[81] 和 Mori 等人，1990 年[82]）

一种称被称为 PCVM 的补充方法，通过使用射频等离子体中产生的中性原子和分子自由基与表面反应[81,83]来进行去除，类似于等离子体蚀刻，但不是在真空中进行。大气压力允许较高的自由基密度和相对较高的去除率（$0.1 \sim 50\ mm^3 \cdot h^{-1}$）。通过使用工件和电极之间具有窄间隙的高速旋转电极，可实现材料去除率的局部提高（图 8 - 22b）。令人印象深刻的表面图形已经在低至 2 nm PV 的 X 射线镜上实现。

参考文献

[1] Kordonsky, W.I. ed. (1993). Adaptive structures based on magnetorheological fluids. 3rd International Conference on Adaptive Structures.

[2] Prokhorov, I., Kordonsky, W., Gleb, L., and Gorodkin, G. (1992). WB8 New high-precision magnetorheological instrument-based method of polishing optics. Technical Digest Series-Optical Society of America, Volume 24, p. 134.

[3] Jacobs, S. D., Kordonski, W., and Prokhorov, I. V. (2000). Deterministic magnetorheological finishing. Google Patents.

[4] Harris, D.C. ed. (2011). History of magnetorheological finishing. SPIE Defense, Security, and Sensing. International Society for Optics and Photonics.

[5] Shorey, A.B., Kordonski, W., and Tricard, M. ed. (2004). Magnetorheological finishing of large and lightweight optics. Optical Science and Technology, The SPIE 49th Annual Meeting. International Society for Optics and Photonics.

[6] Golini, D., Kordonski, W. I., Dumas, P., and Hogan, S. J. ed. (1999). Magnetorheological finishing (MRF) in commercial precision optics manufacturing. SPIE's International Symposium on Optical Science, Engineering, and Instrumentation. International Society for Optics and Photonics.

[7] Kordonski, W. and Gorodkin, S. (2011). Material removal in magnetorheological finishing of optics. *Appl. Opt.* 50 (14): 1984 - 1994.

[8] Golini, D., Jacobs, S.D., Kordonski, V., and Dumas, P. ed. (1997). Precision optics fabrication using magnetorheological finishing. Advanced Materials for Optics and Precision Structures: A Critical Review.

[9] Menapace, J.A., Ehrmann, P.E., Bayramian, A.J. et al. (2016). Imprinting high-gradient topographical structures onto optical surfaces using magnetorheological finishing: manufacturing corrective optical elements for high-power laser applications. *Appl. Opt.* 55 (19): 5240 - 5248.

[10] Menapace, J. A., Dixit, S. N., Génin, F. Y., and Brocious, W. F. ed. (2004). Magnetorheological finishing for imprinting continuous-phase plate structures onto optical surfaces. XXXV Annual Symposium on Optical Materials for High Power Lasers: Boulder Damage Symposium. International Society for Optics and Photonics.

[11] Menapace, J.A., Davis, P.J., Steele, W.A. et al. ed. (2006). MRF applications: on the road to making large-aperture ultraviolet laser resistant continuous phase plates for high-power lasers. Boulder Damage Symposium XXXVIII: Annual Symposium on Optical Materials for High Power Lasers. International Society for Optics and Photonics.

[12] Shorey, A. B. (2000). *Mechanisms of Material Removal in Magnetorheological Finishing (MRF) of Glass*. University of Rochester.

[13] Shorey, A.B., Jacobs, S.D., Kordonski, W.I., and Gans, R.F. (2001). Experiments and observations regarding the mechanisms of glass removal in magnetorheological finishing. *Appl. Opt.* 40 (1): 20 - 33.

[14] Menapace, J.A., Peterson, J.E., Penetrante, B.M. et al. (2005). Combined advanced finishing and UV laser conditioning process for producing damage resistant optics. Google Patents.

[15] Kordonski, W. and Golini, D. (1999). Fundamentals of magnetorheological fluid utilization in high precision finishing. *J. Intell. Mater. Syst. Struct.* 10 (9): 683 - 689.

[16] DeGroote, J.E., Marino, A.E., Wilson, J.P. et al. (2007). Removal rate model for magnetorheological finishing of glass. *Appl. Opt.* 46 (32): 7927 - 7941.

[17] Cook, L. (1990). Chemical processes in glass polishing. *J. Non-Cryst. Solids* 120 (1 - 3): 152 - 171.

[18] Miao, C., Shafrir, S. N., Lambropoulos, J. C. et al. (2009). Shear stress in

magnetorheological finishing for glasses. *Appl. Opt.* 48 (13): 2585 - 2594.

[19] Miao, C., Lambropoulos, J.C., and Jacobs, S.D. (2010). Process parameter effects on material removal in magnetorheological finishing of borosilicate glass. *Appl. Opt.* 49 (10): 1951 - 1963.

[20] Lambropoulos, J.C., Miao, C., and Jacobs, S.D. (2010). Magnetic field effects on shear and normal stresses in magnetorheological finishing. *Opt. Express* 18 (19): 19713 - 19723.

[21] Miao, C. (2009). *Frictional Forces in Material Removal for Glasses and Ceramics Using Magnetorheological Finishing*. Citeseer.

[22] Lambropoulos, J.C., Xu, S., and Fang, T. (1997). Loose abrasive lapping hardness of optical glasses and its interpretation. *Appl. Opt.* 36 (7): 1501 - 1516.

[23] Kordonski, W. and Jacobs, S. (1996). Model of magnetorheological finishing. *J. Intell. Mater. Syst. Struct.* 7 (2): 131 - 137.

[24] Namba, Y. and Tsuwa, H. (1978). Mechanism and some applications of ultra-fine finishing. *Ann. CIRP* 27 (1): 511 - 516.

[25] Namba, Y. and Tsuwa, H. (1977). Ultra-fine finishing of sapphire single crystal. *Ann. CIRP* 26 (1): 325.

[26] Namba, Y., Tsuwa, H., Wada, R., and Ikawa, N. (1987). Ultra-precision float polishing machine. *CIRP Ann. Manuf. Technol.* 36 (1): 211 - 214.

[27] Namba, Y., Ohnishi, N., Yoshida, S. et al. (2004). Ultra-precision float polishing of calcium fluoride single crystals for deep ultra violet applications. *CIRP Ann. Manuf. Technol.* 53 (1): 459 - 462.

[28] Soares, S., Baselt, D., Black, J.P. et al. (1994). Float-polishing process and analysis of float-polished quartz. *Appl. Opt.* 33 (1): 89 - 95.

[29] Arnold, T., Böhm, G., Fechner, R. et al. (2010). Ultra-precision surface finishing by ion beam and plasma jet techniques — status and outlook. *Nucl. Instrum. Methods Phys. Res., Sect. A* 616 (2): 147 - 156.

[30] Haensel, T., Nickel, A., and Schindler, A. ed. (2008). Ion beam figuring of strongly curved surfaces with a (x, y, z) linear three-axes system. Optical Fabrication and Testing. Optical Society of America.

[31] Drueding, T.W., Fawcett, S.C., Wilson, S.R., and Bifano, T.G. (1995). Ion beam figuring of small optical components. *Opt. Eng.* 34 (12): 3565 - 3571.

[32] Ghigo, M., Canestrari, R., Spiga, D., and Novi, A. ed. (2007). Correction of high spatial frequency errors on optical surfaces by means of Ion Beam Figuring. Optical Engineering + Applications. International Society for Optics and Photonics.

[33] Gailly, P., Collette, J.-P., Renson, L.F., and Tock, J.P. ed. (1999). Ion beam figuring of small BK7 and Zerodur optics: thermal effects. Optical Systems Design and Production. International Society for Optics and Photonics.

[34] Mori, Y., Yamamura, K., Endo, K. et al. (2005). Creation of perfect surfaces. *J. Cryst. Growth* 275 (1): 39 - 50.

[35] Weiser, M. (2009). Ion beam figuring for lithography optics. *Nucl. Instrum. Methods Phys. Res., Sect. B* 267 (8): 1390 - 1393.

[36] Schindler, A., Haensel, T., Flamm, D. et al. ed. (2001). Ion beam and plasma jet etching for optical component fabrication. International Symposium on Optical Science and Technology. International Society for Optics and Photonics.

[37] Suratwala, T.I., Miller, P.E., Bude, J.D. et al. (2011). HF-based etching processes for improving laser damage resistance of fused silica optical surfaces. *J. Am. Ceram. Soc.* 94 (2): 416 - 428.

[38] Suratwala, T.I., Feit, M.D., and Steele, W.A. (2010). Toward deterministic material removal and surface figure during fused silica pad polishing. *J. Am. Ceram. Soc.* 93 (5): 1326 - 1340.

[39] Suratwala, T., Steele, R., Feit, M. et al. (2012). Method and system for convergent

polishing. WO 2012129244 A1.
[40] Suratwala, T., Steele, R., Feit, M. et al. (2012). Convergent pad polishing of amorphous silica. *Int. J. Appl. Glass Sci.* 3 (1): 14-28.
[41] Suratwala, T., Steele, R., Feit, M. et al. (2014). Convergent polishing: a simple, rapid, full aperture polishing process of high quality optical flats & spheres. *J. Vis. Exp.* 94: doi: 10.3791/51965.
[42] Dylla-spears, R., Feit, M., Miller, P. E. et al. (2015). Method for preventing agglormeration of charged colloids without loss of surface activity. US Patent 20,150,275, 048.
[43] Wong, L., Suratwala, T., Feit, M.D. et al. (2009). The effect of HF/NH4F etching on the morphology of surface fractures on fused silica. *J. Non-Cryst. Solids* 355 (13): 797-810.
[44] Suratwala, T., Wong, L., Miller, P. et al. (2006). Sub-surface mechanical damage distributions during grinding of fused silica. *J. Non-Cryst. Solids* 352 (52-54): 5601-5617.
[45] Miller, P. E., Suratwala, T. I., Wong, L. L. et al. ed. (2005). The distribution of subsurface damage in fused silica. Proceedings of SPIE, Volume 5991, 1-25.
[46] Feit, M.D., DesJardin, R.P., Steele, W.A., and Suratwala, T.I. (2012). Optimized pitch button blocking for polishing high-aspect-ratio optics. *Appl. Opt.* 51 (35): 8350-8359.
[47] Suratwala, T., Feit, M. D., Steele, W. A., and Wong, L. L. (2014). Influence of temperature and material deposit on material removal uniformity during optical pad polishing. *J. Am. Ceram. Soc.* 97 (6): 1720-1727.
[48] Suratwala, T., Steele, R., Feit, M.D. et al. (2008). Effect of rogue particles on the subsurface damage of fused silica during grinding/polishing. *J. Non-Cryst. Solids* 354 (18): 2023-2037.
[49] Dylla-Spears, R., Wong, L., Miller, P.E. et al. (2014). Charged micelle halo mechanism for agglomeration reduction in metal oxide particle based polishing slurries. *Colloids Surf.*, *A* 447: 32-43.
[50] Suratwala, T., Steele, W., Feit, M. et al. (2016). Mechanism and simulation of removal rate and surface roughness during optical polishing of glasses. *J. Am. Ceram. Soc.* 99 (6): 1974-1984.
[51] Degarmo, E., Black, J., and Kohser, R. (2012). *Material and Processes in Manufacturing*. Wiley.
[52] Madigan, G. and Middleton, W. (1960). Process for tumble finishing. Google Patents.
[53] Reed, J.S. (1988). *Introduction to the Principles of Ceramic Processing*. Wiley.
[54] Suratwala, T.I., Steele, W.A., Feit, M.D. et al. (2012). Polishing and local planarization of plastic spherical capsules using tumble finishing. *Appl. Surf. Sci.* 261: 679-689.
[55] Moses, E.I. and Wuest, C.R. (2005). The National Ignition Facility: laser performance and first experiments. *Fusion Sci. Technol.* 47 (3): 314-322.
[56] Lindl, J.D., Amendt, P., Berger, R.L. et al. (2004). The physics basis for ignition using indirect-drive targets on the National Ignition Facility. *Phys. Plasmas* (1994-present) 11 (2): 339-491.
[57] Suratwala, T., Steele, W., Feit, M. et al. (2013). Method and system for polishing solid hollow spheres. Provisional US Patent Application. 61.
[58] Lindl, J.D., Landen, O.L., Edwards, J. et al. (2014). Review of the National Ignition Campaign 2009-2012. *Phys. Plasmas* 21 (12): 020501.
[59] Chen, K., Cook, R., Huang, H. et al. (2006). Fabrication of graded germanium-doped CH shells. *Fusion Sci. Technol.* 49 (4): 750-756.
[60] Letts, S., Myers, D., and Witt, L. (1981). Ultrasmooth plasma polymerized coatings for laser fusion targets. *J. Vac. Sci. Technol.* 19 (3): 739-742.
[61] Nikroo, A., Bousquet, J., Cook, R. et al. (2004). Progress in 2 mm glow discharge

polymer mandrel development for NIF. *Fusion Sci. Technol.* 45 (2): 165 - 170.

[62] Haan, S., Salmonson, J., Clark, D. et al. (2011). NIF ignition target requirements, margins, and uncertainties: status February 2010. *Fusion Sci. Technol.* 59 (1): 1 - 7.

[63] Clark, D.S., Haan, S.W., Hammel, B.A. et al. (2010). Plastic ablator ignition capsule design for the National Ignition Facility. *Phys. Plasmas (1994 - present)* 17 (5): 052703.

[64] Chen, K., Nguyen, A., Huang, H. et al. (2009). Update on germanium-doped CH capsule production for NIF: scale-up issues and current yields. *Fusion Sci. Technol.* 55 (4): 429 - 437.

[65] Chen, K., Lee, Y., Huang, H. et al. (2007). Reduction of isolated defects on Ge doped CH capsules to below ignition specifications. *Fusion Sci. Technol.* 51 (4): 593 - 599.

[66] Czechowicz, D., Chen, C., Dorman, J., and Steinman, D. (2007). Investigations to remove domes from plastic shells by polishing. *Fusion Sci. Technol.* 51 (4): 600 - 605.

[67] Vickers, B.L. and Thill, R.E. (1969). A new technique for preparing rock spheres. *J. Phys. E: Sci. Instrum.* 2 (10): 901.

[68] Folks, L., Street, R., Warburton, G., and Woodward, R. (1994). A sphere forming and polishing machine. *Meas. Sci. Technol.* 5 (7): 779.

[69] Gray, W. and Spedding, F. (1969). A technique for cutting and polishing small metal spheres. *Rev. Sci. Instrum.* 40 (11): 1427 - 1428.

[70] West, S., Martin, H., Nagel, R. et al. (1994). Practical design and performance of the stressed-lap polishing tool. *Appl. Opt.* 33 (34): 8094 - 8100.

[71] Johns, M., Angel, J.R.P., Shectman, S. et al. ed. (2004). Status of the giant magellan telescope (GMT) project. SPIE Astronomical Telescopes + Instrumentation. International Society for Optics and Photonics.

[72] Martin, H.M., Anderson, D.S., Angel, J.R.P. et al. ed. (1990). Progress in the stressed-lap polishing of a 1.8-mf/1 mirror. Astronomy'90, Tucson AZ (11 - 16 February 1990). International Society for Optics and Photonics.

[73] Beaucamp, A. and Namba, Y. (2013). Super-smooth finishing of diamond turned hard X-ray molding dies by combined fluid jet and bonnet polishing. *CIRP Ann. Manuf. Technol.* 62 (1): 315 - 318.

[74] Cheung, C., Kong, L., Ho, L., and To, S. (2011). Modelling and simulation of structure surface generation using computer controlled ultra-precision polishing. *Precis. Eng.* 35 (4): 574 - 590.

[75] Wang, W., Xu, M., Yu, G. et al. ed. (2010). Research on edge control in the process of polishing using ultra precise bonnet on optical elements. 5th International Symposium on Advanced Optical Manufacturing and Testing Technologies. International Society for Optics and Photonics.

[76] Gong, J., Xie, D., and Song, J. (2008). Study on influences of processing parameters on polishing spot for curved optical work-piece in bonnet polishing. *J. Yanshan University* 32 (3): 197 - 200.

[77] Li, H., Yu, G., Walker, D., and Evans, R. (2011). Modelling and measurement of polishing tool influence functions for edge control. *J. Eur. Opt. Soc. Rapid Publ.* 6: 1104801 - 1104806.

[78] Booij, S.M., Van Brug, H., Braat, J.J., and Fa, O.W. (2002). Nanometer deep shaping with fluid jet polishing. *Opt. Eng.* 41 (8): 1926 - 1931.

[79] Fang, H., Guo, P., and Yu, J. (2006). Surface roughness and material removal in fluid jet polishing. *Appl. Opt.* 45 (17): 4012 - 4019.

[80] Mori, Y., Yamauchi, K., and Endo, K. (1987). Elastic emission machining. *Precis. Eng.* 9 (3): 123 - 128.

[81] Yamamura, K., Mimura, H., Yamauchi, K. et al. ed. (2002). Aspheric surface fabrication in nm-level accuracy by numerically controlled plasma chemical vaporization machining (CVM) and elastic emission machining (EEM). International Symposium on

Optical Science and Technology. International Society for Optics and Photonics.
[82] Mori, Y., Yamauchi, K., Endo, K. et al. (1990). Evaluation of elastic emission machined surfaces by scanning tunneling microscopy. *J. Vac. Sci. Technol.*, *A* 8 (1): 621 - 624.
[83] Mori, Y., Yamauchi, Y., Yamamura, K. et al. ed. (2001). Development of plasma chemical vaporization machining and elastic emission machining systems for coherent X-ray optics. International Symposium on Optical Science and Technology. International Society for Optics and Photonics.
[84] Kanaoka, M., Liu, C., Nomura, K. et al. (2007). Figuring and smoothing capabilities of elastic emission machining for low-thermal-expansion glass optics. *J. Vac. Sci. Technol.*, *B* 25 (6): 2110 - 2113.

第 9 章　抗激光损伤光学元件

到目前为止，本书描述的基本概念已普遍应用于改善各种类型光学工件的表面质量、面形、粗糙度、材料去除率和断裂率（第 2~6 章），这些概念已应用于特定的表征、工艺和抛光方法（第 7 章和第 8 章）。这些基本原理可以进一步扩展到终端应用，如提高激光光学元件的光学和激光损伤性能，提高 X 射线光学元件的分辨率，提高大望远镜光学元件的光学性能，提高制造传统成像光学元件的效益，以及降低用于 UV 光刻光学元件的特征分辨尺寸。

本章将介绍其中一个终端应用——高通量激光光学元件。在过去几十年中取得的进步极大地提高了聚变级激光器的能量、功率和性能[1]。这其中许多进步源于对光学制造背后的材料科学以及激光与物质相互作用物理过程的更深入的理解。

高能、高功率激光系统通常受限于光学材料在高通量和高功率激光下的损伤问题。其根本原因是和工件材料的激光吸收有关，高吸收会导致材料变化，通常会导致热损伤和机械损伤。材料发生光吸收的方式多种多样，包括以下几种：

（1）当相互作用的光大于工件的带隙时发生直接线性吸收。

（2）由于工件中存在子带隙能量状态的缺陷，也会导致线性吸收。

（3）在极高强度下发生的多光子或激发态吸收。

（4）存在于整体或工件表面的局部区域的外来损伤前驱体。

激光损伤也涉及许多光的特性参数，例如波长、能量、脉冲特性（脉宽、波形和速率）和偏振（参见文献［2］中示例）。图 9－1 显示了在有膜层和无膜层玻璃表面上发生的不同形态的孤立激光损伤的微观图像示例。单是微小的微米级

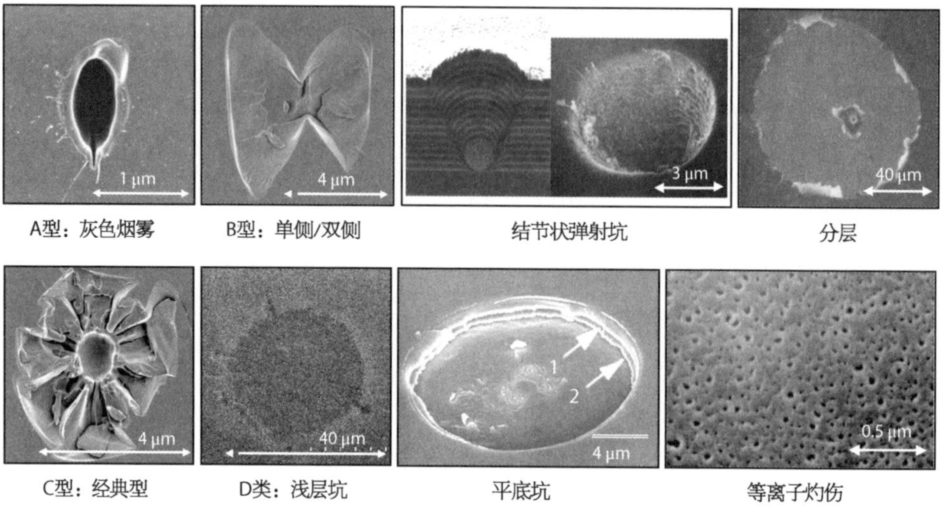

图 9-1　在高通量光学元件上观察到的各种类型激光损伤的显微图

(资料来源：改编自 Carr 等人,2007 年[3]以及 Genin 和 Stolz,1996 年[4]。经作者许可复制)

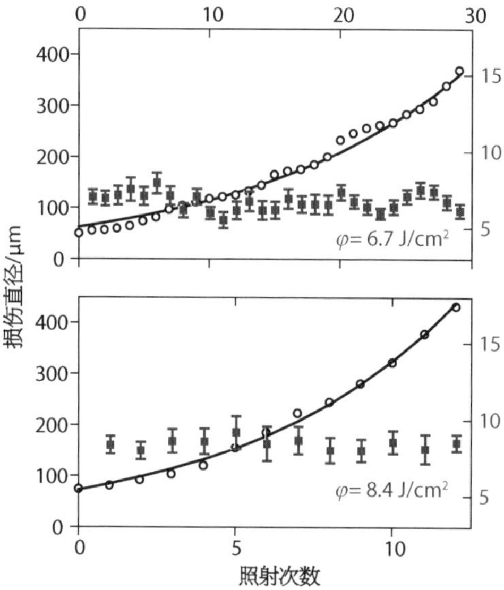

图 9-2　在熔融石英玻璃上观察到的损伤点直径随后续激光照射次数呈指数增长

(资料来源：根据 Spaeth 等人,2016 年[1]。经 Taylor & Francis 许可复制)

损伤通常没有问题,但随后的激光照射会产生严重的问题,损伤部位的尺寸会呈指数增长,最终缩短光学元件的寿命(图 9-2)。这些激光与物质相互作用的物理过程一直是一个热门的研究领域。

通常,吸收源不是材料本身固有的。因此,工件材料的制造或加工方式强烈影响其抗激光损伤能力。对于受表面损伤限制其功能的材料,光学制造和清洁方法对其性能影响重大。用于聚变研究的激光系统[如国家点火装置(NIF)]的熔融石英玻璃光学元件就属于这种情况,其中玻璃的表面抗损伤能力显著低于其本体的抗激光损伤能力。NIF 装置是一种闪光灯泵浦的钕玻璃激光系统,通过 3 倍频转换,产生 192 条、~37 cm 方形孔径、通量(351 nm,3 ns)8~9 J·cm^{-2}、总能量达 1.8 MJ 的紫外激光通过熔融石英光学元件射向微靶[5]。NIF 装置所用光学元件的面积比以前激光器元件的面积大一个数量级，激光通量也需要增加一个数量级才能正常运行（图 9－3）。解决这一要求的策略包括提高关键光学元件的抗损伤能力，并开发光学元件循环使用技术，在光学元件发生少量激光损伤时以最低的费用修复（见 Spaeth 等人[1]的评论）。

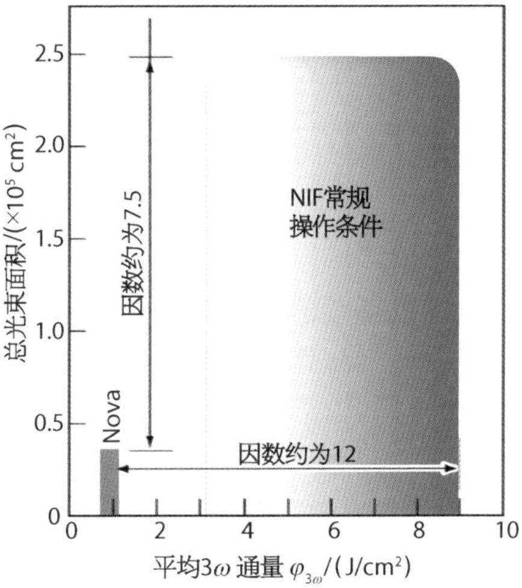

图 9－3　NIF 激光器与前代激光器在激光通量和光学面积方面的比较

（资料来源：根据 Spaeth 等人，2016 年[1]。经 Taylor & Francis 许可复制）

图 9－4 显示了熔融石英光学元件表面质量的进展历程以及激光损伤性能的不断提升，图中以年份标记每一条曲线，表示了损伤点的密度与激光通量的关系，也代表光学工件质量水平的进步过程。在图中曲线越向右移动，抗激光损伤能力越强。图中还覆盖了 1.8 MJ 激光束的通量分布。1997 年完成的典型熔融石英光学元件每个有 ~17 000 个损坏点。从 1997 年到 2007 年，每个光学元件降低了 ~90 个损伤点，这主要是由于光学制造技术的显著改进，即使用第 3.1 节中概述的亚表面机械损伤（SSD）和杂质粒子控制原理减少了微小的表面微裂缝。从 2010 年到 2014 年，通过开发一种称为高级缓解工艺（AMP）的新型工程化学蚀刻工艺，进一步降低了损伤，该工艺缓解了少数残余表面裂纹，并缓解了导致损伤的高通量损伤前体[6-8]。这些通量较高的前体是留在 Beilby 层（第 4.2 节）和清洁残留物（第 3.2.2 节）中发现的纳米级杂质。以

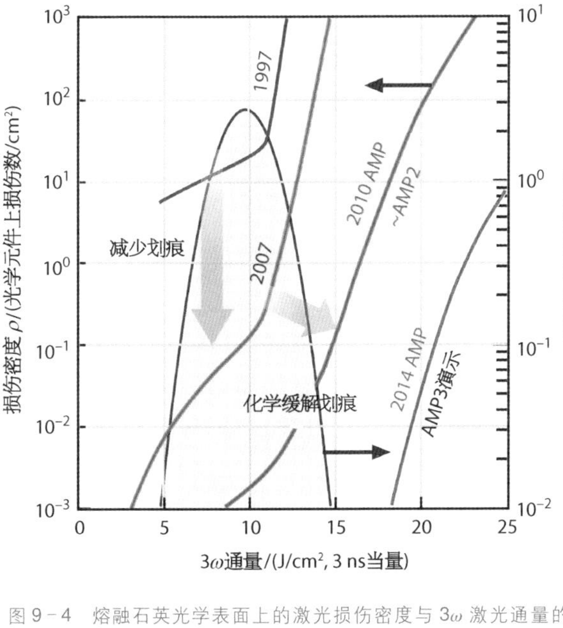

图 9－4　熔融石英光学表面上的激光损伤密度与 3ω 激光通量的关系。这些曲线表示不同时间的光学质量水平，阴影区域表示 1.8 MJ NIF 激光发射的相对通量分布

（资料来源：根据 Spaeth 等人，2016 年[1]。经 Taylor & Francis 许可复制）

下简要描述前体、SSD 消除和 AMP 过程。

9.1 激光损伤前体

通过持续的研究计划,分离并确定了导致激光损伤的表面吸收前体[1,7-12]。这些吸收前体可归纳为四个基本类别(图 9-5 中的示意图):

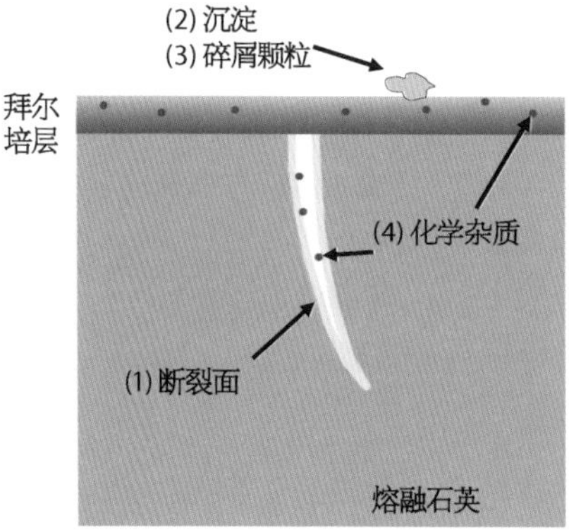

图 9-5 确定导致熔融石英表面激光损伤的表面前体

(1) 断裂面。断裂面上存在固有(非杂质相关)二氧化硅缺陷。这与第 3.1 节所述光学制造期间的 SSD 产生密切相关。

(2) 沉淀、反应副产品或外来物质在表面的再沉积。这与表面洁净直接相关,已在第 3.2 节中介绍。

(3) 碎屑颗粒。在制造、运输或使用过程中,可能会从外部环境中沉降或撞击碎屑颗粒。这部分也与第 3.2 节所述表面洁净有关。

(4) 化学杂质。外来化学杂质通常来自抛光化合物,如 Ce 存在于抛光 Beilby 层和抛光过程中的断裂裂缝中。Beilby 层的特征及其控制见第 3.2.3 节。

识别其中一些前体的挑战在于,它们往往要等到激光损伤发生后才能被检测到,而这时前体的证据往往被销毁。已经开发了一种称为快速光致发光(PL)的强大的无损检测技术,用于识别和表征损伤事件发生前与激光损伤相关的吸收缺陷的存在[10],如图 9-6 和图 9-7 所示。

图 9-6a~d 显示了抛光熔融石英工件上一系列孤立凹痕和后续处理的显微图像;图 9-6e~h 显示了相应的 PL 图像。第一种是为避免引发径向裂纹,较低载荷的 0.5 N 维氏压痕,导致表面塑性变形和致密化(图 3-2),然而,在菱形变形区的边界处存在一些浅的剪切断裂带。相应的 PL 图像表明,在菱形凹痕的边界周围也存在吸收体。这些部位的激光损伤测试表明,损伤在相对较低通量 7.3 J·cm^{-2}下引发。另一个压痕也是 0.5 N 维氏压痕,然后是 20∶1 缓冲氧化物蚀刻(BOE)(NH4F: HF)的短时间化学蚀刻。蚀刻证实边界上存在剪切断裂带,PL 图像显示吸收降低;这表明断裂面本身是一个重要的吸收前驱体。注意,在静态蚀刻后,并非所有 PL 都被去除,这是由于蚀刻反应产物的再沉积所

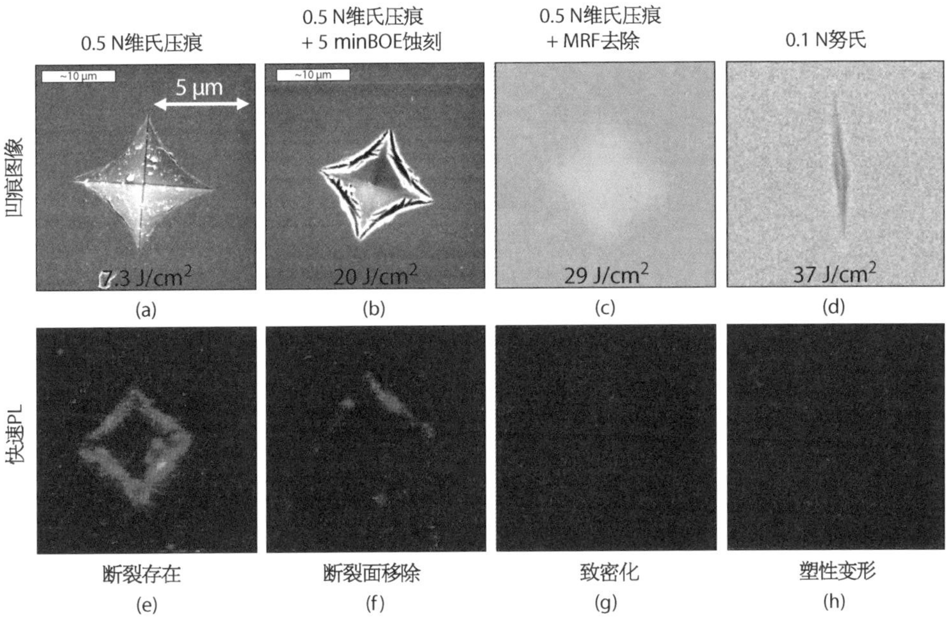

图 9-6　各种表面凹痕和后处理的图像(a~d)以及相应的快速光致发光图像(e~h)。每个特征的抗激光损伤在中间列出

(资料来源：根据 Laurence 等人,2009 年[10] 和 Miller 等人,2010 年[13]。经美国光学学会许可复制)

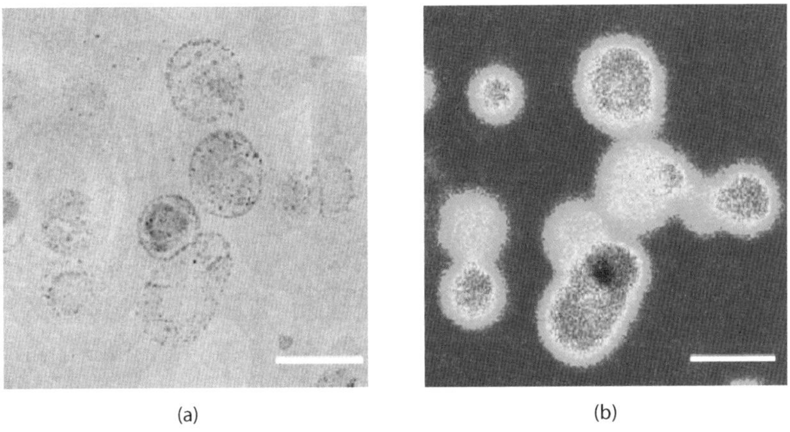

图 9-7　(a) 气溶胶沉积留下的 NaCl 晶体的光学显微照片(由于在这些长度范围内缺乏大量流动,故沉淀以液滴反射撞击的模式聚集);(b) 同一区域的快速光致发光(PL)。比例尺为 100 μm

(资料来源：根据 Bude 等人,2014 年[8]。经美国光学学会许可复制)

致(见下文讨论)。第三个压痕为 0.1 N 努氏压痕,显示塑性变形和致密化(见其他地方给出的证据[14]),但不显示断裂。这时的 PL 图像显示没有吸收,抗激光损伤能力显著提高到 37 J·cm^{-2}。最后为 0.5 N 维氏压痕经过磁流变抛光(MRF)以去除塑性变形区域,留下致密区域。可以看到表面反射率有微小变化,这是由于折射率或密度的变化引起的,虽然通过轮廓仪测量的图像表面在物理上是平坦的。这里也没有可见的吸收,抗激光损伤能力高达 29 J·cm^{-2}。

得出的主要结论是,即使非常浅的断裂层表面也包含导致激光损伤吸收缺陷,并且塑性变形和致密化在所研究的通量范围内对熔融石英的抗损伤性影响不大。另外识别不导致激光损伤的表面缺陷也很重要。

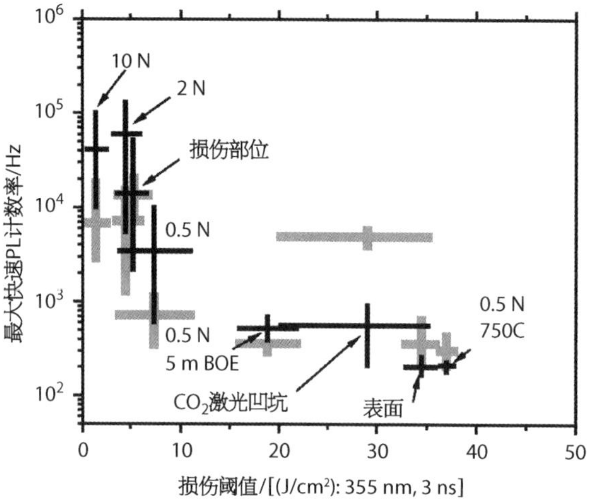

图 9-8 PL 信号与抗激光损伤之间的相关性

(资料来源:根据 Laurence 等人,2009 年[10]。经 AIP Publishing LLC 许可复制)

图 9-7 显示了气溶胶沉积后 NaCl 晶体工程沉淀的另一个显微图像[8]。尽管 NaCl 具有较宽的带隙(即它不应在可见光中发生吸收),但这种沉淀仍然会导致显著的 PL,从而导致吸收,并最终导致激光损伤。这些数据支持这样的观察,即干燥沉淀物的存在倾向于激光损伤,而不管其体吸收特性如何。图 9-8 显示了各种表面特征的累计 PL 信号与其抗激光损伤性之间的半定量相关性。

Beilby 层和断裂面内存在的化学、分子级杂质是导致激光损伤的另一个重要前体。玻璃中的一种常见杂质是 Ce(如第 3.3 节所述),它是使用 CeO_2 抛光浆时产生的。为了说明这一点,首先使用 CeO_2 浆料对一系列熔融石英玻璃工件进行抛光。然后在室温下用 BOE 或在 50℃下用 $HNO_3:H_2O_2$(过氧化氢)对工件进行化学处理。过氧化氢是一种已知的强氧化剂,可优先去除杂质,而无须去除基础 SiO_2 玻璃。对这些样品的离子质谱(SIMS)测量表明,化学处理显著降低了 Ce 的表面浓度。在这种情况下,使用过氧化氢最有效(图 9-9a)[13]。样品的激光测试表明,损伤数密度随着表面上残留 Ce 的减少而降低(图 9-9b)[13]。

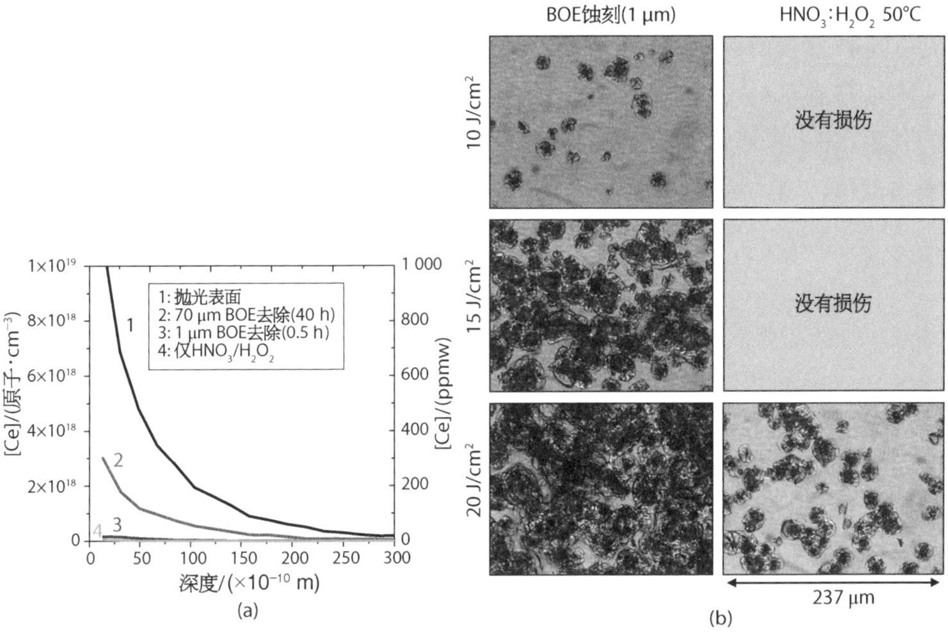

图 9-9　(a) 通过 SIMS 测量的各种处理后抛光 Beilby 层中的 Ce 表面浓度；(b) BOE 静态蚀刻处理和 50℃下 HNO_3 ∶ H_2O_2 处理的不同通量激光损伤测试后的表面光学显微照片

（资料来源：Miller 等人，2009 年[14]。经国际光学工程协会许可复制）

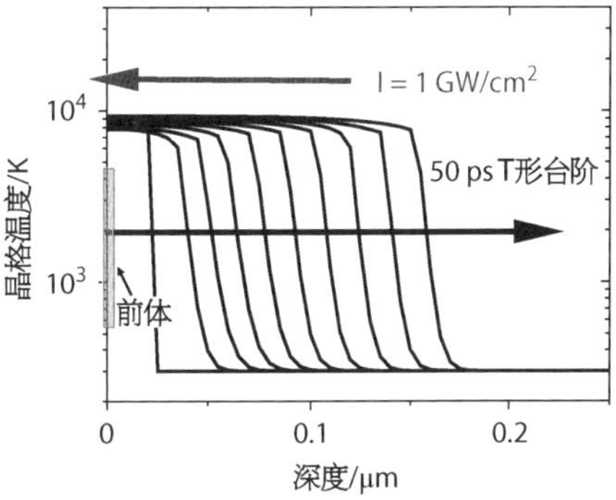

图 9-10　激光脉冲期间不同时间增量下晶格温度与深度的函数关系，说明了激光损伤的吸收峰模型

（资料来源：Carr 等人，2010 年[15]。经美国物理学会许可复制）

随着激光损伤前体的确定，一个关键的物理问题出现了：在化学杂质如纳米级铈的情况下，该前驱体如何导致微米级的损伤点？这仅用正常热传输很难解释~1 000 倍尺寸的变化。利用吸收峰模型[15]解释了这种新型激光与物质相互作用的物理过程，如图 9-10 所示。该模型从熔融石英玻璃工件近表面的纳米级杂质开始，当高通量激光脉冲接触吸收体时，它会迅速加热到非常高的温度(10^4 K)。随着周围局部玻璃体材料的加热，玻璃材料本身也开始吸收（这种现象称为温度激活体吸收）。因此，持续的激光脉冲开始进一步将本体加热到非常高的温度，导致热失控。这种温度激活的体吸收与温度激活的热传导相辅相成，将热量进一步传输到玻璃体中，并重复进行以引起更多温度激活的体吸

收。注意，这些效应发生在皮秒时间尺度，而激光脉冲更长，在纳秒时间尺度。这种重复的多米诺效应表现为吸收前沿，比正常热传输影响的范围更深入地迁移到材料中，从而导致更大的损伤区域。该模型还预测了实验观察到的现象，即由于吸收前沿传播的时间更长，激光脉冲长度的增加会导致更大的损伤部位[15]。

9.2 减少激光光学元件中的 SSD

如上所述，从 1997 年到 2007 年，熔融石英光学元件抗激光损伤能力的提高主要是由于光学制造（研磨和抛光）的改进导致 SSD 的显著减少（即断裂面前体，见图 9-4）。如第 3.1 节所述，发展对 SSD 创建的断裂力学和摩擦学的理解，并实施第 3.1.5 节所述的策略，有助于这些改进。一些关键原则包括：① 统计测量 SSD 深度分布并优化每个步骤的去除量；② 研磨和抛光期间控制浆料粒度分布；③ 在抛光、搬运和清洁工件期间防止杂质颗粒接触光学表面。

一些光学元件制造商开发了称为 3ω 精加工的工艺，使用这些原理，再加上专有技术，可显著减少 SSD。最终的 3ω 精加工熔融石英光学元件（430 mm×430 mm）通常具有非常严格的划痕要求，例如在 1 μm 浅蚀刻后，不能有宽度大于 15 μm 的划痕，并且宽度在 8～15 μm之间的划痕小于 12 个（表 1-1）。图 9-11 显示了 1997 年和 2007 年用于 NIF 熔融石英光学元件生产过程中划痕分布的比较。对于较小宽度的划痕，表面断裂数密度降低了 50 倍，并且完全消除了较大的划痕宽度。注意，图中横轴上的划痕宽度是在使用 AMP2（下文讨论的 26 μm 蚀刻）之后，这显著增加了最初存在的划痕宽度。

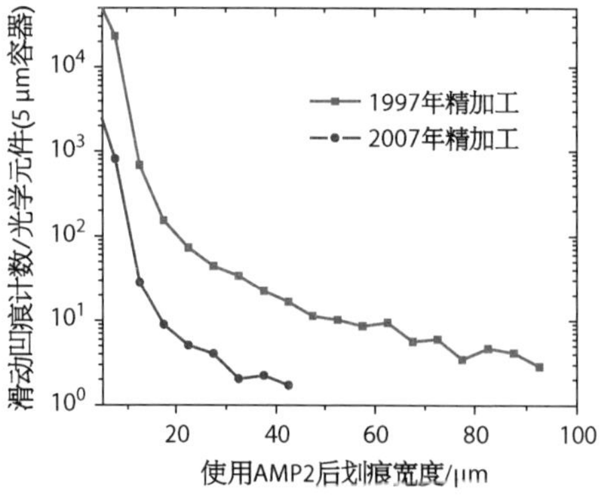

图 9-11 使用 1997 年和 2007 年精加工程序制造的典型熔融石英光学元件，经过 AMP2 工艺进行蚀刻后测量的划痕宽度分布（注：每个光学元件的滑动凹痕计数是在 5 μm 划痕宽度的容器上计算的）

（资料来源：根据 Spaeth 等人，2016 年[1]。经 Taylor & Francis 许可复制）

9.3 高级缓解过程

尽管在 SSD 抑制方面有了显著的改进，但在 ~8 J · cm^{-2} 通量激光发射后，NIF 尺寸的熔融石英光学元件上的损伤点数量仍有 50 ~ 100 个，需要额外的缓解措施，以减少剩余的激光损伤前体与后光学加工处理。在其发展过程中发现，对表面进行静态化学蚀刻以去除断裂表面会导致好坏参半的结果，有时会提高抗激光损伤能力，有时会使情况变得更糟。进一步的研究表明，在蚀刻过程中，新的激光损伤前体沉积在表面上，包括蚀刻反应产物的沉淀或外来原子或分子杂质。图 9 - 12a 显示了熔融石英上非优化蚀刻划痕的扫描电子显微镜(SEM)图像，说明了沉淀的存在，主要集中在凹痕蚀刻尖的边缘。图 9 - 12b、c 显示，激光损伤发生在观察到沉淀的地方，这是沉淀可能是吸收前体的一个关键证据。因此，如果蚀刻工艺可以进行化学设计以防止再沉积或沉淀，则可以获得高激光损伤表面。

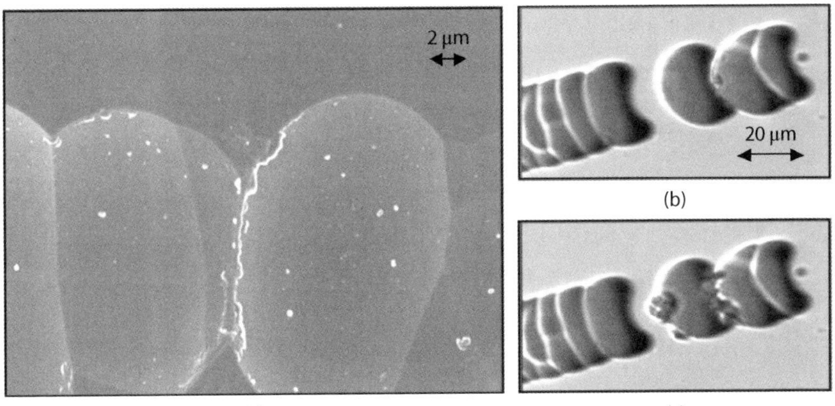

图 9 - 12 (a) 熔石英蚀刻开放划痕边缘有时观察到的沉淀物的 SEM 图像。激光损伤起始前后(b、c) 类似蚀刻划痕的光学显微照片(起始通量 = 19 J · cm^{-2})

(资料来源：Suratwala 等人，2011 年[7]。经 John Wiley & Sons 许可复制)

图 9 - 13 显示了在蚀刻和冲洗过程中，随着关键工艺(标记为“系列”)的变化，表面断裂的抗激光损伤能力逐渐提高[7]。该图显示了给定宽度的单个划痕将导致损坏的通量。该控制显示在系列 A 中，该系列定义了未经处理的表面断裂何时会产生激光损伤。通常，窄划痕比宽划痕具有更高的激光损伤阈值，这

可能是因为断裂表面上存在大量的吸收。执行静态 20∶1 BOE 蚀刻(系列 B)可提高窄划痕的抗激光损伤能力,但通常会显著降低较宽划痕的抗损伤能力。

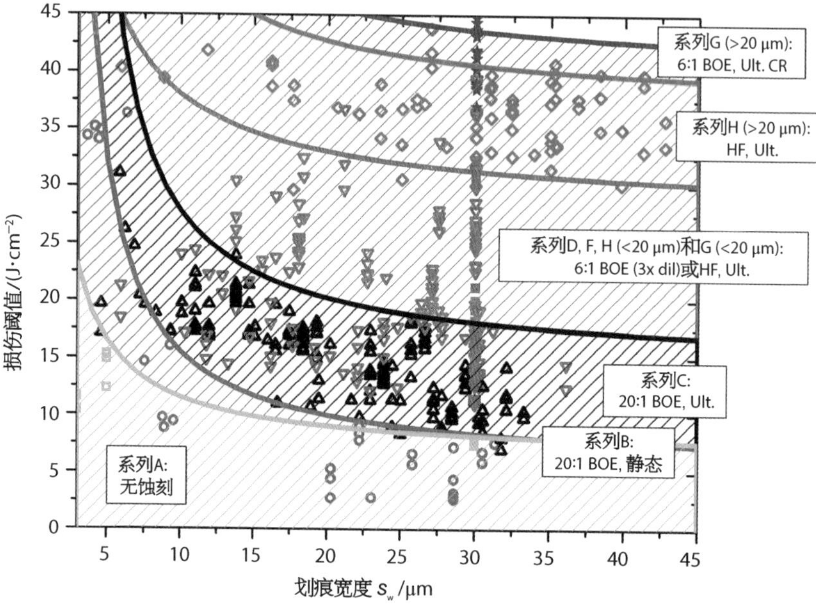

图 9-13　小光束激光损伤试验的结果,其中损伤作为各种蚀刻工艺划痕宽度的函数进行测量。比率表示氟化铵与氢氟酸的相对浓度。实线表示每个系列的激光损伤阈值上限。Ult.=超声波或兆声波清洗;CR=在洁净室中处理

(资料来源:Suratwala 等人,2011 年[7]。经 John Wiley & Sons 许可复制)

在 BOE 蚀刻过程中添加超声波搅拌可显著提高抗损伤性。超声波能有效减少边界层厚度,使刻蚀过程产生的大量蚀刻反应产物——六氟硅酸盐阴离子(SiF_6^{2-})易于传输并远离表面,减少表面沉淀。沉淀产物可能是由六氟硅酸盐阴离子形成的盐,例如六氟硅酸盐铵或$(NH_4)_2SiF_6$。也可以通过改变蚀刻成分,有效降低 NH_4^+ 浓度(系列 D 和 F),进一步减少沉淀,从而提高抗激光损伤能力。

尤其是对于较宽的划痕,如系列 H(图 9-13),在蚀刻>20 μm 时,实现了抗激光损伤能力的进一步提高。图 9-14a 显示了随着蚀刻量的增加,抗激光损伤能力进一步提高。实际上去除表面断裂吸收前体不需要如此大量的蚀刻(可能小于 100 nm 就够),蚀刻时间长的原因是改变后续压痕断裂的几何形状,以改善蚀刻反应产物的物质传输。换言之,在较短的蚀刻时间内从狭窄的裂缝中去除蚀刻反应产物比在较长的蚀刻时间内从较宽的裂缝中去除蚀刻反应产物更困难。图 9-14b[7] 显示了蚀刻不同量后划痕形貌的变化。

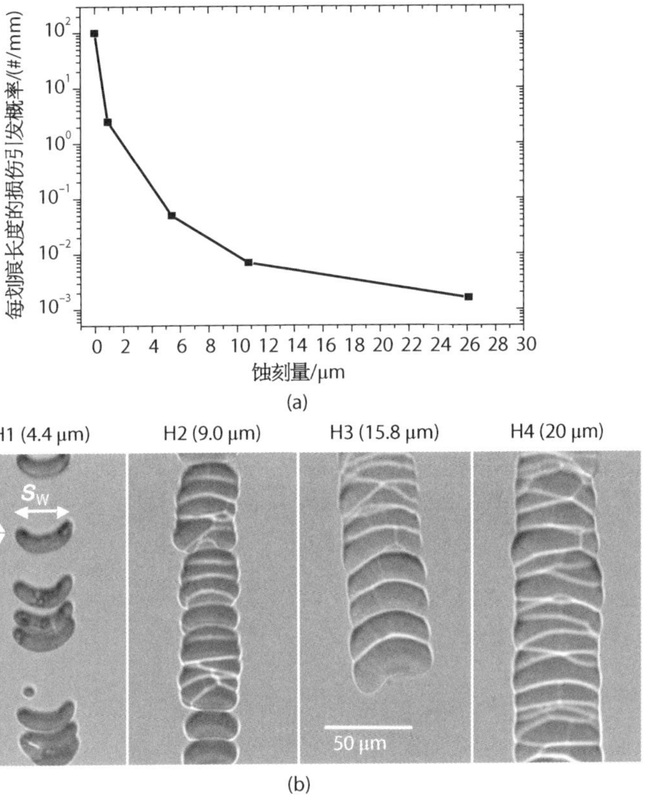

图 9－14　(a) 大光束激光损伤引发概率(351 nm,12 J·cm^{-2})与 AMP 处理变化的蚀刻量的关系；(b) 表面蚀刻不同量后划痕的形态

(资料来源：Suratwala 等人,2011 年[7]。经 John Wiley & Sons 许可复制)

蚀刻和冲洗过程中的二维平流和扩散质量传输模型,有助于理解和优化该过程的最佳蚀刻和冲洗时间。在该模型中,初始宽度和深度的抛物线形裂纹被各向同性蚀刻,其几何形状将发生变化,如图 3－40 和图 3－41 所示。反应产物在边界层之外的传输将由超声波搅拌引起的快速流体运动控制。在边界层和蚀刻裂缝内,反应产物的去除在很大程度上取决于扩散(模型详情见文献[7])。

图 9－15 总结了优化蚀刻和漂洗工艺的模型结果。在 30 μm 深的划痕上进行模拟,显示了蚀刻、漂洗和喷淋冲洗过程中不同时间 SiF_6^{2-} 的反应产物浓度的绝对和相对分布。最初,裂纹在 t_1 时非常窄。在腐蚀过程中,随着裂纹开口宽度的增加,边界层中反应产物的浓度梯度形成。在时间 t_3 完成蚀刻后,将其转移到浸没式水漂洗槽中,用其获取有限厚度的流体和反应产物。在浸没漂洗过

程中,裂纹形状不会改变(即没有移动边界),反应产物有足够的时间从边界层移除。但是,由于槽尺寸有限,所有反应产物将均匀分布到冲洗槽中,从而在时间 t_5 后反应产物浓度整体平衡,不再降低。接下来,将工件转移至喷水冲洗过程,其中来自边界层的反应产物扩散继续与时间 t_7 时冲洗水的纯度水平相匹配。

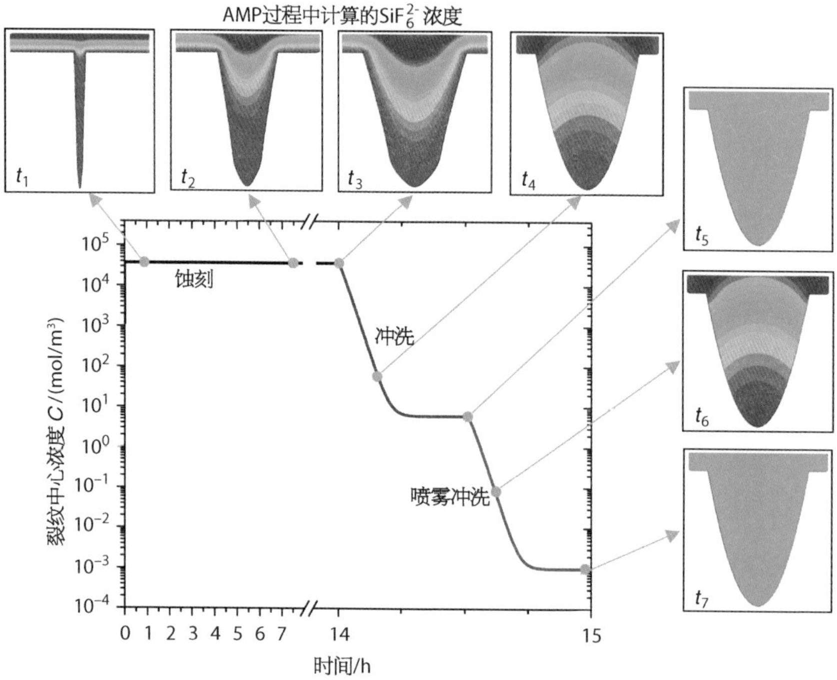

图 9-15　计算的 SiF_6^{2-} 浓度作为工艺时间的函数(在蚀刻、浸没冲洗和喷雾冲洗期间),使用二维(2D)质量传输模型。对于选定的时间,显示了裂缝内的浓度分布,裂缝底部的浓度最高,顶部的浓度最低。裂纹深度为 30 μm,全水平尺度为 60 μm

(资料来源:Suratwala 等人,2011 年[7]。经 John Wiley & Sons 许可复制)

后来的一项研究表明,供水纯度和冲洗方法的其他改进可能会进一步降低反应产物和杂质的浓度,进一步减少纳米级沉淀产物,并产生极耐损坏的表面(如图 9-4 中的 2014 年曲线所示)[8]。图 9-16 显示了生产级 AMP 设施(使用称为 AMP3 工艺)的照片。图 9-17 举例说明了 AMP 工艺对擦伤的熔融石英样品的影响。未经 AMP 处理,可观察到高密度的损伤部位;而经 AMP 处理后,在这些通量下未观察到划痕导致的激光损伤。AMP 流程已在所有 NIF 的 3ω 熔融石英光学元件上实施,将损坏降低到可通过光学再循环技术实现有效管控的水平[1]。

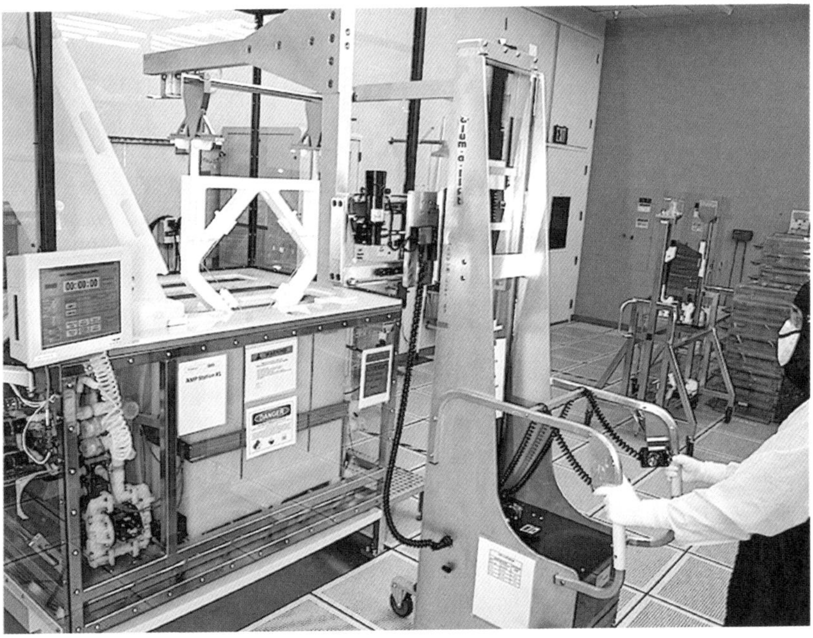

图 9－16　通过化学处理提升 3ω 熔融石英光学元件抗激光损伤能力的具有生产规模 AMP2/AMP3 工艺站

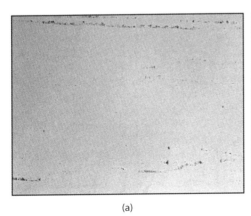

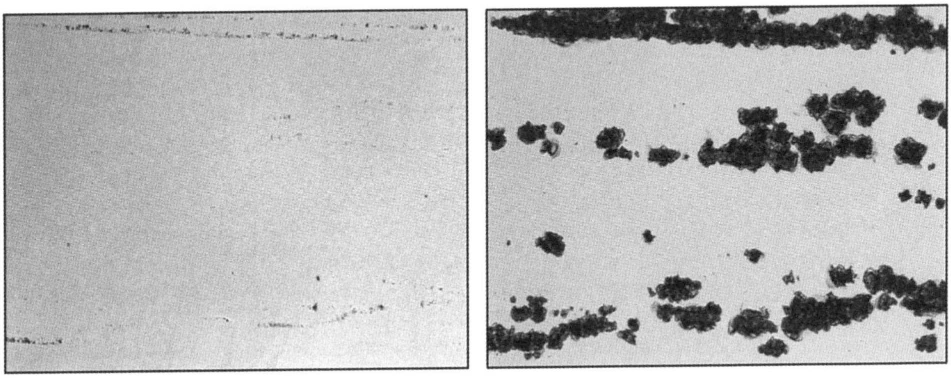

(a)　　(b)

图 9－17　8 J・cm^{-2}、10 J・cm^{-2}和 12 J・cm^{-2}激光照射前后熔融石英上产生划痕的光学显微照片（3 cm 光束，3 ns，351 nm），用于未经处理的样品（a、b）和经 AMP2 蚀刻处理后的划痕样品（c、d）

（资料来源：Suratwala 等人，2011 年[7]。经 John Wiley & Sons 许可复制）

参考文献

[1] Spaeth, M.L., Wegner, P.J., Suratwala, T.I. et al. (2016). Optics recycle loop strategy for NIF operations above UV laser-induced damage threshold. *Fusion Sci. Technol.* 69 (1): 265-294.

[2] Negres, R.A., Norton, M.A., Cross, D.A., and Carr, C.W. (2010). Growth behavior of laser-induced damage on fused silica optics under UV, ns laser irradiation. *Opt. Express* 18 (19): 19966-19976.

[3] Carr, C.W., Matthews, M.J., Bude, J.D., and Spaeth, M.L. ed. (2007). The effect of laser pulse duration on laser-induced damage in KDP and SiO_2. *Boulder Damage Symposium XXXVIII: Annual Symposium on Optical Materials for High Power Lasers*. SPIE.

[4] Genin, F.Y., and Stolz, C.J. ed. (1996). Morphologies of laser-induced damage in hafnia-silica multilayer mirror and polarizer coatings. *3rd International Workshop on Laser Beam and Optics Characterization*. SPIE.

[5] Spaeth, M.L., Manes, K.R., Kalantar, D.H. et al. (2016). Description of the NIF laser. *Fusion Sci. Technol.* 69 (1): 25-145.

[6] Miller, P.E., Suratwala, T.I., Bude, J.D. et al. (2012). Methods for globally treating silica optics to reduce optical damage. Google Patents.

[7] Suratwala, T.I., Miller, P.E., Bude, J.D. et al. (2011). HF-based etching processes for improving laser damage resistance of fused silica optical surfaces. *J. Am. Ceram. Soc.* 94 (2): 416-428.

[8] Bude, J., Miller, P., Baxamusa, S. et al. (2014). High fluence laser damage precursors and their mitigation in fused silica. *Opt. Express* 22 (5): 5839-5851.

[9] Miller, P.E., Bude, J.D., Suratwala, T.I. et al. (2010). Fracture-induced subbandgap absorption as a precursor to optical damage on fused silica surfaces. *Opt. Lett.* 35 (16): 2702-2704.

[10] Laurence, T.A., Bude, J.D., Shen, N. et al. (2009). Metallic-like photoluminescence and absorption in fused silica surface flaws. *Appl. Phys. Lett.* 94 (15): 151114.

[11] Bude, J., Miller, P.E., Shen, N. et al. (2014). Silica laser damage mechanisms, precursors and their mitigation. In: *Laser-Induced Damage in Optical Materials: 2014. Proceedings of SPIE*, vol. 9237 (ed. G.J. Exarhos, V.E. Gruzdev, J.A. Menapace, et al.).

[12] Baxamusa, S., Miller, P., Wong, L. et al. (2014). Mitigation of organic laser damage precursors from chemical processing of fused silica. *Opt. Express* 22 (24): 29568-29577.

[13] Miller, P., Suratwala, T., Bude, J. et al. ed. (2009). *Laser Damage Precursors in Fused Silica. Laser-Induced Damage in Optical Materials: 2009*. International Society for Optics and Photonics.

[14] Menapace, J.A., Davis, P.J., Steele, W.A. ed. (2005). Utilization of magnetorheological finishing as a diagnostic tool for investigating the three-dimensional structure of fractures in fused silica. *Boulder Damage Symposium XXXVII: Annual Symposium on Optical Materials for High Power Lasers*. International Society for Optics and Photonics.

[15] Carr, C., Bude, J., and DeMange, P. (2010). Laser-supported solid-state absorption fronts in silica. *Phys. Rev. B.* 82 (18): 184304.

缩略语及中英文对照

AFM	atomic force microscope	原子力显微镜
AR	aspect ratio	纵横比或径厚比
BOE	buffered oxide etch ($HF:NH_4F$)	缓冲氧化物蚀刻
CCOS	computer controlled optical surfacing	计算机控制光学表面处理
CCP	computer controlled polishing	计算机控制抛光
CISR	convergent, initial-surface independent, rogue-particle free polisher	收敛、初始表面独立、无杂质颗粒抛光机
CMP	chemical mechanical planarization	化学机械抛光
CNC	computer numerical control	计算机数控
CP	continuous polisher	连续抛光机
DC	diamond conditioning	金刚石修整
DI	deionized water	去离子水
DKDP	deuterated potassium dihydrogen phosphate	氘化磷酸二氢钾
EDS	energy dispersive spectroscopy	能量色散光谱法
EEM	elastic emission machining	弹性发射加工
EHMG	ensemble Hertzian multigap	赫兹多间隙
EUV	extreme ultraviolet	极紫外
FEA	finite element analysis	有限元分析
FE-SEM	field emission scanning electron microscope	场发射扫描电子显微镜
FJP	fluid-jet polishing	射流抛光
FOM	figure of merit	优良指数
FWHM	full width at half maximum	最大半宽
IBF	ion beam figuring	离子束成形
IC	integrated circut	集成电路
IDG	island distribution gap	岛分布间隙
IEP	isoelectric point	等电点

IR	infrared	红外线的
LDRD	laboratory directed research and development	实验室指导的研究和开发
LLNL	Lawrence Livermore National Laboratory	劳伦斯·利弗莫尔国家实验室
LRU	line replaceable units	可在线更换单元
MR	magnetorheological	磁流变
MRF	magnetorheological finishing	磁流变抛光
ND	not detected or not determined	未检测到或未确定
NIF	National Ignition Facility	国家点火装置
NMR	nuclear magnetic resonance	核磁共振
OCT	optical coherent tomography	光学相干层析成像
PACE	plasma-assisted chemical etching	等离子体辅助化学腐蚀
PA－CVD	plasma-assisted chemical vapor deposition	等离子体辅助化学气相沉积
PBB	pitch button blocking	沥青凸台固定
PCVM	plasma chemical vaporization machining	等离子体化学汽化加工
PJCE	plasma jet chemical etching	等离子体喷射化学腐蚀
PL	photoluminescence	光致发光
PSD	particle size distribution	粒度分布
PSDI	phase shifting diffractive interferometry	相移衍射干涉术
PV	peak to valley	峰谷
PZC	point of zero charge	零电荷点
QCM	quartz crystal microbalance	石英晶体微天平
RF	reflected wavefront	反射波前
RIBE	reactive ion beam etching	反应离子束刻蚀
RMS	root mean square	均方根
RT	room temperature	室温
SEM	scanning electron microscopy	扫描电子显微镜
SI	standard units	标准单位
SIMS	secondary ion mass spectroscopy	二次离子质谱
SPOS	single-particle optical sensing	单粒子光学传感
SS	stainless steel	不锈钢
SSD	subsurface mechanical damage	亚表面机械损伤
TEM	transmission electron microscopy	透射电子显微镜
TIRM	total internal reflection microscopy	全内反射显微镜
UV	ultraviolet	紫外线
WIWNU	within workpiece nonuniformity	工件内部不均匀性